AF174836

MATEMÁTICA DISCRETA

Lógica y Estructuras Discretas con Python

Serie: Manuales y Textos Universitarios
Ingeniería, nº 27

FARRÁN MARTÍN, José Ignacio
   Matemática discreta : lógica y estructuras discretas con Python / José Ignacio
Farrán Martín. – Valladolid : Ediciones Universidad de Valladolid, 2024

   418 p. ; 30 cm . – (Manuales y Textos Universitarios. Ingeniería ; 27)
   ISBN 978-84-1320-294-5

1. Informática – Matemáticas 2. Python (Lenguaje de programación) I. Farrán
Martín, José Ignacio. II. Universidad de Valladolid, ed. III. Serie

   004:51
   51:004

JOSÉ IGNACIO FARRÁN MARTÍN

MATEMÁTICA DISCRETA

Lógica y Estructuras Discretas con Python

EDICIONES
Universidad de Valladolid

No está permitida la reproducción total o parcial de este libro, ni su tratamiento informático, ni la transmisión de ninguna forma o por cualquier medio, ya sea electrónico, mecánico, por fotocopia, por registro u otros métodos, ni su préstamo, alquiler o cualquier otra forma de cesión de uso del ejemplar, sin el permiso previo y por escrito de los titulares del Copyright.

© JOSÉ IGNACIO FARRÁN MARTÍN, VALLADOLID, 2024
EDICIONES UNIVERSIDAD DE VALLADOLID

Diseño de cubierta: Ediciones Universidad de Valladolid

ISBN: 978-84-1320-294-5
Dep. Legal: VA-280-2024

Maquetación: José Ignacio Farrán Martín
Preimpresión: Ediciones Universidad de Valladolid
Imprime: PODIPRINT - España

Índice general

Introducción

La Matemática Discreta y la Lógica Matemática constituyen uno de los fundamentos matemáticos de las Ciencias de la Computación. Si bien relativamente pocos profesionales de la Informática trabajan esencialmente en temas abstractos de la Matemática Discreta, la mayor parte de sus áreas de trabajo requieren la capacidad para trabajar con conceptos que involucran estructuras discretas, entre las que destacan la Lógica, la Teoría de Conjuntos, la Combinatoria o la Teoría de Grafos.

A modo de ejemplo, el estudio de las estructuras discretas es especialmente importante para trabajar con estructuras de datos y algoritmos, donde la capacidad de realizar pruebas formales es esencial en la especificación y verificación formal de algoritmos. De la misma manera, los conceptos de la teoría de grafos se usan en redes, sistemas operativos y diseño de compiladores, las ideas de la teoría de conjuntos se utilizan en la programación y en las bases de datos, o la teoría de números se aplica en la criptografía, y por tanto en la seguridad informática. En definitiva, para poder afrontar y resolver problemas cuyas técnicas son cada vez más sofisticadas (minería de datos, inteligencia artificial, etc.) es imprescindible tener un gran dominio de las técnicas de la Matemática Discreta.

Por otra parte, la variedad de temas que entran dentro de la Matemática Discreta es amplísima, y a muchos de ellos se les podría dedicar un libro entero. Por eso, en este libro se ha hecho una selección de los temas más comunes que se suelen trata en un curso introductorio de la materia, principalmente en grados de Ingeniería Informática, y dentro de ellos nos hemos limitado, en la medida de lo posible en presentar los conceptos básicos, de manera que luego, tanto estudiantes como profesores, los puedan ampliar con bibliografía más especializada.

Algunos de estos temas se suelen estudiar, en los grados de Informática, en otras asignaturas más técnicas, como Estructura y Tecnología de Computadores, Programación y Estructuras de Datos, Bases de Datos, Inteligencia Artificial, u otras de nombre y contenido similares a los que acabo de citar. Sin embargo, es interesante estudiarlos en una asignatura de Matemáticas, para que los estudiantes tengan otro enfoque, más abstracto y formal, pero sin perder el contacto con sus aplicaciones en la práctica profesional.

Este libro es el resultado de más de 20 años de experiencia en la enseñanza de la Matemática Discreta, del contacto con compañeros y departamentos de áreas del ámbito de la Informática, y de mi experiencia en la programación, primero con sistemas de álgebra computacional (CAS) como Maple, SciLab o Singular, y más recientemente con SAGE y el lenguaje Python.

Precisamente, el lenguaje Python es muy apropiado para hacer prácticas en asignaturas de Matemáticas dentro de titulaciones de Informática, pero también en otras Ingenierías o en titulaciones de Ciencias. Por una parte, Python es de gran utilidad para el trabajo de un informático en su desarrollo profesional, ya que hoy en día, en ámbitos como el Big Data o el Machine Learning, es unos de los lenguajes más usados, y por otra parte porque existen una gran cantidad de librerías y clases que añaden a Python una gran funcionalidad, en muchos campos de las matemáticas, las ciencias y las ingenierías. La interfaz, si bien no es tan amigable como las de algunos CAS (Computer Algebra System) comerciales, existen gran cantidad de foros donde consultar dudas, y hay gran cantidad de información disponible en Internet, ya que es el lenguaje más popular en los últimos años, muy por encima de Java o C. Asimismo, tiene el mismo carácter interactivo que cualquier lenguaje interpretado, que no requiere de compilar/linkar para ir probando los programas que vayamos generando, de manera que la programación es mucho más ágil que con los lenguajes compilados tradicionales.

Qué aporta este libro

Este libro de Matemática Discreta, como cualquier otro de la materia, aporta a los estudiantes una competencias generales que necesitan los profesionales de la Informática, entre las que podemos encontrar:

(1) **Capacidad de abstracción y razonamiento lógico**, muy necesario a la hora de resolver problemas. En este libro se cuida el aspecto formal de los conceptos, sin obsesionarse tanto por las demostraciones como en mostrar un desarrollo lógico de las ideas, conectándolas con sus aplicaciones y sus aspectos algorítmicos.

(2) **Trabajo con estructuras discretas**, que en la mayoría de los casos son las que se van a usar en la práctica profesional, como listas, conjuntos, grafos, etc. Se analiza también la combinatoria de las mismas, lo que nos ayudará a estimar la complejidad de los problemas a los que se deba dar solución.

(3) **Pensamiento algorítmico**, que es esencial en la resolución de problemas de programación. Además de estudiar los conceptos, es importante el plantearse el *cómo* se pueden realizar las tareas, de forma que se llegue a una solución en un tiempo razonable.

(4) Por último, pero no menos importante, el **modelado de problemas**. Es necesario saber qué estructuras discretas nos sirven para modelar qué situaciones de la vida real, para poder así plantear las soluciones de la manera más adecuada y eficiente posible. Con este fin mostramos, a lo largo de los capítulos, ejemplos prácticos donde se aplican los conceptos estudiados.

Por otra parte, el aspecto más original de este libro es la inclusión, en todos los capítulos, de prácticas con el lenguaje Python relacionadas con cada tema, por un lado para afianzar los conceptos estudiados, y por otra como una pequeña introducción a la programación y al diseño de algoritmos, que se estudiarán con mayor profundidad en otras asignaturas y materias. En otras palabras, con la excusa de los conceptos matemáticos, se le propone al estudiante que comience a practicar la resolución de problemas algorítmicos mediante herramientas de software.

La idea es, tal y como han sido mis clases en los últimos años, que simultáneamente al desarrollo de la teoría y la resolución de los problemas propuestos, se desarrolle de forma autocontenida un curso introductorio de Python mientras se resuelven problemas concretos de la materia con el ordenador. En las prácticas de cada tema se desarrollan los aspectos de Python que se van necesitando en cada caso, si bien en un apéndice final se expone de forma ordenada un mini-curso de introducción, con los conceptos básicos del lenguaje Python.

Por supuesto que no faltan en cada capítulo los problemas propuestos correspondientes, para ser resueltos con papel y lápiz, si bien muchos de ellos pueden resolverse con el ordenador, o al menos comprobar la solución para ver si se ha resuelto correctamente.

Cómo leer este libro

Los temas de un curso de Matemática Discreta pueden ordenarse de muchas formas. Es muy difícil seguir un orden completamente lógico sin hacer referencia a cosas que se van a ver después. Por ejemplo, es difícil hablar de algoritmos en el tema de Aritmética sin haber dado antes el tema de Algoritmia, pero por otra parte es muy difícil mostrar ejemplos de algoritmos sin haber dado antes conceptos básicos (como los números enteros) con los que plantear problemas algorítmicos.

Por eso, los profesores que se decidan a usar este libro como guía para su asignatura pueden sentirse libres para elegir los temas que quieran incluir en su asignatura, así como el orden en el que los presentan en su curso. Muchos libros Matemática Discreta comienzan por el tema de Grafos, el de Aritmética, el de Combinatoria, o incluso con el tema de conjuntos, por lo que el libro puede ser usado para empezar desde cualquiera de los temas, sin más que echar un vistazo a un tema anterior o posterior en caso necesario.

Por último, para aquellos profesores que les guste la metodología de aprendizaje por proyectos o las metodologías ágiles, pueden usar este libro para trabajar los conceptos básicos de algunos temas, con sus problemas resueltos y sus prácticas de ordenador, y proponer a los estudiantes la realización de proyectos, individuales o en grupo:

(a) Realizar una o varias prácticas de programación de cierta complejidad, como las que vienen sobre todo en los capítulos finales.

(b) Realizar un trabajo teórico sobre alguna parte de algún tema que no dé tiempo a ver en clase, para lo cual los alumnos deben ampliar la información, redactar una memoria, y exponerlo en clase ante el resto de alumnos.

Esto último complementaría el curso con competencias transversales tan valiosas como el trabajo en grupo, la resolución de problemas, o la comunicación oral y escrita, todas ellas de gran valor en su futura carrera profesional.

Capítulo 1

Lógica Proposicional

1.1. Introducción a la Lógica

La *Lógica* estudia las leyes de inferencia que rigen un razonamiento correcto, es decir, las técnicas de la deducción lógica. En un razonamiento intervienen unas "hipótesis" y una "conclusión", de forma que esta última se deriva de aquéllas, en una relación de tipo causa–efecto. De esta manera, un razonamiento se considera (lógicamente) *válido* si la conclusión (o tesis) es necesariamente verdadera siempre que todas las hipótesis lo sean.

El objetivo es que una argumentación sea válida *en su forma*, con independencia del contenido semántico de sus elementos. Se separa así el contenido semántico del proceso formal de razonamiento, de manera que el significado semántico de los elementos no pueda interferir en el análisis formal del razonamiento. Considérese, por ejemplo, el siguiente silogismo:

> (1) Juan es brasileño.
> (2) Todos los brasileños juegan bien al fútbol.
> ∴ Juan juega bien al fútbol.

El razonamiento anterior es formalmente válido, con independencia de que el contenido de la premisa (2) pueda ser discutible, o que el individuo concreto 'Juan' sea o no brasileño. No hemos de estar pues tentados de ligar la validez del silogismo con la veracidad de sus componentes (premisas o conclusión): el razonamiento anterior es válido porque si las premisas fuesen verdaderas la conclusión también lo sería, no porque efectivamente las premisas lo sean. De hecho, el razonamiento podría ser incorrecto y la conclusión haber sido correcta, sin que eso suponga ningún tipo de atenuante para rechazar en sí dicho razonamiento.

Para convencerse más aún de que el anterior silogismo es válido desde el punto de vista puramente formal, se puede jugar a cambiar el contenido del mismo sin variar la forma del mismo. Por ejemplo, cámbiese 'Juan' por '5', 'brasileño' por 'ser primo mayor que 2', y 'jugar bien al fútbol' por 'ser impar', obteniéndose ahora el silogismo

> (1) 5 es un número primo mayor que 2.
> (2) Todos los números primos mayores que 2 son impares.
> ∴ 5 es impar.

En este caso, puesto que ambas premisas son indiscutiblemente verdaderas, la conclusión también debe serlo, como efectivamente lo es. Por contra, si una de las premisas es falsa, la conclusión es a veces verdadera y a veces falsa: por ejemplo sustituyendo 5 por 9 la conclusión es verdadera, a pesar de que la primera premisa es falsa, pero sustituyendo 5 por 8 la conclusión es falsa. Por último, y esto es precisamente lo que trata de evitar la Lógica, si el razonamiento no es formalmente válido, puede ser que las premisas sean verdaderas y la conclusión falsa, como en el siguiente ejemplo:

> (1) 2 es un número primo.
>
> (2) Algún número primo es impar.
>
> $\therefore$ 2 es impar.

Vemos pues que las connotaciones reales que contiene el lenguaje natural nos puede distraer sobre la validez lógica de una argumentación, con lo que es conveniente representar los enunciados lógicos mediante símbolos matemáticos desprovistos totalmente de contenido real, dando lugar a lo que es un *lenguaje formal*. Así, y sobre todo a partir del siglo XIX con Boole, la Lógica se sirve para su desarrollo de métodos matemáticos, dando lugar a la *Lógica Matemática*, que es lo que se trata en este capítulo.

Lógica matemática

La Lógica Matemática se vale de lenguajes formales, que son cadenas de símbolos sin ningún contenido semántico real. Como todo lenguaje, en él se pueden distinguir tres aspectos:

1. **Sintaxis**: reglas para combinar expresiones lógicas, dando lugar a nuevas expresiones lógicas admitidas en dicho lenguaje.

2. **Semántica**: relación entre las expresiones formales y su (posible) significado, contenido, o valor de verdad (Verdadero o Falso).

3. **Pragmática**: el uso o aplicación de dicho lenguaje, es decir, para qué sirve el lenguaje y cómo se usa.

Existen tres procesos básicos, relacionados con el manejo de la lógica formal:

1. **Formalización**: consiste en representar una situación real mediante expresiones lógico–formales, es decir, pasar del contenido a la forma.

2. **Interpretación**: consiste en asociar a enunciados formales un significado real o un valor de verdad, es decir, pasar de la forma al contenido.

3. **Deducción formal**: manipulación matemática de las expresiones formales, mecanizable mediante reglas y métodos algorítmicos, con el fin de obtener conclusiones, también formales.

Por ejemplo, si representamos por $P(x)$ el hecho de que x sea primo y mayor que 2, y por $Q(x)$ el hecho de que x sea un número impar, el conjunto de premisas de uno de los silogismos que hemos visto anteriormente se formalizaría de la siguiente manera:

$$(1) \quad P(5)$$
$$(2) \quad \forall x \, (\, P(x) \Rightarrow Q(x) \,)$$

Seguidamente, y como veremos más adelante en el apartado dedicado a la Lógica de "Predicados", una manipulación puramente matemática permite deducir como conclusión:

$$\therefore \, Q(5)$$

que interpretaremos como que, efectivamente, 5 es un número impar, hecho que concuerda con la realidad.

La formalización lógica no es única; así, por ejemplo, el razonamiento anterior se podía haber expresado en términos de Lógica de Clases (o Teoría de Conjuntos), que veremos también más adelante, de la siguiente manera: Sea A el conjunto de los números primos mayores que 2, sea B el conjunto de los números impares, y denotemos $x \in A$ la pertenencia de un elemento a un conjunto, y por $A \subseteq B$ la inclusión de un conjunto en otro; entonces, el razonamiento anterior se escribe

$$
\begin{array}{rl}
(1) & 5 \in A \\
(2) & A \subseteq B \\
\hline
\therefore & 5 \in B
\end{array}
$$

Por último, hemos de decir que la Lógica (Matemática) es de vital importancia para la Informática. De hecho, muchos autores dicen que es el lenguaje subyacente a las Ciencias de la Computación, en la misma medida en que el Análisis Matemático es el lenguaje en el que (hoy en día) se formaliza la Física, o que la teoría de conjuntos es el sustento teórico de las Matemáticas. No obstante, el estudio de la Lógica en el marco de la Informática no debe ser meramente teórico, sino que debe hacerse especial énfasis en el pragmatismo, la experimentación, la implementación algorítmica, la eficiencia de los métodos, y sus aplicaciones prácticas. Entre las aplicaciones prácticas de la Lógica (en el campo de la Informática) destacaremos las siguientes:

- Diseño de circuitos lógicos (arquitectura del ordenador a bajo nivel).

- Verificación formal de algoritmos (programación).

- Métodos de deducción automática en sistemas expertos (Inteligencia Artificial).

- Diseño de lenguajes de programación (autómatas y lenguajes formales).

1.2. Lógica de Proposiciones

La Lógica Proposicional (o Lógica de Proposiciones) se basa en el concepto de proposición. Una **proposición** es un enunciado o frase declarativa al que se puede asignar un valor de verdad: verdadero o falso, que representaremos por 1 y 0, respectivamente.

Por ejemplo, frases declarativas son "hoy hace frío", "el Ebro desemboca en el mar Cantábrico", o "toda función derivable es continua". En cambio, no son frases declarativas: "siéntate", "¿qué hora es?", "¡qué dolor!", "creo que va a llover", etc. Obviamente, no tiene sentido preguntarse si estas últimas frases son verdaderas o falsas.

La Lógica convencional clásica se basa en el llamado **principio de no contradicción**:

"Ninguna proposición lógica puede ser verdadera y falsa simultáneamente".

Así, una proposición puede ser verdadera o falsa, pero no ambas cosas a la vez. Lo que sí puede suceder (en principio) es que una proposición pueda no ser ni verdadera ni falsa.

En efecto, una **paradoja** es un enunciado al que no se le puede asignar ningún valor de verdad, es decir, que no es ni verdadera ni falsa. No se consideran proposiciones válidas para trabajar en Lógica, puesto que no se puede operar con ellas, es decir, con su valor de verdad, que es lo único que le interesa a la Lógica "Matemática". Consideremos el siguiente ejemplo:

(1) La frase de abajo es falsa.

(2) La frase de arriba es verdadera.

Si se piensa un poco, ni **(1)** ni **(2)** son ni verdaderas ni falsas, puesto que la verdad de cualquiera de las dos implicaría su falsedad, y viceversa. Ambos enunciados son pues "paradojas".

En relación a su complejidad, las proposiciones pueden ser:

- **Proposiciones primitivas** o atómicas: son aquellas que no se pueden subdividir en proposiciones más pequeñas. Ejemplo: "Napoleón murió".

- En caso contrario, se denominan **proposiciones compuestas** o moleculares: se forman uniendo proposiciones más pequeñas mediante "operadores lógicos". Ejemplo: "Si Pedro viene, yo me voy". La palabra "si" es un operador "condicional", es decir, establece una relación causa-efecto entre dos enunciados o proposiciones lógicas, en este caso "Pedro viene" es la causa, y "yo me voy" es la consecuencia que se deriva de que se produzca la causa.

  Las proposiciones primitivas se representan mediante letras minúsculas $(p, q, r, \ldots)$, consideradas como "variables lógicas", es decir, símbolos que pueden tomar el valor 0 (Falso) o el valor 1 (Verdadero), análogamente a lo que sucede con el concepto usual de variable (real, por ejemplo) en matemáticas, pero los valores son los valores Booleanos de verdad o falsedad (0/1) en vez de valores numéricos reales (en el caso de una variable real).

1.3. Conectivas lógicas y tablas de verdad

Veamos a continuación qué operaciones (o conectivas) lógicas pueden realizarse entre proposiciones simples para formar proposiciones compuestas. En cada una de ellas se construirá una *tabla de verdad*, que indica cuándo es verdadera o falsa la proposición resultante, a partir de todas las posibles combinaciones de valores de verdad de las proposiciones primitivas que la forman.

Negación: es un operador *monario* (con un único argumento) que a partir de una proposición p construye la proposición $\neg p$, que se lee "no p", y que es verdadera cuando p es falsa, y falsa cuando p es verdadera. Su tabla de verdad es:

p	$\neg p$
1	0
0	1

Otras posibles notaciones para la negación son p' ó $\overline{p}$.

Conjunción: es un operador *binario* (con dos argumentos) que a partir de dos proposiciones p y q construye la proposición $p \wedge q$, que se lee "p y q", y que es verdadera cuando ambas proposiciones p y q son verdaderas simultáneamente, y falsa en cualquier otro caso. Su tabla de verdad es:

p	q	$p \wedge q$
1	1	1
1	0	0
0	1	0
0	0	0

Disyunción: dadas dos proposiciones p y q se define $p \vee q$, que se lee "p ó q", y que es falsa cuando ambas proposiciones p y q son falsas simultáneamente, y verdadera en cualquier otro caso. Su tabla de verdad es:

p	q	$p \vee q$
1	1	1
1	0	1
0	1	1
0	0	0

Hay que observar que la disyunción no es excluyente (o exclusiva), sino que ambas proposiciones p y q pueden ser verdaderas a la vez, y por tanto que una sea verdadera no implica que la otra sea falsa. Para que eso fuese así, se necesita otro operador lógico que veremos después. En definitiva, basta con que sea verdadera al menos una de las dos proposiciones, para que la disyunción lógica sea verdadera.

Condicional: dadas dos proposiciones p y q se define $p \to q$, que se lee "p implica q" (también *si p entonces q, solo si p entonces q, q se sigue de p, p es condición suficiente para q, o q es condición necesaria para p*), y que es falsa cuando p es verdadera y q es falsa, y verdadera en cualquier otro caso. Su tabla de verdad es:

p	q	$p \to q$
1	1	1
1	0	0
0	1	1
0	0	1

A p se le llama *antecedente* (también *premisa, hipótesis o condición suficiente*), y a q se le llama *consecuente* (también *conclusión, tesis o condición necesaria*). Nótese que la condicional es verdadera siempre que el antecedente sea falso, independientemente de que lo sea o no el consecuente.

Conviene observar asimismo que este operador no es simétrico, es decir, los papeles del antecedente y el consecuente no se pueden intercambiar sin que cambie la tabla de verdad de la proposición resultante. Esta diferencia es la que marca la distinción entre causa y efecto (respectivamente p y q).

Por último, a partir de una proposición condicional $p \to q$ que llamaremos "implicación directa", se definen:

- La implicación recíproca: $q \to p$.
- La implicación contrarrecíproca o contrapositiva: $\neg q \to \neg p$.
- La implicación inversa: $\neg p \to \neg q$.

Bicondicional: dadas dos proposiciones p y q se define $p \leftrightarrow q$, que se lee "p si y solo si q" (también *si y solo si p entonces q, o p es condición necesaria y suficiente para q*), y que es verdadera cuando p y q tienen el mismo valor de verdad, y falsa en caso contrario. Su tabla de verdad es:

p	q	$p \leftrightarrow q$
1	1	1
1	0	0
0	1	0
0	0	1

Existen otros operadores lógicos secundarios, que se pueden interpretar en términos de los operadores básicos anteriores. A saber:

- Disyunción exclusiva o XOR: se escribe $p \oplus q$ (o también $p \underline{\vee} q$), se interpreta como "p ó q pero no ambas" (es decir, como la disyunción, pero p y q son excluyentes entre sí), y su tabla es:

p	q	$p \oplus q$
1	1	0
1	0	1
0	1	1
0	0	0

A la vista de la tabla de verdad, es evidente que $p \oplus q$ es verdadera cuando p y q tienen distinto valor de verdad y falsa en caso contrario, y por tanto su tabla es la misma que la de la proposición $\neg(p \leftrightarrow q)$.

Asimismo, tiene la misma tabla de verdad que $(p \vee q) \wedge \neg(p \wedge q)$ (p ó q pero no ambas), o que $(p \wedge \neg q) \vee (\neg p \wedge q)$ (o bien p es verdadero y q falso, o bien p es falso y q verdadero).

- Operador NOR (del inglés *not or*): se escribe $p \downarrow q$, se interpreta como "ni p ni q", y tiene (como su nombre indica) la misma tabla de verdad que $\neg(p \vee q)$, es decir:

p	q	$p \downarrow q$
1	1	0
1	0	0
0	1	0
0	0	1

Nótese que la expresión *ni p ni q* también puede interpretarse como $\neg p \wedge \neg q$, como se puede comprobar realizando la correspondiente tabla de verdad.

- Operador NAND (del inglés *not and*): se escribe $p \uparrow q$ (o también $p|q$), se interpreta como "no p y q a la vez", y tiene (también como su nombre indica) la misma tabla de verdad que $\neg(p \wedge q)$, es decir:

p	q	$p \uparrow q$
1	1	0
1	0	1
0	1	1
0	0	1

Nótese que como *p y q no son verdaderas simultáneamente*, entonces o bien p es falsa o bien q es falsa, es decir $\neg p \vee \neg q$, como se puede comprobar también realizando la correspondiente tabla de verdad.

A partir de las tablas de verdad de estas conectivas, se pueden realizar (paso por paso) tablas de verdad de proposiciones más complejas, teniendo en cuenta que la tabla tendrá tantas filas como sean necesarias para cubrir todas las posibles combinaciones de valores de verdad de todas las proposiciones primitivas que aparezcan en la misma.

Ejemplo 1. *Tablas de verdad Realizar las siguientes tablas de verdad:*

1. $p \vee (\neg p \wedge q)$.

2. $(p \vee q) \rightarrow r$.

Solución:

Realicemos las dos tablas de verdad paso por paso:

1. *Como solo hay dos proposiciones primitivas, la tabla tendrá* $2^2 = 4$ *filas:*

p	q	$\neg p$	$\neg p \wedge q$	$p \vee (\neg p \wedge q)$
1	1	0	0	1
1	0	0	0	1
0	1	1	1	1
0	0	1	0	0

2. *En este caso hay tres proposiciones primitivas, con lo que la tabla tendrá ahora* $2^3 = 8$ *filas:*

p	q	r	$p \vee q$	$(p \vee q) \to r$
1	1	1	1	1
1	1	0	1	0
1	0	1	1	1
1	0	0	1	0
0	1	1	1	1
0	1	0	1	0
0	0	1	0	1
0	0	0	0	1

Existen dos proposiciones lógicas especiales:

Tautología: proposición que siempre es verdadera, independientemente del valor de verdad de sus proposiciones atómicas. Se representa por T. El típico ejemplo de tautología es la proposición $p \vee \neg p$.

Contradicción: proposición que siempre es falsa, independientemente del valor de verdad de sus proposiciones atómicas. Se representa por C. El típico ejemplo de contradicción es la proposición $p \wedge \neg p$.

Puesto que ambas proposiciones toman siempre el mismo valor en todas las filas de una tabla de verdad, se suelen denominar *constantes lógicas*. Se puede operar con ellas para calcular la tabla de verdad de una proposición compuesta en la que aparezcan, sin más que introducir en la tabla una columna con todos 0's o todos 1's, según sea el caso.

Cualquier otra proposición distinta de T ó C se denomina *contingencia*, es decir, proposición que puede ser verdadera o falsa según los casos (por ejemplo $(p \vee q) \to p$).

Expresiones lógicas

Continuaremos este apartado desarrollando el aspecto "sintáctico" de la Lógica, es decir, estudiando las expresiones lógicas que pueden aparecer en el *lenguaje formal* de la lógica proposicional.

Así, una expresión lógica es cualquier cadena (de caracteres) formada con los siguientes símbolos y reglas:

1. Un conjunto fijado de símbolos (o variables lógicas), que representen las proposiciones primitivas:

$$\{p, q, r, \ldots\}$$

junto con los símbolos T y C que representan las constantes lógicas.

2. Un conjunto de conectivas lógicas

$$\{\neg, \wedge, \vee, \rightarrow, \leftrightarrow, \ldots\}$$

junto con sus reglas de uso (por ejemplo, la negación debe de anteponerse a una expresión lógica válida o aceptada por el lenguaje formal, y el resto deben de colocarse entre dos expresiones lógicas válidas).

3. Un conjunto de símbolos auxiliares para facilitar la lectura de una expresión lógica, tales como

   - Paréntesis (corchetes, llaves, etc.): para agrupar subexpresiones.
   - La coma (','): para yuxtaponer varias subexpresiones (equivale, en realidad, a la conjunción, y se emplea por ejemplo para declarar un conjunto de premisas).

En ausencia de paréntesis, y en caso de duda, se emplearán las siguientes *reglas de precedencia* para determinar en qué orden se han de efectuar las operaciones lógicas:

1. La negación.

2. La conjunción.

3. La disyunción.

4. La condicional.

5. La bicondicional.

En caso de "empate", es decir, dos operadores con la misma precedencia, las operaciones se efectúan de izquierda a derecha.

Los paréntesis rompen estas reglas de precedencia, y se evalúan siempre (como es natural) de dentro hacia afuera.

Nota 1. *Precedencia de operadores La precedencia que hemos establecido es para los cinco operadores usuales; el resto de operadores se puede escribir en función de estos, y no los consideraremos, salvo el operador XOR, cuya prioridad se encontraría entre entre la conjunción (AND) y la disyunción (OR).*

Por último, se aconseja usar siempre paréntesis, aunque no sean estrictamente necesarios, es decir, aun cuando no rompan las reglas de precedencia, para mayor claridad y evitar ambigüedades. Solamente se evitan (para no abusar de los paréntesis) en las negaciones de las variables lógicas, al ser la negación la de mayor precedencia. En caso de querer un orden de operaciones distinto del que marcan dichas reglas, los paréntesis son, por supuesto, imprescindibles.

Ejemplo 2. *Reglas de precedencia Establece el orden correcto de las operaciones en las expresiones siguientes, escribiendo los paréntesis adecuados:*

- $p \rightarrow q \rightarrow r$.

- $p \vee q \wedge r$.

- $p \vee \neg q \rightarrow r \wedge s$.

- $\neg p \rightarrow q \leftrightarrow \neg q \vee \neg r$.

Asimismo, trata de romper las reglas de precedencia colocando paréntesis de forma adecuada.

Solución:

Introducimos los paréntesis adecuados, de acuerdo con las reglas de precedencia:

- $(p \to q) \to r$.

- $p \lor (q \land r)$.

- $(p \lor \neg q) \to (r \land s)$.

- $(\neg p \to q) \leftrightarrow (\neg q \lor \neg r)$.

Para romper las reglas de precedencia, podemos introducir los paréntesis, por ejemplo, de la siguiente manera:

- $p \to (q \to r)$.

- $(p \lor q) \land r$.

- $[p \lor (\neg q \to r)] \land s$.

- $\neg p \to [q \leftrightarrow (\neg q \lor \neg r)]$.

Nota 2. *Notación*

Existen tres formas sintácticas de escribir las conectivas lógicas:

Notación infija: *es la que hemos usado, es decir, el operador va colocado "entre" las dos expresiones a las que afecta (excepto la negación, claro, que va delante de la única expresión a la que afecta). Por ejemplo:*

$$p \to q$$

Notación prefija: *el operador va siempre delante de la expresión o expresiones a las que afecta (a modo de "prefijo"). Por ejemplo:*

$$\to pq$$

Notación sufija: *el operador va siempre detrás de la expresión o expresiones a las que afecta (a modo de "sufijo"). Por ejemplo:*

$$pq \to$$

Nótese que la notación sufija no consiste simplemente leer la notación prefija de derecha a izquierda.

Aunque parezca algo artificial, la ventaja de las notaciones con prefijos o sufijos es que no son en absoluto necesarios los paréntesis para determinar el orden de las operaciones, sino que este puede determinarse simplemente cambiando el orden de los símbolos. Por ejemplo, usando prefijos, la distinción entre $(p \land q) \lor r$ y $p \land (q \lor r)$ se escribe respectivamente como

$$\lor \land pqr \quad \text{y} \quad \land p \lor qr$$

(como puede verse, sin necesidad de paréntesis).

Nota 3. *Programación*

La Lógica interviene en la estructura (lógica) de un programa. Hacer una tabla de verdad se corresponde con el análisis de los casos en que una condición verificada por un programa es verdadera o falsa, y comprobar si el programa hace o no lo que uno quiere.

Por ejemplo (e ignorando el lenguaje concreto de programación empleado), el programa

```
if (x>1)
{
   x:=x^2;
}
else
{
   x:=2*x;
}
```

funciona de manera distinta al programa

```
if (x>1)
{
   x:=x^2;
}
x:=2*x;
```

puesto que la última línea de este segundo programa se ejecuta siempre, con independencia de que la condición del if *se verifique o no, mientras que dicha instrucción no se ejecuta en el primer programa si dicha condición es verdadera. Digamos que la estructura lógica del primer programa es $(p \to q) \land (\neg p \to r)$, mientras que la del segundo es $(p \to q) \land r$. Nótese que si la condición p es verdadera, la proposición compuesta $(p \to q) \land (\neg p \to r)$ solo puede ser verdadera si r es falsa, mientras que para que la proposición $(p \to q) \land r$ sea verdadera, r ha de ser verdadera con independencia del valor de verdad de p.*

*Se verá posteriormente en el ejemplo **4** un caso de dos programas equivalentes, basándose en el concepto de "equivalencia lógica", que estudiamos a continuación.*

1.4. Equivalencia lógica: Leyes Lógicas

En este apartado veremos el concepto fundamental de la lógica de proposiciones, cuya extensión a otras lógicas será asimismo esencial para las mismas. Dicho concepto trata de explicar cuándo dos expresiones son equivalentes desde el punto de vista lógico.

Definición 1. *Equivalencia lógica*

Dos proposiciones P_1 y P_2 son lógicamente equivalentes si tienen la misma tabla de verdad, y se escribe

$$P_1 \Leftrightarrow P_2$$

Es decir, P_1 es verdadera exactamente en los mismos casos en que lo es P_2, atendiendo a los valores de verdad de las proposiciones atómicas que las constituyen.

Ejemplo 3 (label=equivsBasics). *Equivalencias lógicas*

Comprobar las siguientes equivalencias lógicas:

1. $(p \to q) \Leftrightarrow (\neg p \vee q)$.

2. $(p \leftrightarrow q) \Leftrightarrow [(p \to q) \wedge (q \to p)]$.

Solución:

Comprobamos ambas equivalencias lógicas mediante las dos tablas de verdad siguientes:

p	q	$\neg p$	$\neg p \vee q$	$p \to q$
1	1	0	1	1
1	0	0	0	0
0	1	1	1	1
0	0	1	1	1

p	q	$p \to q$	$q \to p$	$(p \to q) \wedge (q \to p)$	$p \leftrightarrow q$
1	1	1	1	1	1
1	0	0	1	0	0
0	1	1	0	0	0
0	0	1	1	1	1

Nota 4. *Operadores XOR/NOR/NAND*

Utilizando las equivalencias del Ejemplo 3, así como las siguientes equivalencias

- $(p \oplus q) \Leftrightarrow \neg(p \leftrightarrow q)$.

- $(p \downarrow q) \Leftrightarrow \neg(p \vee q)$.

- $(p \uparrow q) \Leftrightarrow \neg(p \wedge q)$.

se deduce que todas las conectivas lógicas pueden expresarse en función de las tres conectivas fundamentales $\neg, \wedge, \vee$.

Es fácil comprobar los siguientes resultados:

1. $P_1 \Leftrightarrow P_2$ si y solo si la proposición compuesta $(P_1 \leftrightarrow P_2)$ es una Tautología.

2. La equivalencia lógica es *reflexiva*, es decir, toda proposición lógica es equivalente a sí misma, *simétrica*, es decir, si $P_1 \Leftrightarrow P_2$ entonces $P_2 \Leftrightarrow P_1$, y *transitiva*, es decir, si $P_1 \Leftrightarrow P_2$ y $P_2 \Leftrightarrow P_3$, entonces $P_1 \Leftrightarrow P_3$.

3. $P_1 \leftrightarrow P_2$ si y solo si $\neg P_1 \Leftrightarrow \neg P_2$.

A continuación enunciamos una serie de equivalencias lógicas elementales, conocidas como "Leyes de la Lógica", que son muy utilizadas, y que sirven para deducir otras equivalencias lógicas más complejas. El conjunto de Leyes Lógicas que damos a continuación no es minimal, es decir, alguna de ellas puede deducirse de las restantes, pero nos parece interesante hacer una recopilación de las más utilizadas en la literatura.

Teorema 1.1. *Leyes Lógicas*

Doble Negación: $\neg\neg p \Leftrightarrow p$

De Morgan: $\begin{cases} \neg(p \vee q) \Leftrightarrow (\neg p \wedge \neg q) \\ \neg(p \wedge q) \Leftrightarrow (\neg p \vee \neg q) \end{cases}$

Conmutativas: $\left\{ \begin{array}{l} (p \vee q) \Leftrightarrow (q \vee p) \\ (p \wedge q) \Leftrightarrow (q \wedge p) \end{array} \right.$

Asociativas: $\left\{ \begin{array}{l} p \vee (q \vee r) \Leftrightarrow (p \vee q) \vee r \\ p \wedge (q \wedge r) \Leftrightarrow (p \wedge q) \wedge r \end{array} \right.$

Distributivas: $\left\{ \begin{array}{l} p \vee (q \wedge r) \Leftrightarrow (p \vee q) \wedge (p \vee r) \\ p \wedge (q \vee r) \Leftrightarrow (p \wedge q) \vee (p \wedge r) \end{array} \right.$

Idempotencia: $\left\{ \begin{array}{l} (p \vee p) \Leftrightarrow p \\ (p \wedge p) \Leftrightarrow p \end{array} \right.$

Neutras: $\left\{ \begin{array}{l} (p \vee \mathrm{C}) \Leftrightarrow p \\ (p \wedge \mathrm{T}) \Leftrightarrow p \end{array} \right.$

Inversas: $\left\{ \begin{array}{l} (p \vee \neg p) \Leftrightarrow \mathrm{T} \\ (p \wedge \neg p) \Leftrightarrow \mathrm{C} \end{array} \right.$

Dominación: $\left\{ \begin{array}{l} (p \vee \mathrm{T}) \Leftrightarrow \mathrm{T} \\ (p \wedge \mathrm{C}) \Leftrightarrow \mathrm{C} \end{array} \right.$

Absorción (Simplificativas): $\left\{ \begin{array}{l} p \vee (p \wedge q) \Leftrightarrow p \\ p \wedge (p \vee q) \Leftrightarrow p \end{array} \right.$

Contrapositiva (Contrarrecíproca): $(p \rightarrow q) \Leftrightarrow (\neg q \rightarrow \neg p)$

Implicación: $(p \rightarrow q) \Leftrightarrow (\neg p \vee q)$

Equivalencia: $(p \leftrightarrow q) \Leftrightarrow [(p \rightarrow q) \wedge (q \rightarrow p)]$

Exportación: $[(p \wedge q) \rightarrow r] \Leftrightarrow [p \rightarrow (q \rightarrow r)]$

Reducción al Absurdo: $(p \rightarrow q) \Leftrightarrow [(p \wedge \neg q) \rightarrow \mathrm{C}]$

Demostración: $\left\{ \begin{array}{ll} \textbf{por casos} & [(p \rightarrow r) \wedge (q \rightarrow r)] \Leftrightarrow [(p \vee q) \rightarrow r] \\ \textbf{por partes} & [(p \rightarrow q) \wedge (p \rightarrow r)] \Leftrightarrow [p \rightarrow (q \wedge r)] \end{array} \right.$

Dualidad: Reglas de sustitución

Introducimos ahora el concepto de Dualidad.

Definición 2. *Proposición dual*

Sea S una proposición compuesta en la que solo aparecen las conectivas fundamentales (negación, conjunción y disyunción). Se llama proposición dual de S, y de denota por S^* (o bien S^d), a la obtenida a partir de S intercambiando los símbolos de conjunción y disyunción, así como los de Tautología y Contradicción.

Por ejemplo, la expresión dual de $(p \wedge \neg q) \vee (r \wedge \mathrm{T})$ es $(p \vee \neg q) \wedge (r \vee \mathrm{C})$.

Nótese que si p es una proposición primitiva, su dual es ella misma, y lo mismo sucede con $\neg p$. Asimismo, la dual de la expresión dual es la expresión de partida.

Obsérvese también que en la lista de Leyes Lógicas, las equivalencias en las que solo hay conjunciones y disyunciones van agrupadas en pares debido a que cada una de ellas es la dual de la otra. En consecuencia, si a partir de las Leyes de la Lógica fuésemos capaces de demostrar una equivalencia lógica, también seríamos capaces de demostrar, usando las leyes duales, la equivalencia dual. Así pues, es razonable admitir como válido el siguiente "Principio de Dualidad":

Axioma 1. *Dualidad*

$P \Leftrightarrow Q$ *si y solo si* $P^* \Leftrightarrow Q^*$.

Si en una expresión aparecen conectivas distintas de las fundamentales, se puede definir su dual sustituyendo previamente las conectivas no fundamentales en función de ellas, utilizando las leyes lógicas.

Para hacer esto formalmente, son necesarias las llamadas "reglas de sustitución", cuyo objetivo es poder combinar sucesivas equivalencias elementales para demostrar equivalencias más complejas. Estas reglas son:

(1) Supongamos que P es una Tautología en la que aparece una proposición primitiva p. Si sustituimos todas y cada una de las ocurrencias de p en P por otra proposición compuesta Q, la proposición resultante también es una Tautología.

(2) Sea S una proposición compuesta en la que aparece una proposición P, y supongamos que $P \Leftrightarrow Q$. Si sustituimos en S una o más veces la proposición P por Q, la proposición resultante es equivalente a S.

Por ejemplo, a partir de las Leyes Lógicas y utilizando las reglas de sustitución, se deduce

$$\neg(p \to q) \Leftrightarrow (p \wedge \neg q)$$

que en algunos libros se llama "ley de negación de implicación". Dejamos como ejercicio al lector el siguiente ejercicio, para aplicar las leyes lógicas y las reglas de sustitución.

Ejercicio 1. ■ *Demuestra las siguientes equivalencias lógicas:*

1. $(p \to q) \Leftrightarrow \neg(p \wedge \neg q)$

2. $(p \vee q) \Leftrightarrow (\neg p \to q)$

3. $(p \wedge q) \Leftrightarrow \neg(p \to \neg q)$

4. $[(r \wedge s) \to q] \Leftrightarrow [(\neg r \vee \neg s) \vee q]$.

5. $([(r \wedge s) \vee t] \to [(u \to v) \to w]) \Leftrightarrow (\neg[(r \wedge s) \vee t] \vee [(u \to v) \to w])$.

■ *Niega y simplifica la expresión lógica* $(p \vee q) \to r$.

Ejemplo 4 (label=ejploexportacion). *Ejemplo de programación*

Un ejemplo de programación en que se usa la "ley de exportación" es comprobar que el programa

```
z = 4
for i in range(10):
    x = z - i
    y = z + 3*i
    if ((x>0) and (y>0)):
        print(x+y)
```

hace exactamente lo mismo que este otro programa

```
z = 4
for in in range(10):
    x = z - i
```

```
y = z + 3*i
if (x>0):
    if (y>0):
        print(x+y)
```

Efectivamente, el esquema lógico del primer programa es $(p \wedge q) \to r$, mientras que el del segundo programa es $p \to (q \to r)$, y ambas expresiones lógicas son equivalentes.

En general, es preferible el segundo código sobre el primero, ya que si la primera condición $x > 0$ no se cumple, la segunda $y > 0$ no se comprueba, mientras que (dependiendo de los lenguajes de programación) en el primer programa normalmente se comprueban las dos condiciones. Es decir, que el segundo programa se ahorra una comprobación. Además pudiera ocurrir que ambas condiciones estén relacionadas, de manera que si la primera condición no se cumple la comprobación de la segunda pudiera dar a un error (tal sería el caso si, por ejemplo, la segunda condición la sustituimos por $\log x > 0$).

Ejemplo 5. *Circuitos de Interruptores*

Un interruptor puede representarse mediante una proposición atómica, que puede ser verdadera o falsa según el interruptor esté abierto o cerrado. Estos interruptores pueden conectarse en serie o en paralelo, y estos interruptores pueden ser "dependientes", en el sentido de que ambos están cerrados o abiertos a la vez (se representan mediante la misma proposición primitiva), o que uno está abierto cuando el otro esté cerrado (uno se representa por p y el otro por $\neg p$).

Por otra parte, si varios interruptores (o circuitos, en general) están en paralelo, pasa corriente con tal que al menos uno de dichos interruptores esté abierto (o que uno de dichos circuitos deje pasar la corriente), es decir, las correspondientes proposiciones se conectan por una disyunción, y si están en serie, se corresponden con una conjunción. Por tanto, un circuito de interruptores puede representarse mediante una proposición lógica (compuesta).

El problema que surge aquí consiste en "simplificar" un circuito de interruptores, es decir, dado un tal circuito, hallar otro más sencillo que sea "equivalente" al anterior (que deje pasar o no la corriente exactamente en las mismas combinaciones de abierto o cerrado de todos los interruptores de los que consta). El proceso se divide en tres fases:

1. *Convertir el circuito en una expresión lógica.*

2. *Simplificar dicha expresión lógica, normalmente usando las Leyes Lógicas.*

3. *Dibujar el circuito que corresponde a la expresión simplificada obtenida anteriormente.*

Veamos un ejemplo:

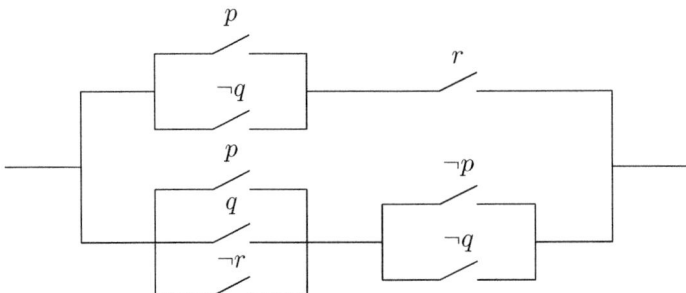

La proposición lógica correspondiente a este circuito es

$$[(p \vee \neg q) \wedge r] \vee [(p \vee q \vee \neg r) \wedge (\neg p \vee \neg q)]$$

Mediante las leyes lógicas, esta proposición se simplifica (ejercicio para el lector), obteniendo

$$\neg p \vee \neg q \vee r$$

Por lo tanto, el anterior circuito es equivalente al siguiente, mucho más simple:

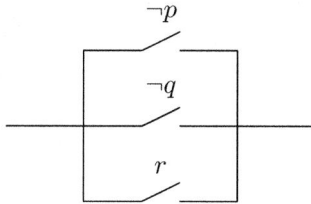

1.5. Formas Normales

Aunque esta puede verse bajo la perspectiva de *álgebras de Boole* (ver capítulo 7), lo introduciremos aquí brevemente como pretexto para manejar de forma práctica las leyes de la lógica. En el ámbito de las álgebras de Boole se usa una notación distinta, y se recomienda que, cuando llegue el momento, que se vuelva a trabajar esta sección con la notación correspondiente.

Otra razón por la que se introduce aquí es que el cálculo de formas normales es la herramienta básica para realizar deducciones automáticas en *Inteligencia Artificial*, es decir, los algoritmos de deducción automática se basan en el manejo de expresiones normalizadas.

Definición 3. *Supongamos que en una proposición compuesta aparecen n proposiciones primitivas $p_1, \ldots, p_n$.*

1. *Se llama "literal" a cualquiera de las p_i o sus negaciones $\neg p_i$.*

2. *Se llama "conjunción fundamental" a cualquier expresión del tipo*

$$q_1 \wedge \ldots \wedge q_n$$

   donde o bien $q_i = p_i$ o bien $q_i = \neg p_i$.

3. *Se llama "disyunción fundamental" a cualquier expresión del tipo*

$$q_1 \vee \ldots \vee q_n$$

   donde o bien $q_i = p_i$ o bien $q_i = \neg p_i$.

4. *Se llama "forma normal diyuntiva" (FND) a toda disyunción de conjunciones fundamentales.*

5. *Se llama "forma normal conjuntiva" (FNC) a toda conjunción de disyunciones fundamentales.*

Ejemplo 6. *Literales*

Si hay cuatro proposiciones primitivas p, q, r, s entonces:

- *Hay 8 literales: $p, q, r, s, \neg p, \neg q, \neg r, \neg s$.*

- *Conjunciones fundamentales: $p \wedge q \wedge r \wedge s$, $p \wedge \neg q \wedge \neg r \wedge s$ ...*

- *Disyunciones fundamentales: $p \vee \neg q \vee \neg r \vee \neg s$, $p \vee q \vee r \vee \neg s$ ...*

- *$(p \wedge q \wedge r \wedge s) \vee (p \wedge \neg q \wedge \neg r \wedge s)$ es una FND.*

- *$(p \vee \neg q \vee \neg r \vee \neg s) \wedge (p \vee q \vee r \vee \neg s) \wedge (p \vee q \vee r \vee s)$ es una FNC.*

El problema práctico que hay que resolver en relación a las formas normales es el siguiente:

"Dada una proposición compuesta P, hallar su FND o su FNC, es decir, la *única* FND o FNC que es lógicamente equivalente a la proposición dada P".

La unicidad se deduce, de hecho, del método de cálculo que vamos a exponer a continuación. Los dos casos límite en que el método no es operativo es cuando P es una Tautología o una Contradicción:

- Si P es una Tautología, su FND consiste en la disyunción de todas las posibles conjunciones fundamentales, y su FNC no existe (en realidad, es una "conjunción vacía").

- Si P es una Contradicción, su FNC consiste en la conjunción de todas las posibles disyunciones fundamentales, y su FND no existe (en realidad, es una "disyunción vacía").

Daremos ahora una forma de calcular tanto la FND como la FNC. Por dualidad, se tendrían a su vez otros dos métodos, que no explicitaremos.

Algoritmo 1. *Cálculo de la FND*

Paso 0: *Se eliminan las conectivas que no sean negaciones, conjunciones o disyunciones, aplicando las leyes lógicas que escriben el resto de conectivas en función de estas tres (ley de implicación, ley de equivalencia, etc.).*

Paso 1: *Se eliminan los paréntesis hasta conseguir una disyunción de conjunciones de literales aplicando, principalmente, las propiedades distributivas y De Morgan.*

Paso 2: *Se eliminan repeticiones de literales en cada conjunción (mediante las leyes idempotentes e inversas), y se eliminan después conjunciones repetidas (idempotencia de la disyunción).*

Paso 3: *En cada una de las conjunciones obtenidas, si falta el símbolo p_i se hace la conjunción de esta con $(p_i \vee \neg p_i)$ (que es una Tautología, y aplicamos por tanto las leyes neutras), y se continúa hasta completar todos los literales de todas las conjunciones.*

Paso 4: *Se deshacen los paréntesis producidos en el paso anterior (distributiva), y se eliminan conjunciones fundamentales repetidas (Idempotencia), obteniéndose la FND buscada.*

Ejemplo 7. *Forma Normal Disyuntiva Hallar la FND de la expresión lógica $(p \vee q) \to r$.*

Solución:

En el Paso 0 aplicamos la ley de implicación, obteniendo

$$\neg(p \vee q) \vee r$$

En el Paso 1 aplicamos la ley de De Morgan, obteniendo

$$(\neg p \wedge \neg q) \vee r$$

En el Paso 2 no hay nada que hacer, y continuamos con el Paso 3, completando conjunciones fundamentales:

$$[\neg p \wedge \neg q \wedge (r \vee \neg r)] \vee [(p \vee \neg p) \wedge (q \vee \neg q) \wedge r]$$

En el Paso 4 aplicamos la propiedad distributiva

$$(\neg p \wedge \neg q \wedge r) \vee (\neg p \wedge \neg q \wedge \neg r) \vee (p \wedge q \wedge r) \vee (p \wedge \neg q \wedge r) \vee (\neg p \wedge q \wedge r) \vee (\neg p \wedge \neg q \wedge r)$$

y finalmente eliminamos el último término, que es igual al primero, aplicando la propiedad idempotente. Por tanto la FND es

$$(\neg p \wedge \neg q \wedge r) \vee (\neg p \wedge \neg q \wedge \neg r) \vee (p \wedge q \wedge r) \vee (p \wedge \neg q \wedge r) \vee (\neg p \wedge q \wedge r)$$

En cuanto al cálculo de la FNC, aunque podemos hacerlo por el "método dual" del anterior, es interesante reducirlo al cálculo de una FND según la idea que explicaremos a continuación en la que, implícitamente, usaremos la ley de doble negación.

Supongamos que (por ejemplo con tres literales) tenemos una FND como

$$(p \wedge q \wedge r) \vee (p \wedge \neg q \wedge \neg r)$$

y la negamos; aplicando las leyes de De Morgan obtenemos

$$\begin{aligned}
\neg[(p \wedge q \wedge r) \vee (p \wedge \neg q \wedge \neg r)] &\Leftrightarrow \\
\neg(p \wedge q \wedge r) \wedge \neg(p \wedge \neg q \wedge \neg r) &\Leftrightarrow \\
(\neg p \vee \neg q \vee \neg r) \wedge (\neg p \vee q \vee r) &\Leftrightarrow
\end{aligned}$$

(tras aplicar dobles negaciones), es decir, que al negar una FND se obtiene una FNC. Si lo que queremos es pues obtener la FNC de una expresión P, basta con calcular primero la FND de su negación, y luego aplicar el truco anterior puesto que si $\neg P \Leftrightarrow$ FND entonces

$$P \Leftrightarrow \neg(\neg P) \Leftrightarrow \neg(\text{FND}) \Leftrightarrow \text{FNC}$$

Así pues, el método es muy fácil de exponer:

Algoritmo 2. *Cálculo de la FNC*

Paso I: *Hallar la FND de la negación.*

Paso II: *Negar la FND anterior y obtener una FNC mediante las leyes de De Morgan.*

Ejemplo 8. *Forma Normal Conjuntiva Hallar la FNC de la expresión lógica* $(p \to q) \to r$.

Solución:

La negación de esta expresión lógica, usando las leyes de implicación y negación de implicación, es

$$(\neg p \vee p) \wedge \neg r$$

Por el método antes descrito, se calcula su FND

$$(\neg p \wedge q \wedge \neg r) \vee (\neg p \wedge \neg q \wedge \neg r) \vee (p \wedge q \wedge r) \vee (\neg p \wedge q \wedge r)$$

y finalmente, negando la FND obtenida y aplicando las leyes de De Morgan, se obtiene la FNC de la expresión original:

$$(p \vee \neg q \vee r) \wedge (p \vee q \vee r) \wedge (\neg p \vee \neg q \vee \neg r) \wedge (p \vee \neg q \vee \neg r)$$

1.6. Funciones lógicas

Una tabla de verdad puede interpretarse como una función lógica, que toma valores Booleanos en función de los valores de unas variables lógicas. Por ejemplo, si tenemos la expresión $(p \lor q) \to r$, la función lógica asociada $F(p, q, r) = (p \lor q) \to r$ sería una aplicación

$$F : B^3 \to B$$

donde $B = \{0, 1\}$, y la asignación que corresponde a un triple de valores Booleanos concreto (p, q, r) viene dada por la tabla de verdad de la expresión lógica anterior, por ejemplo $F(1, 0, 1) = 1$, es decir, si p y r son verdaderas y q es falsa, la expresión anterior es verdadera.

Nótese que cada fila de una tabla de verdad se corresponde con una conjunción fundamental, por ejemplo, en el caso anterior, la fila $(1, 0, 1)$ se corresponde con $p \land \neg q \land r$. Por otra parte, la función (o expresión) lógica es verdadera en aquellas filas donde haya un 1 en la tabla, y como las filas son casos excluyentes, se deduce que la expresión lógica tiene como FND la disyunción de las conjunciones fundamentales correspondientes a las filas de la tabla de verdad en donde dicha expresión es verdadera. Esto nos da otra forma alternativa de construir la FND de una expresión lógica, a partir de su tabla de verdad.

En particular, se deduce que toda función lógica (o tabla de verdad) puede describirse con una expresión lógica Booleana, es decir, una expresión lógica que solo utiliza las conectivas negación, disyunción y conjunción. Se dice entonces que este conjunto de tres conectivas es *funcionalmente completo*. Proponemos a continuación varios ejercicios para practicar con tablas de verdad, funciones lógicas y equivalencias lógicas.

Ejercicio 2 (label=exe:16TV). *1. Construye las tablas de verdad todas las funciones lógicas de 2 variables (2 proposiciones primitivas). Nótese que las tablas tienen $2^2 = 4$ filas, y que por tanto hay en total $2^4 = 16$ posibles tablas de verdad (véase el capítulo sobre Combinatoria 8).*

2. Para cada una de dichas tablas, halla una expresión lógica simple que la represente.

Ejercicio 3. *Comprueba si los siguientes conjuntos de conectivas lógicas son o no funcionalmente completos:*

(a) $\{\land, \lor\}$

(b) $\{\land, \neg\}$

(c) $\{\lor, \neg\}$

(d) $\{\neg, \oplus\}$

Para comprobar que el operador NAND por sí solo constituye un conjunto funcionalmente completo, el siguiente resultado puede comprobarse fácilmente con las correspondientes tablas de verdad:

Lema 1. *Se verifican las siguientes equivalencias lógicas:*

(I) $\neg p \Leftrightarrow p|p$

(II) $(p \land q) \Leftrightarrow (p|q)|(p|q)$

(III) $(p \lor q) \Leftrightarrow (p|p)|(q|q)$

Ejercicio 4. *(1) Reescribe las expresiones obtenidas en el ejercicio 2 en función solo del operador NAND.*

(2) Por dualidad, comprueba que el operador NOR también constituye un operador funcionalmente completo (o puerta lógica binaria universal), y repite el apartado anterior con el operador NOR.

1.7. Implicación lógica: Reglas de Inferencia

En esta sección analizaremos el concepto de deducción lógica. En general, un razonamiento lógico consta de una serie de *premisas* o *hipótesis*, y una *conclusión* o *tesis*, y el razonamiento es válido si siempre que todas las premisas sean verdaderas la conclusión es necesariamente verdadera. De esta manera, la conclusión es consecuencia lógica de las premisas, al no poder ser falsa cuando estas son verdaderas.

En términos de la lógica proposicional, denotemos por $p_1, \ldots, p_n$ las premisas y q la conclusión. Entonces, la estructura lógica de una inferencia o deducción lógica es

$$(p_1 \wedge \ldots \wedge p_n) \to q$$

Nótese que, en particular, si una de las premisas es falsa entonces el antecedente de la implicación anterior es falsa, y por tanto dicha implicación es verdadera. La idea intuitiva anterior se formaliza en la siguiente

Definición 4. *Implicación lógica*

Se dice que P implica lógicamente Q (o también que Q se deriva lógicamente de P), y se denota

$$P \Rightarrow Q$$

si la proposición compuesta $P \to Q$ es una Tautología.

Esto se corresponde con la idea anterior, pues para ninguna combinación de valores de verdad se verificará que el antecedente sea verdadero y la conclusión falsa.

Normalmente se excluye un caso trivial, que es cuando no es posible encontrar ninguna combinación de valores de verdad para la cual el antecedente sea verdadero, es decir, que no sea posible que todas las premisas sean verdaderas simultáneamente. Se dice en este caso que el razonamiento es *inconsistente* (o más bien que el conjunto de premisas es inconsistente). Si esto ocurre, el razonamiento es formalmente válido, según la definición anterior, ya que el antecedente es siempre falso, pero no tiene ninguna utilidad práctica (nótese que la conjunción de las premisas es una Contradicción, y por tanto de ella se puede deducir cualquier cosa, tanto una proposición como su negación).

Ejemplos sencillos de implicaciones lógicas son

$$p \to (p \vee q)$$

o también

$$(p \wedge q) \to p$$

Una forma sencilla de comprobar una implicación lógica es mediante una tabla de verdad. Se realiza la tabla de verdad de las premisas y de la conclusión, y nos fijamos solamente en aquellas filas donde todas las premisas sean verdaderas; entonces, en dichas filas debe haber un 1 en la columna de la conclusión, y en cuanto haya un 0 en alguna de tales filas la implicación no es lógica (es decir, la deducción no es válida). En otras palabras, no es necesario hacer toda la tabla verdad hasta el final para comprobar que obtendríamos una Tautología.

Por otra parte, si en ninguna fila las premisas son todas verdaderas simultáneamente, se deduce que el razonamiento es inconsistente.

Veamos ahora un par de resultados sencillos de comprobar:

1. La implicación lógica es reflexiva (toda proposición se implica lógicamente a sí misma) y transitiva (si $P \Rightarrow Q$ y $Q \Rightarrow S$ entonces $P \Rightarrow S$, lo que permite encadenar varias deducciones consecutivas).

2. $P \Leftrightarrow Q$ si y solo si $(P \Rightarrow Q) \wedge (Q \Rightarrow P)$.

Al igual que en el caso de la equivalencia lógica, daremos a continuación una lista con las implicaciones lógicas más usuales, denominadas Reglas de Inferencia Lógica:

Teorema 1.2. *Reglas de Inferencia*

Modus Ponens: $[p \wedge (p \to q)] \Rightarrow q$

Modus Tollens: $[\neg q \wedge (p \to q)] \Rightarrow \neg p$

Silogismo: $[(p \to q) \wedge (q \to r)] \Rightarrow (p \to r)$

Silogismo Disyuntivo: $[(p \vee q) \wedge \neg p] \Rightarrow q$

Conjunción: $[p \wedge q] \Rightarrow (p \wedge q)$

Contradicción: $(\neg p \to C) \Rightarrow p$

Simplificación Conjuntiva: $(p \wedge q) \Rightarrow p$

Amplificación Disyuntiva: $p \Rightarrow (p \vee q)$

Dilema Constructivo: $[(p \to q) \wedge (r \to s) \wedge (p \vee r)] \Rightarrow (q \vee s)$

Dilema Destructivo: $[(p \to q) \wedge (r \to s) \wedge (\neg q \vee \neg s)] \Rightarrow (\neg p \vee \neg r)$

Demostración por casos: $[(p \to r) \wedge (q \to r)] \Rightarrow [(p \vee q) \to r]$

Demostración por partes: $[(p \to q) \wedge (p \to r)] \Rightarrow [p \to (q \wedge r)]$

Demostración condicional: $[(p \wedge q) \wedge (p \to (q \to r))] \Rightarrow r$

Principio de Deducción: $[(p_1 \wedge \ldots \wedge p_n \wedge q) \to r] \Rightarrow [(p_1 \wedge \ldots \wedge p_n) \to (q \to r)]$

Resolución: $[(p \vee q) \wedge (\neg p \vee r)] \Rightarrow (q \vee r)$

Antes de ver algunos ejemplos, haremos una pequeña observación sobre la regla de conjunción. Tal y como parece escrita parece trivial, pero en realidad lo importante es cómo se usa: sirve para decir que si dos proposiciones p y q han sido deducidas por separado, se puede deducir que es verdadera la conjunción de ambas, lo cual suele suceder frecuentemente en la práctica.

Otra observación es sobre el Principio (o Teorema) de Deducción, que en realidad es una equivalencia lógica (como también algunas otras de las reglas de inferencia). Esta regla es una generalización de la ley de exportación, y nos dice que para demostrar una proposición condicional, basta con añadir el antecedente como si fuera una premisa más (hipótesis), y deducir de todo ello el consecuente.

Veamos a continuación el siguiente ejemplo de razonamiento lógico:

$$
\begin{array}{rl}
(1) & p \to r \\
(2) & \neg p \to q \\
(3) & q \to s \\
\hline
\therefore & \neg r \to s
\end{array}
$$

Método deductivo

Un razonamiento lógico va a ser una sucesión de proposiciones que se deducen cada una a partir de las anteriores aplicando bien una regla de inferencia, bien una equivalencia lógica (posiblemente mediante alguna de las reglas de sustitución). En nuestro caso:

$$
\begin{array}{lll}
(1) & p \to r & \text{premisa} \\
(2) & \neg r \to \neg p & \text{contrapositiva } (1) \\
(3) & \neg p \to q & \text{premisa} \\
(4) & \neg r \to q & \text{silogismo } (2),(3) \\
(5) & q \to s & \text{premisa} \\
(6) & \therefore\ \neg r \to s & \text{silogismo } (4),(5)
\end{array}
$$

Para ilustrar que no hay un único camino para realizar una demostración, vamos a ver ahora varias alternativas a la demostración anterior. La primera usa equivalencias lógicas y el dilema constructivo:

$$
\begin{array}{lll}
(1) & p \to r & \text{premisa} \\
(2) & \neg p \to q & \text{premisa} \\
(3) & q \to s & \text{premisa} \\
(4) & p \vee q & \text{implicación y doble negación } (2) \\
(5) & r \vee s & \text{dilema constructivo } (1),(3),(4) \\
(6) & \therefore\ \neg r \to s & \text{implicación y doble negación } (5)
\end{array}
$$

Como queremos deducir una implicación (proposición condicional), podemos utilizar también el Teorema de Deducción (TD), junto con el Modus Ponens (MP) y el Modus Tollens (MT):

$$
\begin{array}{lll}
(1) & p \to r & \text{premisa} \\
(2) & \neg p \to q & \text{premisa} \\
(3) & q \to s & \text{premisa} \\
(4) & \neg r & \text{hipótesis} \\
(5) & \neg p & \text{MT } (1),(4) \\
(6) & q & \text{MP } (2),(5) \\
(7) & s & \text{MP } (3),(6) \\
(8) & \therefore\ \neg r \to s & \text{TD } (4),(7)
\end{array}
$$

Por último, el Principio de Deducción anterior se puede combinar con una estrategia de demostración por "reducción al absurdo" (RA), en la que supondremos que lo que queremos demostrar es falso y llegaremos a una Contradicción, con lo que deduciremos que efectivamente lo que queríamos demostrar es verdadero. Se usa en realidad la Regla de Contradicción:

$$
\begin{array}{lll}
(1) & p \to r & \text{premisa} \\
(2) & \neg p \to q & \text{premisa} \\
(3) & q \to s & \text{premisa} \\
(4) & \neg r & \text{hipótesis} \\
(5) & \neg s & \text{hipótesis (RA)} \\
(6) & \neg q & \text{MT (3),(5)} \\
(7) & \neg\neg p & \text{MT (2),(6)} \\
(8) & p & \text{doble negación (7)} \\
(9) & r & \text{MP (1),(8)} \\
(10) & r \wedge \neg r \Leftrightarrow \mathrm{C} & \text{conjunción (4),(9)} \\
(11) & (\neg s) \to \mathrm{C} & \text{TD (5),(10)} \\
(12) & s & \text{contradicción y doble negación (11)} \\
(13) & \therefore \ \neg r \to s & \text{TD (4),(12)}
\end{array}
$$

Método interpretativo

Otra forma de demostrar la validez (o no) de un razonamiento lógico es mediante un "método interpretativo", es decir, analizando posibles valores de verdad de las proposiciones atómicas implicadas en el razonamiento para ver si es posible o no que una combinación de dichos valores dé lugar a que todas las premisas sean verdaderas y la conclusión falsa; a una tal combinación se le denomina *contraejemplo*. Si ello es posible, y se muestra una combinación concreta que lo realiza, se demuestra que el razonamiento no es válido, y si se muestra que ninguna tal combinación es posible, es decir, que no existe ningún contraejemplo, se demuestra que dicho razonamiento es válido. Por ejemplo, el razonamiento

$$
\begin{array}{ll}
(1) & p \\
(2) & p \vee q \\
(3) & q \to (r \to s) \\
(4) & t \to r \\
\hline
\therefore & \neg s \to \neg t
\end{array}
$$

no es válido, puesto que si $p = 1$, $q = 0$, $r = 1$, $s = 0$ y $t = 1$ se comprueba (por tanteo) que las cuatro premisas son verdaderas mientras que la conclusión es falsa.

El razonamiento que habíamos demostrado anteriormente ser válido mediante cuatro métodos distintos puede ser también demostrado por este método interpretativo. Efectivamente, si queremos que las tres premisas sean verdaderas y la conclusión falsa, comenzaremos por imponer que que esta última $\neg r \to s$ sea falsa, pues ello fuerza a que $r = 0$ y $s = 0$. Como estos son los consecuentes de la primera y tercera premisas, y estas han de ser verdaderas, los antecedentes de dichas premisas no pueden ser verdaderos, lo que fuerza a que $p = 0$ y $q = 0$. Pero en estas condiciones, la segunda premisa $\neg p \to q$ es falsa, y resulta imposible conseguir lo que pretendíamos, con lo que dicho razonamiento es válido.

Ejercicio 5. *Demostrar, mediante varios procedimientos distintos, la validez de los siguientes razonamientos lógicos:*

(I)

$$
\begin{array}{ll}
(1) & p \to q \\
(2) & \neg q \vee (r \wedge s) \\
(3) & p \wedge t \\
(4) & r \to (\neg t \vee u) \\
\hline
\therefore & u
\end{array}
$$

(II)

$$
\begin{array}{ll}
(1) & (\neg p \wedge q) \vee (r \wedge s) \\
(2) & r \to t \\
(3) & \neg t \vee u \\
(4) & \neg u \\
\hline
\therefore & q
\end{array}
$$

(III)

$$
\begin{array}{ll}
(1) & p \leftrightarrow q \\
(2) & \neg q \vee r \\
(3) & \neg r \vee \neg s \\
(4) & s \\
\hline
\therefore & \neg p
\end{array}
$$

1.8. Deducción Automática

En **Inteligencia Artificial**, como ya dijimos anteriormente, estamos interesados en poder realizar demostraciones de forma automatizada, es decir, realizar mediante un método algorítmico o programa informático un razonamiento del estilo a los ejemplos anteriores. Sin entrar en excesivos detalles, la idea es la siguiente: se añade al conjunto de premisas, escrito como conjunción de disyunciones o *cláusulas*, la negación de la conclusión (reducción al absurdo), también en forma de conjunción de cláusulas, y se quiere ver si todo ello da lugar o no a una Contradicción.

Método de Resolución

Cuando se diseñan en Inteligencia Artificial sistemas expertos o programas que realizan deducciones automáticas, se usa la llamada **regla de resolución**, basada en la siguiente implicación lógica

$$[(p \vee q) \wedge (\neg p \vee r)] \Rightarrow (q \vee r)$$

donde la disyunción que se obtiene como conclusión se denomina "resolvente".

Como caso particular, si $q = r$ se tiene la siguiente regla de deducción

$$[(p \vee q) \wedge (\neg p \vee q)] \Rightarrow q$$

Por ejemplo, se puede deducir que si $(p \wedge q) \vee r$ y $r \to s$ son ciertas, entonces $p \vee s$ también lo es (usando la regla de resolución). Efectivamente, las premisas dan lugar a tres cláusulas: $p \vee r$, $q \vee r$, y $\neg r \vee s$. Entonces aplicamos la regla de resolución a la primera y la tercera de las cláusulas, obteniendo $p \vee s$.

En general, la forma de ver si se llega o no a una Contradicción es aplicar sistemáticamente regla de resolución a todos los posibles pares de disyunciones (o cláusulas) a partir de las hipótesis (negación de la conclusión incluida) hasta que, eliminando las Tautologías que se produzcan entre medias, lleguemos en algún momento a alguna Contradicción, y se deduzca que el razonamiento es válido. Si se para el algoritmo (porque se llegue al final a un conjunto vacío de cláusulas, o no vacío pero a partir del cual no se pueda seguir simplificando) sin haber obtenido ninguna Contradicción, el razonamiento no es válido.

En el caso anterior, añadiríamos a las premisas la negación de la conclusión $\neg(p \vee s) \Leftrightarrow \neg p \wedge \neg s$. Los pasos del algoritmo aplicado al conjunto de cláusulas serían los siguientes:

1. $p \vee r$, $q \vee r$, $\neg r \vee s$, $\neg p$, $\neg s$

2. $p \vee s$, $q \vee r$, $\neg p$, $\neg s$ (resolución, cláusulas primera y tercera)

3. s, $q \vee r$, $\neg s$ (resolución, cláusulas primera y tercera)

4. C (resolución, cláusulas primera y tercera)

En el ejemplo anterior, notemos que la regla de silogismo disyuntivo

$$(p \vee s) \wedge \neg p \Rightarrow s$$

es un caso particular de la regla de resolución

$$(p \vee s) \wedge (\neg p \vee r) \Rightarrow (s \vee r)$$

donde $r = C$ es una Contradicción, dado que $P \vee C \Leftrightarrow P$. Asimismo, s y $\neg s$ "resuelven" en una contradicción, considerando en este caso las proposiciones ausentes como contradicciones.

En otro ejemplo, demostremos que si $(p \wedge q) \to r$, y $p \wedge \neg r$, entonces $\neg q$. Nótese que la primera premisa es equivalente a $(\neg p \vee \neg q) \vee r$. Por refutación, añadamos la negación de la conclusión $\neg\neg q \Leftrightarrow q$ a las premisas, y apliquemos sucesivamente la regla de resolución, hasta que obtengamos una conclusión:

1. $\neg p \vee \neg q \vee r$

2. p

3. $\neg r$

4. q

5. $\neg p \vee \neg q$ (resolución 1,3)

6. $\neg q$ (resolución 2,5)

7. C (resolución 4,6)

Al obtener una Contradicción, hemos demostrado por refutación que el silogismo es válido. En general, para deducciones lógicas más complejas, la regla de resolución se puede aplicar a disyunciones de más de dos términos, por ejemplo cláusulas o disyunciones fundamentales:

$$(p \vee Q) \wedge (\neg p \vee R) \Rightarrow (Q \vee R)$$

donde a su vez Q y R son disyunciones de literales (cláusulas). En particular, si tenemos dos cláusulas que solo se diferencian en un literal, que es uno la negación del otro (en la formulación anterior, $P = Q$), se resuelve eliminando dicho literal, es decir:

$$\begin{array}{ll} (1) & p_1 \vee \cdots \vee p_{i-1} \vee p_i \vee p_{i+1} \vee \cdots p_n \\ (2) & p_1 \vee \cdots \vee p_{i-1} \vee \neg p_i \vee p_{i+1} \vee \cdots p_n \\ \hline \therefore & p_1 \vee \cdots \vee p_{i-1} \vee p_{i+1} \vee \cdots p_n \end{array}$$

Vemos ahora un ejemplo de una deducción lógica que no es válida:

$$\begin{array}{ll} (1) & p \to q \\ (2) & q \to r \\ \hline \therefore & r \to p \end{array}$$

Negando la conclusión obtenemos $r \wedge \neg p$, y aplicamos el algoritmo de resolución:

1. $\neg p \lor q$

2. $\neg q \lor r$

3. r

4. $\neg p$

5. $\neg p \lor r$ (resolución 1,2)

6. $\{\neg p \lor r, r, \neg p\}$ STOP

Vemos que en el paso 6 no podemos seguir aplicando la regla de resolución, sin poder pues llegar a una Contradicción, con lo cual deducimos que el razonamiento lógico no es válido.

Tableros semánticos

Un método alternativo (aunque en cierto modo equivalente al anterior) es el de los llamados "Tableaux Semánticos" (o tableros semánticos), donde un procedimiento similar al anterior, pero con formas normales disyuntivas (o disyunciones de conjunciones), se efectúa en un diagrama en forma de árbol, y mediante ciertas reglas de simplificación (o resolución) el objetivo es cerrar todas las ramas de dicho árbol, encontrando una Contradicción entre dos ramas distintas, cada una de las cuales representa una conjunción. Si esto se produce el razonamiento será válido, y será no válido si queda alguna rama abierta.

Es un método interpretativo alternativo para demostrar deducciones lógicas, mediante árboles binarios cuyos nodos son proposiciones lógicas. El procedimiento es el siguiente:

- Primeramente se convierten todas las premisas en expresiones Booleanas, y se aplican las leyes de De Morgan para tener las negaciones solo en las proposiciones primitivas (literales).

- La demostración es por refutación (o reducción al absurdo): se niega la conclusión y se añade como una premisa más, y el objetivo es mostrar que todas las opciones son contradictorias.

- Se inicializa una rama con tantos nodos como premisas.

- Una conjunción se reduce expandiendo dos nodos en la misma rama.

- Una disyunción se reduce generando dos ramas por cada una de las existentes.

- Se simplifican cuando contenga dobles negaciones, así como negaciones de tautologías o contradicciones.

- Una rama se dice "cerrada" si contiene una proposición y su negación.

- Si todas las ramas del árbol semántico son cerradas, el tablero semántico está cerrado y el argumento lógico es válido.

Por ejemplo, demostremos el Modus Ponens por este método: como premisas tenemos $p \to q$, que es equivalente a $\neg p \lor q$, y p; como la conclusión es q, añadimos $\neg q$ al árbol semántico, que queda de la siguiente forma:

1. p
2. $(\neg p \vee q)$
3. $\neg q$

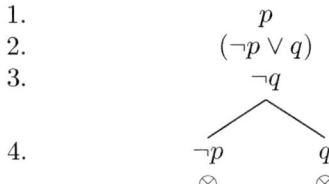

4. $\neg p$ q
       $\otimes$ $\otimes$

En consecuencia, como las dos ramas están cerradas, el razonamiento es correcto.

Veamos otro ejemplo un poco más complejo: demostrar de nuevo que $(p \wedge q) \to r$, junto con $p \wedge \neg r$, implican $\neg q$. La primera premisa era equivalente a $(\neg p \vee \neg q) \vee r$, y al negar la conclusión, por doble negación añadimos q al árbol semántico, que queda de la forma siguiente:

1. $(\neg p \vee \neg q) \vee r$
2. p
3. $\neg r$
4. q

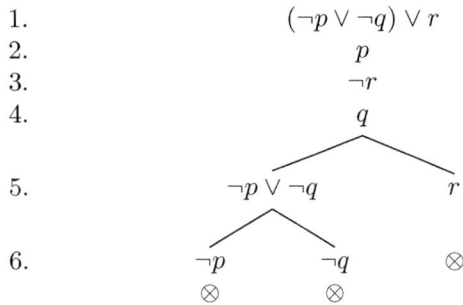

5. $\neg p \vee \neg q$ r
6. $\neg p$ $\neg q$ $\otimes$
       $\otimes$ $\otimes$

Como también todas las ramas están cerradas, el razonamiento es correcto.

Veamos por último un ejemplo con un razonamiento no válido, como es que de $p \to q$ y $\neg p$ se deduce $\neg q$. El tablero semántico, tras simplificar la doble negación $\neg\neg q$, sería:

1. $(\neg p \vee q)$
2. $\neg p$
3. q

4. $\neg p$ q

Como ninguna de las dos ramas se cierra, en este caso se comprueba que el razonamiento no es válido.

1.9. Problemas de Lógica Proposicional

1. Se consideran las siguientes proposiciones, que hacen referencia a una función $f : \mathbb{R} \to \mathbb{R}$:

   p : f es continua.

   q : f es derivable.

   r : f es integrable.

   Traduce al lenguaje natural las siguientes proposiciones simbólicas:

   a) $q \to p$ **b)** $\neg p \to \neg q$ **c)** $q \leftrightarrow r$
   d) $p \to r$ **e)** $\neg r \leftrightarrow \neg p$ **f)** $q \to r$

2. Supongamos que la proposición $p \to q$ es falsa; determina los valores de verdad de:

   a) $p \to \neg q$ **b)** $q \to \neg p$ **c)** $\neg q \to \neg p$ **d)** $q \to p$

3. Determina todas las posibles asignaciones de verdad (si es que existen) para las proposiciones primitivas p, q, r, s, t que hacen que cada una de las siguientes proposiciones compuestas sean falsas:

   a) $[(p \wedge q) \vee r] \to (s \wedge t)$

   b) $[p \wedge (q \vee r)] \to (s \vee t)$

4. Supongamos que la proposición p es falsa. Determina todas las posibles asignaciones de valores de verdad para las proposiciones primitivas q, r, s para que sea verdadera la proposición compuesta

   $$(p \to [(\neg q \vee r) \wedge s]) \wedge [\neg s \to \neg (q \to \neg r)]$$

5. Construye la tabla de verdad de las siguientes proposiciones compuestas, donde p, q y r denotan proposiciones primitivas:

   a) $p \to (q \to r)$ **e)** $\neg(p \vee \neg q) \to (p \vee q)$
   b) $(p \to q) \to r$ **f)** $(p \to q) \to (q \to p)$
   c) $(p \wedge \neg q) \to (p \vee q)$ **g)** $[p \wedge (p \to q)] \to q$
   d) $q \leftrightarrow (p \vee q)$ **h)** $[(p \to q) \wedge (q \to r)] \to (p \to r)$

   ¿Cuáles de las proposiciones anteriores son tautologías?

6. En el siguiente programa de Python i, j, k, m, n son variables enteras, y el usuario proporciona los valores de m y n antes de la ejecución del mismo:

   ```
   k = 0
   for i in range(m):
       for j in range(n):
           if i != j:
               k = k + 1
           else:
               k = k - 1
   ```

   ¿Cuánto vale k al final del programa en cada uno de estos casos?

   $a)\ m = n = 5$ $b)\ m = n = 10$ $c)\ m = 5, n = 10$ $d)\ m = 10, n = 5$

7. Al inicio del siguiente programa en Python, la variable entera n tiene el valor $n = 5$. Describe cómo va variando el valor de n a lo largo de dicho programa:

```
if  n > 3:
    n = n + 3
if  (n == 7)  or  (n > 8):
    n = 2 * n
if  ((n % 2) == 0)  and  ((n // 3) == 2):
    n = n - 2
if  not  ((n % 3) == 0):
    n = n ** 2
if  (n == 4)  of  (n == 6):
    n = 5 * n
if  ((n % 10) == 0)  and  (n < 15):
    n = n // 2
```

8. Introduce paréntesis en las siguientes expresiones lógicas, aplicando convenientemente las reglas de precedencia:

   (a) $\neg p \lor q \to r \land \neg s$

   (b) $p \leftrightarrow q \to r$

   (c) $p \to q \lor r \land s$

   (d) $p \to \neg q \land t$

   (e) $p \lor \neg q \to \neg p \leftrightarrow \neg r \lor \neg q \land s$

9. Escribe en notación de prefijos y sufijos las siguientes expresiones en notación infija:

   (a) $\neg(p \lor \neg q) \to (\neg p \lor r)$

   (b) $[p \land (p \to q)] \to q$

   (c) $q \leftrightarrow (\neg p \lor q)$

   (d) $[(p \land q) \land \neg r] \to (\neg s \lor t)$

10. Traduce a notación infija y sufija las siguientes expresiones con prefijos:

    (a) $\lor \neg \lor p \neg q \neg r$

    (b) $\land \lor p \to p r q$

    (c) $\land \neg q \land \neg p \neg r$

    (d) $\leftrightarrow \land \lor p q r \neg \lor p s$

11. Traduce a notación infija y prefija las siguientes expresiones con sufijos:

    (a) $p r q \neg \lor \to$

    (b) $p p r \to \lor q \neg \land$

    (c) $p q \land q \neg r \land \lor$

    (d) $p q \neg \lor r \neg \lor C \leftrightarrow$

12. Halla las formas normales conjuntivas y disyuntivas de las proposiciones siguientes:

    (a) $(p \lor q) \to r$.

    (b) $(p \land q) \to r$.

    (c) $p \to (q \lor r)$.

(d) $p \to (q \wedge r)$.

(e) $p \leftrightarrow \neg q$.

(f) $p \oplus q$.

(g) $(p \vee q) \to (r \wedge s)$.

(h) $p \to (q \to r)$.

13. Demuestra la siguiente equivalencia lógica:

$$p \to (q \vee r) \Leftrightarrow \neg r \to (p \to q)$$

14. Demuestra que la expresión lógica

$$[(p \vee q) \to r] \leftrightarrow [\neg r \to (\neg p \wedge \neg q)]$$

es una Tautología.

15. Simplifica la expresión lógica

$$[[((p \wedge \neg q) \wedge \neg r) \vee ((p \wedge \neg r) \wedge r)] \vee q] \to s$$

16. Niega las siguientes expresiones lógicas y simplifica el resultado:

(a) $\neg p \wedge (q \vee \neg r) \wedge (p \vee \neg q \vee \neg r)$

(b) $(p \wedge q) \to r$

(c) $p \to \neg(p \to q)$

(d) $(p \wedge q) \vee (\neg p \wedge \neg q \wedge \neg r)$

17. Demuestra la equivalencia lógica

$$(\neg p \vee \neg q) \wedge (p \wedge (p \wedge \neg q)) \Leftrightarrow (p \wedge \neg q)$$

y enuncia la equivalencia dual.

18. Demuestra las equivalencias lógicas siguientes:

(a) $\neg(p \downarrow q) \Leftrightarrow (\neg p \uparrow \neg q)$

(b) $\neg(p \uparrow q) \Leftrightarrow (\neg p \downarrow \neg q)$

19. Se consideran cuatro interruptores p, q, r, s.

   $a)$ Dibuja el circuito de interruptores dado por la expresión lógica

   $$(p \vee q) \wedge [(q \vee (r \wedge r)) \vee [\neg q \wedge (\neg r \vee \neg s) \wedge (\neg r \vee s)]]$$

   $b)$ Simplifica dicho circuito y dibuja el circuito simplificado.

   $c)$ Halla la forma normal disyuntiva de dicha expresión lógica y su tabla de verdad.

20. Comprueba, mediante el método interpretativo y una tabla de verdad, que son válidas las siguientes implicaciones lógicas:

   (a) $[p \wedge (p \to q) \wedge r] \Rightarrow [(p \vee q) \to r]$

   (b) $[[(p \wedge q) \to \neg r] \wedge \neg q \wedge (p \to r)] \Rightarrow (\neg p \vee \neg q)$

   (c) $[[\neg p \vee (\neg q \vee r)] \wedge q] \Rightarrow (\neg p \vee r)$

   (d) $[(p \to q) \wedge (r \to s) \wedge (p \vee r)] \Rightarrow (q \vee s)$

(e) $[(p \to q) \land (r \to s) \land (\neg q \lor \neg s)] \Rightarrow (\neg p \lor \neg r)$

(f) $[(p \to q) \land (q \to r)] \Rightarrow (p \to r)$

(g) $[(p \to q) \land p] \Rightarrow q$

(h) $[(p \to q) \land \neg q] \Rightarrow \neg p$

(i) $[(p \to r) \land (q \to r)] \Rightarrow [(p \lor q) \to r]$

21. Comprueba que la proposición

$$[p \to (q \to r)] \to [(p \to q) \to (p \to r)]$$

es una tautología. ¿Cuál de las implicaciones anteriores es una implicación lógica?

22. Demuestra, mediante las reglas de inferencia, la siguiente implicación lógica:

$$[(p \to q) \land (\neg r \lor s) \land (p \lor r)] \Rightarrow (\neg q \to s)$$

23. Demuestra, mediante un tablero semántico, la validez del siguiente razonamiento lógico:

$$\begin{array}{ll} (1) & p \to (q \to r) \\ (2) & p \land \neg s \\ (3) & q \lor s \\ \hline \therefore & r \end{array}$$

24. Se considera el siguiente razonamiento lógico:

"Si se descarga la batería del coche entonces se funde la bujía 3; por otra parte, si las bujías 3 y 5 están fundidas entonces no funciona la luz de freno; por último, sabemos que la bujía 5 está fundida. En consecuencia, podemos deducir que si se descarga la batería del coche entonces no funciona la luz de freno".

(I) Formaliza el razonamiento anterior mediante la *lógica de proposiciones*.

(II) Demuestra, mediante el método de resolución, que el anterior razonamiento es correcto.

25. Busca contraejemplos para los siguientes razonamientos:

a) $[(p \land \neg q) \land [p \to (q \to \neg r)]] \Rightarrow r$

b) $[[(p \land q) \to r] \land (\neg q \lor r)] \Rightarrow p$

c)

$$\begin{array}{ll} (1) & p \leftrightarrow q \\ (2) & q \to r \\ (3) & r \lor s \\ (4) & s \to q \\ \hline \therefore & \neg s \end{array}$$

d)

$$\begin{array}{ll} (1) & p \\ (2) & p \to r \\ (3) & p \to (\neg q \lor \neg r) \\ (4) & q \lor \neg s \\ \hline \therefore & s \end{array}$$

26. Halla las expresiones duales de:

   (a) $p \rightarrow q$

   (b) $p \leftrightarrow q$

   (c) $p \uparrow q$

   (d) $p \downarrow q$

   (e) $p \oplus q$

27. Escribe la siguiente expresión en términos únicamente del operador NAND:

$$p \rightarrow \neg(q \rightarrow r)$$

28. Escribe la siguiente expresión en términos únicamente de negaciones y disyunciones:

$$\neg p \rightarrow \neg(q \rightarrow \neg r)$$

   Repite el ejercicio en términos únicamente de negaciones y conjunciones.

1.10. Prácticas con Python

Veremos en esta sección, a través de ejemplos sencillos, cómo hacer comprobaciones lógicas en el ámbito de la Lógica Proposicional, y finalizaremos proponiendo la resolución de algunos de los problemas anteriores mediante el uso del lenguaje Python.

Empezaremos por importar las funciones de la librería `sympy` [80]:

```
from sympy import *
```

Expresiones lógicas: En primer lugar necesitamos poder definir símbolos, para representar variables lógicas (proposiciones primitivas):

```
p, q = symbols('p, q')
```

Veamos ahora cómo realizar las operaciones lógicas elementales entre proposiciones lógicas:

Negación $\neg p$ se puede escribir de dos formas:

```
~p
Not(p)
```

Conjunción $p \wedge q$ se puede escribir de dos formas:

```
p & q
And(p, q)
```

Disyunción $p \vee q$ se puede escribir de dos formas:

```
p | q
Or(p, q)
```

Condicional $p \rightarrow q$ se puede escribir de varias formas:

```
p >> q
q << p
Implies(p, q)
```

Bicondicional $p \leftrightarrow q$ se escribe `Equivalent(p, q)`

Disyunción exclusiva $p \oplus q$ se escribe `Xor(p, q)`

NAND/NOR Estos operadores se escriben `Nand(p, q)` y `Nor(p, q)`, respectivamente.

Las constantes lógicas, Tautología y Contradicción, se representan por `True` y tt False, respectivamente. Los operadores lógicos se pueden aplicar tanto a símbolos como a constantes lógicas, por ejemplo:

```
>>> Implies(True, False)
False
>>> Implies(False, q)
True
>>> And(p, True)
p
>>> Or(True, q)
True
```

Podemos sustituir valores de verdad en una expresión lógica de la siguiente manera:

```
>>> (p & q).subs({p: True, q: True})
True
```

Simplificación lógica: Veamos a continuación cómo realizar simplificaciones lógicas de expresiones lógicas y conjuntos de premisas. Un conjunto de premisas es, en realidad, la expresión lógica resultante de hacer la conjunción lógica de las premisas. Primeramente necesitamos importar

```
from sympy.logic import simplify_logic
from sympy.abc import x, y, z
```

La librería `abc`, dependiente de la librería `sympy`, se usa también para poder definir letras como variables o símbolos de una forma alternativa. Veamos pues, con un ejemplo, cómo se usa la función `simplify_logic` que acabamos de importar:

```
>>> b = (~x & ~y & ~z) | ( ~x & ~y & z)
>>> simplify_logic(b)
And(Not(x), Not(y))
```

Como podemos ver, Python aplica las leyes lógicas que hemos estudiado en este capítulo.

El comando `pprint` muestra por pantalla los resultados de una forma más amigable que la anterior; en nuestro caso, muestra los símbolos usuales de la lógica proposicional, por ejemplo:

```
>>> P = (x | y) & ~ z
>>> pprint(P)
```

Se muestran por pantalla los símbolos habituales

$$\neg z \wedge (x \vee y)$$

Esta es otra forma de hacer una simplificación lógica, directamente con la función `simplify` de `sympy`:

```
>>> Q = x | (x & y)
>>> simplify(Q)
x
```

y esta es una forma alternativa de sustituir valores de verdad:

```
>>> P.xreplace({x:True})
Not(z)
```

Inferencia lógica: A continuación veremos cómo comprobar la validez de una inferencia lógica, así como la consistencia de un conjunto de premisas. En realidad, para comprobar si un razonamiento lógico es válido, lo haremos por el método de refutación (reducción al absurdo), es decir, añadiendo la negación de la conclusión al conjunto de premisas, y comprobando si el conjunto de premisas resultante es o no consistente. Recordemos por otra parte que un conjunto de premisas no es más que la expresión lógica resultante de hacer la conjunción lógica de las mismas.

Para comprobar, por tanto, que una expresión lógica es consistente usaremos la función `satisfiable` que, para una expresión lógica dada, comprueba si es posible asignar valores de verdad a las variables lógicas que la componen que hagan que la expresión lógica sea verdadera; esto en Lógica se denomina un *modelo* para la expresión lógica. Si la respuesta es negativa, `satisfiable` devuelve `False`, y si la respuesta es positiva devuelve un modelo de dicha expresión.

Veamos en primer lugar algún ejemplo de comprobación de la consistencia para un conjunto de premisas:

```
>>> from sympy.logic.inference import satisfiable
>>> satisfiable(x & ~x)
False
>>> satisfiable((x | y) & (x | ~y) & (~x | y))
{x: True, y: True}
```

El modelo que devuelve esta función (asignación de valores de verdad) se representa mediante un diccionario de Python, y el modelo no tiene por qué ser único.

Veamos a continuación cómo se comprueba la validez de un razonamiento. Por ejemplo, del conjunto de premisas del último ejemplo se deduce que `Implies(x, y)`; para comprobarlo se escribe

```
>>> satisfiable((x | y) & (x | ~y) & (~x | y) & ~(x >> y))
False
```

Vemos efectivamente que al no ser factible el conjunto de premisas anterior, negación de la conclusión incluida, es imposible que en el razonamiento lógico original las premisas sean verdaderas y la conclusión falsa, con lo que queda demostrado que la conclusión lógica es válida. Dicho de otra manera, por reducción al absurdo hemos llegado a una contradicción, luego la conclusión es válida.

Si el comando anterior hubiese devuelto un modelo, la conclusión no sería válida, ya que al realizar la sustitución de valores de verdad devuelto por `satisfiable` se tendría un contraejemplo, en el que las premisas serían verdaderas y la conclusión falsa. Por ejemplo, a partir del conjunto de premisas anterior, la conclusión `Xor(x, y)` es falsa:

```
>>> satisfiable((x | y) & (x | ~y) & (~x | y) & ~Xor(x, y))
{x: True, y: True}
```

Efectivamente, si tanto x como y son verdaderas, las premisas son verdaderas y la conclusión es falsa, con lo que la citada inferencia lógica no es válida.

Tablas de verdad: Por último, las comprobaciones anteriores (consistencia, equivalencia lógica e inferencia lógica) se podrían comprobar con una tabla de verdad. Para hallar una tabla de verdad necesitamos importar la librería `pyeda`; el siguiente código nos muestra cómo se usa con un ejemplo:

```
>>> from pyeda.inter import *
>>> x, y, z = map(exprvar,"xyz")
>>> P = (x & y) >> z
```

```
>>> expr2truthtable(P)
z y x
0 0 0 : 1
0 0 1 : 1
0 1 0 : 1
0 1 1 : 0
1 0 0 : 1
1 0 1 : 1
1 1 0 : 1
1 1 1 : 1
```

FNC/FND: Python tiene dos funciones, `to_cnf` y `to_dnf`, que calculan respectivamente la Forma Normal Conjuntiva y la Forma Normal Disyuntiva de una expresión lógica. En realidad no se calcula una conjunción (respectivamente disyunción) de disyunciones (respectivamente conjunciones) fundamentales, sino simplemente una conjunción (respectivamente disyunción) de disyunciones (respectivamente conjunciones), no necesariamente fundamentales. Veamos algunos ejemplos:

```
>>> from sympy.logic.boolalg import to_cnf, to_dnf
>>> from sympy.abc import p, q, r
>>> to_cnf(Xor(p, q))
(p | q) & (~p | ~q)
>>> to_dnf(Xor(p, q))
(p & ~p) | (p & ~q) | (q & ~p) | (q & ~q)
>>> simplify(to_dnf(Xor(p, q)))
(p & ~q) | (q & ~p)
>>> to_dnf((p>>q)>>r)
r | (p & ~q)
>>> to_cnf((p>>q)>>r)
(p | r) & (r | ~q)
```

Vemos en particular que estas funciones son sirven para escribir cualquier expresión lógica en términos Booleanos, es decir, en función solo de negaciones, conjunciones y disyunciones. Existen otras dos funciones que comprueban si una expresión lógica está o no en Forma Normal Conjuntiva o Disyuntiva:

```
>>> from sympy.logic.boolalg import is_cnf, is_dnf
>>> is_cnf((p >> q) >> r)
False
>>> is_dnf(p | (q & r))
True
```

Ejercicio 6. *Resuelve con Python los problemas 2, 3, 4, 5, 6, 7, 12, 13, 14, 15, 16, 17, 18, 19, 20, 21, 22, 23 24 y 25 de este capítulo.*

Ejercicio 7. *Dualidad*

Vamos a escribir una función en Python para hallar la expresión dual de una expresión lógica dada. El procedimiento consiste en convertir la expresión en una cadena de caracteres para intercambiar los símbolos de conjunción y disyunción, así como de Tautología y Contradicción:

```
def dual(P):
    _P = str(P)
```

```
d1 = [( '&',  'and'),  ('/',  'or'),  ('True',  'true'),
      ('False',  'false')]
d2 = [('and',  '/'),  ('or',  '&'),  ('true',  'False'),
      ('false',  'True')]
for x in d1:
    _P = _P.replace(x[0],  x[1])
for y in d2:
    _P = _P.replace(y[0],  y[1])
return(eval(_P))
```

Usando esta función, resuelve los problemas 17 y 26.

Capítulo 2

Lógica de Predicados

En esta sección estudiaremos un tipo de lógica muy usado también tanto en Matemáticas como en Inteligencia Artificial, que se denomina Lógica de Predicados, y más concretamente Lógica de Predicados de primer orden. Antes de entrar en los detalles de este modelo de lógica, veremos en un ejemplo por qué es necesaria un tipo de lógica más allá de la Lógica de Proposiciones que acabamos de estudiar.

Efectivamente, existe muchos razonamientos perfectamente "lógicos" que, sin embargo, no pueden formalizarse en términos de la Lógica Proposicional, como los clásicos *silogismos* de tipo aristotélico:

> (1) Algunas personas van al fútbol.
> (2) Todos los que van al fútbol se divierten.
> ∴   Algunas personas se divierten.

Vistas exclusivamente como proposiciones, las tres proposiciones anteriores, aunque con algún elemento gramatical común, son distintas e indivisibles, luego han de representarse mediante tres variables lógicas distintas. Así, el razonamiento anterior se escribe en lenguaje de proposiciones como

$$(p \wedge q) \rightarrow r$$

que no es ni mucho menos una implicación lógica (Tautología).

Sin embargo, la estructura interna de dichos enunciados, con elementos gramaticales comunes entre ellos, permite asegurar que el razonamiento anterior es válido. Dicha estructura interna de la proposiciones es la que se formaliza mediante la Lógica de Predicados, y es la que vamos a estudiar a continuación.

2.1. Predicados y cuantificadores

Empezaremos introduciendo los conceptos básicos de la Lógica de Predicados. Intuitivamente, se basa en la división de un enunciado en sujeto y predicado, es decir, algo que se dice (predicado) sobre algo (sujeto). Estos sujetos pueden ser indeterminados o genéricos (variables), y los enunciados pueden referirse a cierta cantidad de sujetos (cuantificadores).

Universo del discurso o Dominio: es una colección de elementos, que pueden ser personas, ideas, símbolos, datos, objetos matemáticos, etc., que se van a considerar en un argumento o razonamiento lógico. Este Universo ha de ser no vacío, pues en caso contrario la argumentación lógica carecerá de contenido, ya que dicho Dominio contiene todos los posibles "sujetos" de los enunciados que se van a considerar en el discurso lógico.

Los elementos del Dominio se llaman normalmente *individuos*, y se consideran "constantes". Dichas constantes se pueden definir a veces mediante "funciones lógicas", que describen o construyen un individuo a partir de otros. Por ejemplo, en el Dominio de los números reales, el individuo $\sqrt{2}$ está definido mediante un constructor (raíz cuadrada) que lo representa a partir de otro individuo (el número 2). En general, si a es un individuo concreto y f es una función o constructor definido sobre el Dominio fijado, entonces $f(a)$ denota otro individuo concreto (otra constante dentro del Dominio). Dichas funciones pueden tener uno o más argumentos ($f(a)$, $g(a,b)$, etc.), y el número de argumentos se denomina "aridad" de dicha función. Las constantes se pueden considerar como funciones de aridad cero (sin argumentos), es decir, $a \equiv a()$. La definición precisa de "colección de elementos", así como el de "función", se remite al capítulo 4, dedicado a la Teoría de Conjuntos.

Predicados: Son propiedades o declaraciones que hacen referencia a los individuos del Dominio. Por ejemplo, sobre un número entero podemos decir si "es primo", si es "par", etc. Así, un enunciado como

"Tommy es un gato"

puede interpretarse como el predicado "ser gato", que hace referencia a un individuo "Tommy".

Los predicados pueden tener un solo argumento, como los anteriores (llamados monádicos), pero pueden tener también una *aridad* mayor (llamados poliádicos), y que normalmente establecen *relaciones* entre sus argumentos (individuos a los que se refieren, sujeto y objetos, desde el punto de vista gramatical). Por ejemplo: "Juan es primo de Pedro", "la suma de **2** y **3** es **5**", etc. Al igual que en caso de funciones, las proposiciones primitivas (indivisibles) p de la Lógica Proposicional se consideran predicados de aridad cero, que no se aplican a ningún individuo como argumento, es decir $p \equiv p()$.

En la lógica de predicados, las proposiciones atómicas con predicados (que llamaremos *átomos*) se utilizan mediante una **representación formal**, en donde el nombre del predicado va seguido del nombre de los argumentos, entre paréntesis y separados por comas. Por ejemplo, la proposición "Tommy es un gato" se escribe formalmente $gato(Tommy)$, o la proposición "Juan es primo de Pedro" se escribe de forma análoga $primos(Juan, Pedro)$. En general, un predicado de aridad n con nombre P que se representa formalmente como $P(a_1, \ldots, a_n)$.

A su vez, estos átomos pueden combinarse con las conectivas de la lógica proposicional, por ejemplo

$$[primos(Juan, Pedro) \wedge hermanos(Pedro, Luis)] \rightarrow primos(Juan, Luis)$$

Lo que interesa desde un punto de visto lógico en cuanto a un predicado es para qué individuos o combinaciones de individuos (si hay más de un argumento) es verdadero o falso dicho predicado. Esto se puede representar mediante la correspondiente "tabla de verdad" del predicado. Para definir dicha tabla, consideremos un dominio D con un número finito n de individuos

$$D = \{a_1, \ldots, a_n\}$$

Distinguiremos varios casos:

(a) Si el predicado P es monádico, la tabla es lineal y consiste en una lista de valores de verdad que indican si la proposición $P(a_i)$ es verdadera o falsa.

(b) Si el predicado P tiene dos argumentos, la tabla consiste en una tabla bidimensional (matriz $n \times n$) en la que la posición (i, j) indica el valor de verdad de la proposición $P(a_i, a_j)$.

(c) En el caso general, para n argumentos, dicha tabla tiene n dimensiones, y aunque se puede representar en un ordenador mediante una estructura de datos, perdemos la interpretación gráfica de la misma. Si además el dominio es infinito la tabla, si se pudiera representar, sería infinita, y se suele sustituir por una regla de cálculo o algoritmo que nos calcule el valor de verdad en función de sus argumentos. Por ejemplo, si el dominio son los números enteros y el predicado significa "ser primo", habría que calcular a partir de un n el entero $k > 1$ más pequeño que divide a n, y ver si $k = n$ (predicado verdadero) o no (predicado falso).

Variables: Son nombres o símbolos que representan individuos genéricos o indeterminados del dominio. Se usan cuando no se quiere aludir a ningún individuo concreto, por ejemplo para enunciar propiedades generales o la existencia de cierto individuo desconocido. Suelen ser letras con o sin subíndices, pero pueden ser nombres más largos (suele ser típico al poner los nombres de las variables en un lenguaje de programación, para dar nombres descriptivos según lo que realice el programa).

Desde el punto de vista "sintáctico", una variable puede ocupar el lugar de un individuo (constante, por oposición a variable), y viceversa, es decir, ambos son los argumentos de los predicados. Así, se denomina *término* a cualquier potencial argumento de un predicado, es decir, tanto a los individuos como a las variables.

Cuantificadores: Son símbolos que indican la "frecuencia" con la que se verifica un enunciado. En la lógica de predicados se usan principalmente dos:

1. Cuantificador Universal: indica que cierto enunciado se verifica para todos los valores posibles de una variable, es decir, para todos los individuos del dominio. Así, si A es una expresión lógica y x una variable, la expresión

$$\forall x \, A$$

indica que A es verdadera para todo posible valor de x. Nótese que la expresión cuantificada puede ser, a su vez, verdadera o falsa, es decir, que A puede verdaderamente ser cierta para todos los individuos, o puede no serlo.

2. Cuantificador Existencial: indica que cierto enunciado se verifica para al menos uno de los valores posibles de una variable, es decir, para algún individuo del dominio. Así, si A es una expresión lógica y x una variable, la expresión

$$\exists x \, A$$

indica que A es verdadera para algún valor de x, es decir, para algún individuo del dominio.

En ambos casos, se dice que A es el *ámbito* del cuantificador, y que la variable x está *ligada* por dicho cuantificador.

En Matemáticas se usa también el llamado *cuantificador de unicidad* ($\exists_1$ ó $\exists!$), que indica que su ámbito se verifica para un único valor posible de la variable x.

Nota 5. *Lógica de predicados*

El nombre de lógica de predicados "de primer orden" viene del hecho de que no admitiremos expresiones en las que los predicados puedan ser a su vez argumentos de otros predicados, ni que un predicado esté "ligado" por un cuantificador. Si eso sucede, nos metemos en la lógica de predicados "de orden superior", mucho más compleja de estudiar.

Variables libres y ligadas

Definición 5. *Variables libres y ligadas*

Una variable que no esté ligada por ningún cuantificador se llama "variable libre". En caso contrario, se llama "variable ligada".

El concepto de variable libre o ligada es un concepto *local*, es decir, una variable es libre o ligada en tal expresión o en tal otra. De hecho, puede ser ligada en una expresión y libre en una subexpresión, o ser libre en una subexpresión y ligada en otra. Por ejemplo, si se considera la expresión

$$(\forall x P(x)) \vee Q(x)$$

la variable x es ligada en la expresión $\forall x P(x)$ (y por tanto en la expresión completa), pero es libre en la expresión de la derecha $Q(x)$. Asimismo, x es libre en la subexpresión $P(x)$ de $\forall x P(x)$. En definitiva, una variable es libre o ligada según el ámbito que estemos considerando.

Esto nos sugiere que variables pertenecientes a distintos ámbitos son realmente distintas, y deberían tener nombres diferentes. De hecho, el nombrar de la misma manera a dos variables "distintas" (es decir, que pueden hacer referencia a individuos distintos) se denomina *colisión de variables*, y puede producir aparentes paradojas que conviene evitar. Por ejemplo, la expresión

$$(\exists x \; x < 5) \wedge (\exists x \; x > 5)$$

es verdadera, pero nos sugiere que existe un x que verifica las dos propiedades simultáneamente, lo cual es evidentemente falso. La razón de este malentendido es que la x de la izquierda no se refiere al mismo individuo que la x de la derecha, y por tanto ambas variables deberían llevar nombres distintos.

Definición 6. *Especificación*

Sea A una expresión lógica, x una variable y t un término. La expresión $S_t^x A$ se obtiene al sustituir en A la variable x por t todas las veces en que x aparezca como variable libre, y se llama particularización (también especificación o instanciación) de A. Además, se dice que t es un caso o instancia de x.

En la definición anterior, las variables ligadas se dejan tal y como estaban, sin hacer ninguna sustitución. Así, si queremos cambiar de nombre una variable ligada necesitamos la siguiente definición:

Definición 7. *Variantes*

Sean x e y dos variables. Una variante de la expresión $\forall x \; A$ (respectivamente $\exists x \; A$) se obtiene como $\forall y \; S_y^x A$ (respectivamente $\exists y \; S_y^x A$).

De hecho, una expresión lógica y cualquiera de sus variantes son "esencialmente" la misma expresión desde el punto de vista lógico (es decir, equivalentes según la definición que daremos más adelante), y por tanto la variable x se considera una *variable muda* en cualquiera de las expresiones anteriores. Esto quiere decir que el nombre que le demos a la variable ligada no influye en el valor de verdad de la expresión lógica, siempre que no haya colisión de variables, y se usa bastante en desarrollos matemáticos. Por ejemplo, en Matemáticas la expresión

$$\int_0^1 x \, dx = \frac{1}{2}$$

equivale a

$$\int_0^1 y \, dy = \frac{1}{2}$$

dado que tanto x como y son variables mudas.

Definición 8. *Variables independientes*

Se dice que una expresión A es independiente de una variable x si o bien x no aparece en A, o bien solo aparece en A como variable ligada.

La idea de "independencia" se interpreta como que, sea quien sea el término t, al particularizar x por t en A obtenemos la misma expresión, puesto que no hemos podido hacer ninguna sustitución efectiva, y por tanto la expresión A "no depende" del valor que le demos a x.

Nota 6. *Lógica de Igualdades*

A veces se admite en la lógica de predicados la aparición de expresiones de igualdad (del tipo $A = B$), y se suele llamar "lógica de predicados con igualdad". En realidad, la relación de igualdad $t = r$ no es más que un caso particular de predicado diádico (con dos argumentos) del tipo Igualdad(t,r)*, con el significado de que dos términos son iguales si hacen referencia al mismo individuo.*

Desde un punto de vista lógico, la relación de igualdad tiene tres propiedades o axiomas:

1. *Reflexiva: todo término es igual a sí mismo*

$$x = x$$

2. *Simétrica: si un término es igual a un segundo, entonces el segundo es igual al primero*

$$(x = y) \Rightarrow (y = x)$$

3. *Transitiva: dos términos iguales a un tercero son iguales entre sí*

$$(x = y) \land (y = z) \Rightarrow (x = z)$$

Estas reglas se pueden aplicar a las expresiones lógicas para simplificarlas, siempre que convenga, junto con el siguiente **Principio de Sustitución***:*

> *"Si $t = r$, podemos sustituir t por r en una expresión A siempre que queramos, sin que afecte al discurso lógico".*

2.2. Expresiones válidas

En primer lugar introduciremos el concepto de **interpretación** de una expresión lógica.

Definición 9. *Interpretaciones*

Sea A una expresión lógica con predicados. Una interpretación de A consiste en fijar:

1. *Un dominio U.*

2. *Una particularización (mediante constantes) de las variables libres que aparezcan en A.*

3. *Una "tabla de verdad" (o función de verdad, en el caso infinito) para cada predicado que aparezca en A.*

4. Un valor de verdad concreto para cada proposición primitiva que aparezca en A.

Nótese que, tras efectuar los cuatro pasos indicados en la definición anterior, el resultado es una expresión lógica que tiene una valor de verdad concreto, verdadero o falso.

En particular, si además tuviésemos una expresión de la lógica proposicional (sin predicados, ni variables ni cuantificadores), una interpretación no es más que el paso 4 de la definición, lo cual se corresponde con una fila concreta de su tabla de verdad, y que da un valor de verdad concreto a la expresión, en función de los valores de verdad fijados para las proposiciones primitivas que la integran.

Una expresión A es una proposición abierta si contiene variables libres, y en caso contrario se llama proposición cerrada. En una proposición cerrada, por definición, no hay nada que hacer en el paso 2 de la definición de interpretación.

Ejemplo 9. *Expresiones con predicados*

Se considera la expresión lógica

$$Q(x) \vee [(\forall y\, P(y)) \wedge r]$$

Una interpretación (de entre todas las posibles) consiste en fijar (por ejemplo):

1. *El dominio $U := \{1, 2, 3, 4, 5\}$.*

2. *El valor $x = 3$.*

3. *Las tablas de verdad*

$P(y)$

1	2	3	4	5
1	1	1	0	1

$Q(x)$

1	2	3	4	5
0	1	0	1	0

4. *El valor de verdad $r \equiv 1$.*

En estas condiciones, se comprueba fácilmente que la expresión inicial tiene el valor de verdad FALSO, y se dice abreviadamente que es una "interpretación falsa". Con otra interpretación distinta el valor de verdad puede resultar VERDADERO (se deja como ejercicio al lector buscar una tal interpretación verdadera).

Damos a continuación los conceptos teóricos fundamentales de la Lógica de Predicados, análogos a los de Tautología y Contradicción de la lógica proposicional.

Definición 10. *Expresiones válidas*

- *Una expresión A es **válida** si todas sus posibles interpretaciones son verdaderas. Se denota abreviadamente $\models A$.*

  Nótese que si A es una expresión de la lógica proposicional, este concepto equivale a que dicha expresión sea una Tautología.

- *Un **modelo** de una expresión lógica A es una interpretación verdadera B de dicha expresión. Se dice también que "B satisface la expresión A".*

- *Si una expresión lógica A tiene al menos un modelo, se dice que A es **viable**.*

- *En caso contrario, si A no admite ningún modelo, se dice que es una **expresión contradictoria** (equivale a una Contradicción en la lógica proposicional).*

Nota 7. *Expresiones válidas Se comprueba fácilmente que:*

(a) A no es válida si y solo si ¬A es viable.

(b) A es válida si y solo si ¬A es contradictoria.

Comprobar que una expresión A no es válida, según la nota anterior, se reduce a buscar un modelo para $\neg A$ o, lo que es lo mismo, hallar una interpretación falsa de A, que se suele llamar "contraejemplo". Este proceso, en caso de ser posible, no es difícil de plantear en la práctica, pues consiste en tantear con dominios, valores de verdad, etc., hasta conseguir que la expresión tenga un valor de verdad FALSO.

Por ejemplo, veamos que la expresión

$$A \equiv (\exists x\, P(x) \to \forall x\, P(x))$$

no es válida. Como se trata de una implicación, hay que conseguir un dominio U y un predicado P para los que el antecedente sea verdadero y el consecuente falso, es decir, en este caso, un predicado que sea verdadero para uno de los individuos pero no para todos. Un contraejemplo sería pues cualquier dominio con al menos dos individuos, junto con cualquier predicado que sea verdadero para al menos uno de los individuos y falso también para al menos uno de dichos individuos.

Con la misma idea, comprobar que una expresión no es contradictoria consiste en hallar un modelo (interpretación verdadera) para dicha expresión. Como ejercicio, recomendamos hallar un modelo para la expresión (no válida) que acabamos de analizar.

Sin embargo, comprobar en general que una expresión es válida (en caso de que efectivamente lo sea) es un problema más complejo, puesto que hay que razonar (en teoría) con todas las posibles interpretaciones de dicha expresión, es decir, analizar infinitos casos. La única opción es que sea una expresión muy sencilla, con la que se pueda razonar tan fácilmente que sea imposible encontrar una interpretación falsa, o que su validez pueda deducirse fácilmente de leyes lógicas sencillas. Por ejemplo, la expresión

$$A \equiv [P(x) \to (P(x) \vee Q(x))]$$

es válida, puesto que sea quien sea el dominio U, el predicado P y el valor de la variable x, es obvio que si $P(x)$ es verdadero entonces la disyunción $P(x) \vee Q(x)$ también lo es, con lo que es imposible que dicha implicación sea falsa.

Por último, daremos los conceptos fundamentales de equivalencia e implicación lógicas.

Definición 11. *Implicación lógica*

Sean A y B dos expresiones lógicas.

- *Se dice que A implica lógicamente B y se denota $A \Rightarrow B$, si la expresión $A \to B$ es una expresión válida, es decir $\models (A \to B)$.*

- *Se dice que A es lógicamente equivalente a B, y se denota $A \Longleftrightarrow B$, si la expresión $A \leftrightarrow B$ es una expresión válida, es decir $\models (A \leftrightarrow B)$.*

Nota 8. *Negación de cuantificadores*

Vamos a razonar de manera informal, para el caso de un dominio finito, un par de equivalencias lógicas muy importantes, también válidas para el caso infinito, y que nos permiten negar expresiones con cuantificadores.

Supongamos que el dominio es $U = \{a_1, \ldots, a_n\}$.

- La expresión $\forall x\, P(x)$ significa que $P(x)$ es verdadera para todos y cada uno de los individuos de U, es decir

$$P(a_1) \wedge \ldots \wedge P(a_n)$$

- Análogamente, la expresión $\exists x\, P(x)$ significa que $P(x)$ es verdadera para alguno de los individuos de U, es decir

$$P(a_1) \vee \ldots \vee P(a_n)$$

Utilizando las "equivalencias" anteriores, podemos pasar a deducir las expresiones de negación de cuantificadores:

(I) Negación de $\forall x\, P(x)$:

$$\neg\, (\forall x\, P(x)) \Longleftrightarrow \neg\, (P(a_1) \wedge \ldots \wedge P(a_n)) \Longleftrightarrow$$

$$\Longleftrightarrow (\neg P(a_1) \vee \ldots \vee \neg P(a_n)) \Longleftrightarrow \exists x\, (\neg P(x))$$

aplicando la correspondiente ley de De Morgan para negar una conjunción.

(II) Negación de $\exists x\, P(x)$:

$$\neg\, (\exists x\, P(x)) \Longleftrightarrow \neg\, (P(a_1) \vee \ldots \vee P(a_n)) \Longleftrightarrow$$

$$\Longleftrightarrow (\neg P(a_1) \wedge \ldots \wedge \neg P(a_n)) \Longleftrightarrow \forall x\, (\neg P(x))$$

aplicando también la correspondiente ley de De Morgan para negar una disyunción.

En resumen, se tienen las siguientes dos reglas de negación de cuantificadores, llamadas también (por razones obvias) **leyes de De Morgan generalizadas**:

$$\begin{cases} \neg\, (\forall x\, P(x)) \Longleftrightarrow \exists x\, (\neg P(x)) \\ \neg\, (\exists x\, P(x)) \Longleftrightarrow \forall x\, (\neg P(x)) \end{cases}$$

Ejemplo 10. *Expresiones válidas Demuestra que la expresión*

$$\forall x\, P(x) \to \neg \forall x \neg P(x)$$

es válida, pero no lo es la implicación recíproca.

Solución:

Razonando por reducción al absurdo, supongamos que la expresión condicional anterior es falsa, es decir, que el antecedente sea verdadero y el consecuente falso, es decir, por doble negación

$$\forall x\, P(x) \wedge \forall x \neg P(x)$$

Pero esto no puede suceder para ningún predicado P sobre ningún dominio U, ya que eso significaría que el predicado P sería a la vez verdadero y falso para todos los individuos de U, lo cual va en contra del "principio de no contradicción" (recuérdese que el universo del discurso no puede ser vacío).

Para comprobar que la implicación recíproca no es válida, basta con mostrar un contraejemplo: consideremos $U = \{a, b\}$, y P un predicado que sea verdadero para a pero falso para b. Entonces es obvio que la proposición $\neg \forall x \neg P(x) \Longleftrightarrow \exists x\, P(x)$ es verdadera, pero $\forall x\, P(x)$ es falsa, con lo que la implicación recíproca es falsa para este modelo concreto.

2.3. Derivaciones lógicas

En este apartado estudiaremos como hacer derivaciones (inferencias o deducciones) lógicas en la lógica de predicados de primer orden. En definitiva, vamos a ver las implicaciones lógicas básicas que se usan para poder hacer luego deducciones más complejas, encadenando pasos sucesivos. Por supuesto podemos emplear, a nivel de proposiciones atómicas y conectivas lógicas, todos los resultados ya conocidos de la lógica proposicional: Modus Ponens, Modus Tollens, Teorema de Deducción, etc., así como las leyes lógicas del cálculo proposicional, y las leyes de la lógica de predicados que veremos más adelante.

Regla de Particularización Universal (PU): "Si la proposición $\forall x\, A$ es verdadera, entonces también lo es $S_t^x A$, para cualquier término t".

$$\forall x\, A \Rightarrow S_t^x A$$

- Conviene, como política general en todo este apartado, tener cuidado en evitar la colisión de variables. Así, en este caso, el término t no debería ser previamente una variable libre, para evitar posibles conflictos en posteriores derivaciones lógicas, ya que estaríamos llamando de la misma manera a dos individuos posiblemente distintos.

- El típico ejemplo de aplicación es uno de los clásicos "silogismos Aristotélicos":

> Todos los hombres son mortales.
> Sócrates es un hombre.
> ∴ Sócrates es mortal.

La formalización de este razonamiento lógico, que en símbolos se escribe

$$[[\forall x\, (H(x) \to M(x))] \wedge H(S)] \Rightarrow M(S)$$

donde H es el predicado "ser hombre", y M es el predicado "ser mortal", es la siguiente:

(1)	$\forall x\, (H(x) \to M(x))$	premisa
(2)	$H(S)$	premisa
(3)	$H(S) \to M(S)$	PU (1), S_S^x
(4)	$\therefore\ M(S)$	Modus Ponens (2),(3)

Regla de Generalización Universal (GU): "Sea A una expresión lógica, sea x un variable que no aparezca libre en ninguna de las premisas, y supongamos que A es verdadera; entonces $\forall x\, A$ también es verdadera".

$$A \Rightarrow \forall x\, A$$

- La variable x queda ligada en este proceso, y se dice que la generalización universal se realiza "respecto de x".

- Si x fuese una variable libre en A, es como si x hiciese referencia a un individuo fijado, con lo que A sería verdadera para dicho individuo, pero no necesariamente lo sería para todos los individuos del dominio, es decir, que no se podría generalizar respecto de x.

- Un ejemplo de aplicación es el siguiente silogismo:

> Todos los hombres son seres vivos.
> Todos los seres vivos son mortales.
> ∴ Todos los hombres son mortales.

La formalización de este razonamiento lógico es la siguiente:

(1) $\forall x\ (H(x) \to V(x))$ premisa
(2) $\forall x\ (V(x) \to M(x))$ premisa
(3) $H(x) \to V(x)$ PU (1), S_x^x
(4) $V(x) \to M(x)$ PU (2), S_x^x
(5) $H(x) \to V(x)$ silogismo (3),(4)
(6) $\therefore\ \forall x\ (H(x) \to M(x))$ GU (5), respecto de x

Ejercicio 8. *Mediante un razonamiento muy similar al del ejemplo anterior, demuestra la validez del siguiente razonamiento:*

(1) $\forall x\, P(x)$
(2) $\forall x\ (P(x) \to Q(x))$
$\therefore$ $\forall x\, Q(x)$

Ejemplo 11. *Derivaciones lógicas Demuestra la validez de las siguientes derivaciones lógicas:*

(a) $\forall x\, P(x) \Rightarrow \forall y\, P(y)$

(b) $\forall x\, \forall y\ P(x,y) \Rightarrow \forall y\, \forall x\ P(x,y)$

(c) $\forall x\ (P(x) \to Q(x)) \Rightarrow \forall x\ (\neg Q(x) \to \neg P(x))$

Solución:

(a)

(1) $\forall x\, P(x)$ *premisa*
(2) $P(y)$ *PU (1), S_y^x*
(3) $\therefore\ \forall y\, P(y)$ *GU (2), respecto de y*

(b)

(1) $\forall x\, \forall y\ P(x,y)$ *premisa*
(2) $\forall y\, P(x,y)$ *PU (1), S_x^x*
(3) $P(x,y)$ *PU (2), S_y^y*
(4) $\forall x\, P(x,y)$ *GU (3), respecto de x*
(5) $\therefore\ \forall y\, \forall x\, P(x,y)$ *GU (4), respecto de y*

(c)

(1) $\forall x\ (P(x) \to Q(x))$ *premisa*
(2) $P(x) \to Q(x)$ *PU (1), S_x^x*
(3) $\neg Q(x) \to \neg P(x)$ *Ley contrapositiva (2)*
(4) $\therefore\ \forall x\ (\neg Q(x) \to \neg P(x))$ *GU (3), respecto de x*

Regla de Generalización Existencial (GE):   "Si $S_t^x A$ es verdadera para cierto término t, entonces la expresión $\exists x\, A$ es verdadera".

$$S_t^x A \Rightarrow \exists x\, A$$

- Un ejemplo de aplicación es el siguiente silogismo:

> Todo el que tiene un yate es rico.
> Pedro tiene un yate.
> $\therefore$ Hay alguien rico.

La formalización de este razonamiento lógico es la siguiente:

(1)	$\forall x\,(Y(x) \to R(x))$	premisa
(2)	$Y(P)$	premisa
(3)	$Y(P) \to R(P)$	PU (1), S_P^x
(4)	$R(P)$	Modus Ponens (2),(3)
(5)	$\therefore\ \exists x\,R(x)$	GE (4), respecto de x

Regla de Particularización Existencial (PE):   "Si $\exists x\,A$ es verdadera, entonces S_t^x lo será para cierto individuo t".

$$\exists x\,A \Rrightarrow S_t^x$$

- El principal problema es que t es desconocido, es decir, que no sabemos qué individuo t verifica la expresión A, con lo que t debe ser una nueva variable que se introduzca en ese momento para denotar a dicho individuo. En consecuencia, t no debe ser variable libre en ninguno de los pasos anteriores del razonamiento, premisas incluidas. En los razonamientos matemáticos, se suele decir de palabra una frase del tipo "sea t dicho individuo".

- Además, el valor de t queda fijado en adelante (es constante), con lo que no podrá generalizarse respecto de t en lo que queda de razonamiento.

- Por último, y puesto que su valor es desconocido, t no deberá aparecer en la conclusión final del razonamiento.

- Un ejemplo de aplicación es el siguiente silogismo:

> Todo el que tiene un yate es rico.
> Alguien tiene un yate.
> $\therefore$ Alguien es rico.

La formalización de este razonamiento lógico es la siguiente:

(1)	$\forall x\,(Y(x) \to R(x))$	premisa
(2)	$\exists x\,Y(x)$	premisa
(3)	$Y(t)$	PE (2), S_t^x
(4)	$Y(t) \to R(t)$	PU (1), S_t^x
(5)	$R(t)$	Modus Ponens (3),(4)
(6)	$\therefore\ \exists x\,R(x)$	GE (5), respecto de x

Ejemplo 12. *Demuestra la validez de la implicación lógica siguiente:*

$$\forall x\,\neg P(x) \vdash \neg\exists x\,P(x)$$

(**Nota:** *el símbolo '$\vdash$' es equivalente a '$\Rightarrow$'.*)

Solución:

Razonaremos por reducción al absurdo (R.A.):

(1)	$\forall x \, \neg P(x)$	premisa
(2)	$\exists x \, P(x)$	hipótesis (R.A.)
(3)	$P(t)$	PE (2), S_t^x
(4)	$\neg P(t)$	PU (1), S_t^x
(5)	$\neg P(t) \wedge P(t)$	Conjunción (3),(4)
(6)	C	Leyes inversas (5)
(6)	$\therefore \; \neg \exists x \, P(x)$	Regla de Contradicción (2), (6)

Ejemplo 13. *Demuestra la validez de la implicación lógica siguiente:*

$$\neg \exists x \, P(x) \vdash \forall x \, \neg P(x)$$

Solución:

Razonaremos también por reducción al absurdo, en el paso (2), tomando un x cualquiera y suponiendo que la proposición $P(x)$ es verdadera:

(1)	$\neg \exists x \, P(x)$	premisa
(2)	$P(x)$	hipótesis (R.A.)
(3)	$\exists x \, P(x)$	GE (2), respecto de x
(4)	$(\neg \exists x \, P(x)) \wedge (\exists x \, P(x))$	Conjunción (1), (3)
(5)	C	Leyes inversas (4)
(6)	$\neg P(x)$	Regla de Contradicción (2), (5)
(7)	$\therefore \; \forall x \, \neg P(x)$	GU (6), respecto de x

Nota 9. *Negación de cuantificadores De los dos ejercicios anteriores se deduce, por doble implicación lógica, la equivalencia dada por la negación del cuantificador existencial, con independencia de que el dominio sea o no finito. Dejamos como ejercicio al lector demostrar, con el mismo procedimiento, la equivalencia dada por la negación del cuantificador universal.*

2.4. Equivalencia lógica: Leyes Lógicas

La definición de equivalencia lógica fue ya introducida en el apartado anterior, y la idea es la misma que en la lógica proposicional, es decir, que se pueda sustituir una subexpresión lógica por otra equivalente para obtener otra expresión equivalente a la primera, o que si en una expresión válida se sustituye "sintácticamente" una expresión por otra el resultado es otra expresión válida. Estas reglas de sustitución son análogas a las *reglas de sustitución* de la lógica de proposiciones.

Además, y análogamente al caso de la lógica proposicional, la equivalencia lógica se corresponde con una doble implicación lógica, cada una de las cuales se puede demostrar usando las reglas de derivación vistas en el apartado anterior, como hemos visto en el caso de las negaciones de cuantificadores, también llamadas reglas de De Morgan generalizadas.

Enunciamos a continuación las leyes de la lógica de predicados (de primer orden). Como se puede observar, hay también un concepto de dualidad, en el que se intercambian los cuantificadores universal y existencial, además de los símbolos que ya se intercambiaban en la lógica de proposiciones, y por tanto existe también un *principio de dualidad* que se manifiesta en el hecho de que dichas leyes aparecen en pares duales:

> "Si A es una expresión válida y A^* es su expresión dual, entonces A^* también es una expresión válida".

Teorema 2.1. *Leyes Lógicas*

(1) $\left[\begin{array}{l} \forall x\, A \Longleftrightarrow A \\ \exists x\, A \Longleftrightarrow A \end{array}\right\}$ *si A es independiente de x*

(2) $\left[\begin{array}{l} \forall x\, A \Longleftrightarrow \forall y\, S_y^x A \\ \exists x\, A \Longleftrightarrow \exists y\, S_y^x A \end{array}\right\}$ *si A es independiente de x*

     Es decir: las variantes son equivalentes, y la variable ligada es "muda".

(3) $\left[\begin{array}{l} \forall x\, A \Longleftrightarrow S_t^x A \wedge \forall x\, A \\ \exists x\, A \Longleftrightarrow S_t^x A \vee \exists x\, A \end{array}\right\}$ *para un término t cualquiera*

(4) $\left[\begin{array}{l} \forall x\, (A \wedge B) \Longleftrightarrow (\forall x\, A \wedge \forall x\, B) \\ \exists x\, (A \vee B) \Longleftrightarrow (\exists x\, A \vee \exists x\, B) \end{array}\right.$

(5) $\left[\begin{array}{l} A \vee \forall x\, B \Longleftrightarrow \forall x\, (A \vee B) \\ A \wedge \exists x\, B \Longleftrightarrow \exists x\, (A \wedge B) \end{array}\right\}$ *si A es independiente de x*

(6) $\left[\begin{array}{l} A \wedge \forall x\, B \Longleftrightarrow \forall x\, (A \wedge B) \\ A \vee \exists x\, B \Longleftrightarrow \exists x\, (A \vee B) \end{array}\right\}$ *si A es independiente de x*

     Nótese que estas leyes pueden deducirse de **(1)** *y* **(4)**.

(7) $\left[\begin{array}{l} \forall x \forall y\, A \Longleftrightarrow \forall y \forall x\, A \\ \exists x \exists y\, A \Longleftrightarrow \exists y \exists x\, A \end{array}\right.$

(8) $\left[\begin{array}{l} \neg \forall x\, A \Longleftrightarrow \exists x\, \neg A \\ \neg \exists x\, A \Longleftrightarrow \forall x\, \neg A \end{array}\right\}$ *Leyes de De Morgan generalizadas*

Nótese que, por conmutatividad, las leyes **(5)** y **(6)** pueden aplicarse tanto a la primera componente como a la segunda, dando lugar en total a 8 equivalencias que usaremos más adelante.

Téngase mucho cuidado de no aplicar alguna "ley" que se parezca a alguna de las anteriores pero que no sea exactamente una de las anteriores (con la salvedad de la conmutatividad que acabamos de decir). Por ejemplo, no se puede intercambiar conjunción y disyunción en la ley **(4)**.

2.5. Normalización de expresiones con predicados

En este último apartado de la lógica de predicados vamos a hacer una pequeña introducción a la normalización de expresiones lógicas. Este es un proceso esencial como preparación previa de los algoritmos de deducción automática, utilizados en lógica computacional e Inteligencia Artificial. Estos algoritmos requieren expresiones normalizadas, que luego serán manipuladas por procesos de *unificación* y *resolución*, y que dan como resultado una respuesta lógica a una determinada consulta por parte de un usuario.

Describimos a continuación el proceso de **normalización** de expresiones con predicados:

1. Eliminar todas las conectivas lógicas que no sean negaciones, conjunciones y disyunciones, mediante las correspondientes leyes de la lógica proposicional (implicación, equivalencia, etc.):

   - $A \to B \equiv \neg A \vee B$

   - $A \leftrightarrow B \equiv (\neg A \vee B) \wedge (A \vee \neg B)$

   - $A \oplus B \equiv (\neg A \wedge B) \vee (A \wedge \neg B)$

- $A \downarrow B \equiv \neg A \wedge \neg B$

- $A \uparrow B \equiv \neg A \vee \neg B$

2. Aplicar las Leyes de De Morgan, las reglas de negación de cuantificadores (Leyes de De Morgan generalizadas) y la de doble negación, con el fin de que las negaciones solo afecten a los "átomos" (proposiciones indivisibles, es decir, proposiciones primitivas o predicados aplicados a ciertos argumentos).

3. Distinguir variables por estandarización (abreviadamente, estandarización de variables): consiste en cambiar los nombres de las variables de forma que variables distintas tengan nombres distintos, y evitar así la colisión de variables.

   Son variables distintas aquellas que hacen referencia a individuos distintos. Esto se consigue respetando las siguientes reglas:

   a) Respetar los nombres de las variables libres.

   b) Cuantificadores distintos afectan a variables distintas.

   c) Ninguna variable libre debe compartir nombre con ninguna variable ligada.

   d) Ninguna variable debe compartir nombre con ningún término constante (o individuo concreto que aparezca en la expresión).

4. **Forma Normal Prenex**: mover todos los cuantificadores al comienzo de la expresión, sin cambiar su orden relativo, de forma que la sucesión de cuantificadores constituya el *prefijo*, y el resto sea una expresión lógica compuesta de literales (átomos o sus negaciones).

   Se usan para ello las siguientes reglas, de dentro hacia afuera:

   - $A \vee \forall x\, B \equiv \forall x\, (A \vee B)$ (A independiente de x)

   - $A \wedge \forall x\, B \equiv \forall x\, (A \wedge B)$ (A independiente de x)

   - $\forall x\, A \vee B \equiv \forall x\, (A \vee B)$ (B independiente de x)

   - $\forall x\, A \wedge B \equiv \forall x\, (A \wedge B)$ (B independiente de x)

   - $A \vee \exists x\, B \equiv \exists x\, (A \vee B)$ (A independiente de x)

   - $A \wedge \exists x\, B \equiv \exists x\, (A \wedge B)$ (A independiente de x)

   - $\exists x\, A \vee B \equiv \exists x\, (A \vee B)$ (B independiente de x)

   - $\exists x\, A \wedge B \equiv \exists x\, (A \wedge B)$ (B independiente de x)

   Ejemplo:

   $$
   \begin{aligned}
   \forall x\, P(x) \wedge \exists y\, Q(y) \quad &\equiv \\
   \equiv \quad \forall x\, (P(x) \wedge \exists y\, Q(y)) \quad &\equiv \\
   \equiv \quad \forall x \exists y\, (P(x) \wedge Q(y)) &
   \end{aligned}
   $$

5. **Forma Normal de Skolem**: eliminar los cuantificadores existenciales.

   Se usan para ello las dos reglas siguientes:

   (I) Si a la izquierda de un cuantificador existencial '$\exists x$' no hay ningún cuantificador universal, se sustituye (todas las ocurrencias de) la variable x por una constante 'c' en el núcleo y se suprime el cuantificador existencial del prefijo.

   Ejemplos:

   - $\exists x \forall y\, (P(x) \vee Q(y)) \equiv \forall y\, (P(c) \vee Q(y))$

   - $\exists x \exists y \forall z\, (P(x,y) \wedge Q(x,z)) \equiv \forall z\, (P(a,b) \wedge Q(a,z))$

(II) Si a la izquierda de un cuantificador existencial '$\exists x$' aparecen (por este orden) los cuantificadores universales

$$\forall x_1 \ldots \forall x_2 \ldots\ldots\ldots \forall x_r$$

se sustituye (en todas las ocurrencias) la variable x por una función $f(x_1, \ldots, x_r)$ en el núcleo y se suprime el cuantificador existencial del prefijo.

Ejemplos:

- $\forall x \exists y \ (P(x,y) \wedge Q(z)) \equiv \forall x \ (P(x,f(x)) \wedge Q(z))$
- $\exists x \forall y \exists z \forall t \exists w \ (P(x,y,z) \vee Q(x,t,w)) \equiv \forall y \forall t \ (P(c,y,f(y)) \vee Q(c,t,g(y,t)))$

Además, se deben elegir nombre distintos para dichas constantes y funciones, que en este caso reciben el nombre de *funciones de Skolem* (las constantes pueden considerarse un caso particular, como funciones de Skolem sin argumentos).

6. Eliminar el prefijo (los cuantificadores universales que quedaban, que en realidad se sobrentienden), quedándonos solo con el **núcleo** de la expresión lógica.

   Nótese que hay una aparente ambigüedad entre variables libres y variables ligadas cuantificadas universalmente, que a este nivel son equiparadas como si fuesen semejantes. En realidad, puesto que una expresión lógica con una variable libre es válida si toda interpretación es verdadera, y una interpretación consiste (en particular) en dar un valor concreto a dicha variable, se podría suponer que es *como si* dicha variable libre estuviese cuantificada universalmente.

7. **Forma clausulada**: convertir el núcleo en una conjunción de disyunciones (o cláusulas) de literales. Este proceso es análogo a la primera parte del cálculo de una Forma Normal Conjuntiva en la lógica de proposiciones, pero no necesitamos conseguir (en este paso) "disyunciones fundamentales", sino que nos conformamos simplemente con "cláusulas".

Existen, según los distintos autores, varias opciones adicionales, según el nivel de normalización que se persiga, a saber:

- Convertir el núcleo en una Forma Normal Conjuntiva (FNC).

- Estandarizar de nuevo las variables, de forma que cláusulas distintas contengan variables distintas.

- Las dos cosas anteriores, en cuyo caso es preferible efectuarlas en el orden escrito (primero FNC y luego reestandarizar las conjunciones fundamentales).

Nota 10. *Deducción automática*

Para la deducción automática en lógica de predicados y su uso en Inteligencia Artificial, la idea es usar el algoritmo de resolución de la lógica proposicional, pero en donde las cláusulas tienen predicados. El problema es que las cláusulas pueden tener variables distintas, y no encontramos entonces en un par de cláusulas un literal y su negación. Para ello se necesita el concepto de **unificación***, en el cual se realiza la sustitución adecuada para que ambos literales sean iguales, y aplicar entonces la regla de resolución.*

Por ejemplo, consideremos el siguiente par de cláusulas:

$$A \vee P(f(x), g(y)), \ \ B \vee \neg P(f(g(a)), g(z))$$

Una unificación vendría dada por la sustitución $x \equiv g(a)$ y $z \equiv y$, tras la cual los dos literales que queremos comparar coinciden con

$$P(f(g(a)), g(y))$$

y aplicando la regla de resolución ambas cláusulas se resuelven en

$$A \vee B$$

2.6. Demostración formal

En este apartado vamos a estudiar la demostración formal, sus métodos y estrategias más comunes, así como alguno de los errores más típicos a la hora de hacer una prueba lógica o matemática. Como ya hemos visto anteriormente, una demostración formal es una sucesión de argumentos lógicos (equivalencias o implicaciones lógicas), de la que se obtiene una conclusión a partir de un conjunto de premisas. El objetivo de una prueba formal es que a partir de premisas verdaderas la conclusión obtenida sea necesariamente verdadera.

Veamos en primer lugar varios métodos o tipos generales de demostración:

Demostración directa: a partir de las premisas se intenta deducir directamente la conclusión. El esquema que se sigue es

$$H_1 \wedge \ldots \wedge H_n \Rightarrow P$$

Ejemplo: para demostrar que si un entero n es impar entonces n^2 es impar, escribamos

$$n = 2k + 1$$

con k entero; haciendo operaciones tenemos que

$$n^2 = 4k^2 + 4k + 1 = 2(2k^2 + 2k) + 1$$

co lo que n^2 resulta también ser impar, al ser el doble de un número entero más una unidad.

Demostración indirecta mediante el contrarrecíproco: se supone falsa la conclusión y se trata de deducir que alguna de las premisas es falsa, usando la ley contrapositiva. El esquema es ahora

$$\neg P \Rightarrow (\neg H_1 \vee \ldots \neg H_n)$$

Ejemplo: para demostrar que si n es entero y n^2 es par entonces n debe ser par, planteamos la implicación contrapositiva (n impar implica n^2 impar), y se reduce al ejemplo anterior.

Demostración indirecta por reducción al absurdo: se supone falsa la conclusión y se llega a una contradicción. El esquema es

$$(\neg P \rightarrow \mathrm{C}) \Rightarrow P$$

Muchas veces se llama erróneamente demostración por reducción al absurdo cuando se usa la ley contrapositiva, pero son dos cosas distintas, aunque la diferencia es bastante sutil. De hecho, al usar la ley contrapositiva lo que hacemos es reducir previamente nuestra implicación a su contrarrecíproco, y después hacemos una "demostración directa" de dicho contrarrecíproco, y por tanto nunca nos encontramos con una contradicción real. En el caso de una demostración al absurdo auténtica, no se puede deducir la conclusión sin obtener antes de forma efectiva una contradicción.

Ejemplo: para demostrar que $\sqrt{2}$ no es un número racional, razonemos por reducción al absurdo y supongamos que

$$\sqrt{2} = \frac{p}{q}$$

donde la fracción es irreducible, es decir, p y q son enteros primos entre sí. Operando se tiene

$$p = q\sqrt{2} \;\Rightarrow\; p^2 = 2q^2$$

con lo que p^2 es par, y por tanto $p = 2k$ es par. Volviendo a operar

$$4k^2 2q^2 \;\Rightarrow\; 2k^2 = q^2$$

se tiene de nuevo de q^2 es par, y por tanto q también es par. Pero esto es contradictorio, ya que p y p eran primos entre sí, y ahora resulta que ambos son pares, con lo que tienen a 2 como divisor común. En consecuencia, es imposible escribir $\sqrt{2}$ como fracción de enteros, y por tanto $\sqrt{2}$ es irracional.

Demostración vacía: es una implicación que es verdadera porque el antecedente es siempre falso, independientemente de que lo sea o no el consecuente.

Este tipo de demostración no tiene interés en sí misma, por su falta de contenido, puesto que en realidad la conclusión se deduce de la premisa por la sencilla razón de que esta nunca es verdad. Sin embargo, suele aparecer típicamente como caso extremo de una demostración más general, con múltiples casos.

Por ejemplo, para el universo de los números naturales, en la implicación

$$[(m < n) \wedge (n \geq 0)] \Rightarrow (n - m > 0)$$

el caso $n = 0$ se demuestra *por vacuidad*, es decir, no hay nada que demostrar ya que no existe en este caso ningún $m < n = 0$ en los números naturales.

Demostración trivial: es una implicación que es verdadera porque el consecuente es siempre verdadero, independientemente de que lo sea o no el antecedente. Al igual que una demostración vacía, suele aparecer como caso extremo de una demostración más general.

Por ejemplo, en la implicación

$$[(n \geq 1) \wedge (xy = 0)] \Rightarrow [(x + y)^n = x^n + y^n]$$

el caso $n = 1$ es *trivial*, y no se necesita para nada la hipótesis $xy = 0$ (no así para $n \geq 2$, en donde esta hipótesis es esencial).

Demostración constructiva: se demuestra la existencia de cierto individuo u objeto construyéndolo explícitamente mediante una fórmula o algoritmo. Por ejemplo, se puede demostrar que

$$\exists x \; \left(ax^2 + bx + c = 0\right)$$

demostrando que el número complejo

$$x = \frac{-b + \sqrt{b^2 - 4ac}}{2a}$$

verifica la ecuación propuesta.

Veamos un ejemplo de demostración constructiva mediante un algoritmo: demostrar que todo número natural $n > 0$ puede escribirse como

$$n = 2^k \cdot m$$

donde $k \geq 0$ y m es impar. Efectivamente el algoritmo consiste en dividir n por 2 hasta que en un momento dado el número obtenido sea m impar; si hemos podido hacer $k \geq 0$ divisiones enteras por 2, se tiene la fórmula deseada. Nótese que el algoritmo termina en un número finito de pasos, ya que n es finito y la sucesión de cocientes es estrictamente decreciente, con lo que el proceso de división no puede extenderse indefinidamente.

Demostración no constructiva: en contraposición al caso anterior, se demuestra la existencia de un individuo con cierta propiedad de una manera indirecta, sin mostrar explícitamente quién es dicho individuo ni cómo encontrarlo mediante algún método algorítmico.

Ejemplo: demostrar que existen infinitos números primos. La siguiente demostración, por reducción al absurdo, se debe a Euclides (proposición 20 del libro IX de sus *Elementos*), y no es constructiva ya que no indica cómo generar la sucesión completa de los infinitos números primos.

Supongamos pues que solo hay un número finito de primos: $p_1, \ldots, p_n$. Consideremos entonces el número $N = (p_1 \cdots p_n) + 1$; obviamente $N > p_i$ para todo i, y como estos p_i son todos los primos que existen, se deduce que N no es primo. Pero en ese caso, debería ser divisible por uno de los primos, lo cual es obviamente imposible, ya que el resto de la división entera siempre es 1, y obtenemos una contradicción.

Demostración por casos: se demuestra una implicación del tipo

$$(P_1 \vee \ldots \vee P_n) \Rightarrow Q$$

analizando caso por caso, es decir

$$(P_1 \Rightarrow Q) \wedge \ldots \wedge (P_n \Rightarrow Q)$$

En general, si se quiere demostrar que $P \Rightarrow Q$ y se demuestra previamente que

$$P \Leftrightarrow (P_1 \vee \ldots \vee P_n)$$

entonces se aplica el argumento anterior.

Ejemplo: demostremos que para un entero d se verifica que

$$\left\lfloor \frac{d-1}{2} \right\rfloor \leq \left\lfloor \frac{d}{2} \right\rfloor$$

Para ello vamos a distinguir los casos en que d sea par o impar, y veremos que en ambos casos la fórmula es cierta:

- Si $d = 2k + 1$ es impar, entonces $(d-1)/2 = k$ y coincide con su parte entera $\lfloor (d-1)/2 \rfloor$. Por otra parte, $\lfloor d/2 \rfloor$ es el cociente entero de de división de $d = 2k+1$ por 2, que obviamente también es k, y se da la igualdad.

- Si $d = 2k$ es par, entonces $d - 1 = 2(k-1) + 1$ y $\lfloor (d-1)/2 \rfloor$ es el cociente entero de $d - 1$ por 2, que es obviamente $k - 1$. Por otra parte, $d/2 = k$ que coincide con su parte entera, y se tiene la desigualdad $k - 1 < k$.

Demostración por partes: se demuestra una implicación del tipo

$$P \Rightarrow (Q_1 \wedge \ldots \wedge Q_n)$$

dividiéndola en varias partes o etapas, es decir

$$(P \Rightarrow Q_1) \wedge \ldots \wedge (P \Rightarrow Q_n)$$

Ejemplo: demostrar que "si p impar, entonces p^2 es impar y $(p+1)^2/2$ es par".

Efectivamente, la primera parte está ya demostrada, y para demostrar la segunda parte, como $p + 1$ es par basta demostrar que n par implica $n^2/2$ par: sea $n = 2k$; operando se tiene que $n^2 = 4k^2$ y por tanto $n^2/2 = 2k^2$ es par, como queríamos demostrar.

Demostración de implicación: Si queremos deducir una implicación $p \to q$ se añade, según el *Teorema de Deducción*, el antecedente p como hipótesis adicional (como si fuera una premisa más) y se trata de deducir el consecuente q.

El argumento anterior también es válido para proposiciones cuantificadas universalmente

$$\forall x \, (P(x) \to Q)$$

aplicando previamente el Teorema de Deducción para un x genérico, y posteriormente la regla de generalización universal con respecto a dicho x. Muchos de los ejemplos anteriores se encuentran en este caso.

Demostración dicotómica: se trata de deducir una disyunción de dos proposiciones $P \vee Q$ suponiendo una de ellas falsa y deduciendo que la otra es verdadera. Se basa en una de las leyes de equivalencia entre disyunciones e implicaciones, en concreto

$$(p \vee q) \Leftrightarrow (\neg p \to q)$$

y el proceso es pues como en el caso del Teorema de Deducción, es decir, se añade como hipótesis $\neg p$ y se trata de concluir q.

Ejemplo: si $n \geq 2$ es un número entero, entonces o bien es primo o bien es producto de primos.

La demostración rigurosa de este teorema requiere del uso de *inducción*, que se verá en el siguiente capítulo, pero la idea es suponer que n no es primo y probar que entonces es producto de primos (demostración dicotómica).

En cuanto a la **demostración de equivalencias**, conviene decir dos cosas:

(a) Según la *ley de equivalencia*, si queremos demostrar que dos proposiciones son equivalentes

$$P \Leftrightarrow Q$$

debemos demostrar dos implicaciones, la directa $P \Rightarrow Q$ y la recíproca $Q \Rightarrow P$. Estos enunciados suelen ir con expresiones como "si y solo si", "es condición necesaria y suficiente", "son equivalentes", etc. Es importante no olvidarse de ninguna de las dos implicaciones, pues es un error muy común olvidarse de una de ellas, quedando la demostración incompleta.

Ejemplo: para demostrar que n^2 es impar si y solo si n es impar, habría que comprobar que n impar implica n^2 impar (ya demostrado), y que n^2 impar implica n impar (que a su vez es equivalente a su contrarrecíproco, n par implica n^2 par, y que también está ya demostrado).

(b) Para demostrar que dos cualesquiera de entre una lista de proposiciones son equivalentes, no es necesario demostrar que todos los pares posibles de proposiciones se implican la una a la otra y recíprocamente; ni siquiera hay que probar que esto sucede con dos proposiciones consecutivas cualesquiera, sino que basta con demostrar una *cadena cíclica* de implicaciones entre todas ellas, de forma que todas las restantes implicaciones mutuas se deducirían por *transitividad*, con el consiguiente ahorro de esfuerzo.

En general, para demostrar que *son equivalentes* las proposiciones

$$P_1, P_2, \ldots, P_{n-1}, P_n$$

bastaría probar (por ejemplo) que

$$P_1 \Rightarrow P_2 \Rightarrow \ldots \Rightarrow P_{n-1} \Rightarrow P_n \Rightarrow P_1$$

(o cualquier otro ciclo de implicaciones lógicas).

Ejemplo: las condiciones siguientes son equivalentes:

(a) n es múltiplo de 3 y 4.

(b) n es múltiplo de 6 y 4.

(c) n es múltiplo de 12.

Basta demostrar que (a) implica (b), que (b) implica (c), y que (c) implica (a). Dejamos para el lector la demostración detallada de estas tres implicaciones.

En cuanto a la demostración de **enunciados con cuantificadores**, podemos decir lo siguiente:

1. La demostración de enunciados con cuantificador existencial ya ha sido analizada en el apartado de demostraciones constructivas y no constructivas. En el primer caso, estamos utilizando implícitamente la regla de generalización existencial, y en el segundo se usa frecuentemente un argumento de reducción al absurdo.

2. La demostración de enunciados con cuantificador universal $\forall x$ debe hacerse razonando en abstracto con un individuo x genérico y tratar de probar que la propiedad es cierta para un tal x, y en consecuencia para cualquier x, puesto que dicho individuo era genérico. En realidad estamos utilizando implícitamente la regla de generalización universal.

   Hacemos notar que es un error muy frecuente "demostrar" una proposición comprobando que la propiedad es cierta para uno o varios individuos concretos, y "deduciendo" que para el resto es análogo. Con ello lo único que se demuestra es que la propiedad se verifica para los casos concretos que se han comprobado, pero para ningún caso más, y este método obligaría (en general) a hacer infinitas comprobaciones, con lo que este método no nos va a llevar a la conclusión buscada.

3. Para hacer demostraciones indirectas o por reducción al absurdo es imprescindible saber aplicar (por razones obvias) las reglas de negación de cuantificadores. Por ejemplo, para demostrar que $\exists x \, P(x)$ por reducción al absurdo, habría que suponer que $\forall x \, \neg P(x)$, o si queremos demostrar por el mismo método que $\forall x \, P(x)$ habría que suponer que $\exists x \, \neg P(x)$.

Otro tema interesante es cómo hacer una **"contraprueba"** (del inglés *disproof*), es decir, demostrar que una proposición es falsa. Para ello, evidentemente habrá que manejar también las reglas de negación de cuantificadores, puesto que en realidad estamos demostrando que es verdadera la negación de dicha proposición. Veamos a continuación varios casos interesantes:

- Demostrar que $\forall x \, P(x)$ es falso consiste en demostrar su negación, es decir $\exists x \, \neg P(x)$. Si esta última se demuestra de forma constructiva hallando un individuo concreto b para el que $P(b)$ sea falsa, dicho b se llama **contraejemplo**, y este método se denomina *contraprueba constructiva mediante contraejemplo*.

- Como caso particular de lo anterior, para demostrar que una proposición del tipo

$$\forall x \, (P(x) \rightarrow Q(x))$$

es falsa, basta hallar un contraejemplo b, para el cual $P(b)$ sea verdadera y $Q(b)$ sea falsa.

Por ejemplo, para ver que la proposición

$$\forall n \, (n \geq 7 \rightarrow n \text{ es primo})$$

es falsa, basta mostrar como contraejemplo $n = 8$.

- Demostrar que $\exists x\, P(x)$ es falso consiste en probar que $\forall x\, \neg P(x)$.

- Como caso particular de lo anterior, para demostrar que una proposición del tipo

$$\exists x\, (P(x) \to Q(x))$$

es falsa, basta demostrar que

$$\forall x\, (P(x) \wedge \neg Q(x))$$

Ejercicio 9. *Analice el lector desde un punto de visto teórico el proceso lógico para demostrar (o hacer una contraprueba de) proposiciones del tipo:*

(a) $\forall x\, \exists y\, P(x, y)$

(b) $\exists x\, \forall y\, P(x, y)$

Cuando un razonamiento lógico no es correcto se denomina **falacia**. Muchas de dichas falacias se basan en ciertas *contingencias* (proposiciones que no son ni Tautología ni Contradicción) que son tomadas (falsamente) por Tautologías en una argumentación lógica. Hay dos falacias muy comunes:

(i) Falacia de afirmar la conclusión: se trata de deducir que el antecedente de una implicación es verdadero si lo es el consecuente. Se basan en la (falsa) regla

$$[(p \to q) \wedge q] \Rightarrow p$$

(ii) Falacia de negar la hipótesis: se trata de deducir que el consecuente de una implicación es falso si lo es el antecedente. Se basan en la (falsa) regla

$$[(p \to q) \wedge \neg p] \Rightarrow \neg q$$

Nota 11. *Errores en demostraciones*

1 Muchos de los errores en las demostraciones proceden bien de cálculos matemáticos incorrectos (se aconseja revisar cuidadosamente todos los cálculos que sean necesarios a lo largo de una demostración), o bien de aplicar en un paso una proposición que se da por cierta sin haberla demostrado en uno de los pasos anteriores (se aconseja demostrar todo aquel "teorema" que no se haya demostrado previamente, o del que no se tenga constancia explícita de ser cierto).

2 También es muy común la aplicación indebida de un teorema, es decir, aplicarlo sin comprobar que se verifican todas y cada una de sus hipótesis; por ejemplo, en Cálculo Infinitesimal es muy típico aplicar el teorema de Bolzano sin comprobar que la función es continua, o que el intervalo es compacto, o que cambia de signo en los extremos, es decir, que uno se olvide de comprobar alguna de las tres hipótesis, que son imprescindibles.

3 Por último, algunos errores vienen de una división *por cero, o bien el uso incorrecto de funciones multivaluadas (raíz cuadrada, logaritmo complejo, etc.). Por ejemplo, vamos a "demostrar" que*

$$\frac{0}{0} = 0$$

Por una parte

$$\frac{0}{0} = \frac{100 - 100}{100 - 100} = \frac{10^2 - 10^2}{10(10 - 10)} = \frac{(10 + 10)(10 - 10)}{10(10 - 10)} = \frac{(10 + 10)\cancel{(10 - 10)}}{10\cancel{(10 - 10)}} = \frac{20}{10} = 2$$

Por otra parte

$$1^2 = (-1)^2 = 1 \Rightarrow \sqrt{1^2} = \sqrt{(-1)^2} \Rightarrow 1 = -1 \Rightarrow 2 = 0$$

y se concluye la falsa demostración. Nótese que en la primera parte hemos dividido por cero, y en la segunda parte la raíz cuadrada $\sqrt{1}$ tiene dos resultados distintos (1 y −1), que hemos igualado erróneamente.

2.7. Apéndice: demostraciones y resultados matemáticos

En el lenguaje de las Matemáticas, las proposiciones reciben diferentes nombres según el contexto:

- **Postulados o Axiomas**: son proposiciones que se admiten como verdaderos sin demostración. Evidentemente es imposible demostrar todo, puesto que ello nos llevaría a una cadena infinita de demostraciones, y se trata de basarse en un conjunto de axiomas razonables e intuitivos, que constituyen el fundamento de la teoría lógica o matemática correspondiente. Se intenta también que el conjunto de axiomas sea lo más pequeño posible, de manera que se eliminan de dicho conjunto aquellos que se deduzcan del resto de axiomas.

- **Teoremas**: son proposiciones que se demuestran a partir de los axiomas o de otros teoremas demostrados previamente. Se suele dar el nombre de "teorema" a un enunciado de cierta importancia o transcendencia dentro de un desarrollo teórico, y "proposición" en caso contrario (aunque esta diferenciación es muchas veces bastante subjetiva). Se suele decir que el teorema es inmediato o *trivial* cuando se deduce directamente de las **definiciones** introducidas previamente.

  Hay otro tipo de teoremas como son:

  - **Lema**: suele ser un resultado técnico que sirve de apoyo, como paso previo de la demostración de teoremas más importantes y que, salvo raras excepciones, no suele tener interés por sí mismo.
  - **Corolario**: es una proposición que deduce, de forma más o menos sencilla, de un resultado más importante.

- **Conjeturas**: son proposiciones o sentencias de los que su valor de verdad es desconocido, porque aún no se han podido demostrar formalmente, pero que la intuición dice que son ciertas puesto que después de mucho tiempo nadie ha conseguido hallar aún un contraejemplo a su enunciado. Un ejemplo muy conocido es la conjetura de Goldbach, que dice que todo número par $n \geq 4$ se puede escribir como suma de dos números primos.

  Si algún día alguna de esas conjeturas se llegase a demostrar, se convertiría en teorema, pero mientras tanto seguiría siendo un "problema abierto".

  Evidentemente, se trata de proponer conjeturas verosímiles, para las que ha sido imposible encontrar un contraejemplo, y para las que hay razones fundadas (teoremas análogos en contextos similares, experiencia o autoridad de quien la establece, etc.) para sospechar que son verdaderas (el caso de la conjetura de Goldbach, ha sobrevivido más de tres siglos, y a pesar de encontrarnos en una época de ordenadores potentísimos, nadie ha sido capaz de encontrar un solo contraejemplo).

Hacemos observar que existen proposiciones de las que se ha demostrado no poder probar su valor de verdad (los llamados "indecidibles"), y que de hecho toda teoría basada en un conjunto finito de axiomas contiene necesariamente tales proposiciones (teoremas de incompletitud de Gödel).

Existen además otro tipo de proposiciones que, además de ser indecidibles, son "indiferentes", en el sentido de que añadiendo al conjunto de axiomas o bien dicha proposición o bien su negación, se obtiene una teoría lógica o matemática equivalente a la anterior (por ejemplo, la llamada "Hipótesis del Continuo", a la que haremos referencia en el capítulo 4 sobre Teoría de Conjuntos).

Por último estudiaremos algunas cuestiones relacionadas con **estrategias** de demostración:

- Razonamientos hacia adelante y hacia atrás: los primeros tratan de pensar a partir de las premisas cómo llegar a la conclusión, mientras que los segundos tratan de imaginar a partir de la conclusión cómo se llega desde las premisas. Esta última idea se ve bien cuando el resultado final es una fórmula compleja que conviene desarrollar para ver qué necesitamos para que dicha fórmula se verifique.

  Para ver un ejemplo de razonamiento hacia atrás, trátese de demostrar que en el juego siguiente el jugador que comience puede ganar siempre haga lo que haga el segundo: "se comienza con un montón de 15 fichas y por turnos los jugadores pueden quitar 1, 2 ó 3 fichas del montón, ganando aquél que recoja las últimas fichas del montón".

- A veces no es posible realizar una demostración directamente para el caso general, y es preciso distinguir varios casos, que se resuelven por separado, es decir, se realiza una *demostración por casos*, tal y como ha sido introducida anteriormente.

- Una idea de partida para realizar una nueva demostración es tratar de adaptar una demostración conocida que ha funcionado en otro caso anterior. Incluso aunque la nueva demostración falle globalmente, muchas de las ideas de la antigua demostración pueden ser la clave para diseñar una buena demostración para el nuevo caso que se nos plantea.

  Ejemplo: demostrar que existen infinitos números primos de la forma $4k - 1$. Supongamos que solo hay un número finito de tales primos, $p_1, \ldots, p_n$. Consideremos $N = 4 \cdot p_1 \cdots p_n - 1$, que es obviamente un número impar de la forma $4k - 1$. Para llegar a una contradicción, basta demostrar que todo impar de la forma $m = 4k - 1$ tiene un factor primo también de la misma forma, porque entonces N debería ser divisible por alguno de los p_i, lo cual es obviamente imposible.

  Para demostrar pues el resultado que nos falta, supongamos que $m = 4k - 1 = q_1^{k_1} \cdots q_r^{k_r}$, y que ninguno de los primos q_i es múltiplo de 4 menos 1. Pero cualquier entero es de la forma $4q + r$ con $r = 0, 1, 2, 3$ (por la división Euclídea). Obviamente, para ninguno de los q_i el resto de dividir por 4 puede ser 0 ó 2, porque si no m no sería impar, y si además ninguno de estos restos puede ser 3 (o equivalentemente, resto -1), todos los q_i serían de la forma $4q + 1$, y un cálculo simple nos muestra que entonces m no podría ser de la forma $4k - 1$.

- Si no sabemos a priori si una proposición cuantificada universalmente es o no verdadera, muchas veces es más fácil, desde el punto de vista técnico, tratar primero de encontrar un contraejemplo para ver que es falsa, antes de razonar que es verdadera para un individuo genérico, y solo si no somos capaces de encontrar ningún contraejemplo empezaríamos a sospechar que la proposición puede ser cierta, y trataríamos entonces de probarlo. Por ejemplo, antes de intentar la conjetura de Goldbach, conviene gastar un tiempo buscando algún número par que no sea suma de dos primos.

2.8. Apéndice: otras lógicas

En esta sección veremos de manera panorámica otros tipos de lógica, más allá de la lógica clásica que acabamos de estudiar.

En primer lugar, hasta ahora hemos considerado que podemos determinar con precisión el valor de verdad de una proposición, y que no hay término medio: una proposición es o completamente verdadera (1) o completamente falsa (0). Sin embargo, en la vida real no siempre es así, y hay ciertas afirmaciones que tienen un valor de verdad entre 0 y 1, es decir, que hay afirmaciones que no son completamente verdaderas, pero que tampoco son verdaderamente falsas. Incluso hay afirmaciones de las que no se puede decir nada sobre si son verdaderas o falsas, es decir, que tienen un valor de verdad indeterminado ($*$). Esto da lugar a las lógicas parciales, las lógicas multivaluadas y la lógica difusa (*fuzzy logic*).

Lógica parcial: En esta lógica hay tres posibles valores de verdad, Verdadero (1), Falso (0), o Indeterminado ($*$). Las tablas de verdad se adaptan a esta situación, dando lugar a las llamadas *tablas fuertes de Kleene*:

p	$\neg p$
1	0
$*$	$*$
0	1

$p \wedge q$	1	$*$	0
1	1	$*$	0
$*$	$*$	$*$	0
0	0	0	0

$p \vee q$	1	$*$	0
1	1	1	1
$*$	1	$*$	$*$
0	1	$*$	0

A partir de las tablas de verdad, se define la equivalencia lógica en función de que las expresiones lógicas tengan la misma tabla de verdad, y una implicación es lógica cuando el consecuente es verdadero siempre que el antecedente lo sea. Para más información nos remitimos a literatura más especializada como [4].

Lógicas multivaluadas: En estas lógicas hay varios valores de verdad, como mínimo 3 (lógica trivalente), con valores equiespaciados. En general, la lógica polivalente de Lukasiewicz admite como valores de verdad

$$0, \frac{1}{n}, \frac{2}{n}, \ldots, \frac{n-1}{n}, 1$$

para $n \neq 2$ (para $n = 1$ obtenemos la lógica proposicional clásica). El caso trivalente con $n = 2$ (0, 1/2, 1) se considera equivalente a la lógica parcial, identificando el valor 1/2 como valor indefinido (se deja al lector la comprobación, a partir de las fórmulas que veremos a continuación).

En este caso no hay tablas de verdad, sino que para calcular el valor de verdad de las conectivas lógicas se emplean las fórmulas siguientes:

$\neg p = 1 - p$

$p \wedge q = \text{mín}(p, q)$

$p \vee q = \text{máx}(p, q)$

$p \rightarrow q = \text{mín}(1, 1 + q - p)$

$p \leftrightarrow q = 1 - |p - q|$

Para hallar el valor de verdad de una proposición compuesta, habría que sustituir los valores de verdad de las proposiciones primitivas que la integran, y operar con estás fórmulas para calcular el valor de verdad correspondiente. Por ejemplo, es fácil ver que el valor de verdad de $p \wedge (p \vee q)$ es p (distinguiendo tres casos: $p = q$, $p > q$ y $q > p$).

En esta teoría, la equivalencia lógica viene dada por la igualdad algebraica, en todos los caso posibles, de los valores de verdad, teniendo en cuenta que los valores de las proposiciones primitivas están entre 0 y 1, y la implicación lógica se define de forma análoga al caso de la lógica parcial. Por ejemplo, es fácil comprobar que la bicondicional es equivalente a la conjunción de la doble condicional, o por ejemplo que $p \wedge q$ implica lógicamente p.

Algunos autores interpretan estos valores de verdad como probabilidades, aunque la comparación no es muy exacta; nótese que la conjunción de dos proposiciones lógicas se correspondería con un suceso intersección, y mientras que el valor de verdad de la conjunción es el mínimo, la probabilidad de la intersección, por ejemplo si los sucesos son independientes, es el producto de las probabilidades.

Lógica difusa: Se la conoce también como "Lógica Borrosa", y la idea es que los valores de verdad de un predicado toman valores arbitrarios (entre 0 y 1) sobre individuos diferentes del universo. Es por tanto una cierta generalización de la lógica de predicados clásica.

La idea es poder usar predicados y cuantificadores "difusos", en los que no está clara la separación entre la verdad completa y la falsedad completa, sino que hay una frontera difusa, que se va atravesando poco a poco. Un ejemplo de predicado difuso sería, por ejemplo

Ser mucho mayor que 100

Está claro que 101 no verifica ser mucho mayor que 101, o que 1000 sí que es mucho mayor que 100, pero si vamos aumentando el número entre 100 y 1000, el valor de verdad se va alejando poco a poco del valor 0, y se va aproximando progresivamente al valor 1. En otras palabras, la frontera entre falso (0) y verdadero (1) es difusa, y no se puede decir (por ejemplo) que pase de completamente falso a completamente verdadero del 120 al 121.

Un ejemplo de derivación en lógica difusa sería el siguiente:

(1) Normalmente, los sellos antiguos son difíciles de encontrar.

(2) Las cosas que son difíciles de encontrar son caras.

∴ Normalmente, los sellos antiguos son caros.

En este razonamiento hay tres predicados "borrosos", cuyo valor de verdad es "discutible" (ser antiguo, ser caro, ser difícil de encontrar), y un cuantificador borroso, 'normalmente', que indica una cierta frecuencia de un suceso, y que también tienen unos límites difusos.

En la lógica borrosa, se plantean (como en lógica de predicados) las tablas de verdad de los predicados, especificando para cada individuo el valor de verdad del predicado, con la salvedad de que no necesariamente este valor es 0/1, sino un número real $0 \leq x \leq 1$. Si el universo es infinito, este valor de verdad viene dado por una fórmula matemática, algoritmo, o función que calcula dicho valor de verdad para cada individuo del universo del discurso.

Hecha esta salvedad, las tablas de verdad de las correspondientes conectivas (negación, conjunción y disyunción) se calculan igual que en el caso de las lógicas polivalentes o multivaluadas.

Por otra parte, al igual que la lógica de predicados está relacionada con la teoría de conjuntos y relaciones (lógica de clases y lógica relacional, que veremos más adelante en este libro), la lógica borrosa está relacionada con la teoría de conjuntos y relaciones borrosas. Profundizaremos en este aspecto en el capítulo 4 sobre la teoría de conjuntos.

Otras novedades de la lógica difusa con respecto a la lógica clásica es la incorporación de nuevos modificadores lógicos (cuantificadores absolutos), aparte de la negación: la concentración ('muy'), la dilatación ('más o menos'), y la intensificación ('bastante'). Estos cuantificadores absolutos tienen asociada una función que modifica el valor de verdad del predicado (por ejemplo, la concentración suele está asociada a la función x^2, es decir, eleva al cuadrado el valor de verdad original).

Asimismo provee cuantificadores (relativos) que se refieren a la frecuencia con que se verifica un predicado, aparte del existencial y del universal: 'normalmente', 'casi todos', 'casi ninguno', etc. Se representan mediante la letra Q, y se corresponde a la proporción (entre 0 y 1) de individuos necesaria para que se verifique el cuantificador (por ejemplo, se podría especificar que $0,95$ (95%) se corresponde con 'casi todos').

Existen reglas de inferencia, que no vamos a detallar, y que se conocen como *razonamiento aproximado*, porque obtiene conclusiones poco precisas, o aproximadas; he aquí un ejemplo, que se parece al Modus Ponens:

(1) Este paciente tiene una fiebre muy alta.

(2) Si un paciente tiene fiebre alta entonces está enfermo.

∴ Este paciente está muy enfermo.

o este otro, mucho más impreciso:

(1) La mayoría de los estudiantes son deportistas.

(2) Algo más de la mitad de los deportistas se lesionan.

∴ Aproximadamente la mitad de los estudiantes se lesionan.

Este tipo de lógica, aunque parezca un poco extraño, suele estar implementado en sistemas inteligentes que controlan, por ejemplo, el aire acondicionado de un edificio, el tiempo de apertura de los semáforos, los programas de lavado de una lavadora, o alertas en un sistema de apoyo a la conducción de automóviles, entre otros. Para más información sobre la lógica difusa, ver [65, 66].

Lógicas modales

Otras lógicas alternativas son las lógicas modales, que hacen énfasis en el contenido semántico de las proposiciones, introduciendo nuevos conceptos como el de *necesidad* o *posibilidad*. Se introducen por tanto dos nuevos operadores lógicos:

$\Box p$ se lee "es necesario que p".

$\Diamond p$ se lee "es posible que p".

En realidad, ambos operadores están relacionados:

1. *Es necesario que p* equivale a *no es posible que no p*, es decir

$$\Box p \Leftrightarrow \neg \Diamond \neg p$$

2. *Es posible que p* es equivalente a *no es necesario que no p*, es decir

$$\Diamond p \Leftrightarrow \neg \Box \neg p$$

Esta lógica hereda todas las reglas de la lógica clásica, e incorpora nuevas reglas, según distintos esquemas; los más usuales son los siguientes:

T $\Box p \to p$ (es decir, si es necesario, entonces es verdad).

D $\Box p \to \diamond p$ (es decir, si es necesario, entonces es posible).

B $p \to \Box \diamond p$ (es decir, si es verdad, entonces es necesariamente posible).

K $\Box(p \to q) \to (\Box p \to \Box q)$ (es decir, si es necesario que p implique q, se deduce que si p es necesario entonces también q es necesario).

Estos esquemas pueden combinarse, dando lugar a distintas lógicas modales, por ejemplo los sistemas modales KD, KT, KDT, etc. Obviamente la regla T implica la regla D, por lo que los esquemas KDT y KT son equivalentes.

Existen algunas variantes y extensiones de las lógicas modales, por ejemplo:

Lógica deóntica: se sustituye 'ser necesario' por 'ser obligatorio' (O), y se sustituye 'ser posible' por 'estar permitido' (P). Es una variante modal, pero no todos los esquemas anteriores son válidos; el esquema KD sí que lo es (lo que es obligatorio está permitido), pero no así la regla T (lo obligatorio necesariamente se cumple).

Lógica epistémica: está relacionada con las creencias, y sustituye el operador $\Box$ por el operador de *creencia en B*. Se admiten entre otros los esquemas K y KD (si se cree, es posible).

Lógica temporal: en esta lógica entra en juego el factor tiempo, es decir, algo puede ser verdad hoy pero no mañana, ayer pero no hoy, etc. Introduce dos nuevos operadores: P (pasado) y F (futuro). Por ejemplo Fp significa 'p será verdad en algún momento', y Pp significa 'p fue verdad en algún momento'. Ambos operadores son similares al operador $\diamond$, pero en dos direcciones temporales. Análogamente, hay otros dos operadores similares al operador $\Box$, que son el operador H y G: Hp significa 'p fue verdad en todo momento anterior', y Gp significa 'p será verdad en todo momento posterior'. En realidad, H equivale a $\neg P \neg$, y G equivale a $\neg F \neg$.

Por otra parte, existen dos operadores lógicos binario en la lógica temporal: Spq 'desde que p, q', y Upq 'hasta que p, q', que establecen relaciones temporales entre dos proposiciones lógicas. Formalmente, Spq es verdad en un instante de tiempo t si en un instante t' anterior a t la proposición p fue verdad, y q es verdad en cualquier instante en el intervalo $[t', t]$. Análogamente, Upq es verdad en un instante t si existe un instante t' posterior a t en el que p es verdad, y q es verdad en todo instante intermedio en $[t, t']$. Es fácil ver que Fp equivale a UpT, y que Pp equivale a SpT, donde T es en este caso una Tautología.

Para más información sobre las lógicas modales, ver [3, 4].

2.9. Problemas de Lógica de Predicados

1. Representa formalmente las siguientes proposiciones mediante el lenguaje de la lógica de predicados:

    (a) Todos los brasileños juegan al fútbol.

    (b) Algunos perros son mascotas.

    (c) Solo arañan los gatosos.

    (d) Algunas animales solo comen carne.

    (e) Algún número primo es par.

    (f) Un número par es primo solo si es menor que 4.

    (g) No hay castellanos que hablen holandés.

    (h) Quien mucho abarca poco aprieta.

    (i) No todo el mundo es orégano.

    (j) Nadie es perfecto

2. Representa formalmente las siguientes proposiciones mediante el lenguaje de la lógica de predicados:

    (a) Si Carmen es amiga de Pepe, y Pepe es amigo de Pilar, entonces Pilar y Carmen son amigas.

    (b) Juan trabajó ayer, pero hoy no.

    (c) Berta conoce al médico, pero el médico no conoce a Berta.

    (d) Todos los socios hablan inglés o francés.

    (e) Si x está entre 1 y 2, y si y está entre 2 y 3, entonces la sume de x e y no puede ser mayor que 5.

    (f) Si f y g son funciones continuas, su suma también lo es.

    (g) Si x es divisible por 3, no puede ser primo.

    (h) Si $x + y = z$ y $t < z$, entonces $x + y > t$.

3. Sea U un universo de discurso que consta solamente de tres personas, a saber: Juan, Marta y Patricia. Los tres son estudiantes menos Juan, y solo Patricia habla alemán. Juan es varón, mientras que Marta y Patricia son hembras. Juan y Patricia son hermanos, mientras que Marta y Patricia son primas.

    Denotemos por E, H, V, A, h, p respectivamente las propiedades (predicados) de ser estudiante, ser hembra, ser varón, hablar alemán, ser hermanos y ser primos.

    (I) Escribe la tabla de verdad de los predicados anteriores.

    (II) Enuncia en palabras las siguientes proposiciones, y calcula su valor de verdad:

      a) $\forall x \, E(x)$

      b) $\forall x \, H(x) \vee \forall x \, V(x)$

      c) $\forall x \, (H(x) \vee V(x))$

      d) $\exists x \, A(x)$

      e) $\exists x \, (H(x) \rightarrow A(x))$

      f) $\forall x \, (H(x) \rightarrow p(x, Petra))$

      g) $\forall x \, [H(x) \rightarrow (p(x, Juan) \vee h(Juan, x))]$

4. Se considera el dominio $U := \{a, b, c\}$, y el predicado $Q(x, y)$ definido por la tabla de verdad:

x\y	a	b	c
a	1	0	1
b	0	1	1
c	0	1	0

Calcula el valor de verdad de las proposiciones:

I) $\forall y \exists x\ Q(x,y)$

II) $\forall y\ Q(y,a)$

III) $\forall y\ Q(y,y)$

IV) $\exists x\ \neg Q(b,x)$

V) $\forall y\ Q(a,y)$

VI) $\forall z\ Q(z,z)\ \wedge\ \exists x \forall y\ Q(y,x)$

VII) $\forall x\ Q(x,c)\ \rightarrow\ \neg\exists y\ Q(y,b)$

VIII) $\exists x \exists y\ Q(y,x)$

IX) $\forall t\ (Q(b,t) \leftrightarrow Q(c,t))$

X) $\forall x\ (Q(b,x) \leftrightarrow Q(x,b))$

XI) $\forall y\ (Q(y,a) \rightarrow Q(y,c))$

XII) $\forall x \forall y\ (Q(x,y) \rightarrow Q(y,x))$

5. Se considera de nuevo el dominio $U := \{a,b,c\}$, y el predicado $P(x,y)$ definido por las siguientes propiedades:

$$\begin{cases} \forall x\ P(x,x) \text{ es verdadera} \\ P(a,c) \text{ es verdadera} \\ \neg P(x,y) \text{en el resto de los casos} \end{cases}$$

Calcula el valor de verdad de las proposiciones:

I) $P(a,b) \wedge P(a,c)$

II) $P(c,b) \vee P(a,c)$

III) $P(b,b) \wedge P(c,c)$

IV) $P(c,a) \rightarrow P(c,c)$

V) $P(a,b) \leftrightarrow \neg P(b,a)$

VI) $\forall x \forall y\ (P(x,y) \leftrightarrow P(y,x))$

6. Construye un modelo para las siguientes expresiones lógicas:

a) $[P(x) \rightarrow Q(y)] \wedge [\neg Q(x) \wedge P(x)]$

b) $P(y) \leftrightarrow [\forall x\ Q(x,y)]$

c) $\exists x\ P(x) \rightarrow \forall y\ P(y)$

d) $\forall x\ P(x) \vee \exists y\ Q(y,z)$

¿Es válida alguna de ellas?

7. Demuestra que las siguientes expresiones lógicas no son válidas:

a) $[(P(x) \rightarrow Q(y)) \wedge (Q(y) \rightarrow R(z))] \rightarrow [P(z) \rightarrow Q(z)]$

b) $\exists x P(x) \rightarrow \forall y P(y)$

¿Son contradictorias? Si no es así, halla un modelo para dichas expresiones.

8. Demuestra que las siguientes expresiones lógicas son válidas:

    a) $\forall x\, P(x) \to \neg \forall y\, \neg P(y)$

    b) $\forall x\, P(x) \;\vee\; \forall y\, Q(y) \;\to\; \forall z\,(P(z) \vee Q(z))$

9. Demuestra la equivalencia lógica

$$\forall x\, P(x) \vee \forall y\, Q(y) \iff \forall x \forall y\,(P(x) \vee Q(y))$$

10. Demuestra que
$$\forall x(B \to A) \iff \exists x\, B \;\to\; A$$

    si x no es libre en A.

11. Se consideran las expresiones lógicas

$$
\begin{aligned}
A &\equiv [(x < y) \wedge (y < z)] \to (x < z) \\
B &\equiv (\exists y[(x < y) \wedge (y < z)]) \to (x < z)
\end{aligned}
$$

    ¿Son A y B lógicamente equivalentes?

12. Demuestra que, si x no es libre en B, se tiene:

    a) $(\exists x\, A) \vee B \iff \exists x\,(A \vee B)$

    b) $(\forall x\, A) \wedge B \iff \forall x\,(A \wedge B)$

13. Distingue variables por estandarización en las siguientes expresiones lógicas:

    a) $\forall x\, P(x) \;\wedge\; \forall x Q(x)$

    b) $P(x) \;\vee\; \exists x Q(x)$

    c) $\forall x\,(P(x) \to Q(z)) \;\wedge\; \exists x\, Q(x) \;\wedge\; \exists z\, P(z) \;\wedge\; \exists z\,(Q(z) \to R(y))$

    d) $\forall x\,(\forall y\, P(x,y) \;\wedge\; \forall y\, Q(x,y)) \;\to\; R(x)$

    e) $[\forall z\, Q(z) \;\wedge\; \forall x\, R(x)] \to \forall x\,(Q(x) \wedge R(z))$

    f) $\forall u\, P(u) \;\to\; (\forall v\, P(v) \;\wedge\; Q(u))$

    g) $P(x) \;\wedge\; \forall x\, Q(x) \;\wedge\; \forall x\, R(x)$

    h) $\forall x \exists y\,(P(x,y,z) \wedge Q(y,z)) \;\vee\; R(y)$

14. Halla la negación de las siguientes expresiones con cuantificadores:

    a) $\exists x\, \neg A$

    b) $\forall y\, \neg A$

    c) $\exists x\,(A \vee \neg B)$

    d) $\forall y\,(\neg A \wedge B)$

15. Elimina todas las negaciones de cuantificadores en las expresiones:

    a) $\neg \forall z\,(\exists x\, P(x,z) \;\wedge\; \neg \forall y\, Q(y,z))$

    b) $\neg \exists x\,(\neg \exists y\, P(x,y) \;\vee\; \neg \forall z\, Q(x,z))$

    c) $\neg \forall x\,(\exists z\, P(x,z) \;\to\; \neg \exists y\, Q(x,y))$

    d) $\neg \exists y\,(\exists x\, P(x,y) \;\to\; \neg \forall z\, Q(y,z))$

16. Estandariza variables y pasa todos los cuantificadores al comienzo en las siguientes expresiones lógicas.

a) $\forall x\, P(x) \;\vee\; \exists x\, (Q(x) \to P(x))$

b) $\exists x\, P(x) \;\wedge\; \exists x\, (P(x) \wedge Q(x))$

c) $\forall x\, P(x) \;\wedge\; \forall x\, (P(x) \wedge Q(x))$

d) $\exists x\, P(x) \;\vee\; \forall x\, (Q(x) \to P(x))$

17. Halla la forma *prenex* de las siguientes expresiones lógicas:

a) $\neg[\exists x\, [A(x) \to (\forall y\, B(x,y))]]$

b) $\forall x \forall y\, [\exists z\, (A(x,z) \wedge B(y,z)) \to \exists u\, C(x,y,u)]$

c) $\forall x\, [\forall y\, P(y) \wedge [(\exists z\, \neg Q(x,z)) \leftrightarrow (\exists u\, R(x,u))]]$

18. Halla la forma de *Skolem* de las siguientes expresiones lógicas:

a) $\exists x \forall y \forall z \exists u \forall v \exists w\, [P(x,y,z) \wedge Q(u,v) \wedge \neg R(w)]$

b) $\forall x \exists y \exists z\, [(\neg P(x,y) \wedge Q(x,z)) \vee R(x,y,z)]$

c) $\exists x\, [\neg \exists y\, A(x,y) \;\to\; [\exists z\, (B(z) \to C(x))]]$

19. Demuestra, mediante doble implicación, que las variantes de una expresión lógica con un cuantificador universal o existencial son lógicamente equivalentes.

20. Demuestra que $\forall x\, P(x) \Rightarrow \exists x\, P(x)$.

21. Demuestra, mediante doble implicación lógica que se puede intercambiar el orden de los cuantificadores existenciales, es decir

$$\exists x\, \exists y\, P(x,y) \iff \exists y\, \exists x\, P(x,y)$$

22. Demuestra, mediante doble implicación lógica, que

$$\forall x\, [P(x) \to Q(x)] \iff \forall x\, [\neg Q(x) \to \neg P(x)]$$

23. Demuestra la validez del siguiente razonamiento:

"Si ninguna persona con menos de 40 kilos es gorda, y Marta pesa menos de 40 kilos, entonces alguien no es gordo".

24. Enuncia un modelo de silogismo para cada uno de los "silogismos aristotélicos", representándolos formalmente mediante la lógica de predicados, y comprobando su validez. A modo de ejemplo, enunciamos un modelo de los más característicos (se puede buscar el resto en algún libro sobre Historia de la Filosofía):

bArbArA

(1)	Todo polígono tiene área finita.
(2)	Todo triángulo es polígono.
∴	Todo triángulo tiene área finita.

cElArEnt

(1)	Ningún polígono es círculo.
(2)	Todo triángulo es polígono.
∴	Ningún triángulo es círculo.

dArII

(1)	Todo triángulo es convexo.
(2)	Algún polígono es triángulo.
∴	Algún polígono es convexo.

fErIO

(1)	Ninguna parábola está acotada.
(2)	Alguna cónica es parábola.
$\therefore$	Alguna cónica no está acotada.

cEsArE

(1)	Todo triángulo es polígono.
(2)	Ningún círculo es polígono.
$\therefore$	Ningún círculo es triángulo.

. . .

25. Se consideran los siguientes predicados

$$F(x) = \text{"}x \text{ es famoso"}$$

$$I(x) = \text{"}x \text{ es irlandés"}$$

$$A(x, y) = \text{"}x \text{ admira a } y\text{"}$$

definidos sobre el universo de todas las personas.

a) Formaliza la expresión "No hay ningún irlandés que admire solamente a los irlandeses famosos".

b) Interpreta en términos del lenguaje usual la expresión

$$\forall x[I(x) \to \exists y(A(x, y) \land \neg I(y))]$$

c) Obtén la forma Skolem de la expresión del apartado anterior.

26. Se considera el siguiente silogismo lógico:

(P1)	Ningún chiripitifláutico es oligoflácteo .
(P2)	Algún plagioesterófido es chiripitifláutico.
$\therefore$	(Q) Algún plagioesterófido no es oligoflácteo.

a) Represéntalo mediante lógica de predicados, y demuestra su validez.

b) A partir de la representación formal hallada el en apartado anterior, calcula la *forma de Skolem* de la expresión

$$P1 \land P2 \to Q$$

27. Demuestra que n^3 es impar si y solo si n es impar.

28. Demuestra que para cualquier número natural n, si $\sqrt{n}$ no es un número entero, entonces es irracional.

29. ¿Es cierto que todo polinomio con coeficientes reales tiene al menos una raíz real?

30. Descubre el error de la siguiente demostración matemática:

$$3 > 2$$
$$\text{luego} \quad 3 \log 1/2 > 2 \log 1/2$$
$$\text{luego} \quad \log (1/2)^3 > \log (1/2)^2$$
$$\text{luego} \quad (1/2)^3 > (1/2)^2$$
$$\text{luego} \quad 1/8 > 1/4$$

31. ¿Es correcto el siguiente razonamiento?

$$1cent = 0,01euros = (0,1euros)^2 = (10cents)^2 = 100cents = 1euro$$

Si no es así, explica dónde está el error de esta demostración.

32. Demuestra que $mcd(a, b) = mcd(b, a - b)$.

33. Se considera el siguiente razonamiento lógico:

"Si el parte meteorológico predice clima seco, entonces iré de excursión o iré a nadar.
Iré a nadar si y solo si el parte meteorológico predice clima caluroso.
Por lo tanto: si no voy de excursión es porque el parte meteorológico predijo clima húmedo o caluroso."

Formaliza este razonamiento y demuestra si es o no válido.

34. Supongamos ciertas las siguientes premisas:

(1) Si tomo el autobús o el metro llegaré tarde a trabajar.
(2) Si tomo un taxi no llegaré tarde a trabajar pero me quedaré sin dinero.
(3) No llegaré tarde a trabajar.

Analizar la veracidad de las siguientes conclusiones:

- Tomaré un taxi.
- Tomaré el metro.
- Me quedaré sin dinero.
- No tomaré el metro.
- No tomaré un taxi.
- No me quedaré sin dinero.
- Si me quedo sin dinero es que tomé un taxi.
- Si tomo el autobús entonces no me quedaré sin dinero.

35. Demuestra que si coinciden más de 2 personas en una reunión, hay como mínimo dos asistentes a la reunión que conocen el mismo número de personas de entre los asistentes a dicha reunión. (Indicación: razona por reducción al absurdo).

36. Supongamos que un dependiente tiene en la tienda una cantidad ilimitada de monedas de 5 euros, pero solo una de 3 euros y solo una de 1 euro, y entra un cliente que comprará por una cantidad entera de euros. Demuestra que el dependiente podrá dar la vuelta, sea cual sea el precio de la compra, si el cliente dispone del mismo tipo de monedas, junta a billetes de 10 y 20 euros.

37. Demuestra que si la media de 6 números enteros distintos es 25, entonces al menos uno de ellos es mayor que 27.

38. Demuestra que en la expresión decimal de $\sqrt{2}$, al menos una de las cifras decimales de entre 0 y 9 se debe repetir infinitas veces.

39. Se define la sucesión $p_1 = 2$, $p_2 = 3$, y para $n \geq 3$ se define

$$p_n = (p_1 \cdots p_{n-1}) + 1$$

¿Es cierto que p_n es primo para todo n? Si no es así, ¿cuál es el primer n que falla?

40. Se definen los números de Mersenne $M_p = 2^p - 1$ para p primo. ¿Son primos todos los M_p? Si no es así, halla el número primo p más pequeño para el cual M_p no sea primo.

2.10. Prácticas con Python

Existe una librería en Python para trabajar con lógica de predicados:

```
from pyprover import *
```

Expresiones lógicas: Tras importar la librería, podemos usar las letras mayúsculas indistintamente como proposiciones o predicados, y las minúsculas como funciones, variables o constantes. Las conectivas lógicas se usan al igual que vimos con `sympy` en el capítulo anterior. Podemos representar además la Tautología por `top` (o `true`) y la Contradicción por `bot` (o `false`). Por último, podemos declarar el cuantificador universal como `FA`, y el cuatificador existencial como `TE`. He aquí algunos ejemplos de proposiciones que podemos declarar, tanto en lógica de proposiciones como de predicados:

```
>>> P & Q
And(Prop("P"), Prop("Q"))
>>> P | ~Q
Or(Prop("P"), Not(Prop("Q")))
>>> ~(P | Q)
Not(Or(Prop("P"), Prop("Q")))
>>> P >> Q
Imp(Prop("P"), Prop("Q"))
>>> iff(P, Q)
And(Imp(Prop("P"), Prop("Q")), Imp(Prop("Q"), Prop("P")))
>>> P >> (Q >> P)
Imp(Prop("P"), Prop("Q"), Prop("P"))
>>> (P & Q) >> R
Imp(And(Prop("P"), Prop("Q")), Prop("R"))
>>> A >> top
Imp(Prop("A"), top)
>>> bot >> E
Imp(bot, Prop("E"))
>>> FA(x, P(x))
ForAll("x", Pred("P", Var("x")))
>>> TE(x, P(x) | Q(x))
Exists("x", Or(Pred("P", Const("x")), Pred("Q", Const("x"))))
>>> FA(x, TE(y, P(x, y)))
ForAll("x", Exists("y", Pred("P", Var("x"), Const("y"))))
>>> FA(x, F(f(x)) >> F(x))
ForAll("x", Imp(Pred("F", Func("f", Var("x"))), Pred("F", Var("x"))))
```

Derivaciones lógicas: También podemos realizar derivaciones lógicas, tanto de lógica proposicional como de lógica de predicados. Veamos algunos ejemplos con la función `proves`:

```
>>> proves(A & A>>B, B)
True
>>> proves(FA(x, A(x)>>B(x)) & TE(x, A(x)), TE(x, B(x)))
True
>>> proves(FA(x, A(x)>>B(x)) & TE(x, A(x)), FA(x, B(x)))
False
```

Equivalencias lógicas: Para comprobar una equivalencia lógica usamos:

```
>>> proves_and_proved_by(FA(x, FA(y, A(x, y))), FA(y, FA(x, A(x, y))))
True
```

Para simplificar una expresión lógica se usa `simplify` o `simplest_form`:

```
>>> simplify(FA(x, F(f(x)) >> F(x)))
ForAll("x", Or(Not(Pred("F", Func("f", Var("x")))), Pred("F", Var("x"))))
>>> simplest_form(FA(x, F(f(x)) >> F(x)))
ForAll("x", Or(Not(Pred("F", Func("f", Var("x")))), Pred("F", Var("x"))))
>>> simplify(P|bot)
Prop("P")
>>> simplest_form(P&bot)
bot
```

Para hallar la forma normal conjuntiva (cláusulas) en forma *prenex* se usa `solve`:

```
>>> solve(FA(y, P(y))>>FA(y, Q(y, z)))
Exists("y", ForAll("y'", Or(Not(Pred("P", Const("y"))),
                            Pred("Q", Var("y'"), Const("z")))))
```

Para comprobar si una expresión es válida, se comprueba si es equivalente a una Tautología:

```
>>> proves_and_proved_by(FA(x, A(x))>>TE(y, A(y)), top)
True
>>> proves_and_proved_by(TE(x, A(x))>>FA(y, A(y)), top)
False
```

Ejercicio 10. *Resuelve con Python los problemas 7, 8, 9, 10, 11, 12, 14, 15, 16, 17, 21 y 22 de este capítulo.*

Proponemos ahora varios ejercicios en Python para hacer comprobaciones de algunas conjeturas matemáticas famosas, y de los dos últimos problemas de este capítulo:

Ejercicio 11. *Conjetura de Goldbach*

Esta conjetura asegura que todo número par mayor que 2 es suma de dos números primos. Utilizando la siguiente función de Python

```
from sympy import isprime
```

que comprueba si un número entero es o no primo, verifica por ordenador que la conjetura de Goldbach es cierta para $4 \leq n \leq 100$, e imprime por pantalla para cada número par n comprobado, una solución con dos números primos que sumen n.

Ejercicio 12. *Conjetura de Collatz*

Se considera la siguiente función definida sobre los números naturales:

$$L(n) := \begin{cases} n/2 & si\ n\ es\ par \\ 3n+1 & si\ n\ es\ impar \end{cases}$$

Esta conjetura, también conocida como 'problema de Siracusa', asegura que con independencia del número n con el que empecemos, al iterar la función L, tarde o temprano terminaremos en $n = 1$.

Verifica con Python esta conjetura para $2 \leq n \leq 100$ e imprimir por pantalla, para cada n comprobado, el número de pasos que se necesitan para llegar a 1.

Ejercicio 13. *Conjetura de los primos gemelos*

Dos primos son gemelos cuando se diferencian en 2 unidades, es decir, una pareja de primos $p, p+2$. Por ejemplo 3 y 5, 5 y 7, 11 y 13, o 17 y 19. La conjetura establece que existen infinitas parejas de números primos gemelos.

Busca con Python, y la función isprime *antes citada, todas las parejas de primos gemelos menores que 1000, e imprime todas estas parejas por pantalla.*

Ejercicio 14. *Resuelve los problemas 39 y 40 de este capítulo con la ayuda de Python, usando de nuevo la función* isprime *de la librería* sympy.

Capítulo 3

Inducción Matemática

En este capítulo veremos la definición formal de los números naturales, y cómo hacer demostraciones lógicas en el dominio de los números naturales mediante inducción matemática. De paso, se verá el concepto de definición recursiva, y cómo usar la recursión en la resolución de problemas.

3.1. Números naturales

En primer lugar, los números naturales sirven para representar cantidades enteras sin signo, es decir, sirven para "contar objetos". El conjunto de los números naturales se representa por

$$\mathbb{N} := \{0, 1, 2, 3, \ldots, n, \ldots\}$$

es decir, por una sucesión infinita de elementos consecutivos, de forma que a cada uno es seguido de otro, y todo elemento tiene un elemento precedente con excepción del primer elemento, que para nosotros será el cero.

Los números naturales pueden definirse formalmente mediante los llamados **axiomas de Peano**:

(1) El '0' es un número natural.

(2) Todo número natural n tiene un "siguiente", que denotaremos por $s(n)$, y que también es un número natural.

(3) $\forall n \ (s(n) \neq 0)$, es decir, el cero no es el siguiente a ningún número natural (es el primer elemento).

(4) Si $s(n) = s(m)$ entonces $n = m$ (es decir, dos números naturales distintos no pueden estar seguidos por el mismo número natural).

Hay otros cuatro axiomas que describen las propiedades de la suma y el producto de números naturales, pero en este momento no nos interesan, puesto que las operaciones con números naturales y sus propiedades se estudiarán en el capítulo de estructuras algebraicas. Lo único que nos interesa, para simplificar la notación y usar otra más intuitiva, es que si denotamos $s(0) = 1$ entonces denotamos

$$s(n) = n + 1$$
$$s^2(2) = s(s(n)) = s(n + 1) = (n + 1) + 1 = n + 2$$

y en general
$$s^k(n) = n + k$$
Además, el cero va a ser elemento neutro para la suma
$$\forall n, \ n + 0 = 0$$
y elemento absorbente para el producto
$$\forall n, \ n \cdot 0 = 0$$

Se puede definir una *relación de orden* entre números naturales, con el fin de hacer referencia a los elementos "anteriores" a uno dado:

"$m \leq n$ si y solo si $\exists k \in \mathbb{N}$ tal que $m + k = n$".

es decir, si existe una cadena finita de números naturales $a_0, a_1, \ldots, a_k$ tales que $a_0 = m$, $a_{i+1} = s(a_i) = a_i + 1$, y $a_k = n$. Evidentemente, la notación $n \geq m$ es equivalente a $m \leq n$. Además, la notación $m < n$ significa $(m \leq n) \wedge (m \neq n)$.

Con esta relación de orden, los números naturales es un conjunto *bien ordenado*, que significa, por definición que todo conjunto no vacío de números naturales tiene un primer elemento n_0, que es el mínimo del conjunto, es decir, que $n_0 \leq n$ para todo n que este en dicho conjunto.

3.2. Principio de Inducción

Para hacer demostraciones que afecten a la totalidad de números naturales, no podemos proceder comprobando la correspondiente propiedad para cada uno de los números naturales, ya que estos son infinitos; para ello necesitamos una regla de inferencia que sea válida en el dominio de los número naturales, y que nos permita realizar la demostración con una cantidad finita de comprobaciones. Esta regla es el principio de inducción, y comenzaremos por enunciar el principio de inducción más usual, también llamado *Principio de Inducción Débil*:

Axioma 2. *Principio de Inducción*

Supongamos que el universo del discurso viene dado por el conjunto de los números naturales $\mathbb{N}$, *y sea* $P(n)$ *es una propiedad (predicado) que hace referencia a un número natural* n *genérico. Se considera válida la siguiente regla de inferencia:*

$$
\begin{array}{ll}
(1) & P(m) \\
(2) & \forall n \geq m \, (\, P(n) \to P(n+1) \,) \\
\hline
\therefore & \forall n \geq m \ P(n)
\end{array}
$$

La premisa (1) se denomina *base inductiva* (o base de inducción), mientras que la premisa (2) se denomina *hipótesis de inducción* (o paso inductivo). Usualmente se toma como primer elemento $m = 0, 1$ y se deduce que $\forall n \in \mathbb{N} \ P(n)$ (según se considere o no el cero como número natural), pero se puede tomar como base inductiva cualquier número natural m, en cuyo caso la propiedad se demuestra para todos los números naturales $n \geq m$ (véanse por ejemplo los problemas 3, 11, 15, 17, 20 ó 21).

La idea intuitiva de por qué es válido un argumento de inducción, es porque con las dos premisas anteriores seríamos capaces de deducir la propiedad buscada para cualquier número natural con una cadena finita de deducciones:

(1)	$P(m)$	Premisa
(2)	$\forall n \geq m \; (\, P(n) \to P(n+1) \,)$	Premisa
(3)	$(\, P(m) \to P(m+1) \,)$	PU (2), S_m^n
(4)	$P(m+1)$	MP (1), (3)
(5)	$(\, P(m+1) \to P(m+2) \,)$	PU (2), S_{m+1}^n
(6)	$P(m+2)$	MP (1), (3)
(7)	$(\, P(m+2) \to P(m+3) \,)$	PU (2), S_{m+2}^n
(8)	$P(m+3)$	MP (1), (3)
...	...	...
...	...	...
$\therefore$	$P(n)$	QED

Nota 12. *Inducción matemática*

Hacemos notar que ambas hipótesis son imprescindibles, y que si no se comprueba una de ellas puede llegarse a una conclusión errónea.

(a) *La base inductiva suele ser trivial de comprobar, pero es imprescindible (véase por ejemplo el problema 7).*

(b) *La hipótesis de inducción debe ser cierta a partir de $n \geq m$, donde m es la base de inducción; en caso contrario el resultado puede ser falso. Analícese, por ejemplo, la validez del siguiente razonamiento, y razónese en dónde falla:*

> *"Demostremos por inducción que todos los caballos tienen el mismo color, es decir, que n caballos cualesquiera tienen el mismo color, para todo $n \geq 1$:*
> • *Si solo hay un caballo el resultado es trivial (base inductiva $m = 1$).*
> • *Hipótesis de inducción: supongamos que n caballos cualesquiera tienen el mismo color y demostremos que el resultado es también cierto para $n+1$ caballos cualesquiera. Efectivamente, si de esos $n+1$ quitamos uno nos quedan n y por lo tanto esos n tienen el mismo color; pero si quitásemos otro distinto nos quedarían también n, y por tanto también del mismo color. En consecuencia, los $n+1$ caballos tienen el mismo color, puesto que los dos que hemos quitado tendrán el mismo color que cualquiera de los que hayan quedado cn el grupo y que no hayan sido quitados en ninguno de los dos casos".*

Además, para los números naturales anteriores a la base inductiva m no puede asegurarse nada sobre si es cierta o no la propiedad. Puede darse incluso el caso de que sea cierta para algunos de los anteriores y para otros no (por ejemplo en el problema 21, en el que se demuestra cierta propiedad para $n \geq 4$, la propiedad resulta ser cierta para todos los números naturales excepto $n = 3$).

Ejemplo 14. *Como ejemplo de uso del principio de inducción, demostremos que $n!$ es par para $n \geq 2$.*

■ *Base inductiva $n = 2$: $2! = 2$ que es un número par.*

■ *Hipótesis de inducción: supongamos que $n \geq 2$ y que $n!$ es par, y probemos que $(n+1)!$ también es par. Haciendo operaciones:*

$$(n + 1)! = (n + 1) \cdot n!$$

y como $n!$ es par por la hipótesis de inducción, deducimos que también lo es $(n+1)!$, como queríamos demostrar.

Vemos pues, de cara a la resolución práctica de problemas, que es necesario buscar una relación entre el caso n y el caso $n + 1$; así, en el ejemplo anterior vemos que hay una fórmula que relaciona $(n + 1)!$ con $n!$.

Hay propiedades que no pueden demostrarse mediante el principio de inducción anterior, y es preciso usar otro principio con una hipótesis de inducción más fuerte. Este principio, que enunciamos a continuación se denomina Principio de Inducción Completa (o Principio de Inducción Fuerte).

Axioma 3. *Principio de Inducción Completa*

En las mismas condiciones que en el principio de inducción débil, se considera válida la siguiente regla de inferencia:

$$
\begin{array}{ll}
(1) & P(m) \\
(2) & \forall n \geq m \, (\, \forall m \leq k < n, \; P(k) \to P(n) \,) \\
\hline
\therefore & \forall n \geq m \; P(n)
\end{array}
$$

La premisa (2) se denomina ahora *hipótesis de inducción completa*.

Ejemplo 15. *Vamos a demostrar que "todo número natural mayor que 1 que no sea primo se escribe como producto finito de números primos".*

La base inductiva es $m = 2$, y el resultado es cierto puesto que 2 es primo.

Hipótesis de inducción completa: supongamos que el resultado es cierto para $k = 2, \ldots, n-1$ y que n no es primo, y veamos que n es producto de una cantidad finita de números primos.

Efectivamente, si n no es primo es porque es divisible por un número natural n_1 tal que $1 < n_1 < n$, y llamando $n_2 := n/n_1$ se tiene que

$$ n = n_1 \cdot n_2 $$

Además, por construcción ambos números n_1 y n_2 están comprendidos entre 2 y $n-1$ con lo que, aplicando la hipótesis de inducción completa, ambos son primos o productos de una cantidad finita de primos, con lo que $n = n_1 \cdot n_2$ es, en cualquier caso, un producto finito de primos.

3.3. Recursión

Los principios de inducción no solo sirven para demostrar teoremas matemáticos, sino que en Programación se utilizan para definir estructuras de datos de forma recursiva, o diseñar algoritmos recursivos.

3.3.1. Sucesiones recurrentes

El caso más simple de estructuras definidas en forma recursiva son las *sucesiones recurrentes*. Así, para definir una sucesión de números reales $(a_n)_{n \geq m}$ se define específicamente quién es el primer término de la sucesión a_m, y luego se dice cómo se calcula un término a_n en función del término anterior a_{n-1}, por medio de una fórmula llamada "ley de recurrencia". Por ejemplo, la sucesión de números factoriales $a_n := n!$ puede definirse de la siguiente manera:

$$
a_n := \begin{cases} 1 & \text{si} \quad n = 0 \\ n \cdot a_{n-1} & \text{si} \quad n > 0 \end{cases}
$$

basándose en la ley de recurrencia

$$n! = n \cdot (n-1)!$$

es decir $a_n = n \cdot a_{n-1}$.

Veamos ahora cómo definir de forma recursiva las progresiones aritméticas y geométricas, cómo deducir una fórmula para sumar los n primeros términos de cada una de ellas, y cómo demostrar dichas fórmulas por inducción.

Ejemplo 16. *Progresiones aritméticas*

Se definen de la siguiente manera

$$a_1 = a, \quad a_n = a_{n-1} + d \ \text{para } n > 1$$

donde el término inicial a y la diferencia d son dos constantes fijas.

Para sumar los n primeros términos de esta sucesión

$$a, a+d, \ldots, a + (n-1)d$$

el siguiente razonamiento se atribuye a Gauss en su etapa escolar: el primer término más el último suman lo mismo que el segundo más el penúltimo, igual que el tercero más el antepenúltimo, y así sucesivamente; por lo tanto la suma total será n veces esta suma parcial, dividida por 2 puesto que cada término lo estamos sumando dos veces. Es decir, la suma de los n primeros términos de una progresión aritmética sería

$$S_n = \frac{a + [a + (n-1)d]}{2} = an + \frac{dn(n-1)}{2}$$

Demostremos ahora esta fórmula por inducción:

- *Para $n = 1$ la suma es trivialmente a, que coincide con el resultado de sustituir en la fórmula $n = 1$.*

- *Supongamos que la fórmula es cierta para S_n y probemos que también es cierta para S_{n+1}: en primer lugar notemos que $S_{n+1} = S_n + (a + nd)$, añadiendo el siguiente término a la suma. Aplicando la hipótesis de inducción, operando y simplificando, se tiene*

$$S_{n+1} = S_n + (a + nd) = an + \frac{dn(n-1)}{2} + \frac{2(a+nd)}{2} = a(n+1) + \frac{d(n+1)n}{2}$$

que es la fórmula buscada, sustituyendo n por $n+1$ en la fórmula general.

Ejemplo 17. *Progresiones geométricas*

Se definen de la siguiente manera

$$a_0 = a, \quad a_n = a_{n-1} \cdot r \ \text{para } n > 0$$

donde el término inicial a y la razón r son dos constantes fijas.

Para sumar los n primeros términos de esta sucesión

$$a + ar, \cdots + ar^{n-1} = a(1 + r + \cdots + r^{n-1})$$

nos olvidamos de la constante a y comprobamos esta igualdad de polinomios:

$$(1 + r + \cdots + r^{n-1})(r-1) = r^n - 1$$

Efectivamente es fácil comprobar que al multiplicar ambos polinomios se cancelan todos los términos excepto los dos de grados n y 0. En consecuencia, pasando $r - 1$ dividiendo, e incorporando la constante a, la suma S_n buscada sería

$$S_n = a \cdot \frac{r^n - 1}{r - 1}$$

Demostremos pues esta última fórmula por inducción:

- *Para $n = 1$ la suma es trivialmente a, que coincide con el resultado de sustituir en la fórmula $n = 1$.*

- *Supongamos que la fórmula es cierta para S_n y probemos que también es cierta para S_{n+1}: notemos ahora que $S_{n+1} = S_n + (ar^n)$, añadiendo el siguiente término a la suma. Aplicando la hipótesis de inducción, operando y simplificando, se tiene*

$$S_{n+1} = S_n + ar^n = a\frac{(r^n - 1) + r^n(r - 1)}{r - 1} = a\frac{r^{n+1} - 1}{r - 1}$$

  que es la fórmula buscada, sustituyendo de nuevo n por $n + 1$ en la fórmula general.

Relaciones de recurrencia

En general, pueden definirse sucesiones recurrentes más generales, en donde cada término se calcula en función de los dos anteriores, los tres anteriores, o en general en función de los k anteriores, en cuyo caso se dice que se tiene una ley de recurrencia *de orden k*. En estos casos, la base inductiva consiste en dar explícitamente los k primeros términos a partir del primero, a_m, y no solo el primero de ellos, pues si no no puede aplicarse la ley de recurrencia para calcular el siguiente, al faltar $k - 1$ de los datos anteriores.

El ejemplo más conocido es el de la *sucesión de Fibonacci* f_n para $n \geq 0$:

$$f_n := \begin{cases} 1 & \text{si} \quad n = 0, 1 \\ f_{n-1} + f_{n-2} & \text{si} \quad n > 1 \end{cases}$$

es decir, los dos primeros términos se definen como 1, y a partir del tercero se calculan como la suma de los dos anteriores (mediante una ley de recurrencia de orden 2).

Un punto importante es cómo se realizan demostraciones sobre propiedades relativas a sucesiones definidas de forma recursiva mediante una ley de recurrencia de orden k:

1. La estrategia de la prueba consiste en tratar de demostrar una propiedad para a_n usando la ley de recurrencia y aplicando que dicha propiedad se verifica para los k anteriores.

2. En primer lugar, la base inductiva no consiste solamente en demostrar la propiedad buscada para el primer término, sino que es necesario demostrarla explícitamente para los k primeros términos. En caso contrario, la propiedad para el término $k + 1$ no podría probarse a partir de los k anteriores.

3. A continuación, y salvo el caso $k = 1$, es necesario aplicar el Principio de Inducción Completa, puesto que al tratar de demostrar una propiedad para a_n aplicando la ley de recurrencia es preciso usar que dicha propiedad se verifica para los k anteriores, y no solo para el a_{n-1}, y la forma más sencilla de aplicarlo es suponer la propiedad es cierta para todos los anteriores.

   Evidentemente, si $k = 1$ basta aplicar el Principio de Inducción Débil.

Como ejercicio, se recomienda resolver los problemas 8, 9, 12 y 14.

3.3.2. Programación recursiva

Veamos ahora una de las aplicaciones más interesantes de la inducción matemática en la programación informática, como es la *programación recursiva*.

Un programa (o un algoritmo) es recursivo si resuelve un problema reduciéndolo a un caso del mismo problema pero con datos de entrada más pequeños. Los algoritmos recursivos son muy fáciles de programar, pero no suelen ser muy eficientes en la práctica (nos remitimos a bibliografía más especializada en Programación). En su lugar, estos algoritmos son más eficientes si se programan en forma iterativa, es decir, repitiendo una operación en un determinado rango, o hasta que cierta condición de salida es satisfecha (más detalles en el capítulo 9).

Por ejemplo, podemos programar en Python el cálculo del factorial $n!$ de forma recursiva:

```
def Factorial(n):
    m = 1
    if n > 0:
        m = n * Factorial(n - 1)
    return(m)
```

Como se ha podido observar, un programa recursivo debe definir explícitamente la salida del mismo para los casos base (base inductiva), y luego reduce el cálculo (en este caso de $n!$) a un caso más pequeño (en este caso $(n-1)!$). Así, nos aseguramos que el algoritmo termina en un número finito de casos, es decir, cuando se llega a uno de los casos base (en este caso $n = 0$).

Además, si queremos comprobar formalmente que el algoritmo recursivo anterior es correcto, es decir, que calcula verdaderamente el factorial de n si dicho n es un entero no negativo, deberemos proceder por inducción:

- Caso base: si $n = 0$ entonces el programa devuelve 1, que es precisamente el valor del factorial $0!$.

- Supongamos que para $n-1$ el programa devuelve verdaderamente $(n-1)!$ y que n no es el caso base (es decir, $n > 0$). Entonces para n el programa devuelve

$$n \cdot (n-1)! = n!$$

Para ver que el algoritmo termina en un número finito de pasos, hay que comprobar que está bien definido para los casos base (en este caso $n = 0$) y que cualquier otro caso con n entero se reduce a un entero estrictamente menor (en este caso, el anterior), y que se llega en un número finito de pasos a alguno de los casos base.

Nótese también que el programa termina si la entrada es un número natural, pero si se introduce un número negativo o un número real entonces el algoritmo entra en un proceso infinito de recursión, que es incluso más peligroso (por cuestiones de memoria) que un bucle infinito. Así conviene evitar que el usuario introduzca por error un dato inadecuado, comprobando al principio del programa que n es correcto. Por ejemplo, en Python se haría añadiendo una primera línea con las pertinentes comprobaciones:

```
def Factorial(n):
    assert (n >= 0) and isinstance(n, int)
    m = 1
    if n > 0:
```

```
        m = n * Factorial(n - 1)
    return(m)
```

La versión iterativa del cálculo de $n!$ sería, en Python, el siguiente código:

```
def Factorial (n):
    assert (n >= 0) and isinstance(n, int)
    m = 1
    for k in range(2, n+1):
        m = m * k
    return(m)
```

Ejemplo 18. *Torres de Hanoi*

El juego de las torres de Hanoi consiste en tres varillas verticales en las que se colocan discos de distinto tamaño, ordenados de forma que los discos mayores estén debajo de los de menor tamaño (figura 3.1).

El objetivo es mover la torre de una varilla a otra, por ejemplo de la varilla A a la varilla C en la figura 3.1, de manera que nunca se coloque un disco mayor encima de un disco más pequeño. El problema matemático es determinar cuál es el número mínimo de movimientos para mover una torre de n discos; la respuesta es $2^n - 1$ movimientos, y la demostración se realiza por inducción:

(I) Para $n = 0$ el número de movimientos es obviamente $2^0 - 1 = 0$, y para $n = 1$ solo hay que hacer 1 movimiento, siendo $2^1 - 1 = 1$.

(II) Si el número de discos es $n > 1$, la estrategia para mover n discos de A a C es la siguiente:

(1) Mover los $n - 1$ discos superiores de A a B.

(2) Mover el disco inferior de A a C.

(3) Mover los $n - 1$ discos de B a C.

Por hipótesis de inducción, el número de pasos para realizar este proceso es

$$(2^{n-1} - 1) + 1 + (2^{n-1} - 1) = 2 \cdot 2^{n-1} - 1 = 2^n - 1$$

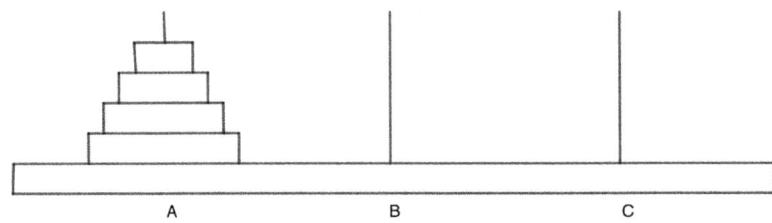

Figura 3.1: Torres de Hanoi.

Ejemplo 19. *Teselaciones El siguiente ejemplo consiste es rellenar un tablero mediante baldosas (teselación o embaldosado). En concreto, queremos rellenar un tablero de Ajedrez de tamaño $2^n \times 2^n$ mediante baldosas que cubren 3 casillas en forma de L (figura 3.2).*

Obviamente el problema así planteado es imposible, ya que el número de casillas es una potencia de 2, que no es divisible por 3. En realidad el problema que queremos resolver es el siguiente:

MATEMÁTICA DISCRETA

Eliminando una casilla cualquiera del tablero, teselar el resto de casillas con dichas baldosas.

Veamos por inducción sobre $n \geq 1$ que el problema tiene solución:

(I) *Para $n = 1$ el problema es trivial, puesto que al eliminar una casilla cualquiera nos quedan 3 casillas del tablero 2×2, que obviamente se puede rellenar con una sola baldosa.*

(II) *Si $n > 1$, dividimos el tablero en cuatro partes iguales de tamaño $2^{n-1} \times 2^{n-1}$. Al subtablero que contenga la casilla eliminada le podemos aplicar la hipótesis de inducción, rellenando las casillas restantes mediante las correspondientes baldosas.*

A los otros tres sub-tableros le quitamos una baldosa pegada al centro del tablero completo, de manera que a su vez las tres casillas eliminadas se puedan cubrir con una baldosa adicional (figura 3.2), y aplicamos la hipótesis de inducción a dichos sub-tableros con su casilla eliminada, completando la teselación.

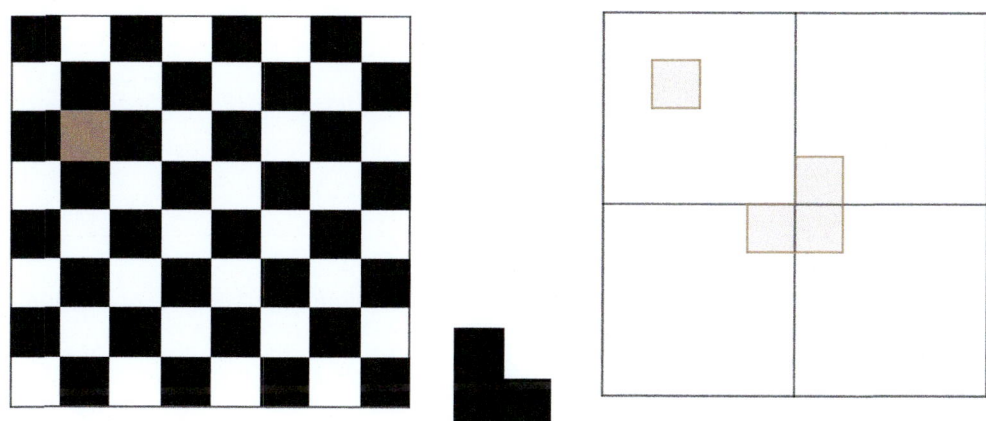

Figura 3.2: Teselación recursiva con L-triominós.

3.4. Problemas sobre Inducción Matemática

1. Demuestra que $\displaystyle\sum_{k=1}^{n} k^2 = \dfrac{n \cdot (n+1) \cdot (2n+1)}{6}$, $\forall n \geq 1$.

2. Demuestra que $\displaystyle\sum_{k=1}^{n} (2k-1) = n^2$, $\forall n \geq 1$.

3. Demuestra que $2^n < n!$ $\forall n \geq 4$.

4. Demuestra que $\displaystyle\sum_{k=1}^{n} 2^{k-1} = 2^n - 1$, $\forall n \geq 1$.

5. Demuestra que $\displaystyle\sum_{k=1}^{n} \dfrac{1}{k(k+1)} = \dfrac{n}{n+1}$, $\forall n \geq 1$.

6. Demuestra que $\displaystyle\sum_{k=1}^{n} k \cdot 2^k = 2 + (n-1) \cdot 2^{n+1}$, $\forall n \geq 1$.

7. Explica razonadamente si es cierta o no la siguiente proposición:

$$\sum_{k=1}^{n} k = \frac{(n+\frac{1}{2})^2}{2}, \quad \forall n \geq n_0$$

8. Se define la sucesión a_n dada por:

$$a_0 = 1 \ , \ \ a_1 = 2 \ , \ \ a_2 = 3$$

$$a_n = a_{n-1} + a_{n-2} + a_{n-3} \ , \quad \text{si } n \geq 3$$

Demuestra que $a_n \leq 3^n$, $\forall n \geq 0$.

9. Se define la sucesión H_n dada por:

$$H_1 = 1$$

$$H_n = H_{n-1} + \frac{1}{n} \ , \quad \text{si } n > 1$$

Demuestra que:

(a) $\forall n \geq 1 \ \ (H_{2^n} \leq 1+n)$.

(b) $\forall n \geq 1 \ \ \left(\displaystyle\sum_{k=1}^{n} H_k = (n+1) \cdot H_n - n \right)$.

10. Demuestra que para todo número natural $n \geq 1$ se verifica:

$$1^3 + \ldots + n^3 = \frac{n^2(n+1)^2}{4}$$

11. Demuestra que para todo número natural $n \geq 2$ se verifica:

$$1 + 1 \cdot 1! + \ldots + (n-1) \cdot (n-1)! = n!$$

12. Se considera la sucesión recursiva definida por

$$\begin{aligned} a_0 &= 0 \\ a_1 &= 1 \\ a_n &= 5\,a_{n-1} - 6\,a_{n-2}, \quad \forall n \geq 2 \end{aligned}$$

(a) Calcula los valores de a_n para $n \le 5$ usando la definición recursiva.

(b) Demuestra que si n es par entonces a_n es múltiplo de 5.
Indicación: usa la ley de recurrencia.

(c) Demuestra que $a_n = 3^n - 2^n$, $\forall n \ge 0$.

13. Demuestra que $5^n - 1$ es múltiplo de 4, para cualquier $n \in \mathbb{N}$.

14. Sean f_n los números de Fibonacci dados mediante la definición recursiva

$$f_0 = 1 \ , \ f_1 = 1$$

$$f_n = f_{n-1} + f_{n-2} \ , \quad \text{si } n \ge 2$$

Demuestra que para $n \ge 2$ se verifica

$$f_n > \alpha^{n-2}$$

donde $\alpha := (1 + \sqrt{5})/2$ es la *razón áurea*, es decir, la solución positiva de la ecuación de segundo grado $X^2 - X - 1 = 0$.

15. Demuestra que el pago de cualquier cantidad postal a partir de 12 céntimos puede efectuarse utilizando únicamente sellos de 4 ó 5 céntimos.

16. Demuestra que $4^{2n+1} + 3^{n+2}$ es múltiplo de 13, para todo número entero $n \ge 0$.

17. Demuestra que para $n \ge 2$ se verifica la igualdad

$$\left(1 - \frac{1}{2}\right) \cdot \left(1 - \frac{1}{3}\right) \cdots \left(1 - \frac{1}{n}\right) = \frac{1}{n}$$

18. Demuestra que $2(n+2) \le (n+2)^2$ para todo $n \ge 0$.

19. Demuestra que $n^3 + 2n$ es múltiplo de 3, para todo $n \ge 0$.

20. Demuestra que si $n \ge 3$ entonces $n^2 \ge 2n + 3$.

21. Demuestra que $2^n \ge n^2$ para $n \ge 4$, y que la desigualdad es estricta para $n \ge 5$.

22. Demuestra que para $n \ge 2$, y números reales $x_1, \ldots, x_n$ cualesquiera, se verifica la desigualdad triangular

$$|x_1 + \cdots + x_n| \le |x_1| + \cdots + |x_n|$$

Indicación: para $n = 2$ distingue casos según el signo de los números reales, y para $n > 2$ usa el caso $n = 2$ y la hipótesis de inducción.

3.5. Prácticas con Python

Para cada uno de los siguientes problemas, expresa una formulación recursiva, escribe un programa recursivo en Python, demuestra por inducción que el programa es correcto, y finalmente reescribe el programa en forma iterativa:

1. Calcula la exponencial a^n, donde $a > 0$ es real y $n \geq 0$ es entero.

2. Calcula el n-ésimo término de la sucesión de Fibonacci.

3. Calcula los números armónicos

$$H_n := \sum_{k=1}^{n} \frac{1}{k}$$

4. Calcula el máximo común divisor de dos enteros positivos $m > n$.
   Indicación: usa la propiedad de que si $a < b$ entonces $mcd(b,a) = mcd(a, b - a)$.

5. Calcula a^{2^n}, para $a > 0$ real y $n \geq 0$ entero.

6. Calcula la suma de los n primeros términos de una progresión aritmética con término inicial y diferencia dados.

7. Calcula la suma de los n primeros términos de una progresión geométrica con término inicial y razón dados.

8. Invierte una cadena de caracteres, es decir, construye una nueva cadena de caracteres leyendo los caracteres desde el final hacia el comienzo.

9. Para $n \geq 1$, construye una matriz con $2^n \times n$ cuyas filas sean todos los posibles vectores de longitud n que se pueden formar con valores Booleanos 0 y 1.

10. **(Difícil)** Resuelve de manera efectiva el problema de las Torres de Hanoi, es decir, suponiendo 3 posiciones A, B, C, suponiendo discos $1, 2, \ldots, n$ donde el tamaño del disco es directamente proporcional al número del disco, y dadas una posición inicial y una posición final para la torre de discos, imprime por pantalla la secuencia de movimientos válidos, representados por (origen, destino). Por ejemplo, un movimiento representado por (A,B) significa que se pasa el disco superior de la posición A a la parte superior de la torre que se halle en la posición B. Comprueba asimismo que se realiza el número mínimo de movimientos.

Nota: estos dos últimos ejercicios (sobre todo el último) son una buena muestra de cómo un algoritmo iterativo puede ser bastante más complejo a priori de diseñar que uno recursivo, pero que al final una vez programado el algoritmo iterativo es mucho más eficiente.

Capítulo 4

Teoría de Conjuntos

La Teoría de Conjuntos es clave, no solo como fundamento teórico de las Matemáticas, sino también como base teórica para definir *estructuras de datos* en programación informática. Asimismo, los conceptos derivados de función o de relación son también fundamentales para definir de manera teórica el concepto de algoritmo o de base de datos, respectivamente.

4.1. Conjuntos: pertenencia e inclusión

Intuitivamente, un conjunto es una colección de objetos distintos y sin un orden determinado, sacados de un universo U. Un conjunto viene definido básicamente por qué individuos del universo son (o no) elementos de dicho conjunto. Así pues, las dos características fundamentales de un conjunto como "estructura de datos" son:

1. No se permite la repetición de un mismo elemento dentro de un conjunto.

2. El orden no importa, es decir, aunque se reordenen sus elementos el conjunto seguiría siendo exactamente el mismo.

Por lo tanto, lo único que importa en relación a un conjunto A es saber si un individuo x es o no elemento de A. Esto se denota de la siguiente manera:

- Si x es un elemento de A se dice que x *pertenece a A*, y se denota

$$x \in A$$

- En caso contrario, se dice que x *no pertenece a A*, y se denota

$$x \notin A$$

La *relación de pertenencia* anterior se puede escribir, en caso de que el universo U sea finito, mediante lo que se llama *tabla de pertenencia*. Esta tabla consiste en un listado de los individuos de U junto con un valor de verdad (0/1) que indica si dicho individuo pertenece (1) o no pertenece (0) a un determinado conjunto A, construyéndose así una tabla de pertenencia de A análoga a lo que es la tabla de verdad de un determinado predicado (en este caso, coincidiría con la tabla de verdad de su propiedad característica, que veremos a continuación).

Un conjunto A puede definirse de dos formas:

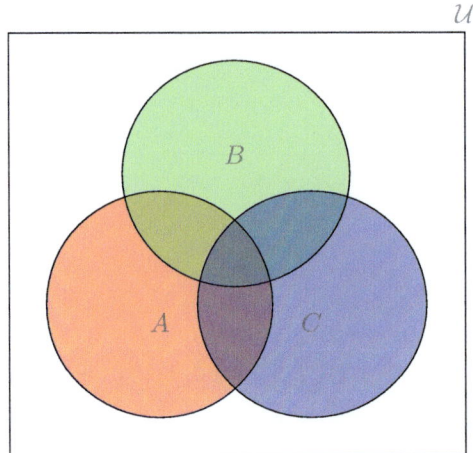

Figura 4.1: Diagramas de Venn.

(a) Por extension: dando la lista de sus elementos (evidentemente, si ello es posible, es decir, si solamente un número finito de los individuos del universo U son elementos de A). La notación consiste en separar los elementos por comas y encerrar la lista entre llaves. Por ejemplo, si el universo son los números naturales, un conjunto se define, por ejemplo, así:

$$A := \{0, 3, 6, 7, 10\}$$

(b) Por comprehensión: dando una *propiedad característica* que distinga a los elementos del conjunto (aquellos que cumplen dicha propiedad) del resto (los que no la cumplen). La notación se denomina "constructor de conjuntos" (del inglés *set builder*), y consiste en que si $P(x)$ es la propiedad característica, el conjunto se denota

$$A := \{x \mid P(x)\}$$

o bien $A := \{x : P(x)\}$. Por ejemplo, si nuevamente el universo son los números naturales, podríamos definir un conjunto tal que

$$A := \{x \mid x \text{ es primo}\}$$

Otra posible representación de los conjuntos, en este caso representación gráfica, es mediante los llamados *diagramas de Venn*, que consisten en representar el universo mediante un rectángulo que encierra todos los posibles individuos del universo, y entonces cada conjunto se representa por el interior de una línea curva cerrada. Dicha curva encerraría a sus elementos, deduciéndose entonces que todos los individuos que queden fuera de ella no serían elementos del conjunto. Puede verse un ejemplo con tres conjuntos en la figura 4.1.

Nota 13. *Multiconjuntos*

Si se quieren repetir elementos en un conjunto, se pueden definir los "multiconjuntos" (del inglés "multisets"). En ellos, sigue sin importar el orden, pero importa no solo si un individuo es o no elemento, sino "cuantas veces" es elemento.

No entraremos en detalle en esta teoría, pero simplemente indicaremos que la lista de los elementos debe ir acompañada de una lista de enteros que indique el "grado de pertenencia". Así, en la correspondiente tabla de pertenencia se sustituye el valor de verdad (0/1) por un número natural que indique el correspondiente grado de pertenencia.

Se pueden definir los conceptos análogos a la unión, intersección, etc. Por ejemplo, la unión de dos multiconjuntos A y B sería la unión de los conjuntos subyacentes, donde para cada

$x \in A \cup B$ el grado de pertenencia a la unión sería el máximo de los grados de pertenencia de x a A o a B. La intersección se definiría de manera análoga, pero el grado de pertenencia de un elemento sería el mínimo de los grados de pertenencia.

El típico ejemplo de multiconjunto es el conjunto de soluciones de una ecuación cuando se cuentan sus multiplicidades. En el lenguaje Python los multiconjuntos se pueden representar mediante diccionarios, tal y como veremos en la sección final de este capítulo.

Dejamos al lector como ejercicio pensar cuál sería la forma coherente de definir el multiconjunto complementario, la diferencia de multiconjuntos, o la diferencia simétrica.

Nota 14. *Conjuntos borrosos*

Otra posible generalización de los conjuntos (y en general, de la Lógica) es el concepto de conjunto borroso. La idea es que a veces no se conocen con precisión los límites del conjunto, es decir, quién es y quién no es elemento. En este caso, el valor de pertenencia no es 0/1 (pertenece o no pertenece) sino un número real entre 0 y 1, que indica precisamente ese grado de pertenencia. Esto da lugar también a la llamada "Lógica Borrosa", de gran utilidad en el diseño de "sistemas expertos".

Un ejemplo de conjunto borroso, en el universo de los números naturales, sería por ejemplo

$$A := \{x \mid \text{ "x es mucho mayor que 100"}\}$$

Así la pertenencia de 99 o incluso 101 está claro que tiene valor 0, o la pertenencia de 1000000 está claro que es es 1, pero no está claro si 105, 110 o 111 verifican o no la propiedad característica. Dependiendo del contexto, 105 puede ser mucho mayor que 100 o no "lo suficientemente mayor", y tampoco es lógico que se pase de 110 a 111 de ser falso a verdadero de golpe, sino que la propiedad va pasando gradualmente de ser falsa a ser verdadera, sin que exista un límite preciso donde se produzca dicho salto.

Antes de pasar al apartado de operaciones conjuntistas, introduciremos la relación de inclusión entre conjuntos.

Definición 12. *Subconjuntos*

Sean A y B dos conjuntos.

*(a) Se dice que A está contenido en B (o también que A es **subconjunto** de B, y que B es un superconjunto de A), y se denota $A \subseteq B$, si*

$$\forall x \, (x \in A \Rightarrow x \in B)$$

es decir, B contiene a todos los elementos de A.

(b) Se dice que ambos conjuntos son iguales, y de denota $A = B$, si

$$(A \subseteq B) \wedge (B \subseteq A)$$

(evidentemente, tendrán entonces exactamente los mismos elementos).

(c) Si los conjuntos no son iguales, es decir $\neg(A = B)$, se denota $A \neq B$.

*(d) Se dice que A está contenido estrictamente en B (o también que A es **subconjunto propio** de B), y se denota $A \subset B$, si*

$$(A \subseteq B) \wedge (A \neq B)$$

(e) Las negaciones de las relaciones de inclusión se denotan

$$A \nsubseteq B \quad , \quad A \not\subset B$$

Además, se puede cambiar el orden de los conjuntos y denotar $B \supseteq A$ en vez de $A \subseteq B$, $B \supset A$ en vez de $A \subset B$, $B \nsupseteq A$ en vez de $A \nsubseteq B$, $B \not\supset A$ en vez de $A \not\subset B$, etc.

Nota 15. *Relaciones*

- *Según se verá en el capítulo 5 sobre Relaciones, la inclusión '$\subseteq$' es una "relación de orden", es decir, tiene tres propiedades:*

  1. *Reflexiva: $A \subseteq A$.*
  2. *Antisimétrica: $(A \subseteq B) \wedge (B \subseteq A) \Rightarrow (A = B)$.*
  3. *Transitiva: $(A \subseteq B) \wedge (B \subseteq C) \Rightarrow (A \subseteq C)$.*

- *Asimismo, en dicho capítulo se verá que la igualdad de conjuntos es una relación de equivalencia, porque verifica las propiedades:*

  1. *Reflexiva: $A = A$.*
  2. *simétrica: $(A = B) \Rightarrow (B = A)$.*
  3. *Transitiva: $(A = B) \wedge (B = C) \Rightarrow (A = C)$.*

El conjunto más simple posible es el llamado *conjunto vacío*, sin elementos. Este conjunto, que se denota por $\emptyset$, es el único que verifica

$$\forall x, \ x \notin \emptyset$$

Una forma de definir el conjunto vacío es dar como propiedad característica una proposición lógica contradictoria, de manera que ningún individuo pueda cumplir dicha propiedad. Hay dos propiedades básicas del conjunto vacío:

1. $\emptyset \subseteq A$, sea quien sea el conjunto A. En consecuencia, si además $A \neq \emptyset$ entonces $\emptyset \subset A$.

2. $x \notin \emptyset$, sea quien sea el individuo x.

Los siguientes conjuntos, en cuanto a simplicidad, son los llamados *conjuntos unitarios* (en inglés *singleton*), formados por un único elemento. Por ejemplo $A := \{\emptyset\}$ es unitario (y no vacío, puesto que tiene un elemento).

Por último, definiremos el conjunto de las partes de un conjunto A como el conjunto cuyos elementos son todos los posibles subconjuntos de A, y se denota por $\mathcal{P}(A)$, es decir

$$\mathcal{P}(A) := \{B \ : \ B \subseteq A\}$$

De lo dicho anteriormente, sea quien sea A (incluso aunque $A = \emptyset$), $\mathcal{P}(A)$ siempre tiene un elemento puesto que $\emptyset \subseteq A$. Si además $A \neq \emptyset$ entonces al menos tiene dos, puesto que también $A \subseteq A$. Al conjunto de partes de A también se le llama *conjunto potencia* de A.

Ejemplo 20. *Conjunto potencia Supongamos que $A = \{1, 2, 3\}$. El conjunto potencia de A, ordenando los subconjuntos por tamaño, sería*

$$\mathcal{P}(A) = \{\emptyset, \{1\}, \{2\}, \{3\}, \{1, 2\}, \{1, 3\}, \{2, 3\}, \{1, 2, 3\}\}$$

Si ahora le añadiésemos a A un elemento, por ejemplo $A' = \{1, 2, 3, 4\}$, y quisiésemos hallar el conjunto potencia de A', los ocho subconjuntos de A anteriores también lo son de A', y habría que añadir otros ocho subconjuntos que se obtienen añadiendo el elemento 4 a los subconjuntos anteriores, es decir:

$$\begin{aligned} \mathcal{P}(A') \quad = \quad & \{\emptyset, \{1\}, \{2\}, \{3\}, \{1, 2\}, \{1, 3\}, \{2, 3\}, \{1, 2, 3\}, \\ & \{4\}, \{1, 4\}, \{2, 4\}, \{3, 4\}, \{1, 2, 4\}, \{1, 3, 4\}, \{2, 3, 4\}, \{1, 2, 3, 4\}\} \end{aligned}$$

Esto nos daría un método iterativo para generar el conjunto potencia de un conjunto finito, partiendo del conjunto vacío y añadiendo progresivamente los elementos correspondientes.

4.2. Operaciones con conjuntos

Las operaciones que introducimos a continuación se podrían definir a nivel de clases (véase la sección final sobre axiomática de conjuntos), pero por simplicidad nos restringiremos a partir de ahora al caso de los conjuntos.

Definición 13. *Operaciones Booleanas*

Supongamos que el universo U es un conjunto y se consideran conjuntos A y B dentro de dicho universo.

- *Se define el conjunto complementario de A, y se denota por $\overline{A}$, al conjunto*

$$\overline{A} := \{x \mid x \notin A\}$$

- *Se define la unión de A y B, y se denota por $A \cup B$, al conjunto*

$$A \cup B := \{x \mid (x \in A) \vee (x \in B)\}$$

- *Se define la intersección de A y B,m y se denota por $A \cap B$, al conjunto*

$$A \cap B := \{x \mid (x \in A) \wedge (x \in B)\}$$

A la vista de las definiciones anteriores, está claro que el complementario está relacionado con la negación lógica, la unión con la disyunción, y la intersección con la conjunción. Veamos de forma más explícita la relación entre la teoría de conjuntos y la lógica proposicional estudiada en el capítulo 1.

Para ello, veamos en primer lugar el concepto de tabla de pertenencia para cada una de dichas operaciones conjuntistas: esta consiste en formar una tabla en la que que indica si un elemento del universo U pertenece o no al conjunto unión (o la operación que sea), según pertenezca o no a los conjuntos que se están operando. Por ejemplo, si efectuamos la unión de dos conjuntos A y B, en vez de escribir uno por uno los elementos de U, se dividen estos en cuatro casos según pertenezcan a A y a B, pertenezcan a A pero no a B, etc., y aplicando la definición de unión se obtiene la tabla:

A	B	$A \cup B$
1	1	1
1	0	1
0	1	1
0	0	0

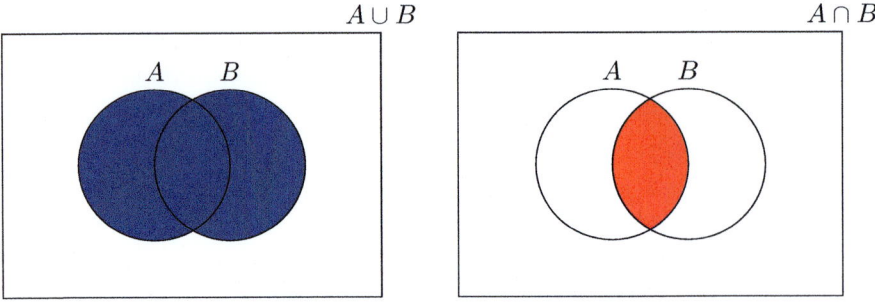

Figura 4.2: Unión e intersección con diagramas de Venn.

Se recomienda como ejercicio escribir las tablas de pertenencia de las operaciones conjuntistas que hemos visto, y de las que vamos a ver a continuación.

De esta manera, se establece una relación entre las operaciones entre conjuntos y las conectivas entre proposiciones lógicas. Cualquier propiedad se puede traducir de una teoría a otra sin más que intercambiar:

- Conjuntos y proposiciones lógicas.

- Unión y disyunción.

- Intersección y conjunción.

- Complementario y negación.

- Conjunto universal por Tautología.

- Conjunto vacío por Contradicción.

Asimismo, pero con un poco más de cuidado, se podría intercambiar la inclusión conjuntista con la condicional lógica, y la igualdad entre conjuntos con la bicondicional lógica.

Por otra parte, la teoría de conjuntos tiene relación con la lógica de predicados de aridad 1, puesto que estos sirven para definir conjuntos mediante una propiedad característica. Además, la mayoría de las demostraciones de la teoría de conjuntos se formalizan mediante la lógica de predicados de primer orden. Aparte de esto, ya vimos la correspondencia entre la tabla de pertenencia de un conjunto y la tabla de verdad de un predicado (más precisamente, de su propiedad característica).

Por último, existe una lógica que trabaja con conjuntos, o clases, en general (ver la sección final de este capítulo), y que se conoce como *Lógica de Clases*. Muchas de las leyes lógicas que hemos visto tanto en la lógica proposicional como en la de predicados de primer orden se pueden enunciar en términos de clases (conjuntos), y en particular también los silogismos clásicos estudiados por Aristóteles (se recomienda ver lista de problemas del capítulo 2, e intentar justificar dichos silogismos mediante la teoría de conjuntos).

Las operaciones entre conjuntos también pueden representarse gráficamente mediante *diagramas de Venn*. La idea es que los contornos de los conjuntos dividen el rectángulo (universo) en tantas regiones como líneas en una tabla de pertenencia, y el conjunto correspondiente se representa rellenando las regiones correspondientes a las líneas de dicha tabla que tienen un 1 (pertenece/verdadero). Vemos como ejemplo la unión y la intersección de dos conjuntos en la figura 4.2.

Veamos a continuación las propiedades básicas de las operaciones conjuntistas, que se conocen como *Leyes Booleanas*:

1. **Doble complemento:**
$$\overline{\overline{A}} = A$$

2. **De Morgan:**
$$\begin{cases} \overline{A \cup B} = \overline{A} \cap \overline{B} \\ \overline{A \cap B} = \overline{A} \cup \overline{B} \end{cases}$$

3. **Conmutativas:**
$$\begin{cases} A \cup B = B \cup A \\ A \cap B = B \cap A \end{cases}$$

4. **Asociativas:**
$$\begin{cases} (A \cup B) \cup C = A \cup (B \cup C) \\ (A \cap B) \cap C = A \cap (B \cap C) \end{cases}$$

5. **Distributivas:**
$$\begin{cases} A \cup (B \cap C) = (A \cup B) \cap (A \cup C) \\ A \cap (B \cup C) = (A \cap B) \cup (A \cap C) \end{cases}$$

6. **Idempotencia:**
$$\begin{cases} A \cup A = A \\ A \cap A = A \end{cases}$$

7. **Elementos Neutros:**
$$\begin{cases} A \cup \emptyset = A \\ A \cap U = A \end{cases}$$

8. **Elementos Inversos:**
$$\begin{cases} A \cup \overline{A} = U \\ A \cap \overline{A} = \emptyset \end{cases}$$

9. **Dominación:**
$$\begin{cases} A \cup U = U \\ A \cap \emptyset = \emptyset \end{cases}$$

10. **Absorción (o Simplificativas):**
$$\begin{cases} A \cup (A \cap B) = A \\ A \cap (A \cup B) = A \end{cases}$$

Existen otras propiedades, que en cierta manera son análogas a otras ya vistas en el capítulo de lógica proposicional, y que son las siguientes:

- $A \subseteq B \Leftrightarrow \overline{B} \subseteq \overline{A}$ (ley contrapositiva).

- $A = B \Leftrightarrow (A \subseteq B) \wedge (B \subseteq A)$ (ley de equivalencia).

- $A \subseteq B \Leftrightarrow (B \cup \overline{A}) = U$ (ley de implicación).

- $A \subseteq B \Leftrightarrow (A \cap \overline{B}) = \emptyset$ (ley de reducción al absurdo).

- $(A \subseteq C) \wedge (B \subseteq C) \Leftrightarrow (A \cup B) \subseteq C$ (ley de demostración por casos).

- $(A \subseteq B) \wedge (A \subseteq C) \Leftrightarrow A \subseteq (B \cap C)$ (ley de demostración por partes).

Al igual que en la lógica, vemos que todas las leyes (en este caso Booleanas) están enunciadas por *pares duales* (excepto la de doble complemento, obviamente), lo que lleva a establecer el llamado *Principio de Dualidad*:

"Si una proposición lógica en la que intervengan operaciones entre conjuntos es verdadera, también lo es su proposición dual".

Evidentemente, la proposición dual se obtiene como en el caso de la lógica, intercambiando además uniones con intersecciones, y conjunto vacío con el universal.

Existen otras operaciones conjuntistas de interés, como son:

- **Diferencia:** $A \setminus B := A \cap \overline{B}$, es decir

$$A \setminus B := \{x \mid (x \in A) \wedge (x \notin B)\}$$

(Obviamente: $A \setminus B \neq B \setminus A$).

- **Diferencia Simétrica:** $A \Delta B := (A \setminus B) \cup (B \setminus A)$.

Si se hace la tabla de pertenencia de la diferencia simétrica, se ve fácilmente que esta operación se corresponde con la disyunción exclusiva (XOR). Además:

- $A \Delta B = B \Delta A$ (lo que justifica el nombre de diferencia "simétrica").

- $(A \Delta B) \Delta C = A \Delta (B \Delta C)$ (propiedad asociativa).

Ejemplo 21. *Demostraciones conjuntistas*

Vamos a demostrar que

$$A \Delta B = (A \cup B) \setminus (A \cap B)$$

Para ello se puede emplear cualquiera de estos métodos:

1. *Diagramas de Venn:*

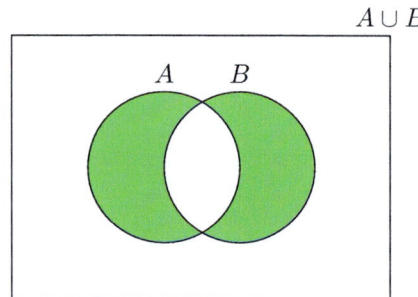

$A \cup B$

2. *Tablas de pertenencia:*

A	B	$A \cup B$	$A \cap B$	$(A \cup B) \setminus (A \cap B)$	$A \Delta B$
1	1	1	1	0	0
1	0	1	0	1	1
0	1	1	0	1	1
0	0	0	0	0	0

3. *Lógica proposicional: bastaría demostrar que*

$$p \underline{\vee} q \Leftrightarrow (p \vee q) \wedge \neg(p \wedge q)$$

lo cual se prueba con una tabla de verdad análoga al apartado anterior.

4. *A partir de las definiciones conjuntistas (lógica de predicados); demostraremos la igualdad de conjuntos mediante doble contención:*

   $\subseteq$ *Sea* $x \in A \Delta B = (A \setminus B) \cup (B \setminus A)$ *cualquiera. Hay dos casos posibles:*

   - *Si* $x \in A \setminus B = A \cap \overline{B}$, *entonces* $x \in A \subseteq A \cup B$ *y* $x \notin B$, *y por tanto* $x \in (A \cup B) \setminus (A \cap B)$, *ya que* $x \notin A \cap B$.
   - *Si* $x \in B \setminus A$ *la demostración es análoga, intercambiando* A *y* B.

   $\supseteq$ *Sea* $x \in (A \cup B) \setminus (A \cap B)$; *como* $x \in A \cup B$, *hay dos casos posibles:*

   - *Si* $x \in A$, *como* $x \notin A \cap B$ *entonces* $x \notin B$. *Por tanto* $x \in A \setminus B \subseteq A \Delta B$.
   - *Si* $x \in B$ *la demostración es análoga, intercambiando* A *y* B.

Ejercicio 15. *Con la misma idea que en la nota anterior, se propone demostrar que*

$$(A \cup B) \cap \overline{A} \subseteq B$$

Indicación: *utilizar el silogismo disyuntivo.*

Introduciremos a continuación el concepto de conjuntos disjuntos:

Definición 14. *Conjuntos disjuntos*

Dos conjuntos A y B son disjuntos si $A \cap B = \emptyset$.

Ejercicio 16. *Usando la última nota sobre diferencia simétrica, proponemos demostrar que*

$$A \cap B = \emptyset \Leftrightarrow (A \cup B = A \Delta B) \Leftrightarrow (A \setminus B = A) \Leftrightarrow (B \setminus A = B)$$

Por otra parte, se dice que un conjunto A es *unión disjunta* de B y C si

$$\begin{cases} A = B \cup C \\ B \cap C = \emptyset \end{cases}$$

y se denota

$$A = B \uplus C$$

Evidentemente, de la definición se deduce que $A = B \Delta C$.

Vemos por último el concepto de familia de conjunto, que permitirá realizar uniones e intersecciones infinitas de conjuntos, así como realizar particiones de un conjunto en partes disjuntas.

Definición 15. *Familias de conjuntos*

Sea un conjunto de índices $I \neq \emptyset$, y supongamos que para cada índice $i \in I$ se tiene un conjunto A_i. Al conjunto formado por todos los posibles conjuntos A_i cuando i recorre todos los posibles valores en el conjunto I

$$\mathcal{F} = \{A_i \mid i \in I\}$$

se le llama "familia de conjuntos" indexada por I (o con índices en I).

Para una familia de conjuntos $\mathcal{F} = \{A_i \mid i \in I\}$ se define:

- $\displaystyle \bigcup_{i \in I} A_i := \{x \mid \exists i \in I, \ x \in A_i\}$.

- $\displaystyle \bigcap_{i \in I} A_i := \{x \mid \forall i \in I, \ x \in A_i\}$.

CAPÍTULO 4. TEORÍA DE CONJUNTOS

Mediante las leyes de negación de cuantificadores, se demuestran fácilmente las llamadas **Leyes de De Morgan generalizadas:**

(a) $\overline{\bigcup_{i \in I} A_i} = \bigcap_{i \in I} \overline{A_i}$.

(b) $\overline{\bigcap_{i \in I} A_i} = \bigcup_{i \in I} \overline{A_i}$.

Otra aplicación de las familias de conjuntos son las particiones:

Definición 16. *Particiones*

Se llama partición de un conjunto A a toda familia de conjuntos $\mathcal{P} = \{A_i \mid i \in I\}$ tal que:

1. *$A_i \neq \emptyset$, para todo $i \in I$.*

2. *$A = \bigcup_{i \in I} A_i$.*

3. *Los conjuntos de $\mathcal{P}$ son "mutuamente disjuntos", es decir*

$$\forall i, j \in I, \quad (i \neq j \Rightarrow A_i \cap A_j = \emptyset)$$

(disjuntos dos a dos).

A cada uno de los A_i se les llama "bloque" o "celda" de la partición.

Nota 16. *Familias disjuntas*

No es lo mismo ser mutuamente disjuntos que "globalmente disjuntos"

$$\bigcap_{i \in I} A_i = \emptyset$$

Evidentemente, mutuamente disjuntos implica globalmente disjuntos, pero el recíproco no es cierto (se recomienda al lector, como ejercicio, buscar un contraejemplo).

4.3. Producto cartesiano

En esta sección se introducirá una estructura de datos ordenada, que servirá de base teórica para la definición de aplicación, de gran utilidad práctica.

Definición 17. *n-uplas*

- *Si a y b son dos objetos válidos (individuos o conjuntos, distintos o no), entonces (a, b) denota el "par ordenado" cuya primera componente es a y cuya segunda componente es b.*

- *En general, si $n \geq 2$ es un número natural y se tienen n objetos válidos $a_1, \ldots, a_n$ entonces se denota por $(a_1, \ldots, a_n)$ la correspondiente n-upla ordenada.*

La definición anterior, de carácter intuitivo, se podría dar formalmente (por ejemplo) mediante una *definición operativa*, es decir, diciendo cuándo dos pares ordenados (o n-uplas en general) son iguales:

- $(a, b) = (c, d) \Leftrightarrow (a = c) \wedge (b = d)$.

- En general, $(a_1, \ldots, a_n) = (b_1, \ldots, b_n)$ si y solo si $a_i = b_i$ para todo $i = 1, \ldots, n$.

A partir del concepto de n-upla se obtiene el producto cartesiano:

Definición 18. *Producto cartesiano*

- *Se define el producto cartesiano de dos conjuntos A y B como el conjunto*

$$A \times B := \{(a, b) \mid (a \in A) \wedge (b \in B)\}$$

- *En general, si $A_1, \ldots, A_n$ son conjuntos, se define el producto cartesiano*

$$A_1 \times \cdots \times A_n := \{(a_1, \ldots, a_n) \mid a_i \in A_i, \ \forall i = 1, \ldots, n\}$$

Evidentemente, si $A \neq B$ entonces $A \times B \neq B \times A$. Si $A = B$ se define el conjunto *diagonal* como

$$\Delta \equiv \Delta_A := \{(x, x) \mid x \in A\} \subseteq A \times A$$

En otras palabras, la diagonal contiene todos los pares con las dos componentes iguales.

Por otra parte, sea quien sea el conjunto A se tiene que

$$A \times \emptyset = \emptyset \times A = \emptyset$$

(razonando por reducción al absurdo, se llegaría a que el conjunto vacío tendría algún elemento).

Las principales propiedades del producto cartesiano se resumen en el siguiente resultado, que son propiedades distributivas del producto cartesiano respecto de la unión y la intersección en ambas componentes. Su generalización a n-uplas se deja como ejercicio.

Proposición 1. *Propiedades del producto cartesiano*

Sean A, B y C conjuntos cualesquiera. Entonces:

1. $A \times (B \cup C) = (A \times B) \cup (A \times C)$.

2. $A \times (B \cap C) = (A \times B) \cap (A \times C)$.

3. $(A \cup B) \times C = (A \times C) \cup (B \times C)$.

4. $(A \cap B) \times C = (A \times C) \cap (B \times C)$.

Nota 17. *Unión disjunta*

Una utilidad secundaria del producto cartesiano es la realización de uniones disjuntas de conjuntos distintos no disjuntos. En efecto, si queremos unir dos conjuntos $A \neq B$ distinguiendo los elementos según el conjunto del que procedan, aunque estos puedan estar repetidos en ambos conjuntos, la unión usual no sirve, puesto que dichos elementos terminarían siendo indistinguibles. Para hacerlos "distinguibles", se les puede adherir una "etiqueta" indicando la procedencia de los mismos antes de efectuar la unión. La etiqueta consiste en convertir cada elemento $x \in A$ en un par (A, x) y, análogamente, cada elemento $x \in B$ en (B, x). De esta manera, aunque el x sea el mismo ambos pares se distinguen en la primera componente (suponemos, claro que $A \neq B$; en caso contrario esta distinción no es posible). El conjunto obtenido se denota por $A \sqcup B$.

En general, si tenemos una familia de conjuntos $\mathcal{F} = \{A_i \mid i \in I\}$, se define la unión disjunta de ellos como

$$\coprod_{i \in I} A_i := \bigcup_{i \in I} \{i\} \times A_i$$

Nótese que esta última unión es, efectivamente, disjunta. En este caso, no hace falta suponer que los A_i sean distintos, ya que no hay ambigüedad posible en la primera componente, puesto que los elementos $i \in I$ son todos distintos.

4.4. Correspondencias

Tras estudiar la teoría general de conjuntos, veremos cómo se interrelacionan entre sí los conjuntos a través de las relaciones y funciones. La idea intuitiva es la de efectuar una operación o algoritmo a partir de un elemento de un conjunto para obtener como resultado un elemento de otro conjunto. Esta idea es la que está detrás, entre otros, del llamado λ-cálculo y la *programación funcional*. Empezaremos con las definiciones generales.

Definición 19. *Correspondencias*

- Sean A y B dos conjuntos; se llama correspondencia (o relación) de A en B, y se denota

$$f : A \to B$$

  a cualquier terna

$$f := (A, B, C)$$

  donde $C \subseteq A \times B$.

- A se llama conjunto inicial, B se llama conjunto final, y C se llama "grafo" de la correspondencia f, denotado por $C = \Gamma(f)$.

- Si un par (a,b), donde $a \in A$ y $b \in B$, está en el grafo de f, se denota $f(a) = b$ (o bien $a \mapsto b$, si no hay ambigüedad). Se dice que a es origen (o preimagen) de b, y se dice que b es imagen de a.

- Dos correspondencias $f : A \to B$ y $g : C \to D$ son iguales si y solo si suceden tres cosas:

  1. $A = C$
  2. $B = D$
  3. $\Gamma(f) = \Gamma(g)$

Evidentemente, si $A = \emptyset$ solo existe (sea quien sea B) una única aplicación

$$\emptyset \to B$$

que se llama *aplicación vacía*, y que corresponde al grafo vacío $\Gamma = \emptyset$ (puesto que $\emptyset \times B = \emptyset$).

Definición 20. *Dominio e imagen*

- Se llama dominio de la correspondencia $f : A \to B$ al conjunto

$$Dom(f) := \{a \in A \mid f(a) = b, \ \exists b \in B\} \subseteq A$$

- *Se llama imagen de la correspondencia $f : A \to B$ (también codominio, rango o recorrido) al conjunto*

$$Im(f) := \{b \in B \mid f(a) = b,\ \exists a \in A\} \subseteq B$$

Finalmente, se introduce la definición de aplicación o función, que es la más utilizada en la práctica, y responde a la idea de que cada elemento del conjunto inicial tiene una única imagen (a veces se dice coloquialmente que la función está "bien definida", del inglés *well-defined*). La interpretación en Programación es la de que a un algoritmo (o programa) no se le permite producir más de un Output a partir del mismo Input, pero que se requiere efectivamente que el algoritmo devuelva siempre un valor.

Definición 21. *Aplicaciones y funciones*

Una correspondencia $f : A \to B$ se dice que es una "aplicación" (o función) si

$$\forall a \in A,\ \exists_1 b \in B \mid f(a) = b$$

es decir

1. *$Dom(f) = A$*

2. *$(f(a) = b) \wedge (f(a) = c) \Rightarrow (b = c)$*

La siguiente definición obedece a la idea de que en Programación es posible que un Input no produzca ningún Output, dependiendo del tipo de Input (por ejemplo, un programa que calcule el logaritmo de un Input x no produciría ningún resultado si $x = 0$).

Definición 22. *Funciones parciales*

Una correspondencia f de A en B es una función parcial, y se denota

$$f : A \nrightarrow B$$

si

$$\forall a \in A,\ \forall b, c \in B,\ (f(a) = b) \wedge (f(a) = c) \Rightarrow (b = c)$$

Es decir, todo elemento de A tiene a lo sumo una imagen (eventualmente ninguna).

4.4.1. Aplicaciones y funciones

Las siguientes definiciones son válidas en general para correspondencias, si bien se aplican normalmente para el caso de aplicaciones.

Definición 23. *Propiedades de las funciones*

- *Una correspondencia $f : A \to B$ es inyectiva si*

$$f(a) = f(b) \Rightarrow a = b$$

Es decir, "elementos distintos tienen imágenes distintas". Se denota:

$$f : A \hookrightarrow B$$

Equivalentemente, la correspondencia inversa (que definiremos enseguida) es una función parcial.

- *Una aplicación* $f \; : \; A \to B$ *es suprayectiva (sobreyectiva o sobre) si*

$$\forall b \in B \;\; \exists a \in A \;\; , \;\;\;\; f(a) = b$$

Equivalentemente

$$Im(f) = B$$

Es decir, "todos los elementos de B *son imágenes for* f*". Se denota:*

$$f \; : \; A \twoheadrightarrow B$$

- *Una aplicación* $f \; : \; A \to B$ *es biyectiva si es a la vez inyectiva y suprayectiva. Se denota:*

$$f \; : \; A \xleftrightarrow{\sim} B$$

Los siguientes ejemplos muestran aplicaciones típicas o *estándar* entre conjuntos.

Ejemplo 22. *Aplicaciones estándar*

- *La aplicación identidad en un conjunto* A *dada por*

$$\begin{array}{ccc} id_A \; : \; A & \xleftrightarrow{\sim} & A \\ a & \mapsto & a \end{array}$$

es una biyección.

- *Dada una inclusión de conjuntos* $A \subseteq B$ *se tiene una "inyección canónica"*

$$\begin{array}{ccc} i_{A,B} \; : \; A & \hookrightarrow & B \\ a & \mapsto & a \end{array}$$

- *Supongamos que* $\mathcal{P} = \{A_i \mid i \in I\}$ *es una partición del conjunto* A *y que la aplicación* $f \; : \; A \to B$ *es compatible con las clases de equivalencia de la partición, es decir, que* $f(x) = f(y)$ *siempre que* x *e* y *pertenezcan a una misma clase de la partición* $\mathcal{P}$*. Entonces* f *induce una aplicación (llamada "aplicación cociente") dada por*

$$\begin{array}{ccc} \overline{f} \; : \; \mathcal{P} & \to & B \\ A_i & \mapsto & f(x) \;\; si \; x \in A_i \end{array}$$

- *En las condiciones anteriores, se tiene una aplicación suprayectiva*

$$\begin{array}{ccc} q_{A,\mathcal{P}} \; : \; A & \twoheadrightarrow & \mathcal{P} \\ x & \mapsto & A_i \;\; si \; x \in A_i \end{array}$$

llamada aplicación "de paso al cociente".

La siguiente definición, junto con el teorema correspondiente, son de gran utilidad tanto en la teoría de espacios vectoriales como en sus aplicaciones geométricas.

Definición 24. *Imagen directa e inversa*

Sea una aplicación $f \; : \; A \to B$*.*

- *Se llama imagen directa de* $C \subseteq A$ *por* f *al conjunto*

$$f(C) := \{f(c) \mid c \in C\}$$

- *Se llama imagen inversa (o recíproca) de $C \subseteq B$ por f al conjunto*

$$f^{-1}(C) := \{a \in A \mid f(a) \in C\}$$

En el caso particular de que $C = \{b\}$ tenga un solo punto, se denota

$$f^{-1}(b) \equiv f^{-1}(\{b\})$$

y se denomina "fibra de f en b".

Teorema 4.1. *Propiedades de las aplicaciones*

Sean $f : A \to B$, $A_1, A_2 \subseteq A$ y $B_1, B_2 \subseteq B$ aplicaciones. Entonces:

1. $f(A_1 \cup A_2) = f(A_1) \cup f(A_2)$.

2. $f(A_1 \cap A_2) \subseteq f(A_1) \cap f(A_2)$, *y se da la igualdad si f es inyectiva*.

3. *Si $A_1 \subseteq A_2$ entonces $f(A_1) \subseteq f(A_2)$.*

4. $f^{-1}(B_1 \cap B_2) = f^{-1}(B_1) \cap f^{-1}(B_2)$.

5. $f^{-1}(B_1 \cup B_2) = f^{-1}(B_1) \cup f^{-1}(B_2)$.

6. *Si $B_1 \subseteq B_2$ entonces $f^{-1}(B_1) \subseteq f^{-1}(B_2)$.*

7. $f^{-1}(B \setminus B_1) = A \setminus f^{-1}(B_1)$. *Es decir, "la imagen inversa del complementario es el complementario de la imagen inversa".*

8. $A_1 \subseteq f^{-1}(f(A_1))$, *y se da la igualdad si f es inyectiva*.

9. $f(f^{-1}(B_1)) \subseteq B_1$, *y se da la igualdad si f es suprayectiva*.

Las siguientes definiciones muestran cómo extender y restringir aplicaciones entre subconjuntos y superconjuntos del conjunto inicial. Tiene su interpretación práctica en la teoría de la programación, en lo que se conoce como *sobrecarga de operadores*. Esta consiste en usar el mismo nombre (o símbolo) para operadores (o programas) que actúan sobre tipos de datos diferentes efectuando algoritmos diferentes. Por ejemplo, el símbolo '/' de división actúa (normalmente) de forma distinta según que los números que se dividan sean enteros (se realiza la división entera y se toma el cociente despreciando el resto), racionales (se realiza una operación con numeradores y denominadores de ambos), reales (se dividen las aproximaciones de los números reales correspondientes y se redondea a cierto número de decimales) o complejos (operaciones en coma flotante con las partes reales e imaginarias). A pesar de ser operaciones diferentes, se usa el mismo símbolo para no tener que usar cuatro símbolos diferentes según el tipo de datos de entrada, y ahorrar así el número de símbolos o nombres reservados. Esto es posible (teóricamente) porque los conjuntos son extensiones sucesivas, y las operaciones dan esencialmente resultados análogos según el nivel al que los operemos.

Por simplicidad, la definición la daremos para aplicaciones, aunque también es válida (con pequeños cambios) para funciones parciales, e incluso para correspondencias.

Definición 25. *Restricción y extensión*

- *Sea $f : A \to B$ y sea $A' \subseteq A$ un subconjunto del conjunto inicial. Se define la restricción de f a A', y se denota*

$$f \mid_{A'} : A' \to B$$

a la aplicación natural dada por el grafo $\Gamma(f) \cap (A' \times B)$.

- *Sea $f : A \to B$ y sea $\overline{A} \supseteq A$ un superconjunto del conjunto inicial. Una función $F : \overline{A} \to B$ es una extensión de f si*

$$F(a) = f(a), \quad \forall a \in A$$

es decir $F\mid_A = f$ Nótese que la extensión no es única, salvo que se exijan propiedades adicionales (por ejemplo, continuidad, en el caso de extensiones entre conjuntos de números reales).

Por último, la notación $f(x)$ parece expresar que f actúa sobre un único argumento x, pero en la práctica las funciones (o los programas) pueden actuar sobre una lista de argumentos. Para indicar esto de forma explícita, se puede cambiar A por un producto cartesiano $A_1 \times \ldots \times A_n$ cuyos elementos son listas de n argumentos. La definición servirá para correspondencias en general, y en particular para aplicaciones o funciones parciales.

Definición 26. *Funciones con varios argumentos*

Una correspondencia

$$f : A_1 \times \ldots \times A_n \to B$$

se dice "de aridad n" (o de n argumentos). Una relación

$$(a_1, \ldots, a_n, b) \in \Gamma(f) \subseteq A_1 \times \ldots \times A_n \times B$$

se denota por

$$b = f(a_1, \ldots, a_n)$$

Terminaremos este apartado con unos ejemplos y definiciones complementarias.

Ejemplo 23. *Funciones características*

Se considera el conjunto de valores Booleanos $B = \{0, 1\}$, y un conjunto universal $\mathcal{U}$. Sea $A \subseteq \mathcal{U}$ un elemento de partes de $\mathcal{U}$.

- *Se llama "función característica" de A a la aplicación*

$$\chi_A : \mathcal{U} \to B$$

  dada por

$$\chi_A(x) = \begin{cases} 1 & si \ x \in A \\ 0 & si \ x \notin A \end{cases}$$

- *Se llama "conjunto potencia" de $\mathcal{U}$ al conjunto*

$$2^{\mathcal{U}} := \{f : \mathcal{U} \to B \mid f \ es \ aplicación\}$$

  es decir, el conjunto de todas las posibles aplicaciones características sobre $\mathcal{U}$.

Entonces, existe una biyección natural

$$\begin{array}{ccc} \mathcal{P}(\mathcal{U}) & \xleftrightarrow{\sim} & 2^{\mathcal{U}} \\ A & \mapsto & \chi_A \end{array}$$

es decir, es esencialmente lo mismo dar un subconjunto que una aplicación característica, lo que justifica que al conjunto $\mathcal{P}(\mathcal{U})$ también se le llame conjunto potencia. Evidentemente, la aplicación inversa viene dada por

$$\begin{array}{ccc} 2^{\mathcal{U}} & \xleftrightarrow{\sim} & \mathcal{P}(\mathcal{U}) \\ f & \mapsto & A := \{x \in \mathcal{U} \mid f(x) = 1\} \end{array}$$

Aunque esto parezca una construcción muy artificial, en la práctica se utiliza por ejemplo en el lenguaje de programación Pascal, donde un tipo de datos llamado "conjunto" viene dado precisamente por una sucesión de bits, que miden si los correspondientes elementos del conjunto universal pertenecen o no al conjunto dado (es decir, por su función característica).

Nota 18. *Productos cartesianos infinitos*

Sea una familia de conjuntos

$$\mathcal{F} = \{A_i \mid i \in I\}$$

Se define el producto cartesiano de (los conjuntos de la familia) $\mathcal{F}$

$$\prod_{i \in I} A_i := \{f \,:\, I \to \bigcup_{i \in I} A_i \ \mid\ (f \text{ es aplicación}) \wedge (f(i) \in A_i, \ \forall i \in I)\}$$

Los elementos se pueden interpretar como tuplas infinitas (conjuntos ordenados según los índices de I). Por ejemplo, si $I = \mathbb{N}$ se obtienen sucesiones de elementos $(a_1, a_2, \ldots, a_n, \ldots)$ donde $a_n \in A_n$. Como caso particular, si $I = \mathbb{N}$ y $A_n = \mathbb{R}$ para todo $n \in \mathbb{N}$, se obtienen las sucesiones de números reales.

4.4.2. Composición de aplicaciones

En primer lugar definiremos el concepto de composición, tanto para relaciones en general como para aplicaciones en particular.

Definición 27. *Composición*

- *Sean $f : A \to B$ y $g : B \to C$ dos correspondencias. Se define la composición de f y g, y se denota*

$$g \circ f \,:\, A \to C$$

a la correspondencia dada por

$$(g \circ f)(a) = c \Leftrightarrow \exists b \in B, \ (f(a) = b) \wedge (g(b) = c)$$

es decir, en términos de grafos:

$$(a, c) \in \Gamma(g \circ f) \Leftrightarrow \exists b \in B, \ ((a, b) \in \Gamma(f)) \wedge ((b, c) \in \Gamma(g))$$

- *En particular, si $f : A \to B$ y $g : B \to C$ son aplicaciones, la composición $g \circ f : A \to C$ es también una aplicación y viene dada por*

$$(g \circ f)(a) :- g(f(a))$$

Hay que tener cuidado con el orden en que se escriben las dos funciones, que es justo al contrario del orden en el que actúan. Además, es evidente que la operación no es conmutativa, puesto que la composición en orden contrario no tiene porqué tener sentido, y aunque lo tuviese lo más normal es que dé lugar a resultados diferentes.

Veamos a continuación un ejemplo sencillo de composición, con la función identidad.

Ejemplo 24. *Identidad*

Es fácil ver que, sea quien sea $f : A \to B$, se tiene:

1. *$f \circ id_A = f$.*

2. $id_B \circ f = f$.

En general, se dice que $g : A \to A$ es una *identidad por la derecha* si $f \circ g = f$ para cualquier $f : A \to B$, y análogamente, $g : B \to B$ es una *identidad por la izquierda* si $g \circ f = f$ para cualquier $f : A \to B$.

Las propiedades fundamentales de la composición se resumen en el siguiente resultado.

Teorema 4.2. *Composición de aplicaciones*

- *La composición de aplicaciones es asociativa, es decir, si $f : A \to B$, $g : B \to C$ y $h : C \to D$, entonces*

$$(h \circ g) \circ f = h \circ (g \circ f)$$

- *La composición de aplicaciones inyectivas es inyectiva.*

- *La composición de aplicaciones suprayectivas es suprayectiva.*

- *La composición de aplicaciones biyectivas es biyectiva.*

A partir del concepto de composición, surgen otros tipos especiales de aplicaciones:

Definición 28. *Aplicaciones especiales*

- *Una aplicación $f : A \to A$ es idempotente si $f \circ f = f$.*
  Ejemplos: la función "valor absoluto" sobre los números reales, las funciones de ordenación de listas, o la función que transforma palabras en palabras con solo letras mayúsculas.

- *Una aplicación $f : A \to A$ es una involución si $f \circ f = id_A$.*
  Ejemplos: la disyunción exclusiva (XOR) sobre el conjunto de valores de verdad $B = \{0, 1\}$, o transformaciones geométricas por simetría (que al aplicarlas dos veces nos da la imagen de partida).
  En otras palabras, ella misma es su propia inversa, tal y como definiremos en breve.

- *Una aplicación $f : A \to B$ es constante si existe $b \in B$ tal que*

$$\forall a \in A, \ f(a) = b$$

Es fácil ver que si se compone una aplicación constante, por la derecha o por la izquierda, con otra aplicación cualquiera, el resultado es nuevamente otra aplicación constante. Así, si $f : A \to B$ y $g : B \to C$ tal que $g(x) = c_0$ para todo $x \in B$, entonces $g \circ f(x) = c_0$ para todo $x \in A$. Análogamente, si $f : A \to B$ y $g : B \to C$ tal que $f(x) = b_0$ para todo $x \in A$, entonces $g \circ f(x) = g(b_0)$ para todo $x \in A$.

Veamos a continuación el concepto de correspondencia inversa.

Definición 29. *Correspondencia inversa*

Dada una correspondencia $f = (A, B, \Gamma(f))$, se define la correspondencia inversa

$$f^{-1} = (B, A, \Gamma(f^{-1}))$$

donde

$$(b, a) \in \Gamma(f^{-1}) \iff (a, b) \in \Gamma(f)$$

es decir

$$f^{-1}(b) = a \Leftrightarrow f(a) = b$$

Evidentemente, se verifica que

$$(f^{-1})^{-1} = f$$

A partir de la definición, y volviendo a conceptos ya estudiados podemos deducir:

1. Una aplicación f es inyectiva si y solo si su correspondencia inversa es una función parcial.

2. Una aplicación f es biyectiva si y solo si su correspondencia inversa es aplicación.

3. Una aplicación $f : a \to A$ es involutiva si y solo si f es su propia inversa, es decir $f^{-1} = f$. Dicho de otra manera, f es "autoinversa".

El hecho de que una aplicación sea inversible, es decir, que su correspondencia inversa sea también una aplicación, está relacionado con el hecho de que dicha aplicación sea biyectiva, como muestra más explícitamente el siguiente resultado.

Teorema 4.3. *Aplicación inversa*

Sea f una aplicación de A en B.

(a) f^{-1} es una aplicación si y solo si f es biyectiva.

  En este caso, f^{-1} es, de hecho, biyectiva.

(b) Si f es biyectiva entonces

$$f \circ f^{-1} = id_B \quad \text{y} \quad f^{-1} \circ f = id_A$$

(c) f es biyectiva si y solo si admite inversa por la derecha y por la izquierda, es decir, existe una aplicación $g : B \to A$ tal que

$$f \circ g = id_B \quad \text{y} \quad g \circ f = id_A$$

En general, una función que solo verifique la primera igualdad se llama inversa por la derecha, y la que verifique la segunda, inversa por la izquierda; es fácil ver que si existen ambas inversas, entonces necesariamente ambas coinciden.

4.5. Cardinalidad, finitud y numerabilidad

En esta sección daremos los conceptos matemáticos básicos que nos permiten comparar la cantidad de elementos (llamada cardinalidad o potencia) de diferentes conjuntos.

Definición 30. *Cardinalidad*

Sean A y B dos conjuntos.

  ▪ *Se dice que el cardinal de A es menor o igual que el de B, y se denota $|A| \leq |B|$ o bien $\sharp A \leq \sharp B$, si existe una aplicación inyectiva*

$$f : A \hookrightarrow B$$

  ▪ *Se dice que el cardinal de A es mayor o igual que el de B, y se denota $|A| \geq |B|$ o bien $\sharp A \geq \sharp B$, si existe una aplicación suprayectiva*

$$f : A \twoheadrightarrow B$$

- *Se dice que A y B tienen el mismo cardinal, y se denota $|A| = |B|$ o bien $\sharp A = \sharp B$, si existe una aplicación biyectiva*

$$f \;:\; A \overset{\sim}{\longleftrightarrow} B$$

- *Si se da $\sharp A \le \sharp B$ pero no $\sharp A = \sharp B$, se denota $\sharp A < \sharp B$.*

- *Si se da $\sharp A \ge \sharp B$ pero no $\sharp A = \sharp B$, se denota $\sharp A > \sharp B$.*

El siguiente resultado, algunos de cuyos apartados no son tan evidentes como podría parecer para el caso de conjuntos infinitos, muestra las propiedades generales de la teoría de la cardinalidad.

Teorema 4.4. *Propiedades de los cardinales*

- $\sharp A \le \sharp B$ *si y solo si* $\sharp B \ge \sharp A$.

- $\sharp A = \sharp B$ *si y solo si* $(\sharp A \le \sharp B) \wedge (\sharp B \le \sharp A)$.

- *Si* $\sharp A \le \sharp B$ *y* $\sharp B \le \sharp C$, *entonces* $\sharp A \le \sharp C$.

- *Si* $A \subseteq B$ *entonces* $\sharp A \le \sharp B$.

Nota 19. *Relaciones binarias*

Es fácil ver que la relación binaria "tener el mismo cardinal" define una relación de equivalencia entre conjuntos, que induce por tanto clases de equivalencia de conjuntos "equipotenciales".

Análogamente, la relación '$\le$' (o también '$\ge$') define una relación de orden entre dichas clases de equivalencia de conjuntos.

Ambos hechos se remiten al capítulo 5 sobre relaciones.

Nota 20. *Axioma de Tricotomía*

La intuición pide que si A y B son dos conjuntos cualesquiera, entonces se debería de dar una y solo una de las tres condiciones siguientes:

1. $\sharp A < \sharp B$.

2. $\sharp A > \sharp B$.

3. $\sharp A = \sharp B$.

Esto se conoce como "axioma de tricotomía" (ver el Apéndice 4.6 del presente capítulo), y vendría a decir que la cardinalidad es una relación de "orden total" (ver de nuevo el capítulo 5 sobre relaciones).

Definición 31. *Finitud e infinitud*

- *Se dice que A es un conjunto finito, y se denota $\sharp A < \infty$, si o bien $A = \emptyset$ o bien existe un número natural $n \ge 1$ tal que*

$$\sharp A = \sharp \{1, \ldots, n\}$$

- *En este caso, se dice que el cardinal (o número de elementos) de A es n, y se denota $\sharp A = n$ (o que $\sharp A = 0$ si $A = \emptyset$).*

- *En caso contrario, se dice que A es un conjunto infinito, y se denota $\sharp A = \infty$.*

En el caso finito, hay una serie de resultados que son bastante intuitivos, entre los que destacamos los siguientes:

Teorema 4.5. *Si A y B son finitos, entonces $\sharp A = \sharp B$ si y solo si A y B tienen el mismo número de elementos.*

Teorema 4.6. *Si A y B son finitos y $\sharp A = \sharp B$, las condiciones siguientes son equivalentes:*

1. *f es inyectiva.*

2. *f es suprayectiva.*

3. *f es biyectiva.*

Teorema 4.7. *Una unión finita de conjuntos finitos da siempre como resultado un nuevo conjunto finito.*

El caso infinito es mucho menos intuitivo. A modo de curiosidad, se puede hacer cierta "aritmética transfinita", por ejemplo:

- $n + \infty = \infty$
  (Significa que la unión de un conjunto finito con uno infinito da como resultado un conjunto finito).

- $\infty + \infty = \infty$
  (Significa que la unión de dos conjuntos infinitos es otro conjunto finito).

- $\infty - \infty = ?$
  (Indeterminación: significa que la diferencia conjuntista entre dos conjuntos infinitos puede ser finita o infinita; por ejemplo $\mathbb{Z} \setminus \mathbb{N}$ es infinito, pero si $S := \langle 2, 3 \rangle \subseteq \mathbb{N}$ son las combinaciones lineales enteras y positivas de 2 y 3, entonces S es infinito pero $\mathbb{N} \setminus S = \{1\}$ es finito).

Un problema adicional con el infinito es discernir si un cardinal infinito es "más grande " (o no) que otro. Para ello introducimos primero el infinito "más pequeño posible".

Definición 32. *Numerabilidad*

- *Un conjunto infinito A se dice que es numerable si*

$$\sharp A = \sharp \mathbb{N}$$

En caso contrario, se dice que el conjunto infinito A es no numerable.

- *Se dice que A es "numerable a lo más" si o bien A es finito, o bien A es infinito numerable.*

Se puede demostrar, por un proceso de inducción, que si A es infinito entonces existe una aplicación inyectiva

$$f \; : \; \mathbb{N} \hookrightarrow A$$

y por tanto $\sharp \mathbb{N} \leq \sharp A$ (es decir, $\sharp \mathbb{N}$ es el cardinal infinito "mínimo"). Ahora bien, un conjunto puede ser (frente a lo que la intuición dice) mucho más grande que $\mathbb{N}$ sin que aumente el cardinal. Como ejemplo, los siguientes conjuntos son numerables:

- $\mathbb{N}$

- $\mathbb{Z}$

- $\mathbb{Q}$

- $\mathbb{Q}^n$

- $\mathbb{Q}[X_1, \ldots, X_n]$

- En general, toda unión numerable a lo más de conjuntos numerables a lo más es numerable a lo más, es decir:

  Si I es numerable a lo más y A_i es numerable a lo más para todo $i \in I$, entonces

  $$A := \bigcup_{i \in I} A_i$$

  es también numerable a lo más.

Ahora bien, no todos los conjuntos infinitos son numerables:

- $\mathbb{R}$ (se demuestra mediante el llamado *método diagonal de Cantor*, que explicamos a continuación en la Nota 21).

- $\mathcal{P}(\mathbb{N})$ (análogo al caso de $\mathbb{R}$, teniendo en cuenta que $\mathcal{P}(\mathbb{N})$ es equipotente al conjunto potencia de $\mathbb{N}$).

- En general, se verifica que $\sharp(\mathcal{P}(A)) > \sharp A$.

Del último de los apartados anteriores, se deduce que existe infinitos cardinales no numerables, y de hecho tan grandes como queramos, es decir, que no existe una cota superior para el cardinal de un conjunto.

Nota 21 (label=rem:Cantor). *Método diagonal de Cantor Para ver que el conjunto de números reales no es numerable, basta comprobar que no es posible realizar una sucesión con todos los números reales, ya que tal sucesión sería una aplicación suprayectiva*

$$f : \mathbb{N} \to \mathbb{R}$$

Veamos que ni siquiera pueden colocarse en una sucesión los números reales en el intervalo $[0, 1]$, para lo cual, dado $0 \le x \le 1$, generamos una sucesión de bits de la siguiente manera;

- *Dividimos en intervalo $I_1 = [0, 1]$ en dos mitades iguales, y generamos un 0 si x está en la mitad izquierda y un 1 si x está en la mitad derecha. Denotemos I_2 al intervalo mitad correspondiente donde esté x.*

- *Procedemos de igual manera con I_2, generando el correspondiente bit y el intervalo I_3.*

- *Iteramos el procedimiento hasta generar la correspondiente sucesión de bits.*

Supongamos pues que $\mathbb{R}$ es numerable y obtengamos de esta manera la matriz doblemente infinita de bits (a_{ij}) construida con el procedimiento anterior, para $1 \le i, j < \infty$. Nótese que estamos representando los números reales $x \in [0, 1]$ mediante funciones $f : \mathbb{N} \to \{0, 1\}$, es decir, el conjunto potencia de $\mathbb{N}$. Veremos a continuación que esta matriz no contiene todas las posibles sucesiones de bits, y por tanto que en dicha sucesión falta algún número real $x \in [0, 1]$, lo cual es una contradicción.

Efectivamente, definiremos una sucesión de bits dada por

$$a_k := \begin{cases} 0 & si\ a_{kk} = 1 \\ 1 & si\ a_{kk} = 0 \end{cases}$$

Es fácil ver que esta sucesión no coincide con ninguna de las filas de la matriz (a_{ij}), y que por tanto el número real correspondiente no está incluido en la sucesión propuesta.

Por último, existe una especie de paradoja en la teoría de conjuntos que se conoce como *hipótesis del continuo*, y que consiste en decidir si existen cardinales intermedios entre el numerable $\sharp\mathbb{N}$ y el continuo $\sharp\mathbb{R}$. La respuesta es que dicha afirmación es indemostrable, y por lo tanto es imposible encontrar un conjunto con tal cardinal. De hecho, desde el punto de vista lógico, la teoría de conjuntos sería equivalente si afirmamos o si rechazamos la hipótesis del continuo.

Terminaremos este capítulo con una sección complementaria sobre los problemas lógicos subyacentes al concepto de conjunto, y otra sección sobre la llamada Lógica de Clases.

4.6. Apéndice: Axiomática de Conjuntos

Sin entrar en demasiados detalles, la definición "lógica" de conjunto no es tan inocente como parece. No cualquier cosa definida mediante una propiedad característica puede ser admitida como conjunto bien definido y con entidad lógica coherente. Por ejemplo, podemos citar la llamada "paradoja de Russel", que define un (presunto) conjunto de la manera siguiente:

$$A := \{x \mid x \notin x\}$$

Aparentemente, la definición de A es perfectamente lógica, hasta el momento en que nos preguntemos si A es un elemento de A o no, en cuyo caso nos encontraremos que la proposición $A \in A$ no es verdadera ni falsa, y es por tanto una paradoja (basta observar que de la definición de A se deduce que $A \in A \Rightarrow A \notin A$ y que $A \notin A \Rightarrow A \in A$). Por lo tanto, no todo vale y hemos de imponer una serie de restricciones (o "axiomas") para poder elaborar una teoría de conjuntos coherente desde un punto de vista lógico.

En un primer intento, el matemático Cantor introdujo una axiomática "ingenua" ("naïve") consistente en tan solo tres axiomas:

Extensionalidad: $A = B \Leftrightarrow \forall x\,(x \in A \Leftrightarrow x \in B)$. (Intuitivamente: un conjunto se define por sus elementos).

Comprehensión: Si A es un conjunto y P es una proposición lógica, entonces

$$\{x \in A \mid P(x)\}$$

es un conjunto.

Abstracción: Si P es una proposición lógica, entonces

$$\{x \mid P(x)\}$$

es un conjunto.

Nótese que el conjunto de la paradoja de Russel está definido, precisamente, mediante el axioma de abstracción, con lo que dicho axioma no puede considerarse válido, y la idea es que debemos mantener una "cota" de dónde puede moverse x para que la propiedad P pueda definir un conjunto (dicha cota viene dada, en el axioma de comprehensión, por el hecho de que x varía dentro de A, del cual ya sabemos de antemano que es un conjunto).

Una axiomática coherente (aunque no la única) se debe a Zermelo. Sin entrar en excesivos detalles, esta axiomática viene dada por los siguientes *axiomas*:

1. Extensionalidad (igual que en la axiomática de Cantor).

2. Apareamiento: Si A y B son conjuntos distintos, entonces el par no ordenado $\{A, B\}$ también es un conjunto.

3. Especificación o comprehensión (igual que el de Cantor).
   Implica en particular, que si A y B son conjuntos, entonces la intersección $A \cap B$ es un conjunto.

4. Unión: Si A y B son conjuntos, entonces la unión $A \cup B$ es un conjunto.

5. Potencia: Si A es un conjunto, entonces $\mathcal{P}(A)$ también lo es.

6. Regularidad (o "axioma fundacional"): Si $A \neq \emptyset$ entonces existe $a \in A$ tal que si $x \in A$ entonces $a \notin x$ (este axioma tan extraño implica que un conjunto no puede pertenecerse nunca a sí mismo, y previene por tanto contra la paradoja de Russel).

7. Remplazamiento: Si $f : A \to B$ es una aplicación entre dos conjuntos, entonces la imagen directa $f(A)$ es un conjunto.

8. Existe un conjunto $\mathbb{N}$ que verifica los axiomas de los números naturales, incluyendo el Principio de Inducción (se garantiza, en particular, la existencia de algún conjunto concreto, y en particular del conjunto vacío, usando el axioma de especificación).

A partir de estos axiomas, la definición de conjunto se reduce a que

"A es un conjunto si y solo si A pertenece a un conjunto"

distinguiendo así entre conjuntos (objetos que respetan los axiomas) y clases (el resto, colecciones de individuos, en general).

Hay que hacer dos observaciones finales:

- Se ha demostrado formalmente que ninguna axiomática de conjuntos puede ser simultáneamente completa (es decir, que de los axiomas pueda demostrarse cualquier proposición que sea verdadera) y consistente (que no implique ninguna proposición contradictoria). Así, la axiomática de Cantor no es consistente, y a cambio la de Zermelo sí que lo es, pero no puede ser completa, y por tanto existen proposiciones verdaderas que no pueden ser demostradas a partir de los axiomas de Zermelo.

- Existe un axioma adicional, independiente de los anteriores, y que es muy controvertido, puesto que hay matemáticos que lo aceptan y otros que no. Su utilidad es que ciertos problemas relativos a conjuntos infinitos se demuestran de una manera sencilla, pero dichas demostraciones no son constructivas y por tanto atentan contra la intuición y el sentido pragmático.

  Dicho axioma se conoce como "axioma de tricotomía", que dice que para cualesquiera conjuntos A y B se verifica una y solo una de estas tres cosas:

  (i) $\sharp A < \sharp B$

(ii) $\sharp A > \sharp B$

(iii) $\sharp A = \sharp B$

Este axioma es equivalente bien al Teorema de Zermelo, que asegura que "todo conjunto admite un buen orden", al Lema de Zorn, que establece que "todo conjunto parcialmente ordenado en el que toda cadena está acotada superiormente tiene un maximal" (las definiciones precisas se remiten al capítulo 5 sobre relaciones), o al Axioma de Elección, que dice que a partir de una familia cualquiera de conjuntos (posiblemente infinita) existe un conjunto que tiene exactamente un elemento de cada conjunto de la familia (es decir, que podemos eventualmente hacer *infinitas elecciones* a partir de una familia de conjuntos).

4.7. Apéndice: Lógica de Clases

La lógica de clases es equivalente a la lógica de predicados de primer orden, pero nos permite abordar los problemas desde otro punto de vista. Como ya hemos dicho en la sección precedente, las clases son intuitivamente como los conjuntos, pero sin estar sujetos a la axiomática que acabamos de ver.

De manera informal, una clase es una colección de objetos que tienen una propiedad (o propiedades) en común. Estas propiedades son, formalmente, predicados del tipo de los que hemos visto en el capítulo 2. La idea subyacente a la lógica de clases es que siempre que hay una propiedad hay una clase, y recíprocamente, siempre que hay una clase hay una propiedad. Desde este punto de vista, una clase y un predicado son conceptos equivalentes.

Todo lo que hemos visto para conjuntos es válido para clases: pertenencia, inclusión, igualdad de clases, clase universal, clase vacía, unión e intersección de clases, clase complementaria, clases disjuntas, diferencia y diferencia simétrica, tablas de pertenencia, dualidad, leyes Booleanas, diagramas de Venn, etc. Obviamente, no es necesario repetir toda la teoría de conjuntos adaptada a la terminología de clases.

En el siguiente apartado veremos una introducción a los silogismos clásicos, y su formalización mediante la lógica de clases.

4.7.1. Silogismos

Un silogismo es un razonamiento deductivo mediante el cual, partiendo de dos o más premisas, se llega a una conclusión que se deriva necesariamente de dichas premisas. No entraremos en excesivos detalles con respecto a la formalización de los silogismos Aristotélicos (término mayor, término menor, premisa mayor, premisa menor, etc.), sino que nos limitaremos a decir que hay cuatro tipos de proposiciones:

(**A**) Proposición universal afirmativa: "todo A es B". En lógica de clases se representa como

$$A \subseteq B$$

o equivalentemente $\overline{B} \subseteq \overline{A}$, $A \cup B = B$, $A \cap B = A$, $\overline{A} \cup B = \mathcal{U}$, o $A \cap \overline{B} = \emptyset$.

(**E**) Proposición universal negativa: "ningún A es B". En lógica de clases se representa como

$$A \cap B = \emptyset$$

o equivalentemente $A \subseteq \overline{B}$, $B \subseteq \overline{A}$, $A \cap \overline{B} = A$, $B \cap \overline{A} = B$, o $\overline{A} \cup \overline{B} = \mathcal{U}$.

(I) Proposición particular afirmativa: "algún A es B". En lógica de clases se representa como

$$A \cap B \neq \emptyset$$

o equivalentemente $\overline{A} \cup \overline{B} \neq \mathcal{U}$, $A \cap \overline{B} \neq A$, $\overline{A} \cap B \neq B$, $A \not\subseteq \overline{B}$ o $B \not\subseteq \overline{A}$.

(O) Proposición particular negativa: "algún A no es B". En lógica de clases se representa como

$$A \cap \overline{B} \neq \emptyset$$

o equivalentemente $\overline{A} \cap B \neq \mathcal{U}$, $A \cup B \neq B$, $A \cap B \neq A$, $A \not\subseteq B$ o $\overline{B} \not\subseteq \overline{A}$.

En términos de proposiciones con predicados, las proposiciones universales A y E se enunciarían con el cuantificador universal $\forall$, y las proposiciones particulares I y O se enunciarían con el cuantificador existencial $\exists$. Nótese que las proposiciones A y O son contradictorias entre sí, y lo mismo ocurre con las proposiciones E e I.

Para analizar la validez de un silogismo mediante la lógica de clases, el proceso sería el siguiente:

1. Representar los términos (A, B, etc.) mediante clases.

2. Formalizar las premisas, tal y como acabamos de hacer, según su tipo (A, E, I, O).

3. Comprobar la validez de la conclusión mediante las operaciones (conjuntistas) de clases y las leyes Booleanas.

Para este último paso, aparte de todo lo que hemos visto con la teoría de conjuntos, se pueden usar los dos principios siguientes:

Principio de transitividad: $(A \subseteq B) \wedge (B \subseteq C) \Rightarrow (A \subseteq C)$.
Este principio equivale a la *regla del silogismo* de la lógica proposicional.

Principio de discrepancia: $(A \subseteq B) \wedge (C \not\subseteq B) \Rightarrow (C \not\subseteq A)$.
Este principio es, en cierto sentido, el contrarrecíproco del principio anterior.

Veamos algún ejemplo con silogismos de tipo Aristotélico, por ejemplo:

(1)	Todo polígono tiene área finita.
(2)	Todo triángulo es polígono.
$\therefore$	Todo triángulo tiene área finita.

En términos de la lógica de clases, este silogismo equivale a:

(1)	$P \subseteq F$
(2)	$T \subseteq P$
$\therefore$	$T \subseteq F$

donde P es la clase de los polígonos, F es la clase de regiones con área finita, y T es la clase de los triángulos. La conclusión del silogismo es consecuencia inmediata de la aplicación del principio de transitividad.

Veamos un segundo ejemplo:

(1)   Ninguna parábola está acotada.
(2)   Alguna cónica es parábola.
∴   Alguna cónica no está acotada.

Si P es la clase de las parábolas, A la clase de las curvas acotadas, y C es la clase de las cónicas, el silogismo anterior se escribe mediante clases

$$(1) \quad P \cap A = \emptyset$$
$$(2) \quad C \cap P \neq \emptyset$$
$$\therefore \quad C \cap \overline{A} \neq \emptyset$$

En este caso, la premisa (1) es equivalente a $A \subseteq \overline{P}$, mientras que la premisa (2) equivale a $C \nsubseteq \overline{P}$, y aplicando el principio de discrepancia se deduce que $C \nsubseteq A$, que es equivalente a la conclusión $C \cap \overline{A} \neq \emptyset$, como queríamos demostrar.

Proponemos al lector traducir al lenguaje de la lógica de clases el resto de los silogismos propuestos en el problema 24 del capítulo 2, y la comprobación de su validez.

4.8. Problemas sobre Conjuntos

1. Determina las relaciones de inclusión e igualdad entre los siguientes conjuntos:

$$A = \{1,2,3,4\} \quad B = \{4,3,2,1\} \quad C = \{1,2\} \quad D = \{1,2,2,3,4\} \quad E = \{1,3,1,2,4,5\}$$

2. Sea $A = \{1, \{1\}, \{2,3\}\}$. Determina el valor de verdad de las siguientes proposiciones:

(a) $1 \in A$ (b) $\{1\} \in A$ (c) $1 \subseteq A$ $\{1\} \subseteq A$

(e) $2 \in A$ (f) $\{2\} \subseteq A$ (g) $\{\{2,3\}\} \subseteq A$ (h) $\{2,3\} \in A$

3. Determina cuáles de las siguientes proposiciones son verdaderas:

(a) $\emptyset \in \emptyset$ (b) $\emptyset \subseteq \emptyset$ (c) $\emptyset \subset \emptyset$

(d) $\emptyset \in \{\emptyset\}$ (e) $\emptyset \subset \{\emptyset\}$ (f) $\emptyset \subseteq \{\emptyset\}$

4. Describe por extensión los siguientes conjuntos:

(a) $\left\{ \dfrac{(-1)^n}{(-2)^{n+1}} \mid n \in \mathbb{N} \right\}$.

(b) $\{n \in \mathbb{N} \mid n \text{ primo y } n < 23\}$.

(c) $\{n^2 + n \mid n \in \mathbb{N}, \, n \leq 5\}$.

(d) $\{\cos(n\pi/4) \mid n \in \mathbb{N}\}$.

5. Determina las relaciones de inclusión e igualdad entre los siguientes conjuntos de números:

$$A = \{2n+1 \mid m \in \mathbb{Z}\} \quad B = \{2n-1 \mid n \in \mathbb{Z}\} \quad C = \{4n+1 \mid p \in \mathbb{Z}\}$$
$$D = \{4n-1 \mid r \in \mathbb{Z}\} \quad E = \{4n+3 \mid s \in \mathbb{Z}\} \quad F = \{4n-3 \mid t \in \mathbb{Z}\}$$

6. Sean A, B dos conjuntos de un universo $\mathcal{U}$.

   (a) Describe la relación $A \subset B$ mediante lógica de predicados.

   (b) Niega la proposición obtenida en el apartado anterior para describir la relación $A \not\subset B$ mediante la lógica de predicados.

7. Demuestra la siguiente proposición, en caso de ser verdadera, o encuentra un contraejemplo en caso contrario:

$$(A \in B) \wedge (B \in C) \Rightarrow A \in C$$

8. Determina cuáles de los siguientes conjuntos son vacíos:

$$A = \{x \in \mathbb{N} \mid x + 1 = 0\} \quad A' = \{x \in \mathbb{Z} \mid x + 1 = 0\}$$
$$B = \{x \in \mathbb{Q} \mid x^2 - 2 = 0\} \quad B' = \{x \in \mathbb{R} \mid x^2 - 2 = 0\}$$
$$C = \{x \in \mathbb{R} \mid x^2 + 1 = 0\} \quad C' = \{x \in \mathbb{C} \mid x^2 + 1 = 0\}$$

9. Para el universo $\mathcal{U} = \{1,2,3,4,5,6,7,8,9,10,11,12\}$, sean los conjuntos $A = \{n \in \mathcal{U} \mid n \text{ primo}\}$, $B = \{n \in \mathcal{U} \mid n \text{ impar}\}$ y $C = \{n \in \mathcal{U} \mid n \text{ potencia de } 2\}$. Calcula los siguientes conjuntos

a) $(A \cup B) \cap C$ b) $A \cup (B \cap C)$ c) $A \cap B \cap C$

d) $(A \cup B) \setminus C$ e) $A \cup (B \setminus C)$ f) $\overline{A \cap B}$

g) $(A \setminus B) \setminus C$ h) $A \setminus (B \setminus C)$ i) $\overline{A \cup B}$

10. Si $\mathcal{U} = \mathbb{R}$, $A = [1,3]$ y $B = (2,4)$, calcula:

a) $A \cap B$ b) $A \cup B$ c) $\overline{A}$ $\overline{B}$

d) $A \Delta B$ e) $\overline{A} \Delta B$ f) $\overline{B} \Delta A$ $\overline{A \Delta B}$

11. **a)** Determina A y B cuando $A \setminus B = \{1, 2, 3\}$, $B \setminus A = \{6, 7, 8\}$ y $A \cap B = \{4, 5\}$.
    b) Repite el ejercicio si $A \setminus B = \{1, 2\}$, $A \cap B = \{3, 5, 7\}$ y $A \cup B = \{1, 2, 3, 4, 5, 6, 7, 8, 9\}$.

12. Demuestra las siguientes proposiciones sin usar ni diagramas de Venn ni tablas de pertenencia:

    a) Si $A \subseteq B$ y $C \subseteq D$, entonces $A \cap C \subseteq B \cap D$ y $A \cup C \subseteq B \cup D$.

    b) Si $A \subseteq C$ y $B \subseteq C$, entonces $A \cup B \subseteq C$ (y por tanto $A \cap B \subseteq C$).

    c) Si $A \subseteq B$ y $A \subseteq C$, entonces $A \subseteq B \cap C$ (y por tanto $A \subseteq B \cup C$).

    d) $A \subseteq B$ si y solo si $A \cap \overline{B} = \emptyset$ (y por tanto, si y solo si $\overline{A} \cup B = \mathcal{U}$).

13. Halla el valor de verdad de las siguientes proposiciones:

    a) $A \cap C = B \cap C \Rightarrow A = B$.

    b) $A \cup C = B \cup C \Rightarrow A = B$.

    c) $[(A \cap C = B \cap C) \wedge (A \cup C = B \cup C)] \Rightarrow A = B$.

    d) $A \Delta C = B \Delta C \Rightarrow A = B$.

14. Mediante diagramas de Venn y tablas de verdad, halla el valor de verdad de las siguientes proposiciones:

    a) $A \Delta (B \cap C) = (A \Delta B) \cap (A \Delta C)$.

    b) $A \cap (B \Delta C) = (A \cap B) \Delta (A \cap C)$.

    c) $A \Delta (B \cup C) = (A \Delta B) \cup (A \Delta C)$.

    d) $A \setminus (B \cup C) = (A \setminus B) \cap (A \setminus C)$.

    e) $A \Delta (B \Delta C) = (A \Delta B) \Delta C$.

15. Demuestra las siguientes proposiciones:

    a) $A \subseteq B$ si y solo si $A \cap B = A$.

    b) $A \subseteq B$ si y solo si $A \cup B = B$.

    c) La proposición dual de $A \subseteq B$ es $B \subseteq A$
    Indicación: utiliza los apartados anteriores.

16. Simplifica, mediante las Leyes Booleanas, las expresiones siguientes:

    a) $A \cap (B \setminus A)$ **b)** $(A \cup B) \setminus (B \setminus A)$
    c) $(A \setminus B) \cup (A \cap B)$ **d)** $\overline{A} \cup \overline{B} \cup (A \cap B)$

17. Se consideran el universo $\mathcal{U} = \mathbb{R}$ y el conjunto de índices $I = \mathbb{N}$. Para cada $n \in I$, sea $A_n = [-n, n]$. Halla los siguientes conjuntos:

$$\text{a) } \bigcup_{n \in I} A_n \quad \text{b) } \bigcap_{n \in I} A_n \quad \text{c) } \left(\bigcup_{n \in I} A_n \right) \setminus \left(\bigcap_{n \in I} A_n \right)$$

18. Dadas las siguientes correspondencias de $X = \{1, 2, 3\}$ en $Y = \{1, 2, 3, 4\}$, calcula el dominio y la imagen, y comprueba si cada una de ellas es función o función parcial:

$$\begin{aligned} \Gamma(f_1) &= \{(1,2), (2,3), (3,4)\} \\ \Gamma(f_2) &= \{(1,1), (1,2), (2,3), (2,4)\} \\ \Gamma(f_3) &= \{(1,1), (2,2), (2,3)\} \\ \Gamma(f_4) &= \{(1,4)\} \\ \Gamma(f_5) &= \{(1,3), (2,3), (3,3)\} \end{aligned}$$

19. Indica cuáles de las siguientes aplicaciones son inyectivas, suprayectivas o biyectivas:

   a) $f : \mathbb{Z} \to \mathbb{N}$, $j \mapsto j^2$

   b) $g : \mathbb{N} \to \mathbb{N}$, $j \mapsto j \ (mod \ 4)$

   c) $h : \mathbb{N} \to \mathbb{N}$ dada por
   $$h(j) = \begin{cases} 1 & si \quad j \ impar \\ 0 & si \quad j \ par \end{cases}$$

   d) $\varphi : \mathbb{Z} \to \mathbb{Z}$, $j \mapsto j+1$

   e) $\psi : \mathbb{N} \to \{0,1\}$ dada por
   $$\psi(j) = \begin{cases} 0 & si \quad j \ impar \\ 1 & si \quad j \ par \end{cases}$$

   f) $\alpha : \mathbb{Z} \to \mathbb{Z}$ dada por
   $$\alpha(j) = \begin{cases} j/2 & si \quad j \ par \\ (j-1)/2 & si \quad j \ impar \end{cases}$$

   g) $\beta : \mathbb{N} \to \mathbb{N}$ dada por
   $$x \mapsto \lfloor \sqrt{x} \rfloor := \text{máx}\{m \in \mathbb{Z} \mid m \leq \sqrt{x}\}$$

   h) $\gamma : \{0,1,2\} \to \{0,1,2\}$, $\gamma(x) = x+1 \ (mod \ 3)$

20. Sean las funciones $f, g : \mathbb{R}^2 \to \mathbb{R}$ dadas por
    $$f(x,y) = x+y \quad , \quad g(x,y) = x^2 + y^2$$
    Indica si son inyectivas o suprayectivas.

21. Para dos conjuntos cualesquiera A y B, demuestra que existe una aplicación biyectiva
    $$\phi : A \times B \xleftrightarrow{\sim} B \times A$$

22. Sean $A = \{1,2,3,4\}$, $B = \{a,b,c\}$, $C = \{1,2,3,4\}$ y $D = \{a,b,c,d\}$. Se consideran las funciones $f : A \to B$, $g : B \to C$ y $h : C \to D$ dadas por los siguientes grafos:
    $$\begin{aligned} \Gamma(f) &= \{(1,a),(2,b),(3,a),(4,c)\} \\ \Gamma(g) &= \{(a,2),(b,1),(c,4)\} \\ \Gamma(h) &= \{(1,a),(2,b),(3,d),(4,c)\} \end{aligned}$$

   Calcula:

   i) $g \circ f$

   ii) $h \circ g$

   iii) $h \circ (g \circ f)$

   iv) $(h \circ g) \circ f$

23. Sean las funciones $f, g, h : \mathbb{R} \to \mathbb{R}$ dadas por:
    $$\begin{aligned} f(x) &= 3x^2 \\ g(x) &= x+2 \\ h(x) &= (x+1)^2 \end{aligned}$$

   Calcula:

i) $f \circ g$

ii) $g \circ f$

iii) $f \circ h$

iv) $f \circ g \circ h$

24. Sea $f : \mathbb{R} \to \mathbb{R}$ dada por $f(x) = x - 2$. Demuestra que f es biyectiva y calcula f^{-1}.

25. Sea el conjunto $X = \{1, 2, 3, 4\}$.

   a) Encuentra una aplicación biyectiva $f : X \to X$ tal que $f(x) \neq x$ para todo $x \in X$, y calcula $f \circ f$, f^{-1} y $f^{-1} \circ f^{-1}$ para dicha función.

   b) Encuentra una aplicación $g : X \to X$ tal que $g \circ g \neq id_X$.

26. Sean A y B dos conjuntos cualesquiera. Utilizando que $A \cap B = A \Leftrightarrow A \subseteq B$, demuestra que $A \cap B = A \Leftrightarrow \overline{A \cup B} = \overline{B}$.

27. Se considera el conjunto

$$\mathcal{F} = \{\emptyset \neq X \subseteq \mathbb{N} \mid \sharp(X) < \infty\}$$

y se define la función

$$f : \mathcal{F} \to \mathbb{N}$$

dada por $f(X) := \text{máx}(X)$.

   a) Comprueba si f es o no inyectiva, suprayectiva o biyectiva.

   b) Calcula la imagen recíproca $f^{-1}(3)$.

   c) Demuestra que $f^{-1}(n)$ es un conjunto finito, para cualquier $n \geq 0$, y halla su cardinal $\sharp(f^{-1}(n))$.

   d) Calcula el valor de la siguiente suma:

$$\sum_{k=0}^{n} \frac{(-1)^{k+1} \cdot \sharp(f^{-1}(k))}{k!(n-k)!}$$

   Nota: para resolver los dos últimos apartados, conviene estudiar previamente el capítulo 8 sobre Combinatoria.

28. En el universo $\mathcal{U} = \mathbb{R}$, se consideran los conjuntos

$$\begin{aligned} A &= (0, 2) \\ B &= [1, 3] \\ C &= [1, 9] \end{aligned}$$

   a) Calcula los conjuntos

$$A \cup B, \ A \cap B, \ A \setminus B, \ B \setminus A, \ A \Delta B, \ \overline{A}, \ \overline{B}$$

   b) Se consideran, a partir de los conjuntos anteriores, las funciones

$$\begin{aligned} f : A &\to B \\ x &\mapsto x + 1 \end{aligned}$$

   y

$$\begin{aligned} g : B &\to C \\ x &\mapsto x^2 \end{aligned}$$

   Analiza si son o no inyectivas, suprayectivas o biyectivas.

    c) Halla, si es posible, $f \circ g$ y $g \circ f$.

29. Sea $X = \{1, 2, 3, 4, 5, 6, 7, 8\}$ y $\mathcal{P}(X)$ el conjunto de las partes de X. Definimos la aplicación

$$f : \mathcal{P}(X) \to \mathcal{P}(X)$$

    dada por $f(A) = A \cup \{2, 4\}$, para todo $A \in \mathcal{P}(X)$.

    a) ¿Es f sobreyectiva? ¿Es inyectiva? ¿Y biyectiva?

    b) Determina todos los $A \in \mathcal{P}(X)$ tales que $f(A) = \{1, 2, 4, 6, 8\}$.

    c) Si $A = \{1, 4\}$ y $B = \{2, 5, 7\}$, halla $f(A) \triangle B$.

30. En un hotel hay una sucesión infinita de habitaciones, pero están todas ocupadas cuando llega un viajero a media tarde. ¿Es posible alojar al nuevo viajero sin desalojar a ninguna de las personas que ya estaban alojadas ni compartir habitación? Y si después llega una sucesión infinita de turistas japoneses, ¿se pueden alojar en las mismas condiciones que en el caso anterior?

4.9. Prácticas con Python

A continuación veremos algunas prácticas con Python sobre conjuntos y aplicaciones. En primer lugar, se pueden definir conjuntos con la función set, que convierte cualquier iterable en conjunto. Como conjunto, se eliminan las repeticiones de elementos y los elementos pueden aparecer en distinto orden al que se han introducido, ya que en un conjunto el orden no importa. Veamos algunos ejemplos:

```
>>> A = set('abracadabra')
>>> print(A)
{'c', 'a', 'b', 'd', 'r'}
>>> B = set(['a', 'l', 'a', 'c', 'a', 'z', 'a', 'm'])
{'m', 'c', 'a', 'z', 'l'}
>>> # conjunto vacío
>>> V = set()
>>> print(V)
set()
```

Para calcular el cardinal o número de elementos se teclea

```
>>> len(A)
5
>>> len(B)
5
```

Pertenencia e inclusión: Con el operador in se comprueba la pertenencia a un conjunto:

```
>>> 'a' in A
True
>>> 'e' in A
False
>>> 'e' not in A
True
```

Se pueden comprobar inclusiones e igualdades conjuntistas, por ejemplo:

```
>>> A <= B
False
>>> not A < B
True
>>> A > A
False
>>> A == B
False
>>> A == A
True
>>> A != A
False
>>> not A == B
True
```

Operaciones Booleanas: Veamos ahora cómo realizar las operaciones conjuntistas:

```
>>> # diferencia conjuntista
>>> A - B
{'b', 'd', 'r'}
>>> B - A
{'l', 'm', 'z'}
>>> # diferencia simétrica
>>> A ^ B
{'b', 'd', 'l', 'm', 'r', 'z'}
>>> # intersección
>>> A & B
{'a', 'c'}
>>> (A - B) & (B - A)
set()
>>> # unión
>>> A | B
{'a', 'b', 'c', 'd', 'l', 'm', 'r', 'z'}
```

Para añadir o eliminar elementos de un conjunto se puede hacer lo siguiente:

```
>>> A.add('f')
>>> print(A)
{'a', 'b', 'c', 'd', 'f', 'r'}
>>> B = B | {'g'}
{'a', 'c', 'g', 'l', 'm', 'z'}
>>> A = A - {'r'}
>>> print(A)
{'a', 'b', 'c', 'd', 'f'}
>>> B.discard('c')
>>> print(B)
{'a', 'g', 'l', 'm', 'z'}
```

La función pop elige un elemento aleatorio y lo quita del conjunto:

```
>>> letra = B.pop()
>>> letra
'm'
>>> print(B)
{'a', 'g', 'l', 'z'}
```

Por último, para vaciar un conjunto se escribe

```
>>> B.clear()
>>> B == V
True
```

sympy: Importando la librería sympy tenemos más opciones con conjuntos, por ejemplo conjuntos finitos, intervalos reales, y mucha más funcionalidad. Empecemos importando las funciones que necesitamos:

```
from sympy import FiniteSet, EmptySet
```

Calculemos el conjunto de las partes (o conjunto potencia) del conjunto vacío:

```
>>> A = EmptySet()
>>> A.powerset()
{EmptySet()}
```

Tenemos también la posibilidad de definir conjuntos finitos, y su conjunto potencia:

```
>>> B = FiniteSet(1, 2, 3)
>>> print(B)
{1, 2, 3}
>>> B.powerset()
{EmptySet(), {1}, {2}, {3}, {1, 2}, {1, 3}, {2, 3}, {1, 2, 3}}
```

Para calcular el complementario, hay que especificar el conjunto universal:

```
>>> A.complement(FiniteSet(1, 2, 3, 4, 5, 6, 7, 8, 9, 10))
{4, 5, 6, 7, 8, 9, 10}
```

Definimos ahora un conjunto a partir de la función **range**:

```
>>> FiniteSet(*list(range(6)))
{0, 1, 2, 3, 4, 5}
```

Intervalos: Veamos a continuación cómo trabajar con intervalos:

```
from sympy import Interval, S
```

Definimos un intervalo, por defecto cerrado:

```
>>> intervalo = Interval(0, 1)
[0, 1]
>>> 0 in intervalo
True
>>> 1 in intervalo
True
>>> # complementario en la recta real
>>> intervalo.complement(S.Reals)
(-oo, 0) U (1, oo)
```

Veamos cómo se definen intervalos abiertos o semiabiertos:

```
>>> Interval(0, 1, False, True)
[0, 1)
>>> Interval(0, 1, False, False)
[0, 1]
>>> Interval(0, 1, True, True)
(0, 1)
>>> Interval(0, 1, True, False)
(0, 1]
```

Producto cartesiano: A continuación trabajaremos con el producto cartesiano con algunos ejemplos:

```
>>> from sympy import ProductSet
>>> Inter = Interval(0, 5)
>>> lista = [1, 2, 3]
>>> F = FiniteSet(*lista)
>>> # Añadimos elementos
>>> F = F.union(FiniteSet(0))
>>> F = F + FiniteSet(4)
>>> print(F)
{0, 1, 2, 3, 4}
>>> ProductSet(Inter, F)
[0, 5] x {0, 1, 2, 3, 4}
>>> (0.5, 2) in ProductSet(Inter, F)
True
>>> (0.5, 6) in ProductSet(Inter, F)
False
>>> (7.1, 2) in ProductSet(Inter, F)
False
>>> (7.1, 6) in ProductSet(Inter, F)
False
```

Veamos un ejemplo con dos lanzamientos de una moneda:

```
>>> moneda = FiniteSet('C', 'X')
>>> # producto cartesiano de moneda por sí misma
>>> set(moneda**2)
{(X, C), (X, X), (C, C), (C, X)}
>>> ProductSet(moneda, moneda)
{C, X} x {C, X}
>>> # también se puede representar con el asterisco
>>> U = Interval(0, 1) * Interval(0, 1)
>>> print(U)
[0, 1] x [0, 1]
>>> (0.5, 0.5) in U
True
```

Conjuntos de números: Veamos ahora cómo definir los conjuntos de números usuales:

```
>>> -1 in S.Naturals
False
>>> -1 in S.Integers
True
>>> 0 in S.Naturals
False
>>> 0 in S.Naturals0
True
>>> 1 in S.Naturals
True
>>> 1 in S.Reals
True
```

```
>>> 1.5 in S.Integers
False
>>> 1.5 in S.Reals
True
```

Podemos también definir los números complejos:

```
>>> from sympy import I
>>> I**2
-1
>>> I in S.Complexes
True
```

También podemos introducir los símbolos $\pm\infty$ (por defecto no están en los intervalos):

```
>>> from sympy import oo
>>> -1 in Interval(-oo, -1)
True
>>> oo in Interval(0, oo)
False
```

Funciones: En cuanto a la manera de definir funciones, podemos usar el comando **def** o el operador **lambda**. El comando **def** lo remitimos al apéndice A, usaremos ahora el operador **lambda**. Podemos calcular fácilmente la composición de funciones en valores concretos o genéricos:

```
>>> f = lambda x: x**2
>>> g = lambda x: x+1
>>> f(g(1))
4
>>> g(f(1))
2
>>> gf = lambda x: g(f(x))
>>> gf(1)
2
```

La librería **sympy** permite alguna funcionalidad más sobre aplicaciones y funciones:

```
>>> from sympy import Lambda, ImageSet, Symbol
```

La función **Lambda** permite construir funciones anónimas (sin nombre), y **ImageSet** calcula el conjunto imagen directa de una función:

```
>>> x = Symbol('x')
>>> N = S.Naturals
>>> cuadrados = ImageSet(Lambda(x, x**2), N)
>>> # equivale a {x**2 for x in N}
>>> 4 in cuadrados
True
>>> 5 in cuadrados
False
```

Para calcular la imagen inversa, se pude usar la función `filter`, siempre que los conjuntos sean finitos. Por ejemplo, hallemos la imagen inversa $f^{-1}(1)$ para la función $f(x) = x^2$ anteriormente definida, con dominio en el intervalo cerrado $[-5, 5) \cap \mathbb{Z}$:

```
>>> set(list(filter(lambda x: f(x) == 1, set(list(range(-5, 5))))))
{-1, 1}
```

Grafos de funciones: Por último, para definir una función a partir del "grafo" de una función, es decir, de una tabla de parejas (parámetro, valor), se puede usar un diccionario. Por ejemplo, definamos una función tal que

$$f(a) = 1$$
$$f(b) = 2$$
$$f(c) = 1$$

es decir, definir la función cuyo grafo es

$$\Gamma(f) = \{(a, 1), (b, 2), (c, 1)\}$$

Para ello definimos el diccionario

```
grafo = {'a': 1, 'b': 2, 'c': 1}
```

Ahora podemos definir una función que interprete un diccionario como una función y calcule la imagen de un valor:

```
def dict2func(x, diccionario):
    inicial = list(diccionario.keys())
    final =list(diccionario.values())
    if x in inicial:
        return(diccionario[x])
    else:
        return(None)
```

Ahora lo aplicamos con un valor concreto

```
>>> dict2func('b', grafo)
2
```

Multiconjuntos: Un multiconjunto es como un conjunto, es decir, donde los elementos no están ordenados, pero en el que se pueden repetir elementos. La forma más lógica de representar un multiconjunto con Python es mediante un diccionario, en donde los elementos sean las claves, y los valores (enteros positivos) representen el número de veces que se repite cada elemento.

A partir de esta representación, se definen las funciones `union`, `interseccion` y `diferencia` para multiconjuntos, con las siguientes reglas: si denotamos $n_A(x)$ el número de veces que el elemento x pertenece al multconjunto A (siendo este valor cero si el elemento no pertenece), entonces:

(1) En la unión $A \cup B$ están todos los elementos que pertenecen a A o a B con

$$n_{A \cup B}(x) = \text{máx}\{n_A(x), n_B(x)\}$$

(2) En la intersección $A \cap B$ están todos los elementos que pertenecen simultáneamente a A y a B con

$$n_{A \cap B}(x) = \min\{n_A(x), n_B(x)\}$$

(3) En la diferencia $A \setminus B$ están todos los elementos que pertenecen a A con

$$n_{A \setminus B}(x) = n_A(x) - n_B(x)$$

siempre que $n_A(x) - n_B(x) > 0$, y $n_{A \setminus B}(x) = 0$ en caso contrario.

Ejercicio 17. *Sin utilizar la librería* `sympy`*, construye explícitamente, mediante un procedimiento con* `def`*, el conjunto potencia de cualquier conjunto finito dado.*

Ejercicio 18. *Mediante dos bucles anidados, y utilizando tuplas, construye explícitamente, por medio de un procedimiento con* `def`*, el producto cartesiano de dos conjuntos finitos cualesquiera dados.*

Ejercicio 19. *Supongamos que una correspondencia viene dada por dos conjuntos, inicial y final, de tipo* `set`*, y un grafo de tipo* `dict`*.*

(I) Dadas dos correspondencias f y g, escribe un procedimiento que compruebe si se pueden componer, y en caso afirmativo devuelva el grafo de la composición g ∘ f.

(II) Escribe procedimientos que devuelvan, para una correspondencia dada, el dominio, el codominio, y la correspondencia inversa.

(III) Escribe procedimientos que comprueben, para una correspondencia dada f, si f es aplicación o función parcial.

(IV) Escribe procedimientos que comprueben, para una aplicación dada f, si f es inyectiva, suprayectiva, biyectiva, idempotente o involutiva.

Ejercicio 20. *Representando multiconjuntos finitos mediante diccionarios de Python, escribe procedimientos para calcular la unión, intersección, diferencia, y diferencia simétrica, de dos multiconjuntos cualesquiera dados.*
Indicación: *cuando al hacer una operación conjuntista un elemento esté en un multiconjunto pero no en el otro, una posible solución (aunque no la única) es añadir elementos con grado de pertenencia cero.*

Ejercicio 21. *Resuelve con la ayuda de Python, y los ejercicios anteriores, los problemas 1, 2, 3, 9, 10, 18, 22 y 29 de este capítulo.*

Capítulo 5

Relaciones

Las relaciones entre los elementos de dos o más conjuntos son muy frecuentes tanto en las Matemáticas como en sus aplicaciones, especialmente en Informática. Ejemplos concretos de relaciones son las de orden y divisibilidad entre números, las relaciones de equivalencia entre los datos de entrada de un programa en cuanto a la detección de posibles errores de programación (validación de programas), la relación de dependencia entre las distintas fases de planificación de un proyecto, o la agrupación de datos aislados en complejas bases de datos con relaciones de dependencia entre sus campos. Desde el punto de vista matemático, estas relaciones se pueden describir simplemente como subconjuntos de un cierto producto cartesiano.

De entre los diversos tipos de relaciones, las funciones pueden considerarse un caso especial en donde se interpreta que uno de los campos es el resultado de realizar una cierta operación con el resto. Asimismo, las relaciones de equivalencia describen similitudes entre elementos con respecto a una propiedad particular, y las relaciones de orden establecen una jerarquía con respecto a un criterio fijado. Por último, las relaciones entre múltiples conjuntos son el fundamento matemático del modelo relacional de bases de datos, que es el más extendido hoy en día por su simplicidad, su potencia y su coherencia teórica y práctica.

5.1. Conceptos generales sobre relaciones

En primer lugar introducimos el concepto de relación entre conjuntos:

Definición 33 (label=defrelan). *Relaciones*

Una relación R entre los conjuntos $A_1, \ldots, A_n$ es cualquier subconjunto

$$R \subseteq A_1 \times \ldots \times A_n$$

Los conjuntos A_i son los dominios de la relación, el número de elementos de R se llama cardinalidad, y el número n se denomina grado de la relación R.

Para indicar explícitamente que la relación es de grado n, se dice también que R es una relación n-aria.

En el caso particular $n = 2$, una *relación binaria* R entre dos conjuntos A y B es un subconjunto

$$R \subseteq A \times B$$

En este caso, se interpreta que R establece una "relación" entre elementos de A y elementos de B. También se puede interpretar, como ya se ha visto en el capítulo de Teoría de Conjuntos, que R hace corresponder a elementos de A imágenes entre los elementos de B. Así, una correspondencia f entre A y B se define como una terna $f = (A, B, R)$ donde R es una relación entre A y B, y R se denomina *grafo* de la correspondencia f.

Nota 22 (label=logrel). *Lógica y relaciones*

Existe un tipo de lógica llamada "Lógica Relacional", basada en relaciones de grado n. Esta lógica es equivalente desde el punto de vista teórico a considerar predicados n-ádicos en la lógica de predicados de primer orden. Así, el hecho de que una n-upla $(a_1, \ldots, a_n)$ pertenezca a la relación R se puede expresar como que una cierta proposición $R(a_1, \ldots, a_n)$ es verdadera, donde R es el predicado que es verdadero exactamente para las n-uplas pertenecientes a la relación R.

Desde el punto de vista práctico, la Lógica Relacional tiene interés en la construcción de las llamadas "Bases de Datos Deductivas", que se emplean en el diseño de "Sistemas Expertos". En palabras sencillas, se tienen en una base de datos tanto unos hechos (conocimientos) como unas reglas de deducción (las propias de dicha lógica), y el objetivo es poder realizar deducciones automáticas a partir de consultas por parte de un usuario.

Las **operaciones conjuntistas básicas** que se pueden realizar con relaciones "compatibles", es decir, subconjuntos del mismo producto cartesiano $A_1 \times \ldots \times A_n$, son las siguientes:

1. **Unión:** $R \cup S$, formada por las n-uplas que están en R, en S o en ambas a la vez.

2. **Intersección:** $R \cap S$, formada por las n-uplas que están simultáneamente en R y en S.

3. **Diferencia:** $R \setminus S$, formada por las n-uplas que están en R pero no en S.

4. **Complementación:** $\overline{R} := (A_1 \times \ldots \times A_n) \setminus R$, es decir, la relación formada por todas las n-uplas que no están en R.

Además, entre dos relaciones compatibles R y S se verifica la contención conjuntista $R \subseteq S$ si para toda n-upla $(a_1, \ldots, a_n)$ se tiene que

$$(a_1, \ldots, a_n) \in R \Rightarrow (a_1, \ldots, a_n) \in S$$

En particular, dos relaciones son iguales si

$$(R \subseteq S) \wedge (S \subseteq R)$$

5.2. Relaciones binarias

El caso particular de relaciones binarias merece ser tratado aparte, por la riqueza de conceptos y resultados a que da lugar, y el tipo de técnicas que pueden utilizarse. En primer lugar, si R es una relación entre A y B, el hecho de que un par ordenado (a, b) esté en R suele denotarse

$$a \, R \, b$$

Asimismo, el hecho contrario, es decir $(a, b) \notin R$, suele denotarse $a \, R\!\!\!/ \, b$, o simplemente $\neg(a \, R \, b)$.

Una relación binaria admite una **representación matricial**, siempre que los dominios de la relación sean finitos. En efecto, supongamos que $A = \{a_1, \ldots, a_m\}$ y $B = \{b_1, \ldots, b_p\}$. Entonces la *matriz asociada* a R es la *matriz Booleana* con m filas y p columnas

$$M_R := \begin{bmatrix} r_{1,1} & \cdots & \cdots & \cdots & r_{1,p} \\ \cdots & \cdots & \cdots & \cdots & \cdots \\ \cdots & \cdots & r_{i,j} & \cdots & \cdots \\ \cdots & \cdots & \cdots & \cdots & \cdots \\ r_{m,1} & \cdots & \cdots & \cdots & r_{m,p} \end{bmatrix}$$

dada por

$$r_{i,j} := \begin{cases} 1 & \text{si} \quad a_i \, R \, b_j \\ 0 & \text{si} \quad a_i \, \not{R} \, b_j \end{cases}$$

Por seguir con la analogía entre relaciones y Lógica, es fácil darse cuenta que la matriz Booleana M_R no es más que la tabla de verdad del predicado asociado a R, tal y como vimos en la nota 22.

Ejemplo 25 (label=ejmatrices). *Matriz de una relación*

Se consideran los conjuntos $A = \{2, 3, 5\}$ y $B = \{4, 6, 9, 10\}$, y se define la relación

$$R := \{(2,4), (2,6), (2,10), (3,6), (3,9), (5,10)\}$$

(es decir, $a \, R \, b$ si y solo si $a|b$). Entonces, la matriz asociada a R es

$$M_R = \begin{bmatrix} 1 & 1 & 0 & 1 \\ 0 & 1 & 1 & 0 \\ 0 & 0 & 0 & 1 \end{bmatrix}$$

Hacemos observar que las matrices asociadas a las relaciones entre A y B nos permiten realizar fácilmente, en el caso finito, las operaciones conjuntistas básicas. Efectivamente, supongamos que $A = \{a_1, \ldots, a_m\}$ y $B = \{b_1, \ldots, b_p\}$, y que $M_R = [r_{i,j}]$ y $M_S = [s_{i,j}]$. Puesto que vamos a operar con valores Booleanos, es decir, valores de verdad con los que podemos hacer las operaciones lógicas de negación, conjunción, disyunción, condicional y bicondicional, vamos a denotar, para simplificar la notación, la disyunción como una suma y la conjunción como un producto. Esta notación adquirirá pleno sentido en el capítulo 7, en el que se tratarán las álgebras de Boole, pero de momento únicamente lo consideraremos como una regla mnemotécnica. De esta manera, tendríamos las operaciones:

p	q	$p + q$		p	q	$p \cdot q$
1	1	1		1	1	1
1	0	1		1	0	0
0	1	1		0	1	0
0	0	0		0	0	0

Con esta notación, es fácil comprobar que:

Proposición 2 (label=propmatrices). *Operaciones con matrices*

1. *La matriz asociada a $R \cup S$ es $M_R + M_S$, donde la suma de matrices es entendida componente a componente.*

2. *La matriz asociada a $R \cap S$ es $M_R * M_S$, donde '$*$' representa el producto componente a componente de dos matrices.*

3. La matriz asociada a $\overline{R}$ es $\neg M_R$, en donde se niegan todas las entradas (Booleanas) de la matriz.

4. La matriz asociada a $R \setminus S$ es $M_R * (\neg M_S)$.

5. $R \subseteq S$ si y solo si $M_R \Rightarrow M_S$, es decir:

$$\forall i, \forall j, \ r_{i,j} \rightarrow s_{i,j}$$

6. $R = S$ si y solo si $(M_R \Rightarrow M_S) \wedge (M_S \Rightarrow M_R)$, es decir, si y solo si $M_R = M_S$.

Además de la operaciones usuales, las relaciones binarias admiten algunas operaciones adicionales. En primer lugar, definimos la relación inversa a una dada:

Definición 34 (label=relinversa). *Relación inversa*

Dada una relación $R \subseteq A \times B$, se llama relación inversa de R, y se denota R^{-1}, a la relación $R^{-1} \subseteq B \times A$ definida por

$$\forall a \in A, \forall b \in B, \ (b,a) \in R^{-1} \Leftrightarrow (a,b) \in R$$

Es decir, R^{-1} consiste en intercambiar los elementos de los pares ordenados que pertenecen a R. Es evidente que, en el caso finito, la matriz asociada a la relación inversa es justamente la traspuesta de la matriz de R, es decir

$$M_{R^{-1}} = M_R^t$$

Por otra parte, hacemos observar que la correspondencia inversa de $f : A \rightarrow B$ está definida, precisamente, por la relación inversa del grafo de f.

En segundo lugar, se define lo que se entiende por composición de relaciones:

Definición 35 (label=composrel). *Composición de relaciones*

Sean dos relaciones $R \subseteq A \times B$ y $S \subseteq B \times C$. Se llama composición de R y S, y se denota $R \circ S$, a la relación $T \subseteq A \times C$ definida por

$$\forall a \in A, \forall c \in C, \ a \, T \, c \Leftrightarrow \exists b \in C \ \text{tal que} \ (a \, R \, b) \wedge (b \, S \, c)$$

La pregunta natural en este momento es cómo calcular (en el caso finito) la matriz asociada a la composición $T = R \circ S$ a partir de las matrices de R y de S. Para ello, supongamos que $A = \{a_1, \ldots, a_m\}$, $B = \{b_1, \ldots, b_p\}$ y $C = \{c_1, \ldots, c_l\}$, y que $M_R = [r_{i,j}]$, $M_S = [s_{j,j}]$ y $M_T = [t_{j,j}]$.

El punto clave es darse cuenta de que, por definición de composición, se tiene que $a_i \, T \, c_j$ si y solo si existe $b_k \in B$ tal que $a_i \, R \, b_k$ y $b_k \, S \, c_j$, y como k solo puede tomar valores enteros entre 1 y p, en símbolos lógicos esto se escribe

$$a_i \, T \, c_j \Leftrightarrow [(a_i \, R \, b_1) \wedge (b_1 \, S \, c_j)] \vee \ldots \vee [(a_i \, R \, b_p) \wedge (b_p \, S \, c_j)]$$

lo cual se puede calcular, mediante la notación introducida anteriormente, en términos de la siguiente operación lógica:

$$t_{i,j} = r_{i,1} \cdot s_{1,j} + \ldots + r_{i,p} \cdot s_{p,j}$$

Pero la expresión anterior consiste en "multiplicar" la fila i de M_R por la columna j de M_S, es decir, la operación habitual para multiplicar matrices, con la salvedad de que las entradas son Booleanas y que la suma y producto se corresponden respectivamente con la disyunción y la conjunción lógicas. Así pues, hemos demostrado el siguiente resultado:

Teorema 5.1 (label=matrizcomposrel). *Matriz de la relación compuesta*

La matriz asociada a la relación $R \circ S$ es $M_R \cdot M_S$.

Ejemplo 26 (label=ejcompmat). *Composición de relaciones*

Sean $A = \{1, 2\}$, $B = \{a, b, c\}$ y $C = \{x, y\}$, y se consideran las relaciones $R \subseteq A \times B$ dada por

$$R = \{(1, b), (1, c), (2, a)\}$$

y $S \subseteq B \times C$ dada por

$$S = \{(b, x), (c, x), (c, y)\}$$

Las matrices asociadas a R y S son

$$M_R = \begin{bmatrix} 0 & 1 & 1 \\ 1 & 0 & 0 \end{bmatrix} \qquad M_S = \begin{bmatrix} 0 & 0 \\ 1 & 0 \\ 1 & 1 \end{bmatrix}$$

y por tanto la matriz asociada a $R \circ S$ es

$$\begin{bmatrix} 0 & 1 & 1 \\ 1 & 0 & 0 \end{bmatrix} \cdot \begin{bmatrix} 0 & 0 \\ 1 & 0 \\ 1 & 1 \end{bmatrix} = \begin{bmatrix} 1 & 1 \\ 0 & 0 \end{bmatrix}$$

Es decir, $R \circ S = \{(1, x), (1, y)\}$.

5.3. Relaciones binarias internas

En este apartado consideramos solamente relaciones binarias donde $A = B$. En este caso, si $R \subseteq A \times A$ se dice que R es una *relación binaria en A*, y R "relaciona" los elementos de A entre sí. Obviamente, si $\sharp(A) = m$ entonces la matriz asociada a R es cuadrada de tamaño $m \times m$. Las relaciones triviales en A son la *relación universal* $R = A \times A$ y la *relación vacía* $R = \emptyset$.

5.3.1. Propiedades de las relaciones binarias

De entre las diversas propiedades que puede (o no) tener una relación binaria en A, las más interesantes son las siguientes:

1. **Reflexiva:** si $x\,R\,x$, $\forall x \in A$.

2. **Irreflexiva:** si $x\,\not\!R\,x$, $\forall x \in A$.

3. **Simétrica:** si $\forall x, y \in A$, $x\,R\,y \Rightarrow y\,R\,x$.

4. **Antisimétrica:** si $\forall x, y \in A$, $(x\,R\,y) \wedge (y\,R\,x) \Rightarrow (x = y)$.

5. **Asimétrica:** si $\forall x \neq y$, $x\,R\,y \Leftrightarrow y\,\not\!R\,x$.

6. **Transitiva:** si $\forall x, y, z \in A$, $(x\,R\,y) \wedge (y\,R\,z) \Rightarrow (x\,R\,z)$.

7. **Intransitiva:** si $\forall x, y, z \in A$, $(x\,R\,y) \wedge (y\,R\,z) \Rightarrow (x\,\not\!R\,z)$.

Hacemos notar que las propiedades anteriores son comprobables a partir de la matriz de la relación R, siempre (por supuesto) que el conjunto A sea finito. Para ello, necesitamos previamente un poco más de terminología. Así se denomina *relación diagonal* en A, y se denota por Δ, a la relación definida por

$$\Delta := \{(x,x) \in A \times A \mid x \in A\}$$

Obviamente, la matriz asociada a la relación diagonal es aquélla que tiene 1 en todas las posiciones de la diagonal y 0 en el resto, matriz que denominaremos *identidad* y representaremos por I. De esta manera, se obtiene fácilmente el siguiente resultado.

Teorema 5.2 (label=Pmatricesbin). *Propiedades de la relaciones binarias*

Sea $R \subseteq A \times A$ y sea M la matriz asociada a R. Entonces:

1. *R es reflexiva $\Leftrightarrow (\Delta \subseteq R) \Leftrightarrow (I \Rightarrow M)$, es decir, si M tiene 1 en todas las posiciones de la diagonal.*

2. *R es irreflexiva $\Leftrightarrow (\Delta \cap R = \emptyset) \Leftrightarrow (M \Rightarrow \neg I)$, es decir, si M tiene 0 en todas las posiciones de la diagonal.*

3. *R es simétrica $\Leftrightarrow (R = R^{-1}) \Leftrightarrow (M = M^t)$, es decir, si M es simétrica.*

4. *R es antisimétrica $\Leftrightarrow (R \cap R^{-1} \subseteq \Delta) \Leftrightarrow (M * M^t \Rightarrow I)$, es decir, si no existen fuera de la diagonal ($i \neq j$) dos posiciones simétricas cuyos valores sean 1 simultáneamente.*

5. *R es asimétrica $\Leftrightarrow (R \cap R^{-1} \subseteq \Delta) \wedge (R \cup R^{-1} \cup \Delta = A \times A) \Leftrightarrow (M * M^t \Rightarrow I) \wedge (M + M^t + I = \mathbf{1})$, es decir, si fuera de la diagonal ($i \neq j$) dos posiciones simétricas tienen siempre valores distintos.*

6. *R es transitiva $\Leftrightarrow (R \circ R \subseteq R) \Leftrightarrow (M \cdot M \Rightarrow M)$.*

7. *R es intransitiva $\Leftrightarrow (R \circ R \subseteq \overline{R}) \Leftrightarrow (M \cdot M \Rightarrow \neg M)$.*

Nota 23 (label=grafos). *Relaciones y grafos*

Una vez estudiado el capítulo 10, dedicado a grafos, se puede ver que una relación binaria en un conjunto finito A es un objeto equivalente a un grafo o un digrafo, según la relación sea o no simétrica, respectivamente, y en ese caso la matriz asociada a R se corresponde con la llamada "matriz de adyacencia" del grafo asociado a R.

Ejemplo 27 (label=ejnotrans). *Transitividad*

Sobre el conjunto $A = \{1, 2, 3\}$ se considera la relación

$$R = \{(1,3), (2,3), (3,2)\}$$

Es evidente a simple vista que R no es transitiva, pero lo podemos comprobar mediante la matriz asociada

$$M = \begin{bmatrix} 0 & 0 & 1 \\ 0 & 0 & 1 \\ 0 & 1 & 0 \end{bmatrix}$$

Efectivamente

$$M \cdot M = \begin{bmatrix} 0 & 0 & 1 \\ 0 & 0 & 1 \\ 0 & 1 & 0 \end{bmatrix} \cdot \begin{bmatrix} 0 & 0 & 1 \\ 0 & 0 & 1 \\ 0 & 1 & 0 \end{bmatrix} = \begin{bmatrix} 0 & 1 & 0 \\ 0 & 1 & 0 \\ 0 & 0 & 1 \end{bmatrix}$$

y se ve fácilmente que la implicación $M^2 \Rightarrow M$ es falsa (por ejemplo) en la posición $(1,2)$, donde en M^2 hay 1 y en M hay 0.

5.3.2. Cierres de relaciones binarias

En este apartado estudiaremos los *cierres* de relaciones. Se llama cierre de una relación R con respecto a una propiedad $\mathcal{P}$, si es que existe, a la relación más pequeña que contenga a R y que verifique la propiedad $\mathcal{P}$. El que tal cierre exista para cualquier R depende del tipo de propiedad que se considere. Así, los cierres más utilizados, y de los que se puede además garantizar su existencia, son los siguientes:

(a) **Cierre reflexivo** $R^{(r)}$ es la relación reflexiva más pequeña que contiene a R. Se calcula

$$R^{(r)} = R \cup \Delta$$

y por tanto su matriz asociada (en el caso finito) es $M_R + I$.

(b) **Cierre simétrico** $R^{(s)}$ es la relación simétrica más pequeña que contiene a R. Se calcula

$$R^{(s)} = R \cup R^{-1}$$

y por tanto su matriz asociada (en el caso finito) es $M_R + M_R^t$.

(c) **Cierre transitivo** $R^{(+)}$ es la relación transitiva más pequeña que contiene a R. Se calcula

$$R^{(+)} = \bigcup_{k=1}^{\infty} R^k$$

En el caso finito, se puede demostrar que no hace falta ir más allá de R^m, donde $m = \sharp A$, es decir

$$R^{(+)} = R \cup R^2 \cup \ldots \cup R^m$$

y por tanto su matriz asociada es $M_R + M_R^2 + \ldots + M_R^m$.

(d) **Cierre reflexivo-transitivo** $R^{(*)}$ es la relación más pequeña que contiene a R y que es a la vez reflexiva y transitiva. Se calcula

$$R^{(*)} = \bigcup_{k=0}^{\infty} R^k$$

donde por convenio $R^0 = \Delta$. En el caso finito, y análogamente al caso anterior, se tiene que

$$R^{(*)} = \Delta \cup R \cup R^2 \cup \ldots \cup R^m$$

y por tanto su matriz asociada es $I + M_R + M_R^2 + \ldots + M_R^m$.

Una observación adicional sobre el cierre transitivo (y por tanto del reflexivo-transitivo), en el caso finito, es que quizás no sea necesario llegar hasta R^m para obtener el cierre. Efectivamente, si dos potencias consecutivas dan el mismo resultado, o si el resultado obtenido es la repetición de un resultado anterior, podemos detener la iteración puesto que no vamos a obtener ninguna nueva relación (aplicamos la propiedad de idempotencia para la disyunción lógica).

Nota 24 (label=notacierres). *Cierres de relaciones*

Para razonar que si A tiene m elementos entonces no hace falta considerar potencias superiores a m, es interesante pensar en la siguiente caracterización de $R^{(+)}$:

$(x,y) \in R^{(+)}$ *si y solo si o bien $(x,y) \in R$, o bien existe una sucesión finita* $x = x_0, x_1, \ldots, x_p = y$ *donde $(x_i, x_j) \in R$.*

Por un argumento análogo al que se hará en Teoría de Grafos cuando se demuestre que si en un grafo existe un camino simple (sin aristas repetidas) entre dos vértices x e y también deberá existir un camino elemental (sin vértices repetidos), se puede suponer que p es mínimo con esta propiedad y que, por tanto, no hay en la sucesión anterior "vértices" x_i repetidos. En consecuencia, y puesto que en A solo hay m elementos distintos, no será necesario componer R más de m veces para que una relación (x, y) en $R^{(+)}$ aparezca en alguna potencia R^k.

En el caso finito, la matriz asociada al cierre transitivo de una relación R se conoce como *matriz de conexión* de R, y tiene el significado de mostrar que vértices del grafo asociado a R están "conectados" con cada uno de ellos mediante un camino (en principio dirigido) dentro de dicho grafo (ver capítulo 10).

Ejemplo 28 (label=ejplocierre). *Cierre transitivo*

Siguiendo con el ejemplo 27, podemos calcular la matriz de conexión de R. Recordemos que $A = \{1, 2, 3\}$ y que la matriz asociada a R era

$$M = \begin{bmatrix} 0 & 0 & 1 \\ 0 & 0 & 1 \\ 0 & 1 & 0 \end{bmatrix}$$

Como $\sharp A = 3$ hay que calcular

$$M^2 = \begin{bmatrix} 0 & 1 & 0 \\ 0 & 1 & 0 \\ 0 & 0 & 1 \end{bmatrix}$$

y se ve fácilmente que $M^3 = M$, con lo que la matriz de conexión es

$$M + M^2 = \begin{bmatrix} 0 & 1 & 1 \\ 0 & 1 & 1 \\ 0 & 1 & 1 \end{bmatrix}$$

es decir, el cierre transitivo de R es

$$R^{(+)} = \{(1, 2), (1, 3), (2, 2), (2, 3), (3, 2), (3, 3)\}$$

El cálculo de la matriz de conexión (es decir, del cierre transitivo de una relación sobre un conjunto finito) puede realizarse, de forma alternativa, por medio del llamado *Algoritmo de Warshall*, con complejidad $\mathcal{O}(m^3)$, que presentamos a continuación en pseudo-código, sin demostrar, y que calcula correctamente dicha matriz.

Algoritmo 3 (label=warshall). *Warshall*

Input: $M = M_R = [r_{i,j}]_{m \times m}$

Output: M *matriz de conexión de R*

```
for k:=1 to m
  for i:=1 to m
    for j:=1 to m
      M[i,j] := M[i,j] OR ( M[i,k] AND M[k,j] )
```

En relación a los cierres de relaciones, conviene citar los siguientes resultados, que no demostraremos:

Lema 2 (label=lemcierres). *Cierres de relaciones*

(a) Si R es reflexiva, entonces también lo son $R^{(s)}$ y $R^{(+)}$.

(b) Si R es simétrica, entonces también lo son $R^{(r)}$ y $R^{(+)}$.

(c) Si R es transitiva, entonces también lo es $R^{(r)}$.

Ejemplo 29 (label=countercierre). *Cierre simétrico no transitivo*

La relación R en $A = \{1,2,3\}$ dada por

$$M = \begin{bmatrix} 1 & 1 & 1 \\ 0 & 0 & 0 \\ 0 & 0 & 1 \end{bmatrix}$$

verifica que $M \cdot M = M$, y por tanto R es transitiva. Su cierre simétrico viene dado por

$$M = \begin{bmatrix} 1 & 1 & 1 \\ 1 & 0 & 0 \\ 1 & 0 & 1 \end{bmatrix}$$

que no define una relación transitiva (por ejemplo $2\,R\,1$ y $1\,R\,3$, pero $2\,\not R\,3$), lo cual muestra por qué en el apartado (c) del lema anterior no se dice que $R^{(s)}$ es transitiva si R lo es.

Por último, es un interesante ejercicio de combinatoria plantearse el cálculo de cuántas relaciones pueden existir sobre un conjunto A con m elementos, así como cuántas de ellas son reflexivas, irreflexivas, simétricas o antisimétricas (ver capítulo 8).

5.4. Relaciones de equivalencia

En primer lugar damos la definición de lo que es una relación de equivalencia.

Definición 36 (label=defrelequiv). *Relación de equivalencia*

Una relación binaria R en un conjunto A es de equivalencia si es reflexiva, simétrica y transitiva.

Ejemplos típicos de relaciones de equivalencia, de entre los estudiados en capítulos anteriores, podemos citar la equivalencia lógica, la igualdad de conjuntos, o la relación entre conjuntos de tener la misma cardinalidad. Aplicando el lema 2, es fácil ver que a partir de cualquier relación R, si se hace sucesivamente el cierre reflexivo, simétrico y transitivo, el resultado es la relación de equivalencia más pequeña que contiene a R, llamada *relación de equivalencia generada por R*.

El aspecto más interesante de las relaciones de equivalencia es su correspondencia con las particiones de un conjunto. En primer lugar, si R es una relación de equivalencia, se llama clase de equivalencia de $a \in A$ con respecto a R al conjunto

$$[a] \equiv [a]_R = \{x \in A \mid a\,R\,x\}$$

Se puede así enunciar, sin demostración, el siguiente resultado:

Teorema 5.3 (label=thmparticiones). *Particiones y relaciones de equivalencia*

El conjunto cociente

$$A/R := \{[a] \mid a \in A\}$$

define una partición del conjunto A. Recíprocamente, si $\mathcal{P} = \{A_i \mid i \in I\}$ es una partición, entonces la relación R definida por

$$x \, R \, y \Leftrightarrow \exists i \ \text{tal que} \ (x \in A_i) \wedge (y \in A_i)$$

es una relación de equivalencia cuyo conjunto cociente define la partición de $\mathcal{P}$ partida. Por tanto, ambos conceptos son equivalentes.

5.5. Relaciones de orden

En primer lugar damos la definición de relación de orden.

Definición 37 (label=defrelord). *Relación de orden*

Una relación binaria R en un conjunto A es de orden si es reflexiva, antisimétrica y transitiva.

Ejemplos típicos de relaciones de orden, de entre los ya estudiados en capítulos anteriores, podemos citar la implicación lógica entre clases de equivalencia de proposiciones lógicas, la inclusión entre conjuntos, o la comparación de cardinales entre clases de conjuntos equipotentes (conjuntos con el mismo cardinal). Asimismo, es fácil ver que también son relaciones de orden la desigualdad entre números, o la relación de divisibilidad entre números naturales.

Nota 25. *Existen dos definiciones auxiliares:*

(a) **Preorden:** *cuando es reflexiva y antisimétrica. En este caso, su cierre transitivo es una relación de orden.*

(b) **Orden estricto:** *cuando es irreflexiva, antisimétrica y transitiva. Su nombre viene de que si denotamos una relación de orden como $x \leq y$, en un orden estricto todas las relaciones son de tipo $x < y$ (es decir, $(x \leq y) \wedge (x \neq y)$).*

Nótese que toda relación de orden es *acíclica*, es decir, es imposible encontrar una cadena finita de relaciones estrictas del tipo

$$x_1 < x_2 < \ldots < x_n < x_1$$

Las relaciones de orden se suelen llamar también de *orden parcial*, en contraposición a lo que se llama *orden total*, que definimos a continuación.

Definición 38. *Orden total*

Una relación de orden R se llama orden total si

$$\forall x, y \in A, \ (x \, R \, y) \vee (y \, R \, x)$$

es decir, si dos elementos cualesquiera son siempre "comparables".

De todos los ejemplos citados anteriormente, solamente las desigualdades entre números y la comparación de cardinales son órdenes totales, el resto son solo órdenes parciales. Otro ejemplo típico de orden total es el llamado "orden léxico–gráfico", entre cadenas de caracteres o vectores de números, y que funciona análogamente al orden en que están ordenadas las palabras en un diccionario (o los nombres en una guía de teléfonos), es decir, se comparan los primeros símbolos, si son iguales se comparan los segundos, y así sucesivamente hasta encontrar el primer símbolo en que ambas palabras difieran, y si esto no es posible es que ambas palabras son iguales (o una es prefijo de otra, en el caso de las palabras del diccionario, en cuyo caso la que es prefijo es anterior a la otra). En símbolos matemáticos sería de la siguiente manera: sea $n \in \mathbb{N}$ y se consideran vectores de $\mathbb{R}^n$ (para otros tipos de números sería análogo); entonces, dados dos vectores distintos $\mathbf{x} = (x_1, \ldots, x_n)$ e $\mathbf{y} = (y_1, \ldots, y_n)$, se define el **orden léxico–gráfico** L mediante la relación

$$\mathbf{x} \, L \, \mathbf{y} \; \Leftrightarrow \; \mathbf{x} = \mathbf{y}, \text{ o bien } \exists j = 1, \ldots, n \text{ tal que } \begin{cases} x_i = y_i & \forall i < j \\ x_j < y_j \end{cases}$$

Se recomienda como ejercicio escribir formalmente la definición de orden léxico-gráfico para cadenas de caracteres, contemplando la posibilidad de que ambas cadenas pueden tener distinta longitud, y que una puede ser prefijo de la otra.

5.5.1. Diagrama de Hasse

Un par (A, R) donde R es una relación de orden (parcial) sobre A se denomina *conjunto parcialmente ordenado* (abreviadamente CPO). Los conjuntos parcialmente ordenados se pueden representar gráficamente por un dibujo (grafo) que se denomina *diagrama de Hasse*. Para ello necesitamos previamente la siguiente definición.

Definición 39. *Se dice que x está cubierto directamente por y (o que y cubre directamente a x) si $x \, R \, y$, $x \neq y$ y además*

$$\neg \exists z, \; x \neq z \neq y, \;\; tal \; que (x \, R \, z) \wedge (z \, R \, y)$$

En otras palabras, la relación $x \, R \, y$ no se deduce por transitividad de otras dos relaciones "no triviales", a través de un tercer elemento z. De esta manera, dado un CPO (A, R) se construye su diagrama de Hasse de la siguiente forma:

- Se dibuja un vértice etiquetado para cada elemento de A (la etiqueta hace referencia al elemento que representa dicho vértice).

- Se dibuja una arista orientada (o flecha) del vértice que representa a y al vértice que representa a x si y cubre directamente a x.

El diagrama resultante es lo que se llama *grafo orientado* o *digrafo* (vértices con aristas orientadas, véase el capitulo 10). Conviene además, para mayor claridad, respetar las siguientes normas:

1. Dibujar los vértices de forma que las flechas sean descendentes.

2. Distribuir los vértices en niveles horizontales de manera que las flechas atraviesen el menor número posible de niveles para unir dos vértices.

Por ejemplo, si un conjunto está totalmente ordenado, el diagrama de Hasse consiste en una cadena lineal (por esta razón, a un orden total también se le llama *orden lineal*, y a un conjunto totalmente ordenado se le llama *cadena*).

Ejemplo 30 (label=ejploHasse). *Diagramas de Hasse*

Dibujar el diagrama de Hasse de los siguientes conjuntos parcialmente ordenados:

1. $A = \{a, b, c, d\}$ y $R = \{(a,a), (a,b), (a,c), (a,d), (b,b), (b,d), (c,c), (c,d), (d,d)\}$.

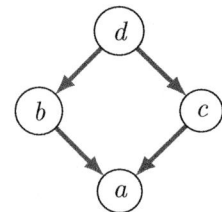

2. $A = \{n \in \mathbb{N} | n \leq 6\}$ y R la relación "menor o igual que".

   El resultado lo dibujaremos en horizontal en lugar de vertical por cuestiones de espacio:

3. $A = \{2, 4, 5, 7, 10, 14, 28, 35, 70\}$ y R la relación de divisibilidad.

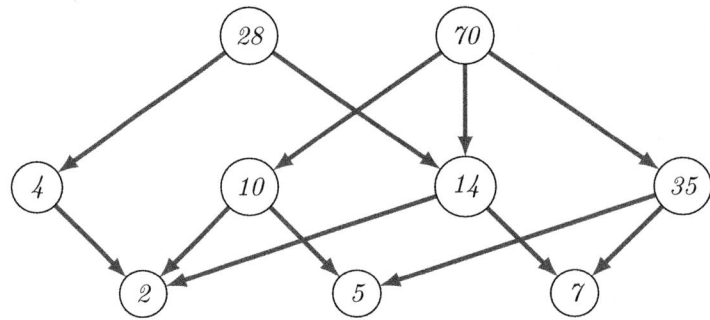

4. $A = \mathcal{P}(U)$ y R la relación de contención (no estricta), donde $U = \{a, b, c\}$.

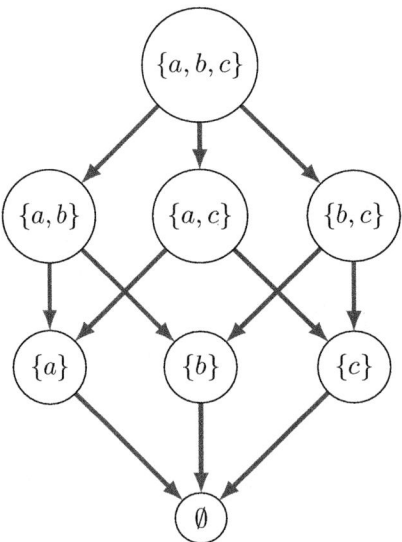

5.5.2. Retículos

Para definir un tipo especial de conjuntos parcialmente ordenados necesitaremos previamente una serie de definiciones técnicas. En primer lugar, fijado un CPO (A, R), representaremos la relación $x\,R\,y$ mediante la notación $x \leq y$. Análogamente, las relaciones no triviales ($x \leq y$ pero $x \neq y$) se representarán con una desigualdad estricta $x < y$.

- De esta manera, si $x \leq y$ se dice que x es cota inferior de y, o que y es cota superior de x. Este hecho se puede ver en el diagrama de Hasse en que se puede viajar de y a x a través de las aristas, siguiendo la dirección de las flechas.

- Por otra parte, si $B \subseteq A$, se dice que x es cota superior de B si x es cota superior de todos los elementos de B y, análogamente, se dice que x es cota inferior de B si x es cota inferior de todos los elementos de B. Es decir, x es mayor o igual (respectivamente, menor o igual) que todos los elementos de B.

- Se dice que $x \in B \subseteq A$ es maximal en B si no existe ningún elemento de $y \in B$, $y \neq x$, que sea cota superior de x. Análogamente, se dice que x es minimal en B si no existe ningún elemento de $y \in B$, $y \neq x$, que sea cota inferior de x. En el caso particular en que $B = A$, se dice simplemente que x es maximal o minimal (en el CPO A). En otras palabras, no existe en B ninguna cota superior (respectivamente inferior) estricta de x.

  En el diagrama de Hasse, un elemento maximal se corresponde con un vértice sin arcos entrantes, y un elemento minimal con un vértice sin arcos salientes.

- Se dice que x es máximo de B si $x \in B$ y x es cota superior de B. Análogamente, se dice que x es mínimo de B si $x \in B$ y x es cota inferior de B. Hacemos notar que el máximo (o mínimo) de B, en caso de existir, es único, y en ese caso solo habría un maximal (o minimal) en B, mientras que, en general, puede haber más de una maximal o minimal (compruébese en los diagramas de Hasse del ejemplo 30).

Antes de llegar a la definición de retículo, introduciremos en este momento la noción de *buen orden*:

Definición 40. *Buen orden*

Un conjunto totalmente ordenado se dice bien ordenado *si todo subconjunto no vacío tiene mínimo (o primer elemento).*

Este es, por ejemplo, el caso del orden de los números naturales, y es lo que permite los *procesos de inducción*. De hecho, la validez del principio de inducción se puede justificar a partir de la definición de buen orden. Efectivamente, supongamos que las dos hipótesis del principio de inducción son verdaderas y supongamos que $P(n)$ no es cierta para todo $n \geq m$. En consecuencia, el conjunto

$$A := \{n \in \mathbb{N} \mid (n \geq m) \wedge (P(n) \text{ es falsa})\}$$

es no vacío, y tiene por tanto un primer elemento k (evidentemente $k > m$). Ahora bien, $k - 1 \geq m$ y $P(k-1)$ es cierta, puesto que k es el primero que no satisface la propiedad P, y aplicando la hipótesis de inducción a $k - 1$ se deduce que $P(k)$ es cierta, llegándose a una contradicción.

En general, se tiene un *principio de inducción para conjuntos bien ordenados*, que generaliza el principio de inducción completa de los números naturales:

Axioma 4. *Principio de inducción para conjuntos bien ordenados*

Si B es un conjunto no vacío bien ordenado, la proposición $P(x)$ es cierto para todo $x \in B$ si:

Base Inductiva: $P(x_0)$ *es cierto, donde* $x_0 = \min B$.

Hipótesis de Inducción: $\forall y \, [\, (\, \forall x \ (x < y) \rightarrow P(x) \,) \rightarrow P(y) \,]$.

Nótese que la base inductiva siempre existe, por definición de conjunto bien ordenado.

Por ejemplo, este principio de inducción puede aplicarse al conjunto de k-uplas de números naturales $\mathbb{N}^k$ con el orden lexicográfico, que puede comprobarse que es un buen orden. Por ejemplo, demostrar que si se define $a_{m,n} := m + n$ dichos números pueden definirse de forma recursiva como $a_{0,0} := 0$ y

$$a_{m,n} := \begin{cases} a_{m-1,n} + 1 & \text{si } n = 0 \text{ y } m > 0 \\ a_{m,n-1} + 1 & \text{si } n > 0 \end{cases}$$

Para ello, comprobamos trivialmente que la fórmula es verdadera para $a_{0,0}$ (base inductiva), y si ahora no estamos en el caso anterior es que se dan uno de los dos casos recogidos en la definición recursiva, casos ambos que se refieren a elementos de $\mathbb{N}^2$ que son menores según el orden lexicográfico, y a los que se puede aplicar la inducción para dicho buen orden, con lo que se puede suponer que tanto para $a_{m-1,n}$ como para $a_{m,n-1}$ la fórmula es cierta (en ambos casos, $a_{m-1,n} = a_{m,n-1} = m + n - 1$). En consecuencia, como en los dos casos se suma 1 se tiene en definitiva que $a_{m,n} = m + n$, como queríamos demostrar.

Nótese que este principio nos permite, en particular, razonar por inducción con respecto de varios índices simultáneamente, siempre que se use un buen orden sobre $\mathbb{N}^k$.

Este principio se puede generalizar a un tipo especial de órdenes que se llaman *órdenes bien fundamentados*. Así, un sucesión x_n (finita o infinita) es descendente si $x_n > x_{n+1}$ para todos los posibles subíndices. Evidentemente, si A es un CPO finito entonces todas las cadenas descendentes son finitas, puesto que no pueden repetirse elementos (recuérdese que todo orden es acíclico), pero el recíproco no es cierto (es decir, en un CPO infinito puede haber sucesiones descendentes infinitas, por ejemplo en el orden de los números reales).

Definición 41. *Orden bien fundado*

Se dice que un CPO está bien fundado (o fundamentado) si no admite sucesiones descendentes infinitas, es decir, si "toda cadena descendente es finita".

Se puede demostrar que todo buen orden está bien fundado, ya que si existiese una sucesión descendente infinita, dicho conjunto no tendría un mínimo. Sin embargo, el recíproco no es cierto (por ejemplo, un conjunto finito con dos minimales distintos). En un CPO bien fundado B se puede establecer el siguiente *Principio de Inducción Estructural*:

Axioma 5. *Inducción Estructural*

Si B es un conjunto con un orden bien fundado, la proposición $P(x)$ es cierto para todo $x \in B$ si:

Base Inductiva: *$P(a)$ es cierto para todo minimal a de B.*

Hipótesis de Inducción Estructural: *$\forall y \, [\, (\, \forall x \, (x < y) \to P(x) \,) \to P(y) \,]$.*

Ejemplo 31. *Inducción estructural*

Definiremos de forma recursiva el conjunto de palabras $\mathcal{L}$ no vacías con símbolos en un alfabeto $\mathcal{A}$. Para ello debemos definir los casos base, y cómo obtener nuevas palabras a partir de otras ya existentes:

1. *$\mathcal{A} \subseteq \mathcal{L}$ (es decir, los símbolos son palabras de longitud 1).*

2. *Si $s \in \mathcal{A}$ y $w \in \mathcal{L}$, entonces la concatenación $ws \in \mathcal{L}$.*

Obsérvese que la relación de orden en este caso es la contención de cadenas de símbolos, es decir, en el ejemplo anterior $w \leq ws$. En otras palabras, $w \leq w'$ si y solo si w es prefijo de w'.

Para una palabra w se define la palabra inversa w^R la que tiene los mismos símbolos pero en orden contrario, leídos de derecha a izquierda. Obviamente $s^R = s$ si s es un símbolo del alfabeto.

Demostraremos mediante inducción estructural que para cualquier par de palabras de $\mathcal{L}$ su concatenación verifica $(xy)^R = y^R x^R$:

Base Inductiva: *Si y es un símbolo, cualquiera que sea x verifica que $(xy)^R = yx^R = y^R x^R$.*

Hipótesis de Inducción Estructural: *Supongamos que y verifica la tesis para toda $x \in \mathcal{L}$, es decir $(xy)^R = y^R x^R$. Sea s un símbolo cualquiera, y veamos que ys también verifica la tesis:*

$$(xya)^R = a^R(xy)^R = a^R y^R x^R = (ya)^R x^R$$

Nótese que las igualdades primero y tercera se obtienen en virtud de la base inductiva, y la segunda aplicando la hipótesis de inducción estructural.

Antes de dar finalmente la definición de retículo, necesitamos aún algunas definiciones técnicas:

- Dados $B \subseteq A$ y $x \in A$ (no necesariamente en B), se dice que x es extremo superior (o supremo) de B, si x es la cota superior de B más pequeña posible es decir:

  x es cota superior de B, y si $y \in A$ es cualquier otra cota superior de B entonces se verifica que $x \leq y$.

- Análogamente, se dice que x es extremo inferior (o ínfimo) de B, si x es la cota inferior de B más grande posible es decir:

  x es cota inferior de B, y si $y \in A$ es cualquier otra cota inferior de B entonces se verifica que $x \geq y$.

  Hacemos observar que tanto el supremo como el ínfimo, en caso de existir, son únicos, y se denotan respectivamente por $\sup B$ e $\inf B$. Asimismo, si el máximo (resp. mínimo) existe entonces también existe el supremo (resp. ínfimo) y ambos coinciden (en su caso), mientras que el recíproco no es cierto (pensar por ejemplo en el intervalo real $B = (0,1)$ con el orden usual entre números reales).

Ya estamos pues en condiciones de introducir la siguiente definición fundamental.

Definición 42. *Retículo*

Un retículo es un conjunto parcialmente ordenado en el que se verifica la siguiente propiedad:

Para cualesquiera $x, y \in A$ existen ambos $\sup\{x, y\}$ e $\inf\{x, y\}$.

Utilizaremos (para un retículo) la siguiente notación:

$$\sup\{x, y\} \equiv x \sqcup y \quad \inf\{x, y\} \equiv x \sqcap y$$

Entre los ejemplos de retículos destacamos los siguientes:

1. Todo conjunto totalmente ordenado es un retículo: si $x \leq y$ entonces $x \sqcup y = y$ y $x \sqcap y = x$, y tengamos en cuenta que dos elementos cualesquiera de un conjunto totalmente ordenado están siempre relacionados.

2. $(\mathcal{P}(U), \subseteq)$ es un retículo: si $A, B \subseteq U$ entonces $A \sqcup B = A \cup B$ y $A \sqcap B = A \cap B$, y de ahí el porqué de la notación anterior.

3. $(\mathbb{N} \setminus \{0\}, |)$ es un retículo con la relación de divisibilidad: $m \sqcup n = mcm(m,n)$ y $m \sqcap n = mcd(m,n)$.

Ejemplo 32. *Retículos*

Veamos un ejemplo de un CPO que no es retículo. Consideramos $A = \{2, 3, 6, 12, 24, 36\}$ con la relación de divisibilidad. A la vista de su diagrama de Hasse (que se deja como ejercicio), es fácil ver que no existen en A ni $2 \sqcap 3 = 1$ ni $24 \sqcup 36 = 72$. La idea intuitiva de carácter geométrico es que dicho diagrama debería tener forma de "red" en la que, dados dos vértices cualesquiera podemos encontrar, tanto subiendo como bajando por el diagrama, un nodo que esté simultáneamente por encima (resp. por debajo) de ambos vértices (ver el último apartado del ejemplo 30).

Ejemplo 33. *Retículos Euclídeos*

La interpretación geométrica de retículo es una estructura reticular o en forma de red dentro del espacio Euclídeo. Esta idea se puede representar mediante el siguiente ejemplo: se consideran $\mathbf{v}$ y $\mathbf{w}$ dos vectores linealmente independientes en $\mathbb{R}^2$ (la construcción de puede generalizar perfectamente a n vectores linealmente independientes en $\mathbb{R}^n$) y se considera el conjunto de combinaciones lineales de estos dos vectores con coeficientes enteros

$$\Lambda := \{\alpha\mathbf{v} + \beta\mathbf{w} \mid \alpha, \beta \in \mathbb{Z}\}$$

Se comprueba fácilmente que Λ con la suma usual de vectores es un grupo abeliano, pero no es esta la estructura algebraica que ahora nos interesa.

Efectivamente, se puede dar una estructura de retículo a través de la relación de orden parcial

$$\alpha\mathbf{v} + \beta\mathbf{w} \leq \alpha'\mathbf{v} + \beta'\mathbf{w} \Leftrightarrow (\alpha \leq \alpha') \wedge (\beta \leq \beta')$$

La estructura de retículo viene pues dada por las operaciones

$$(\alpha\mathbf{v} + \beta\mathbf{w}) \sqcup (\alpha'\mathbf{v} + \beta'\mathbf{w}) := \text{máx}\{\alpha, \alpha'\} \cdot \mathbf{v} + \text{máx}\{\beta, \beta'\} \cdot \mathbf{w}$$
$$(\alpha\mathbf{v} + \beta\mathbf{w}) \sqcap (\alpha'\mathbf{v} + \beta'\mathbf{w}) := \text{mín}\{\alpha, \alpha'\} \cdot \mathbf{v} + \text{mín}\{\beta, \beta'\} \cdot \mathbf{w}$$

Geométricamente, el retículo induce en $\mathbb{R}^2$ una especie de red que consiste en la repetición bidimensional indefinida del llamado "paralelogramo fundamental"

$$\Pi(\Lambda) := \{x\mathbf{v} + y\mathbf{w} \in \mathbb{R}^2 \mid 0 \leq x, y < 1\}$$

Estos retículos aparecen de forma natural en problemas prácticos de geometría, como por ejemplo en los llamados "empaquetamientos de esferas", que a su vez están relacionados con los llamados "códigos esféricos", y que remitimos a bibliografía más especializada (ver [38]). Asimismo, los retículos se usan actualmente en criptografía, pues a partir de ellos pueden construirse cifrados que son seguros frente a los ordenadores cuánticos.

Ejemplo 34. *Retículo de las particiones*

Sea A un conjunto cualquiera, y consideremos el conjunto $\Pi(A)$ de todas las posibles particiones de A. Según un resultado ya visto, este conjunto está en correspondencia biunívoca (biyectiva) con el conjunto de las relaciones de equivalencia sobre A, que denotaremos por

$\mathcal{E}(A) \subseteq \mathcal{P}(A \times A)$. *Por tanto, se puede ordenar parcialmente $\mathcal{E}(A)$ por inclusión, y esto induce un orden parcial en el conjunto de las particiones $\Pi(A)$. Veamos que ambos ejemplos de CPO son retículos.*

En primer lugar, enunciaremos unas propiedades útiles sobre relaciones de equivalencia:

1. *La intersección de relaciones de equivalencia es otra relación de equivalencia.*

2. *La unión de relaciones conserva las propiedades reflexiva y simétrica.*

3. *En consecuencia, la relación de orden más pequeña que contiene a dos relaciones de orden dadas es el cierre transitivo de la unión de ellas.*

4. *La relación de equivalencia "mínima" es la diagonal Δ, mientras que la "máxima" es la relación total $A \times A$. Por tanto, el CPO de las relaciones de orden está acotado superior e inferiormente.*

Así, $(\mathcal{E}(A), \subseteq)$ es un retículo (acotado) con las operaciones:

- $R \sqcap S = R \cap S$.

- $R \sqcup S = (R \cup S)^{(+)}$.

Veamos ahora de forma explícita el retículo inducido en las particiones: si $\mathcal{P}_1$ y $\mathcal{P}_2$ son dos particiones que se corresponden, respectivamente con las relaciones de equivalencia R_1 y R_2, entonces se dice que $\mathcal{P}_1$ es más fina que $\mathcal{P}_2$ (o que $\mathcal{P}_1$ es un refinamiento de $\mathcal{P}_2$), y se escribe

$$\mathcal{P}_1 \preceq \mathcal{P}_2$$

si $R_1 \subseteq R_2$, es decir, si

$$\forall i \in I \quad \exists j \in J \quad A_i \subseteq B_j$$

donde $\mathcal{P}_1 = \{A_i \mid i \in I\}$ y $\mathcal{P}_2 = \{B_j \mid j \in J\}$. Esto significa que todo bloque de la partición $\mathcal{P}_1$ está contenido en algún bloque de la partición $\mathcal{P}_2$.

Nótese que la partición más fina posible corresponde a la relación diagonal, es decir, una partición por conjuntos unitarios, mientras que la menos fina (o la más grosera) es la formada por un solo bloque A.

Por último, el ínfimo y el supremo de dos particiones $\mathcal{P}_1$ y $\mathcal{P}_2$ son las que corresponden al ínfimo y supremo de las relaciones de orden inducidas, es decir, respectivamente:

- *Ínfimo: la partición menos fina posible que es un refinamiento común de ambas.*

- *Supremo: la partición más fina posible de la que ambas son refinamientos.*

Para terminar este apartado, veamos una aplicación interesante de las relaciones de orden, como es la *ordenación topológica*. En un supuesto práctico, supongamos que tenemos que ordenar una serie de tareas (por ejemplo, en un proceso de producción industrial, o bien en la planificación de un proyecto de software) que tienen una dependencia temporal unas de otras. Así, denotaremos $a \to b$ si es preciso terminar la tarea a antes de poder empezar la tarea b. Una planificación coherente de dichas tareas consistirá en ordenarlas temporalmente de forma que se respeten las anteriores dependencias.

En términos matemáticos, las dependencias temporales son un orden parcial entre las tareas, y la planificación en una cadena u orden total entre las mismas, con lo que el problema consiste en:

Dado un orden parcial "→" sobre un conjunto T, hallar un orden total '$\leq$' sobre T que sea *compatible* con el anterior, es decir:

$$\text{"}(x \to y)\text{"} \Rightarrow (x \leq y)$$

La idea del llamado *algoritmo de ordenación topológica* es la de no colocar delante de x ningún y tal que $x \to y$, y por tanto los candidatos a ir delante son los minimales, puesto que nadie es "anterior" a ellos. Así pues, y basándonos en que

1. todo conjunto ordenado finito tiene al menos un elemento minimal, y que

2. si a es un elemento minimal del CPO S, entonces $S \setminus \{a\}$ es también un CPO con el orden inducido,

podemos iterar la búsqueda de minimales hasta formar una cadena compatible con el orden parcial de partida. El algoritmo es el siguiente:

Algoritmo 4. *Ordenación Topológica*

Input: *S (CPO con n elementos)*

    $k := 1$

    while $S \neq \emptyset$

- *Buscar a_k un elemento minimal de S*
- $S := S \setminus \{a_k\}$
- $k := k + 1$

Output: *la cadena $a_1, \ldots, a_n$*

Ejercicio 22 (label=ejOT). *Ordenación topológica*

En un programa de software se requiere compilar 7 ficheros (nombrados de la A a la G). El fichero B no puede ser compilado antes de compilar A y C, el fichero D requiere la compilación previa de B y E, F necesita tener previamente compilado B, y por último G solo se puede compilar después de D y F. Hállese un orden lineal de las tareas compatible con las restricciones anteriores.

Solución:

En primer lugar, realizamos el diagrama de Hasse de la relación de orden descrita:

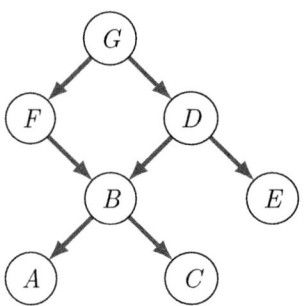

A la vista del diagrama anterior, realizamos el algoritmo de ordenación topológica, eliminando un elemento minimal, por ejemplo A, del diagrama resultante eliminamos un elemento minimal, por ejmplo C, y así sucesivamente. Un posible orden de compilación de los programas sería por tanto: A C B E D F G.

5.6. Relaciones n-arias

Las relaciones n-arias permiten una serie de operaciones conjuntistas, además de las ya citadas en la sección **5.1** (unión, intersección, diferencia y complementación), que se conocen con el nombre de Álgebra Relacional. De entre ellas, las más importantes son:

1. **Producto Cartesiano:** Si $R \subseteq A_1 \times \ldots \times A_n$ y $S \subseteq B_1 \times \ldots \times B_m$, entonces se define

$$R \times S \subseteq A_1 \times \ldots \times A_n \times B_1 \times \ldots \times B_m$$

2. **Proyección:** Si $X \subseteq \{1, \ldots, n\}$, la relación $\pi_X(R)$ consiste en eliminar en las n-uplas de R aquellas componentes correspondientes a dominios A_i tales que i que no esté en X. Si $X = \{i_i, \ldots, i_l\}$, la proyección $\pi_X(R)$ también se denota por $\pi_{A_{i_i}, \ldots, A_{i_l}}(R)$.

3. **Selección:** Sea F una fórmula lógica que involucra

   - Operandos que son constantes o números de componente.
   - Operadores aritméticos de comparación ('<', '>', '='...).
   - Operadores lógicos ('¬', '∧', '∨').

   Entonces $\sigma_F(R)$ es el conjunto de n-uplas de R que verifican la fórmula F.

Estas operaciones tienen, entre otras, las siguientes propiedades (que no demostraremos):

1. Cascada de proyecciones: Si $\{A_1, \ldots, A_k\} \subseteq \{B_1, \ldots, B_l\}$ entonces

$$\pi_{A_1, \ldots, A_k}(\pi_{B_1, \ldots, B_l}(R)) = \pi_{A_1, \ldots, A_k}(R)$$

2. Cascada de selecciones: Si F_1 y F_2 son dos fórmulas válidas, entonces

$$\sigma_{F_1}(\sigma_{F_2}(R)) = \sigma_{F_1 \wedge F_2}(R)$$

   En consecuencia, y puesto que la conjunción es conmutativa, se tiene que las selecciones pueden conmutarse.

3. Conmutación de selección y proyección: Si F solo involucra a las componentes correspondientes a los dominios $A_1, \ldots, A_k$ entonces

$$\pi_{A_1, \ldots, A_k}(\sigma_F(R)) = \sigma_F(\pi_{A_1, \ldots, A_k}(R))$$

4. Conmutación de selección y unión: $\sigma_F(R_1 \cup R_2) = \sigma_F(R_1) \cup \sigma_F(R_2)$

5. Conmutación de proyección y unión: $\pi_{A_1, \ldots, A_k}(R_1 \cup R_2) = \pi_{A_1, \ldots, A_k}(R_1) \cup \pi_{A_1, \ldots, A_k}(R_2)$

5.7. Apéndice: Bases de Datos Relacionales

Una de las razones del interés de la teoría de relaciones (tanto binarias como n-arias) en la Informática es su aplicación en la gestión de Bases de Datos. La idea esencial de una base de datos es almacenar una serie de "registros" de estructura similar, compuestos por una serie "atributos" o "campos", cada uno de los cuales muestra un tipo de información específica sobre un determinado objeto. Esto se representa de forma esquemática mediante una *Tabla*, en donde cada registro corresponde a una fila, y el contenido de los diferentes campos se desarrolla por columnas. El tipo de dato de un determinado campo (por ejemplo, 'EDAD') viene determinado por un *dominio* (por ejemplo, el conjunto de los enteros entre 0 y 100). El significado de dicho dominio (por ejemplo, 'EDAD') se denomina *atributo*, que viene a ser una etiqueta (nombre) que se pone al dominio para saber qué significa (en este caso, un entero entre 1 y 100, que se interpreta como una edad en años).

El modelo matemático para representar una tabla que forma parte de una base de datos (que en principio es algo más complejo que una simple tabla) es justamente una relación n-aria, donde las filas son las n-uplas de la relación y las columnas corresponden a los dominios. En consecuencia, el grado de la relación se corresponde con el número de columnas, y la cardinalidad con el de filas. Con este modelo, las operaciones del Álgebra Relacional sirven esencialmente para realizar consultas en una base de datos y combinar distintas tablas de dicha base de datos. Así, por ejemplo, la *proyección* significa elegir las columnas de la tabla correspondientes a determinados atributos, mientras que la *selección* significa elegir las filas de la tabla que verifiquen una determinada fórmula o condición lógica.

Ejemplo 35 (label=tablitas). *Base de datos*

Una base de datos sencilla puede constar de dos tablas (relaciones) con la misma estructura correspondientes a los alumnos de un determinado profesor, cada una de las cuales se refiere a una asignatura distinta. Por ejemplo, consideremos listas de clase con dos asignaturas:

Alumnos de Matemáticas I

DNI	NOMBRE	NOTA-I
10550321	Juan Pérez	4,5
09576220	Luis García	6,5
11988787	Carlos López	7,2
...	...	...

Alumnos de Matemáticas II

DNI	NOMBRE	NOTA-II
09576220	Luis García	5,1
10950736	Pedro Gómez	2,8
08008165	Antonio González	9,1
...	...	...

Nótese que 'NOTA-I' y 'NOTA-II' son dos atributos distintos que toman valores en el mismo dominio. Llamando R a la tabla de alumnos de 'Matemáticas I' y S a la de 'Matemáticas II', podemos interpretar a continuación algunas de las operaciones del Álgebra Relacional en donde, por simplificar la notación, el símbolo $\pi_{i,j}$ significa proyectar sobre los dominios i y j, etc. Así, por ejemplo:

- *$\pi_{1,2}(R) \cup \pi_{1,2}(S)$ es una tabla con los nombres y DNI's de los alumnos que cursan alguna de las dos asignaturas.*

- *$\pi_{1,2}(R) \cap \pi_{1,2}(S)$ es una tabla con los nombres y DNI's de los alumnos matriculados en las dos asignaturas simultáneamente.*

- *Si F es la fórmula [3] < 5, entonces $\sigma_F(R)$ es una tabla con los nombres, DNI's y notas de los alumnos suspensos en Matemáticas I.*

- *Con la misma fórmula que en el ejemplo anterior, $\pi_2 \sigma_F(S)$ es simplemente la lista de nombres de los alumnos suspensos en Matemáticas II.*

Estas operaciones del Álgebra Relacional son implementadas (generalmente) por el lenguaje de bases de datos SQL, que subyace a la mayoría de los gestores de bases de datos que se usan en la práctica (Oracle, por ejemplo). En este lenguaje, es el usuario quien especifica qué operaciones se han de hacer y en qué orden, con lo que conviene conocer bien las propiedades de dichas operaciones para optimizar el proceso y el resultado de una consulta. Por ejemplo, siempre que se pueda conviene primero proyectar antes de realizar otra operación posterior, para eliminar aquellas columnas que no vayan a influir en el resultado de esta segunda operación, y que así el acceso a los datos sea más rápido.

Hay otras operaciones con relaciones de gran interés en bases de datos, como es el caso de la *Unión Natural* (o Join). Dadas dos relaciones R y S definidas con algún atributo común, se puede formar una tabla uniendo los datos de ambas de la siguiente manera:

1. Se calcula $R \times S$.

2. Para cada atributo común A_i se seleccionan las filas en las que los valores $R[A_i]$ y $S[A_i]$ coincidan.

3. Proyectar para eliminar una de las columnas A_i repetidas.

El resultado es una nueva relación que se denota $R \bowtie S$. Así, en el ejemplo 35, la unión natural de R y S daría una tabla con los alumnos que tienen ambas asignaturas, con sus DNI y las notas de las dos asignaturas.

5.7.1. Relaciones y Bases de Datos

Para ver las aplicaciones de la teoría de relaciones binarias en las bases de datos, introduciremos el concepto de *dependencia funcional* y de *clave*. Para ello, se define un *descriptor* como un conjunto cualquiera de atributos. Entre dos descriptores X e Y se dice que hay una dependencia funcional, se escribe $X \to Y$ y se lee *X implica Y* (o *Y depende de X*), si en cualquier n-upla de la relación el valor de X determina el de Y. Dicho de otra forma, para cada valor X_0 del *implicante* X, todas las posibles n-uplas de la relación cuyo valor en X sea X_0 tendrán el mismo valor en el *implicado* Y.

Ejemplo 36 (label=ejploBiblio). *Biblioteca*

En una tabla con los libros de una biblioteca que contenga el TITULO, AUTOR, EDITORIAL, AÑO (de publicación), ISBN, CODIGO (de un ejemplar concreto), LIBRERIA (donde se compró el ejemplar) y TELEFONO (de dicha librería), existen dependencias funcionales tales como

$$CODIGO \to LIBRERIA$$

$$LIBRERIA \to TELEFONO$$

$$\{TITULO, AUTOR, EDITORIAL, AÑO\} \to ISBN$$

La dependencia funcional es una relación binaria en el conjunto de descriptores, que verifica las propiedades reflexiva y transitiva. Si queremos pues hallar todas las dependencias funcionales que se deducen por transitividad de un conjunto de dependencias $\mathcal{L}$, tendremos que hallar el cierre transitivo de dicho conjunto de relaciones, es decir $\mathcal{L}^{(+)}$.

Un esquema relacional se define un como una terna $(R, T, \mathcal{L})$, donde T es un conjunto de atributos, $\mathcal{L}$ es un conjunto de dependencias funcionales entre los descriptores derivados de dichos atributos, y R es una relación que responde a las especificaciones anteriores (también se dice que R es el "estado" de la relación). Una dependencia $X \to Y$ es total cuando no existe $X' \subset X$ tal que $X' \to Y$, y parcial en caso contrario. Una dependencia total se escribe $X \Rightarrow Y$.

Definición 43 (label=defclave). *Claves*

Un descriptor K es una clave del esquema $(R, T, \mathcal{L})$ si $K \Rightarrow T$, es decir, si el valor de todas las componentes está determinado por los valores de K, con lo que de alguna manera K sirve para identificar las n-uplas.

En el ejemplo 35, DNI es una clave, mientras que en el ejemplo anterior de la biblioteca sería {TITULO,AUTOR,EDITORIAL,AÑO}. En cualquier relación, para poder proceder a un proceso de normalización es imprescindible conocer las claves de la misma. A veces estas se ven a simple vista (si el ejemplo es muy sencillo), pero si no, hay que calcularlas a partir de las dependencias funcionales del esquema relacional mediante un algoritmo que es computacionalmente complejo si el número de atributos n involucrados es grande (puesto que el número de descriptores es 2^n). Para resolver este problema de forma más eficiente, se utilizan las llamadas *relaciones de adyacencia*.

Definición 44 (label=defadyacencia). *Adyacencia*

Sean dos dependencias funcionales $f_1 \equiv S_1 \to X_1$ y $f_2 \equiv S_2 \to X_2$ de un esquema relacional. Se dice que f_1 y f_2 son adyacentes, y se escribe $f_1 \sim f_2$, si

$$(S_1 \cup X_1) \cap (S_2 \cup X_2) \neq \emptyset$$

Es fácil ver que la relación de adyacencia es reflexiva y simétrica, pero no transitiva. Así, se define la relación de *conexión*, y se denota $f_1 \approx f_2$, como el cierre transitivo de la relación de adyacencia. Debido al lema 2, la relación de conexión es una relación de equivalencia, y por tanto induce una partición en el conjunto de dependencias funcionales. Si pensamos en la definición de adyacencia y cómo se construye la de conexión, es evidente que dicha partición induce otra en T, considerando los atributos involucrados en las dependencias de cada clase de equivalencia. Se tiene por tanto el esquema inicial $(R, T, \mathcal{L})$ descompuesto en esquemas mas pequeños $(R_i, T_i, \mathcal{L}_i)$, para los cuales es más rápido el cálculo de una clave K_i, y se puede entonces recomponer una clave del esquema original uniendo dichas claves, es decir

$$K = \bigcup_i K_i$$

Así el cálculo de claves queda simplificado a través del cálculo de la matriz de conexión de la relación de adyacencia, lo cual se puede hacer, según vimos en el párrafo **5.3.2**, mediante el algoritmo de Warshall 3.

Nota 26 (label=ordenBDs). *Relaciones de orden y Bases de Datos*

También las relaciones de orden tienen su aplicación en el manejo de Bases de Datos. La idea es que si durante la manipulación de una determinada base de datos pensamos utilizar muchas selecciones y búsquedas a través de un determinado campo o dominio, conviene establecer un orden total en los valores de dicha columna y mantener estos ordenados durante dicho proceso, puesto que los algoritmos de búsqueda en una lista son más eficientes si esta se halla ordenada. En la gestión de Bases de Datos, este proceso se conoce como "crear un fichero de índices".

5.7.2. Formas Normales

Como complemento del capítulo, mostramos algunas nociones básicas adicionales sobre Bases de Datos, que sirva como motivación para el estudio de este tema. Así, diremos en primer lugar que la teoría de bases de datos relacionales busca la mayor coherencia teórico-práctica en el manejo de los datos y, en este sentido, el objetivo fundamental consiste en evitar las siguientes anomalías, que surgen normalmente cuando uno se propone incluir todos los datos en una única tabla o relación:

(a) **Anomalía de inserción:** imposibilidad de introducir información al no conocer el valor de la clave primaria (ver más adelante la Segunda Forma Normal). Por ejemplo, si una base de datos consta de una única tabla en donde se insertan los alumnos matriculados en Informática, con las asignaturas en donde estos se han matriculado, no podremos introducir información alguna sobre el plan de estudios (asignaturas) hasta que no haya algún alumno matriculado, y no se dispondrá de la información completa sobre dicho plan de estudios hasta que no haya alumnos matriculados de todas las asignaturas posibles.

(b) **Anomalía de borrado:** pérdida de información como consecuencia del borrado de un registro. En el caso anterior, si el único alumno matriculado en una asignatura renuncia a su matrícula, perderemos la información sobre la existencia de dicha asignatura.

(c) **Anomalía de modificación:** necesidad de propagar información debido a un diseño redundante de la base de datos. En el mismo ejemplo de antes, si un grupo de primero de Informática cambia de aula y ese dato aparece en la (única) tabla de alumnos, deberemos modificar ese dato tantas veces como alumnos pertenezcan a ese grupo.

Los ejemplos anteriores muestran que no es una buena táctica el organizar una base de datos compleja (es decir, con muchos datos que tienen entre sí muchas "interrelaciones") en una única tabla (es decir, en una única "relación" R). Es mejor, para evitar anomalías, dividirla en pequeñas tablas (o relaciones) de manera que cada una de ellas cumpla unos requisitos de "normalización", y que conserven la misma cantidad de información de la tabla total con las correspondientes interrelaciones o dependencias funcionales. Además, una tabla gigante sería poco eficiente a la hora de realizar consultas.

Así, una descomposición del esquema relacional $(R, T, \mathcal{L})$ consiste en dar k esquemas relacionales $(R_i, T_i, \mathcal{L}_i)$ de forma que

$$T = \bigcup_{i=1}^{k} T_i \quad , \quad \mathcal{L} = \bigcup_{i=1}^{k} \mathcal{L}_i$$

y que cada $\mathcal{L}_i$ solo afecte a los atributos de T_i (nótese que no se pide que los T_i sean disjuntos). El hecho de que la descomposición sea "sin pérdida de información" se traduce en la llamada

Propiedad LJ (Lossless Join): $R - \pi_{T_1}(R) \bowtie \ldots \bowtie \pi_{T_k}(R)$.

(En general, solo es cierta la contención $\subseteq$). Cada uno de estos esquemas deben de cumplir ahora unos requisitos de normalización o "formas normales". Sin entrar en excesivos detalles, hay varias formas normales sucesivas, que suponen cada vez un mayor grado de normalización, y se debe pedir como mínimo que estén en tercera forma normal. El significado de las tres primeras formas normales es el siguiente:

(FN1) Primera Forma Normal: las entradas deben ser simples (es decir, no admitimos conjuntos de valores como entrada; si eso ocurre, deberemos de desglosar dicha entrada en tantas como elementos de dicho conjunto). En el ejemplo anterior sobre matriculación de alumnos, en un campo llamado "asignatura" no deberíamos escribir nombres de varias asignaturas sino hacer, para cada alumno, un registro distinto para cada asignatura.

(FN2) Segunda Forma Normal: además de estar en **FN1**, debe cumplir que todo atributo no primo (es decir, que no forme parte de ninguna clave) debe depender de forma total de la clave primaria (una de las claves que se ha elegido como principal). Si una relación no está en **FN2**, deben separarse en una tabla aparte aquel atributo no primo junto con la parte de la clave primaria de la que depende de forma total.

En el ejemplo que hemos estado considerando anteriormente, supongamos que cada registro consta de los siguientes atributos:

$$\textbf{DNI} \text{ , } \textbf{asignatura} \text{ , apellidos , nombre , nota , curso , grupo, aula}$$

El descriptor formado por los dos atributos en negrita es la clave primaria, y vemos que "curso" depende solo de "asignatura", y no de "DNI", así que habría que hacer una tabla aparte con los identificadores de los cursos y sus aulas.

(FN3) Tercera Forma Normal: además de estar en **FN2**, debe cumplir que ningún atributo no primo dependa transitivamente de la clave primaria. Se dice que la dependencia $X \to Y$ es transitiva si

1. $X \cap Y = \emptyset$
2. Existe Z con $X \cap Z = \emptyset$ e $Y \cap Z = \emptyset$ tal que $X \to Z$ y $Z \to Y$, pero $\neg(Z \to X)$.

En otras palabras, la dependencia no se deduce de forma transitiva de otras dos dependencias no triviales. Si una relación no verifica **FN3** se han de separar los descriptores Z e Y (según la notación anterior) en una tabla aparte. En el ejemplo anterior, el número de aula depende del grupo, que a su vez depende de la clave primaria, así que debería hacerse una tabla con ambos (grupo y aula), de forma que en la tabla restante cada alumno solo se le asocia el identificador del grupo, y si el aula cambia solo será necesario hacer una modificación en la tabla secundaria. En ambos casos (**FN2** y **FN3**), debe mantenerse el "implicante" en la tabla original, como referencia (clave externa o foránea) a la tabla auxiliar.

Por último, y para concluir el comentario sobre las aplicaciones de este capítulo, diremos que el problema básico para el diseño de bases de datos es lo que se llama la "síntesis de Bernstein", que consiste en descomponer un esquema relacional en k subesquemas, con k mínimo, de forma que se verifique la propiedad **LJ** y que cada subesquema esté en **FN3**.

5.8. Problemas sobre Relaciones

1. Sea $A = \{1, 2, 3, 4, 5\}$. Se considera la relación binaria R en A dada por

$$x\,R\,y \Leftrightarrow x + y \leq 5$$

   a) Estudia las propiedades de R.

   b) Halla el cierre reflexivo–transitivo de R.

   c) Calcula las relaciones inversa y complementaria de R.

   d) Sea S la relación en A definida por

$$x\,S\,y \Leftrightarrow x|y$$

   Halla las relaciones $R \cup S$, $R \cap S$, $R \circ S$ y $S \circ R$, y comprueba si $R \subseteq S$ ó $S \subseteq R$.

2. Estudia las propiedades de las siguientes relaciones en $\mathbb{N}$:

   a) $x\,R\,y \Leftrightarrow (x|y) \wedge (x \neq y)$

   b) $x\,R\,y \Leftrightarrow x \neq y$

   c) $x\,R\,y \Leftrightarrow x < y^2$

   d) $x\,R\,y \Leftrightarrow (x = y = 0) \vee \exists n\,(2^n \leq x, y < 2^{n+1})$

   e) $x\,R\,y \Leftrightarrow x + y$ es primo

   f) $x\,R\,y \Leftrightarrow \max\{x, y\}$ es primo

3. Sea $A = \{n \in \mathbb{N} \mid 2 \leq n \leq 32\}$. Se define una relación R de forma que $x\,R\,y$ si y solo si "x e y tienen el mismo conjunto de divisores primos".

   a) Demuestra que R es una relación de equivalencia.

   b) Halla la *partición inducida* por R.

4. Para n un entero positivo fijado, se considera sobre $\mathbb{Z}$ la relación

$$aRb \Leftrightarrow |a - b| = kn,\ \exists k \in \mathbb{Z}$$

   (a) Demuestra que R es una relación de equivalencia, y describe la partición $\mathcal{P}$ inducida por R sobre $\mathbb{Z}$.

   (b) Demuestra que existe una aplicación biyectiva entre $\mathcal{P}$ y $\mathbb{Z}/n = \{0, 1, \ldots, n - 1\}$.

5. Demuestra que sobre $\mathbb{N} \times \mathbb{N}$ la relación

$$(a, b) \sim (c, d) \Leftrightarrow a + b = c + d$$

   es de equivalencia, y describe las clases de equivalencia correspondientes.

6. Se considera sobre el conjunto $\mathbb{Z}$ la siguiente relación binaria:

$$m \leq n \Leftrightarrow (m = n) \vee (\,|m| < |n|\,)$$

   ¿Es una relación de orden? En caso afirmativo, ¿es un orden total?

7. Sea $A = \{1, t, 1 + t, t^2, t^2 + 1, t^2 - 1, t^3, t^3 + t, t^3 - 1\}$. Se considera la relación de orden

$$p(t) \leq q(t) \Leftrightarrow p(t)|q(t)$$

   es decir, la relación de divisibilidad entre polinomios. Dibuja el *diagrama de Hasse* de esta relación, y discute la existencia de extremos y elementos extremales.

8. Se considera en $\mathbb{N} \times \mathbb{N}$ la relación

$$(a, b) \leq (c, d) \Leftrightarrow (a \leq c) \wedge (b \leq d)$$

Demuestra que es una relación de orden. ¿Es un orden total? ¿Es un retículo?

9. Se considera en $\mathbb{N} \times \mathbb{N}$ la relación

$$(m, n) \leq (m', n') \Leftrightarrow (m + n < m' + n') \vee [(m + n = m' + n') \wedge (m \leq m')]$$

Esta relación se puede generalizar a k uplas de números naturales de la siguiente manera: se llama *grado* de una k-upla $(n_1, \ldots, n_k)$ al número $n_1 + \cdots + n_k$; de esta manera, dadas dos k-uplas $\mathbf{n}, \mathbf{m} \in \mathbb{N}^k$, se dice que $\mathbf{n} \leq \mathbf{m}$ si el grado de $\mathbf{n}$ es estrictamente menor que el grado de $\mathbf{m}$ o, en caso de igualdad, si $\mathbf{n} \leq \mathbf{m}$ con respecto al orden léxico-gráfico usual. Esta relación de orden se denomina *orden léxico-gráfico graduado*.

Demuestra que es una relación de orden total.

10. Se considera el conjunto

$$A = \{2, 3, 4, 6, 9, 12, 18\}$$

parcialmente ordenado mediante la relación de divisibilidad

$$x\mathrm{R}y \Leftrightarrow x|y$$

a) Dibuja el diagrama de Hasse correspondiente al conjunto parcialmente ordenado (A, R), y estudia sus elementos extremos y extremales.

b) Halla la matriz asociada a la relación R, y relaciona la propiedad antisimétrica de R con el hecho de que la matriz de R es "triangular superior".

c) Calcula los conjuntos

$$B - C \ , \ C - B \ , \ B\Delta C \ , \ B \cap C \ , \ B \cup C$$

donde

$$\begin{aligned} B &= \{x \in A \mid 2\mathrm{R}x\} \\ C &= \{x \in A \mid 3\mathrm{R}x\} \end{aligned}$$

11. Se considera el conjunto $A = \{a, b, c, d, e\}$ y la relación binaria en A definida por

$$\mathrm{R} := \{(a, c), (b, c), (c, d), (c, e)\}$$

a) Halla la matriz asociada a la relación R.

b) Calcula la matriz asociada al cierre reflexivo–transitivo R^* de R.

c) Demuestra que R^* es una relación de orden parcial.

d) Dibuja el diagrama de Hasse de R^*.

12. Se consideran los siguientes conjuntos de números enteros ordenados por divisibilidad:

- $A = \{5, 10, 15, 30\}$
- $B = \{1, 3, 7, 15\}$
- $C = \{2, 3, 5, 6, 10, 30\}$
- $D = \{1, 2, 3, 4, 6, 9\}$
- $E = \{2, 3, 4, 6, 8, 12\}$
- $F = \{1, 3, 7, 15, 21, 105\}$
- $G = \{1, 2, 3, 4, 6, 8, 12\}$

- $H = \{2, 3, 4, 6, 8, 12, 24\}$
- $I = \{1, 2, 3, 4, 6, 8, 12, 24\}$
- $J = \{2, 3, 5, 6, 7, 10, 21, 30\}$

Estudia los elementos extremos y extremales, y analiza cuáles de estos conjuntos parcialmente ordenados son *retículos*.

Comprueba los resultados a partir de los correspondientes diagramas de Hasse.

13. Halla un orden lineal compatible con el conjunto $\{1, 2, 4, 5, 12, 20\}$ parcialmente ordenado por divisibilidad.

14. Se define un palíndromo como una cadena de símbolos que se lee igual de izquierda a derecha que de derecha a izquierda, es decir que $w^R = w$.

    (a) Da una definición alternativa de palíndromo de manera recursiva.

    (b) Demuestra que si x es un palíndromo entonces también lo es la concatenación xx.

    (c) Demuestra que si x es una cadena cualquiera entonces $x^R x$ es un palíndromo.

15. Se define de manera recursiva $a_{m,n}$ de manera que $a_{0,0} := 0$ y

$$a_{m,n} := \begin{cases} a_{m-1,n} + 1 & \text{si } n = 0 \text{ y } m > 0 \\ a_{m,n-1} + n & \text{si } n > 0 \end{cases}$$

Demuestra que $a_{m,n} = m + \dfrac{n^2 + n}{2}$ para todos $m, n \in \mathbb{N}$.

16. Definiremos de forma recursiva un árbol binario T como un conjunto de vértices y aristas de esta manera:

    a) Un vértice aislado r, sin aristas, que constituye la *raíz* del árbol (caso base).

    b) Dados dos árboles binarios T_1 y T_2 con raíces r_1 y r_2 respectivamente, y dado un vértice r que no pertenezca ni a T_1 ni a T_2, se construye un árbol binario de raíz r añadiendo dos aristas que unan r con r_1 y r_2.

Demuestra mediante inducción estructural que si T es un árbol binario con n vértices, entonces el número de aristas de T es $n - 1$.

5.9. Prácticas con Python

En esta sección veremos algunos ejemplos sencillos de trabajo con relaciones en Python. Como siempre, finalizaremos la sección proponiendo la resolución de algunos de los problemas anteriores mediante el uso del lenguaje Python.

Relaciones de orden: Veamos en primer lugar comprobaciones sencillas con las relaciones de orden usuales. Las comparaciones entre números son evidentes, pero también se pueden comparar listas o tuplas de números, mediante el orden léxico-gráfico:

```
In: (1, 2) < (1, 3)
Out: True
In: (1, 2) < (2, 3)
Out: True
In: (1, 2) < (1, 1)
Out: False
In: (1, 2) < (1, 2, 3)
Out: True
```

La relación de orden léxico-gráfico también funciona con cadenas de caracteres, donde los caracteres se comparan según su número ASCII:

```
In: 'a' < 'abracadabra'
Out: True
In: 'abracadabra' < 'bravo'
Out: True
In: 'a' < 'A'
Out: False
In: 'a' > 'A'
Out: True
In: 'a' < 'a'
Out: False
In: 'a' <= 'a'
Out: True
```

Nótese que el número ASCII de una letra minúscula es mayor que el de cualquier letra mayúscula. Asimismo, si una palabra (o vector) x es prefijo de y, entonces $x < y$.

Una lista de objetos se puede ordenar, de menor a mayor, siempre que los objetos sean del mismo tipo:

```
> L = [(1,), (1, 2, 3), (1, 2)]
> sorted(L)
[(1,), (1, 2), (1, 2, 3)]
> sorted(L, reverse=True)
[(1, 2, 3), (1, 2), (1,)]
> nombres = ['Pepe', 'Ana', 'Javier', 'Carlos', 'Mario']
> sorted(nombres)
['Ana', 'Carlos', 'Javier', 'Mario', 'Pepe']
```

La opción **reverse=True** es para ordenar de forma descendente, de mayor a menor.

En las mismas condiciones, se puede calcular el máximo o el mínimo de una lista:

```
> min(L)
(1,)
> max(L)
(1, 2, 3)
> min(nombres)
'Ana'
> max(nombres)
'Pepe'
```

Para hallar el máximo o el mínimo de una matriz bidimensional se puede usar un bucle, o también se puede hacer uso de la librería numpy [76], de esta manera

```
> import numpy as np
> Tabla = [[1, 2, 3], [4, 6, 0]]
> Tabla = np.array(Tabla)
> m, n = Tabla.shape
> Tabla = Tabla.reshape(m*n, 1)
> Tabla = np.squeeze(Tabla)
> min(Tabla)
0
> max(Tabla)
6
```

o bien directamente

```
> Tabla = [[1, 2, 3], [4, 6, 0]]
> np.min(Tabla)
0
> np.max(Tabla)
6
```

Relaciones binarias: Veamos a continuación como trabajar con relaciones binarias en general. Para trabajar con relaciones n-arias en términos conjuntistas, bastaría con trabajar con productos cartesianos más generales, pero no lo consideraremos aquí. Para hacer cálculos concretos, resolveremos el problema 1 de este capítulo.

Resolución del Problema 1:

Comenzamos por definir el conjunto A y el producto cartesiano $A \times A$:

```
> from sympy import *
> A = FiniteSet(1, 2, 3, 4, 5)
> A2 = A * A
```

Construimos ahora la relación R en términos conjuntistas:

```
R = EmptySet
for par in A2:
    x = par[0]
    y = par[1]
    if x + y <= 5:
        R |= FiniteSet(par)
```

Comprobamos que el cálculo se ha realizado correctamente:

```
> R
FiniteSet((1, 1), (1, 2), (1, 3), (1, 4), (2, 1), (2, 2), (2, 3), (3, 1),
          (3, 2), (4, 1)
)
```

Para construir la matriz binaria de la relación, inicializamos una matriz de ceros, y escribimos los 1's en las posiciones correspondientes (la función `zeros` es de `sympy`):

```
M = zeros(5, 5)
for par in R:
    x = par[0]
    y = par[1]
    M[x-1, y-1] = 1
> M
Matrix([
[1, 1, 1, 1, 0],
[1, 1, 1, 0, 0],
[1, 1, 0, 0, 0],
[1, 0, 0, 0, 0],
[0, 0, 0, 0, 0]])
```

A partir del teorema 5.2 de este capítulo, se ve a simple vista que R no es ni reflexiva, ni irreflexiva, ni antisimétrica, ni asimétrica. También se ve a simple vista que es simétrica pero se puede comprobar así:

```
> M.T == M
True
```

Veamos ahora si es transitiva o intransitiva; para ello hemos de calcular $M \cdot M$ módulo 2 y ver si el resultado es menor o igual que M o que la negación de M, es decir $1 - M$:

```
> import numpy as np
> M2 = np.array((M*M)).astype(bool).astype(int)
> M2
array([[1, 1, 1, 1, 0],
       [1, 1, 1, 1, 0],
       [1, 1, 1, 1, 0],
       [1, 1, 1, 1, 0],
       [0, 0, 0, 0, 0]])
> M2 <= np.array(M)
array([[ True,  True,  True,  True,  True],
       [ True,  True,  True, False,  True],
       [ True,  True, False, False,  True],
       [ True, False, False, False,  True],
       [ True,  True,  True,  True,  True]])
> notM = np.ones((5, 5)).astype(int) - np.array(M)
> notM
array([[0, 0, 0, 0, 1],
       [0, 0, 0, 1, 1],
       [0, 0, 1, 1, 1],
       [0, 1, 1, 1, 1],
```

170   MATEMÁTICA DISCRETA

```
        [1, 1, 1, 1, 1]], dtype=object)
> M2 <= notM
array([[False, False, False, False,  True],
       [False, False, False,  True,  True],
       [False, False,  True,  True,  True],
       [False,  True,  True,  True,  True],
       [ True,  True,  True,  True,  True]])
```

Vemos pues que no es ni transitiva ni intransitiva.

Veamos ahora cómo calcular los cierres de R mediante su matriz M:

```
# cierre reflexivo
> np.array(M + eye(5, 5)).astype(bool).astype(int)
Matrix([
[1, 1, 1, 1, 0],
[1, 1, 1, 0, 0],
[1, 1, 1, 0, 0],
[1, 0, 0, 1, 0],
[0, 0, 0, 0, 1]])
# cierre simétrico (en este caso R ya es simétrica)
> np.array(M + M.T).astype(bool).astype(int)
array([[1, 1, 1, 1, 0],
       [1, 1, 1, 0, 0],
       [1, 1, 0, 0, 0],
       [1, 0, 0, 0, 0],
       [0, 0, 0, 0, 0]])
# cierre transitivo
> M2 = Matrix(M2)
> M3 = np.array(M2 * M).astype(bool).astype(int)
> M3
array([[1, 1, 1, 1, 0],
       [1, 1, 1, 1, 0],
       [1, 1, 1, 1, 0],
       [1, 1, 1, 1, 0],
       [0, 0, 0, 0, 0]])
> M3 == np.array(M2)
array([[ True,  True,  True,  True,  True],
       [ True,  True,  True,  True,  True],
       [ True,  True,  True,  True,  True],
       [ True,  True,  True,  True,  True],
       [ True,  True,  True,  True,  True]])
> MR = np.array(M + M2).astype(bool).astype(int)
> MR
array([[1, 1, 1, 1, 0],
       [1, 1, 1, 1, 0],
       [1, 1, 1, 1, 0],
       [1, 1, 1, 1, 0],
       [0, 0, 0, 0, 0]])
```

En este ejemplo, como hemos comprobado que $M^2 = M^3$ la matriz MR es la matriz del cierre transitivo. Para hallar el cierre reflexivo-transitivo basta con sumar, de manera análoga al cálculo que acabamos de hacer, la matriz MR más la identidad (lo dejamos como ejercicio para el lector).

Otra forma alternativa para hallar la matriz de conexión MR es usar el algoritmo de Warshall, en donde la función OR equivale al máximo de los dos bits, y la función AND equivale al mínimo:

```
def Warshall(M):
    # M se supone cuadrada
    m = M.shape[0]
    for k in range(m):
        for i in range(m):
            for j in range(m):
                M[i, j] = max(M[i, j], min(M[i, k], M[k, j]))
    return(M)
```

Comprobemos que da el mismo resultado:

```
> Warshall(M)
Matrix([
[1, 1, 1, 1, 0],
[1, 1, 1, 1, 0],
[1, 1, 1, 1, 0],
[1, 1, 1, 1, 0],
[0, 0, 0, 0, 0]])
```

Finalmente, veamos como obtener la relación $R^{(+)}$ a partir de la matriz MR:

```
L = list(MR.reshape(25, 1))
RR = EmptySet
for i, b in enumerate(L):
    x = i // 5
    y = i % 5
    if b == 1:
        par = (x+1, y+1)
        RR |= FiniteSet(par)
> RR
FiniteSet((1, 1), (1, 2), (1, 3), (1, 4), (2, 1), (2, 2), (2, 3), (2, 4),
          (3, 1), (3, 2), (3, 3), (3, 4), (4, 1), (4, 2), (4, 3), (4, 4)
)
```

Utilizando las técnicas anteriormente descritas, proponemos al lector terminar de resolver todos los apartados del problema 1 de este capítulo.

Diagrama de Hasse: Veamos cómo construir el diagrama de Hasse de una lista de enteros ordenados por divisibilidad. Para ello definimos dos funciones: la primera toma una lista de enteros y devuelve una lista de pares de números en los que el primer elemento divide al segundo, y la segunda función elimina, de las relaciones de divisibilidad anteriores, las que son redundantes para el diagrama de Hasse:

```
def divisibilidad(L):
    E = set()
    for m in L:
        L2 = L.copy()
        L2.remove(m)
```

```
            for  n  in  L2:
                if  m  %n  ==  0:
                    E.add((n,  m))
        return(E)

def  Hasse(E):
    E2  =  set()
    for  e0  in  E:
        for  e1  in  E:
            if  e0[1]  ==  e1[0]:
                E2.add((e0[0],  e1[1]))
        return(E  −  E2)
```

Comprobemos cómo actúan en el apartado 3 del Ejemplo 30:

```
> L = [2, 4, 5, 7, 10, 14, 28, 35, 70]
> E = divisibilidad(L)
> H = Hasse_div(E)
> H
{(2, 4),
 (2, 10),
 (2, 14),
 (4, 28),
 (5, 10),
 (5, 35),
 (7, 14),
 (7, 35),
 (10, 70),
 (14, 28),
 (14, 70),
 (35, 70)}
```

En total 12 aristas, como en el ejemplo citado.

Veamos cómo adaptar la primera de las funciones para el caso de una lista de conjuntos (FiniteSet de sympy) ordenados por inclusión:

```
def  inclusiones(L):
    E  =  set()
    for  B  in  L:
        L2  =  L.copy()
        L2.remove(B)
        for  A  in  L2:
            if  A  <=  B:
                E.add((A,  B))
        return(E)
```

Ahora nos sirve la misma función Hasse, como vemos en el apartado 4 del Ejemplo 30:

```
> a = 'abc'
> A = FiniteSet(*a)
> PA = A.powerset()
> L = list(PA)
```

```
> Hasse(inclusiones(L))
{(EmptySet, FiniteSet(c)),
 (EmptySet, FiniteSet(b)),
 (EmptySet, FiniteSet(a)),
 (FiniteSet(a), FiniteSet(a, c)),
 (FiniteSet(c), FiniteSet(a, c)),
 (FiniteSet(a), FiniteSet(a, b)),
 (FiniteSet(a, c), FiniteSet(a, b, c)),
 (FiniteSet(b), FiniteSet(a, b)),
 (FiniteSet(c), FiniteSet(b, c)),
 (FiniteSet(b), FiniteSet(b, c)),
 (FiniteSet(b, c), FiniteSet(a, b, c)),
 (FiniteSet(a, b), FiniteSet(a, b, c))}
```

Se tienen asimismo las 12 aristas del ejemplo citado.

Nota 27 (label=minmax). *Minimales y maximales*

A la vista del resultado del diagrama de Hasse, se pueden obtener los elementos maximales y minimales del CPO, sin más que buscar en la lista de aristas del diagrama los elementos del conjunto que no aparezcan en el diagrama como primer elemento (respectivamente, segundo elemento) en ninguna de las tuplas.

Para eliminar un elemento minimal (o maximal) del CPO habría que eliminar dicho elemento del conjunto, así como todas las aristas del diagrama en donde dicho elemento aparezca.

Ejercicio 23. *Ordenación Topológica*

Escribe una función en Python que reciba como datos un CPO L, y su diagrama de Hasse H, y devuelva una ordenación de los elementos de L compatible con la relación de orden del CPO.

L sería un iterable, y H sería un iterable con los pares de elementos de L que determinan las aristas del diagrama de Hasse. La función debe devolver una lista ordenada.

Téngase en cuenta la Nota 27 anterior para la búsqueda de elementos minimales e ir eliminándolos de L, según el algoritmo de ordenación topológica.

Comprueba que el resultado es correcto con el ejemplo del Ejercicio 22, y resuelve el Problema 13 de este capítulo.

Particiones: Resolveremos el Problema 3 de este capítulo para mostrar como generar las clases de equivalencia de la partición inducida por una relación de equivalencia sobre un conjunto finito. Comenzaremos por generar la lista de enteros que nos interesan:

```
> L = list(range(2, 33))
```

Ahora tenemos que recorrer la lista y ver qué elementos posteriores tienen el mismo conjunto de divisores primos que el elemento actual, y eliminar dichos elementos para evitar operaciones redundantes. Para ello necesitamos una función que nos calcule el conjunto de divisores primos de un número entero mayor que 2. Para ello haremos una búsqueda exhaustiva, y cuando encontremos un divisor, dividiremos por dicho divisor cuantas veces podamos para evitar encontrar posteriormente un divisor que no sea primo. Si el lector no se atreve a programar dicha función, he aquí el código de Python:

```
def divPrimos(n):
```

```
    assert isinstance(n, int)
    assert n > 0
    from math import sqrt, ceil
    P = set()
    if n > 1:
        if n %2 == 0:
            divisible = 1
            P.add(2)
            while divisible:
                n = n // 2
                if n %2 != 0:
                    divisible = 0
        d = 3
        while n > 1 and d <= n:
            if n %d == 0:
                divisible = 1
                P.add(d)
                while divisible:
                    n = n // d
                    if n %d != 0:
                        divisible = 0
            d += 2
    return(P)
```

Realizamos ahora el bucle principal para resolver el problema planteado:

```
def particion(L):
    D = [divPrimos(k) for k in L]
    P = []
    while L:
        s = set()
        l = len(L)
        Primos = D[0]
        k = 0
        for i in range(l):
            if D[i] == Primos:
                k += 1
                s.add(L[i])
        P.append(s)
        S = list(s)
        for i in range(k):
            D.remove(Primos)
            L.remove(S[i])
    return(P)
```

Comprobamos el resultado del problema 4:

```
> particion(L)
[{2, 4, 8, 16, 32},
 {3, 9, 27},
 {5, 25},
 {6, 12, 18, 24},
 {7},
```

```
{10, 20},
{11},
{13},
{14, 28},
{15},
{17},
{19},
{21},
{22},
{23},
{26},
{29},
{30},
{31}]
```

Ejercicio 24. *Resolver con Python el problema 2 de este capítulo, cambiando el conjunto $\mathbb{N}$ por un conjunto finito (por ejemplo el conjunto de los números naturales del 0 al 100). Dos observaciones:*

- *Hay que tener cuidado en evitar la división por cero, en la comprobación de la divisibilidad.*

- *Para comprobar si un número es primo, se puede utilizar la función* `isprime` *de la librería* `sympy`.

Ejercicio 25. *De acuerdo con el Problema 9 del presente capítulo, escribe una función de Python que reciba dos tuplas del mismo tamaño (x, y) y devuelva True / False según $x \leq y$ o no, con la relación orden léxico-gráfico graduado.*

Ejercicio 26. *Resuelve con Python los problemas 10, 11 y 12.*

Capítulo 6

Aritmética entera y modular

En este capítulo estudiaremos los conceptos básicos y las aplicaciones de la aritmética de números enteros, así como de la aritmética modular, de enorme aplicación en criptografía y en otras áreas de la Informática.

6.1. Aritmética entera

La suma, resta y producto de números enteros es siempre un número entero, pero no siempre sucede así con la división. Así, se dice que un entero b divide a $a \in \mathbb{Z}$, y se denota $b|a$, si $a = b \cdot c$ para algún $c \in \mathbb{Z}$. En ese caso, decimos que b es un divisor (o factor) de a, y que a es un múltiplo de b, es decir, la división a/b es un entero. En caso contrario, escribimos $a \nmid b$, y se obtiene un resto al dividir.

El siguiente resultado elemental es muy útil en la práctica, como veremos más adelante:

Lema 3. *Divisibilidad*

Sean a, b, k, x, y, z números enteros; entonces:

1. *Si $a|x$, entonces $a|y$ si y solo si $a|(x \pm y)$.*

2. *Por lo tanto, a divide a x e y (divisor común) si y solo si a divide a x y a $x - y$.*

3. *$x|x$.*

4. *$x|y$ y $y|x$ si y solo si $x = +y$.*

5. *Si $x|y$ y $y|z$, entonces $x|z$.*
   Es decir, si $a|b$ entonces $a|kb$ para todo entero k.

Los tres últimos apartados del lema anterior indican que la divisibilidad es una relación de orden sobre los números naturales. En general, entre números enteros se tiene la división entera, con cociente y resto:

Teorema 6.1. *División entera*

Sean D, d enteros con $d \neq 0$. Entonces existen enteros q, r (únicos) tales que

$$D = qd + r$$

donde $0 \leq r < |d|$.

En las condiciones anteriores, D se llama dividendo, d divisor, q cociente y r resto. Obviamente, $d|D$ si y solo si $r = 0$.

El siguiente resultado es el fundamento de la escritura de los números enteros en distintas bases de numeración:

Teorema 6.2. *Numeración*

Fijado un entero positivo $b > 1$ cualquiera como base de numeración, todo entero no negativo $n \geq 0$ se escribe de manera única como

$$n = a_k b^k + \ldots + a_1 b + a_0$$

donde $k \geq 0$, $0 \leq a_0, \ldots, a_k \leq b - 1$, y $a_k \neq 0$.

La representación anterior se denomina *expansión* (o expresión) de n *en base* b. Las bases de numeración más típicas en Informática son 2, 8, 10 y 16, que dan lugar respectivamente a las representaciones *binaria, octal, decimal y hexadecimal*.

Para obtener una representación en base b se divide n sucesivamente por b hasta que el cociente sea nulo, y se toman los restos obtenidos en orden inverso.

6.1.1. Números primos: factorización entera

Un entero positivo p es **primo** si

- $p > 1$, y

- p solo tiene dos divisores positivos: p y 1.

En caso contrario, se dice que p es un *número compuesto*, excepto $p = 1$, que se denomina **unidad** (porque es inversible con respecto a la multiplicación).

Nota 28. *Las siguientes definiciones son equivalentes para el caso de números enteros:*

- **Primo:** *Si $p \,|\, (a \cdot b)$ entonces o bien $p|a$ o bien $p|b$.*

- **Irreducible:** *Si $p = a \cdot b$ entonces o bien $p = a$ o bien $p = b$*

y coinciden también con la que hemos dado anteriormente.

Es conocido desde muy antiguo que existen infinitos números primos. En realidad, si $a > 2$ no es primo se demuestra entonces, por el método del *descenso infinito* de Fermat, que es divisible por un número primo, pues en caso contrario obtendríamos una sucesión infinita estrictamente decreciente de números naturales, lo cual es imposible.

Para demostrar que existen infinitos números primos, por reducción al absurdo supongamos que solo hay un número finito de primos, y los denotamos

$$p_1, p_2, \ldots, p_N$$

con $p_i > 1$ para todo i. Pero entonces definimos el número entero

$$a = (p_1 \cdot p_2 \cdots p_N) + 1$$

y vemos por una parte que a no es primo, al ser $a > p_i$, pero por otra parte ninguno de los p_i lo divide, lo cual es una contradicción con lo dicho anteriormente. Esta demostración (que ya vimos en el capítulo 2) se debe a **Euclides** en el siglo III a.C.

Enunciamos a continuación el conocido como **Teorema Fundamental de la Aritmética**:

Teorema 6.3. *Teorema Fundamental de la Aritmética*

Todo entero positivo estrictamente mayor que 1 se escribe como producto de potencias de primos, y esta escritura es única siempre que los primos se escriban en orden creciente.

La descomposición dada por el teorema anterior se denomina **factorización** de un entero en factores primos.

Este clásico resultado es bien conocido en teoría, pero no se conoce hasta la fecha un algoritmo eficiente (de tiempo polinomial, como veremos en el capítulo 9) para calcular una factorización en un caso genérico, con números grandes, exceptuando casos particulares, y si obviamos ordenadores y algoritmos de naturaleza cuántica.

Tiempo polinomial para un algoritmo, como vemos en el capítulo 9, quiere decir que existe un polinomio $P(n)$ tal que el número de operaciones requerido para terminar el algoritmo está acotado superiormente, salvo constante multiplicativa, por $P(n)$ para $n \gg 0$, donde $n = \log N$ y N es el número entero que hay que factorizar (nótese que n está relacionado entonces con el número de cifras de n, tomando como base de numeración la base del logaritmo utilizado).

Los algoritmos más sencillos de factorización operan por búsqueda exhaustiva, buscando posibles divisores de N, e iterando el procedimiento con el cociente de ambos. Cuando los números son pequeños esto funciona, pero si $N \gg 0$ y su factores primos son grandes, el algoritmo es muy lento. El procedimiento sería el siguiente:

Algoritmo de Prueba de División

1. Si N es par, dividiendo por 2 cuantas veces se pueda, se escribe

$$N = 2^k \cdot M$$

con M impar, y se sigue factorizando M.

2. Suponiendo pues que N es impar, vamos dividiendo N por todos los números impares hasta $\sqrt{N}$.

3. Encontrado un factor p, se actualiza $N := N/p$ y se itera el proceso.

4. Si llegando a $\sqrt{N}$ no se ha encontrado ningún divisor, se deduce que N es primo.

Nótese que basta comprobar hasta $\sqrt{N}$, ya que si N tiene divisores no triviales, al menos uno de ellos debe ser $d \leq \sqrt{N}$ ya que, por reducción al absurdo, si $N = a \cdot b$ y ambos divisores a y b fuesen mayores que $\sqrt{N}$, se concluiría que $a \cdot b > N$.

El antecedente de este método se conoce como *Criba de Eratostenes*, en la Antigua Grecia, en la que descartando un primo p como divisor, se suprimen de la lista de candidatos los múltiplos de p. Este método ahorraría tiempo comprobaciones, a costa de tener que almacenar los múltiplos de los primos que vayamos descartando.

Otra opción para ahorrar tiempo sería tener almacenada una lista de números primos hasta cierta cota, de manera que primero probaríamos los elementos de esta lista como candidatos a divisor, y cuando superemos la cota procederíamos por búsqueda exhaustiva. Este método sería viable si los factores primos son menores que la cota fijada o un poco mayores.

En general, estos métodos realizan una cantidad exponencial de comprobaciones, en función del tamaño del número N, con lo que para $N \gg 0$ el método es inviable.

Nota 29. *Complejidad*

El mejor algoritmo de factorización conocido es la llamada criba de cuerpos de números, *con complejidad*

$$\mathcal{O}(exp(cn^{\frac{1}{3}}(\log n)^{\frac{2}{3}}))$$

para cierta constante c, y por tanto también de complejidad exponencial. El análisis de la complejidad de algoritmos se remite al capítulo 9.

Hay otros algoritmos más especializados que encuentran rápido una factorización en casos especiales. Por ejemplo el método de Fermat *funciona muy bien si N es producto de dos primos que están próximos entre sí, ya que esencialmente se realiza una búsqueda exhaustiva a partir de* $\sqrt{N}$*, que termina pronto, al estar ambos primos cerca de este número.*

6.1.2. Algoritmo de Euclides

En este apartado estudiaremos un algoritmo muy antiguo, pero muy eficiente, que permite calcular el máximo común divisor de dos números enteros, evitando la factorización de los mismos, y por tanto realizando el cálculo de forma rápida incluso con números enormes. En las definiciones siguientes, supondremos que los enteros son no negativos, ya que para los enteros negativos bastaría con trabajar con sus valores absolutos.

En primer lugar, si $d|a$ y $d|b$ entonces d se dice que es un divisor común de a y b. El *máximo común divisor* de a y b se denota por $mcd(a, b)$, y es precisamente el mayor posible de los divisores comunes de ambos. Por tanto, cualquier otro divisor común resultará ser divisor de $mcd(a, b)$.

Por otra parte, si $a|m$ y $b|m$ entonces m es un múltiplo común de a y b. Análogamente, el *mínimo común múltiplo* de a y b se denota por $mcm(a, b)$, y es el más pequeño posible de los múltiplos comunes de ambos enteros. Por tanto, todos los múltiplos comunes resultarán a su vez múltiplos de $mcm(a, b)$.

Si $mcd(a, b) = 1$ se dice que a y b son *primos entre sí* (o también *coprimos*). Recordemos que

$$a \cdot b = mcd(a, b) \cdot mcm(a, b)$$

En particular $mcm(a, b) \leq a \cdot b$, y se dará la igualdad si y solo si a y b son coprimos. Esta fórmula nos permite calcular de manera eficiente el mínimo común múltiplo, siempre que se pueda calcular eficientemente el máximo común divisor, que es lo que en la práctica se suele calcular más fácilmente, como veremos a continuación.

Por supuesto, se podría calcular $mcd(a, b)$ teniendo las factorizaciones de a y b:

$$a = p_1^{n_1} \cdot \ldots \cdot p_r^{n_r}$$

$$b = p_1^{k_1} \cdot \ldots \cdot p_r^{k_r}$$

donde algunos de los n_i o k_i pueden ser cero si p_i no es un factor de a o de b. Así, denotemos $M_i := \text{máx}\{n_i, k_i\}$ y $m_i := \text{mín}\{n_i, k_i\}$; entonces:

$$mcd(a, b) = p_1^{m_1} \cdot \ldots \cdot p_r^{m_r}$$
$$mcm(a, b) = p_1^{M_1} \cdot \ldots \cdot p_r^{M_r}$$

Pero este método no es eficiente, como hemos visto en el apartado anterior, si a y b son grandes y tienen factores grandes. Veamos cómo podemos hacer el cálculo de forma más eficiente; aplicando el Lema de Divisibilidad, se tiene que

$$mcd(a, b) = mcd(b, a - b)$$

suponiendo $a \geq b$ (intercambiamos a y b, en caso contrario). Tras esta operación, el tamaño de los enteros ha bajado ($a \geq a - b$), y podemos continuar con el proceso hasta que uno de los números sea cero, en cuyo caso $mcd(x,0) = x$ (salvo el caso $mcd(0,0) = \infty$ que está excluido). Obviamente el proceso termina en un número finito de pasos, ya que en caso contrario se tendría una sucesión infinita decreciente de números naturales, lo cual no es posible.

Obtenemos de esta manera un procedimiento alternativo MCD para calcular el máximo común divisor, que aún no es eficiente, y que en forma recursiva se escribiría de esta manera:

- **Input:** a, b enteros positivos:

```
if a < b:
    return(MCD(b, a))
elif b == 0:
    return(a);
else:
    return(MCD(b, a - b));
```

Como ejercicio de programación, recomendamos escribirlo en forma iterativa, en vez de como programa recursivo.

Nótese que si $a \gg b$, el paso $mcd(a,b) = mcd(b, a - b)$ se repite muchas veces, hasta que finalmente $b > a - qb$. Pero entonces nos damos cuenta de que en la expresión anterior q es, de hecho, el cociente y $a - qb$ es el resto de la división entera

$$a = qb + r$$

Esto sugiere agrupar todos estos pasos en una sola división, para ahorrar tiempo, y la clave es ahora darnos cuenta de que

$$mcd(a,b) = mcd(b,r)$$

donde r es el resto de dividir a por b (suponiendo que de partida $a \geq b$). Ello acelera la velocidad del algoritmo final:

Algoritmo 5. *Algoritmo de Euclides*

Supongamos $a > b > 0$
($a = b$ es un caso trivial, y también $b = 0$)

$$
\begin{array}{rclcl}
a = r_0 &=& q_1 b &+& r_2 \\
b = r_1 &=& q_2 r_2 &+& r_3 \\
r_2 &=& q_3 r_3 &+& r_4 \\
\cdots && \cdots && \cdots \\
r_{k-1} &=& q_k r_k &&
\end{array}
$$

Se termina el algoritmo tan pronto como $r_{k+1} = 0$, y entonces

$$mcd(a,b) = r_k$$

es el último resto distinto de cero de la anterior sucesión de divisiones enteras.

Notemos en primer lugar que el algoritmo termina tras un número finito de pasos, ya que la sucesión de restos es estrictamente decreciente, y no puede por tanto ser infinita.

En cuanto a la **eficiencia**, el **Teorema de Lamé**, que remitimos a bibliografía más avanzada, asegura que el número de divisiones que hacen falta en el algoritmo de Euclides es como mucho cinco veces el número de cifras del entero más largo (a ó b). Así imaginemos por ejemplo dos números a y b de 200 cifras, entonces el algoritmo anterior necesitaría como mucho 1000 divisiones, que un ordenador medianamente potente realizaría sin problema en menos de 1 segundo.

En el problema 20 de este capítulo proponemos una forma alternativa de demostrar que el número de operaciones que realiza el algoritmo de Euclides es de orden polinomial.

El código en Python sería tan simple como:

```
def MCD(a, b):
    while b>0:
        r=a%b
        a=b
        b=r
    return(a)
```

Nótese que si $a < b$, la primera división del algoritmo anterior intercambia los papeles de a y de b.

Ejemplo 37. *Apliquemos el algoritmo de Euclides para calcular* $mcd(495, 315)$*:*

$$
\begin{aligned}
495 &= 1 \cdot 315 + 180 \\
315 &= 1 \cdot 180 + 135 \\
180 &= 1 \cdot 135 + 45 \\
135 &= 3 \cdot 45 + 0
\end{aligned}
$$

Por lo tanto, se tiene que $mcd(495, 315) = 45$*.*

El siguiente resultado en esencial en muchos cálculos relativos a la aritmética modular y sus aplicaciones prácticas, que veremos más adelante en este mismo capítulo.

Teorema 6.4. *Bézout*

Si $d = mcd(a, b)$*, existen números enteros* x, y *tales que*

$$ax + by = d$$

Obviamente, ambos números x e y han de tener signo opuesto, ya que tanto a como b son mayores o iguales que d. Esta expresión podría deducirse de la cadena de divisiones enteras del algoritmo de Euclides, mediante sustituciones sucesivas, pero se pueden calcular de forma más eficiente mediante el llamado **Algoritmo de Euclides Extendido**, que en el mismo proceso calcula simultáneamente el máximo común divisor y los coeficientes del teorema de Bézout.

Algoritmo 6. *Algoritmo de Euclides Extendido*

Input: $a > b$ *enteros positivos.*

- *Inicialización:*

$$
\begin{aligned}
r_0 = a \quad x_0 = 1 \quad y_0 = 0 \\
r_1 = b \quad x_1 = 0 \quad y_1 = 1
\end{aligned}
$$

- *Iteración:*

$$
\begin{aligned}
r_i &= q_{i+1} r_{i+1} + r_{i+2} \\
x_i &= q_{i+1} x_{i+1} + x_{i+2} \\
y_i &= q_{i+1} y_{i+1} + y_{i+2}
\end{aligned}
$$

- *Termina cuando $r_{k+1} = 0$, y entonces*

$$r_k = d = mcd(a,b) \qquad x_k = x \qquad y_k = y$$

La complejidad es asintóticamente la misma que el algoritmo de Euclides usual, ya que en cada paso del algoritmo de Euclides además de una división se realizan 2 multiplicaciones y 2 sumas, pero el número de pasos en el algoritmo no cambia. En consecuencia, el número de operaciones que se realizan solo se multiplica por una constante.

El código en Python de este algoritmo sería el siguiente:

```
def MCDext(a, b):
    assert a >= b
    x, X = 0, 1
    y, Y = 1, 0
    while (b != 0):
        B = b
        q = a // b
        a, b = b, a % b
        x, X = X - q * x, x
        y, Y = Y - q * y, y
    return ([B, X, Y])
```

Ejemplo 38. *Siguiendo con el Ejemplo 37, busquemos enteros x, y tales que*

$$45 = 495x + 315y$$

Con la notación del Algoritmo 6, obtenemos las siguientes sucesiones:

$$r_0 = 495, \quad r_1 = 315, \quad r_2 = 180, \quad r_3 = 135, \quad r_4 = 45, \quad r_5 = 0$$

$$q_1 = 1, \quad q_2 = 1, \quad q_3 = 1, \quad q_4 - 3,$$

$$x_0 = 1, \quad x_1 = 0, \quad x_2 = 1, \quad x_3 = -1, \quad x_4 = 2, \quad x_5 = -7$$

$$y_0 = 0, \quad y_1 = 1, \quad y_2 = -1, \quad y_3 = 2, \quad y_4 = -3, \quad y_5 = 11$$

Por tanto, como $r_5 = 0$ se tiene que $x - x_4 - 2$, $y = y_4 = -3$, y $mcd(495, 315) = r_4 = 45$. Efectivamente, comprobamos que

$$2 \cdot 495 - 3 \cdot 315 = 45$$

6.2. Aritmética modular

Comenzaremos este apartado con el concepto de congruencia: se escribe

$$a \equiv b \ (\mathrm{mod}\ m)$$

y se dice que a y b son congruentes módulo m, si a y b tienen el mismo resto ($x \bmod m$) al dividir por m. Esto equivale a decir que la diferencia $a - b$ es múltiplo de m, o que $a = b + km$

para algún entero k. La congruencia módulo un entero fijo m es una relación de equivalencia, llamada relación de congruencia modular.

En el caso particular en que $a \equiv 0 \pmod{m}$, esto significa simplemente que a es múltiplo de m. Este resultado resume las propiedades fundamentales de la relación de congruencia:

Lema 4. *Las siguientes condiciones son equivalentes:*

1. $a \equiv b \pmod{m}$.

2. $m \mid (a - b)$.

3. $a - b = km$ *para algún entero* k.

4. $a = b + km$ *para algún entero* k.

Anillos modulares

Si $a \equiv b \pmod{m}$, entonces a y b están en la misma clase residual, es decir, en el mismo bloque de la partición inducida por la relación de congruencia. Los representantes lógicos de dichas clases son precisamente los restos módulo m, y se define el anillo modular

$$\mathbb{Z}_m := \{0, 1, \ldots, m-1\}$$

que es el anillo cociente módulo el ideal principal generado por m, según veremos en el capítulo 7). En este anillo, las operaciones son la suma y la multiplicación de enteros, pero reduciendo el resultado *módulo* m, es decir, solo nos interesa el resto de la división por m.

El siguiente resultado demuestra que las operaciones en los anillos modulares son consistentes, es decir, que no dependen del representante elegido de la clase en el anillo cociente:

Lema 5. *Si* $a \equiv x \pmod{m}$ *y* $b \equiv y \pmod{m}$, *entonces:*

1. $a + b \equiv x + y \pmod{m}$

2. $a - b \equiv x - y \pmod{m}$

3. $a \cdot b \equiv x \cdot y \pmod{m}$

Nota 30. *Trabajando módulo m, siempre podemos suponer que todos los enteros con los que trabajamos verifican que*

$$0 \leq x < m$$

En caso contrario, se divide y se reduce módulo m, quedándonos solo con el resto de la división.

La definición siguiente es esencial en muchas aplicaciones de la aritmética modular, como podremos comprobar más adelante.

Definición 45. *Inverso mudular*

Se dice que a es inversible módulo m si existe un entero u tal que

$$a \cdot u \equiv 1 \pmod{m}$$

es decir

$$a \cdot u = 1 + k \cdot m$$

En ese caso, u se denomina inverso modular, y se denota por

$$u \equiv a^{-1} \pmod{m}$$

Nótese que, en caso de existir, el inverso modular es único módulo m.

En general no existe inverso modular; por ejemplo, módulo $m = 4$, $a = 2$ no tiene inverso (compruébense todos los posibles candidatos a inversos módulo 4). En consecuencia, los anillos modulares en general no son *cuerpos*, ya que algunos elementos pueden no ser inversibles. De hecho, $\mathbb{Z}_m$ es un cuerpo si y solo si m es primo, como veremos en el capítulo 7

En general, a es inversible módulo m si y solo si $mcd(a,m) = 1$. Esta condición es suficiente, como veremos en seguida, y para ver que es necesaria, supongamos por reducción al absurdo que $mcd(a,m) = d > 1$, y que en particular a y m son múltiplos de d. Pero entonces, para cualquier candidato u a inverso modular se verifica que tanto ua como m son múltiplos de d, y por tanto el resto de dividir ua por m también será múltiplo de $d > 1$, con lo que es imposible que el resultado de la operación ua (mod m) sea igual a 1.

Función *Phi* de Euler

Como x es inversible módulo n si y solo si $mcd(x,n) = 1$, se define la *función Φ de Euler* para n como

$$\Phi(n) := \sharp\{0 \leq x < n \; : \; mcd(x,n) = 1\}$$

es decir, el número de elementos módulo m que son inversibles módulo m.

Es clásicamente conocido que si $n = p_1^{\alpha_1} \cdots p_s^{\alpha_s}$ entonces

$$\Phi(n) = n \cdot (1 - \frac{1}{p_1}) \cdots (1 - \frac{1}{p_s})$$

En particular, si $n = p \cdot q$ $(p \neq q)$ entonces es fácil ver que

$$\Phi(n) = (p-1)(q-1)$$

Nótese que para calcular $\Phi(n)$ es imprescindible conocer la factorización de n, y por tanto es un problema computacionalmente costoso si $n \gg 0$.

En cuanto al cálculo del inverso modular, para m pequeño, se puede buscar u por fuerza bruta (búsqueda exhaustiva), pero esto no es eficiente si n es grande. Afortunadamente, el cálculo puede hacerse de forma eficiente. De hecho, dicho cálculo se reduce, mediante el Teorema de Bézout, a aplicar convenientemente el Algoritmo de Euclides Extendido.

Efectivamente, si $mcd(a,m) = 1$ y encontramos

$$ax + my = 1$$

y entonces es claro que

$$a \cdot x \equiv 1 \ (\text{mod } m)$$

pues la diferencia es un múltiplo de m, y por tanto $u = x$ mod m es el inverso modular.

6.2.1. Ecuaciones Diofánticas y congruencias

Las ecuaciones Diofánticas son un problema matemático muy difícil, así que solo veremos algunos casos sencillos. En general, y salvo raras excepciones, este tipo de ecuaciones tienen infinitas soluciones, en caso de haber alguna, como veremos enseguida.

Se trata de ecuaciones con coeficientes enteros, en las que queremos encontrar únicamente soluciones enteras. La más simple sería $aX = b$, que tiene solución si y solo si b es divisible por a, y cuya única solución es el cociente entero b/a. Con dos incógnitas tendríamos una ecuación lineal del tipo

$$aX + bY = c$$

que obviamente tiene solución si y solo si $c = kd$, donde $d = mcd(a, b)$; nótese que el primer miembro de la igualdad es múltiplo de d, con lo que para que la igualdad se verifique es necesario que el segundo miembro también lo sea. En ese caso, para encontrar una solución se aplica el teorema de Bézout, obteniendo

$$ax + by = d$$

y por tanto, multiplicando por k obtenemos

$$akx + bky = kd = c$$

con lo que $X = kx$ e $Y = ky$ es una solución buscada.

Las ecuaciones Diofánticas lineales de dos variables son equivalentes a ecuaciones lineales en congruencias de una variable

$$aX \equiv c \pmod{b}$$

ya que si $ax = c + \lambda b$ entonces $X = x$ e $Y = -\lambda$ es solución de

$$aX + bY = c$$

Por tanto, ya sabemos cuándo hay solución y cómo encontrar una solución particular de una tal congruencia.

A partir de una solución particular, las infinitas soluciones de la congruencia lineal se consiguen añadiendo un múltiplo entero arbitrario (positivo o negativo) de b/d, donde $d = mcd(a, b)$. En consecuencia, de esta manera obtendríamos todas las (infinitas) soluciones de la ecuación Diofántica $aX + bY = c$.

Nota 31. *Las congruencias lineales en una variable también pueden resolver analizando todos los casos posibles. Efectivamente, dada una congruencia lineal*

$$ax \equiv b \pmod{m}$$

tenemos de entrada dos casos diferentes:

- *$b = 0$: Siempre existe una solución ($x = 0$).*

- *$b \neq 0$: En este caso vamos a distinguir varios subcasos sucesivos:*

  - **Caso 1***: Si $b = 1$ entonces x es el inverso de a módulo m, y ya sabemos cuándo existe solución cómo hallarla.*

  - **Caso 2***: Si $b = mcd(a, m)$ se trata de una generalización directa del Caso 1, puesto que el Algoritmo de Euclides Extendido calcula*

    $$ax + my = b$$

    y por tanto x es la solución buscada.

  - **Caso 3***: Si $mcd(a, m) = 1$ y $b > 1$ se trata de una ligera modificación del Caso 1:*

    1. Se resuelve la congruencia $ay \equiv 1 \pmod{m}$.

    2. La solución buscada es $x = by$.

- **Caso 4**: *En el caso general, existe solución si y solo si $d := mcd(a, m)|b$; en ese caso combinamos los casos anteriores:*

    1. *Reducimos la congruencia dividiendo por d y consideramos*

    $$\frac{a}{d}x \equiv \frac{b}{d} \ (\text{mod } \frac{m}{d})$$

    es decir consideramos la ecuación

    $$\frac{a}{d}x + \frac{m}{d}y = \frac{b}{d}$$

    2. *Ahora necesariamente estamos en uno de los tres casos anteriores.*

En cualquiera de los casos, a partir de una solución particular se encuentran todas las soluciones sumando los múltiplos de b/d, donde $d = mcd(a, b)$.

A continuación veremos un método para resolver un sistemas de congruencias lineales con una incógnita, con diversas aplicaciones, como veremos más adelante, y que es conocido desde hace siglos.

Teorema 6.5. *Teorema chino de los restos*

Un sistema de congruencias lineales, con los m_i primos entre sí dos a dos

$$\begin{cases} x & \equiv & a_1 \ (\text{mod } m_1) \\ & \cdots & \\ x & \equiv & a_s \ (\text{mod } m_s) \end{cases}$$

tiene siempre solución, y esta es única módulo $M = m_1 \cdots m_s$.

La **unicidad** se sigue del hecho de que la diferencia de dos tales soluciones debe ser múltiplo de todos los m_i's, y como estos son primos entre sí, su mínimo común múltiplo es M.

Las infinitas soluciones del sistema se obtienen sumando, a la solución anterior (módulo M), múltiplos de M. La solución módulo M se calcula por el siguiente procedimiento:

1. Se definen los números $M_i := M/m_i$, es decir, M_i es el producto de todos los m_j's menos, precisamente, m_i.

2. Se calculan los inversos modulares

$$n_i M_i \equiv 1 \ (\text{mod } m_i)$$

Nótese que $mcd(m_i, M_i) = 1$, y este inverso existe.

3. La única solución (módulo M) es

$$x := n_1 M_1 a_1 + \ldots + n_s M_s a_s \ (\text{mod } M)$$

Nota 32. *Módulos no coprimos*

En el caso de que los módulos m_i no sean coprimos dos a dos, se descompone cada congruencia en varias, una para cada factor primo de m_i, reduciendo a_i módulo cada factor.

El nuevo sistema tiene solución si y solo si las nuevas ecuaciones son compatibles entre sí, y en ese caso, la solución de este nuevo sistema es la solución del sistema original.

De hecho, existe solución si y solo si $a_i \equiv a_j \ \text{mod} \ mcd(m_i, m_j)$ para todos i, j, y en ese caso la solución es única módulo $mcm(m_1, \ldots, m_n)$.

Nótese que el método es efectivo siempre que se puedan factorizar los módulos m_j. Obtenida una solución particular, se suman múltiplos enteros del mínimo común múltiplo de los módulos m_i.

Los chinos en la antigüedad aplicaban este método para hacer cálculos con calendarios: supongamos que un evento i sucede cada m_i años, y sabemos que dicho evento sucedió en el año a_i; el problema es decidir cuál es el próximo año en que sucederán todos los sucesos anteriores simultáneamente.

De esta manera, la solución x verifica

$$\begin{cases} x & \equiv & a_1 \ (\mathrm{mod}\ m_1) \\ & \cdots & \\ x & \equiv & a_s \ (\mathrm{mod}\ m_s) \end{cases}$$

y añadiendo un múltiplo adecuado de $M = m_1 \cdots m_s$ se obtiene el próximo año futuro en que sucederán todos los eventos considerados. Nótese que es necesario que los m_i sean primos entre sí, o en caso contrario que se verifiquen las condiciones de la Nota 32

Un ejemplo clásico de cálculo con calendarios es el siguiente: un período Juliano tiene 7980 años. ¿De dónde viene este período?

- Ciclo Solar: cada $7 \times 4 = 28$ años se repite el *almanaque* (a causa de los "años bisiestos").

- Ciclo Lunar: 19 años solares se corresponden con un número entero exacto de meses lunares (número dorado, de 1 a 19). Esto es debido a que el astrónomo griego Metón (siglo V a.C.) descubrió que 19 años solares del calendario griego equivalían a 235 lunaciones.

- Ciclo de Indicción: en el Imperio Romano se revisaban los impuestos cada 15 años.

- Así: $7980 = 28 \times 19 \times 15$, es la duración del período Juliano.

Nos podemos hacer la siguiente pregunta: ¿qué año podemos elegir como comienzo para contar períodos Julianos? Para ello debemos conocer años concretos de comienzo para los tres tipos de ciclos indicados:

- En el año 1560 comenzó un ciclo solar.

- En el año 532 comenzó un ciclo lunar (número dorado igual a 1).

- El año 313 fue un año de revisión de impuestos (ciclo de indicción).

Esto nos lleva al sigueinte sistema de congruencias:

$$\begin{cases} x & \equiv & 1560 \ (\mathrm{mod}\ 28) \\ x & \equiv & 532 \ (\mathrm{mod}\ 19) \\ x & \equiv & 313 \ (\mathrm{mod}\ 15) \end{cases}$$

obteniendo el (futuro) año 3268. El último año del pasado fue el 4713 a.C. A la pregunta de ¿por qué no se trata del 4712 a.C.?, hacemos notar que no hay año cero, puesto que se pasa directamente del año 1 a.C. al año 1 d.C.

Terminaremos esta sección con unos cálculos que son de gran utilidad práctica en la criptografía de clave pública.

Exponenciación modular

Se quiere calcular

$$m^a \ (\mathrm{mod}\ N)$$

donde se supone que $m, a < N$. Si los números involucrados son enormes (como es el caso de la criptografía), este cálculo no puede hacerse directamente, ya que el tiempo de realizar esta operación es exponencial, y además habría problemas de memoria antes de reducir módulo N. Sin embargo, esta operación puede hacerse de manera muy eficiente con complejidad

$$\mathcal{O}(n^2 \log n \log \log n)$$

donde $n = \log N$. El algoritmo funciona de la siguiente manera:

1. Empezamos escribiendo el exponente a en binario

$$a = a_0 + 2a_1 + \ldots + 2^s a_s$$

   donde a_i son bits $(0/1)$, y $a_s = 1$.

2. Empezamos con $m_0 = m$, y para $i = 1, \ldots, s$ se itera

$$m_i \equiv m_{i-1}^2 m^{a_{s-i}} \pmod{N}$$

3. Al final, se obtiene

$$m_s \equiv m^{a_0 + 2a_1 + \ldots + 2^s a_s} \equiv m^a \pmod{N}$$

Nótese que, para estimar el número de operaciones, hay un bucle de s pasos, y hacemos como mucho 3 multiplicaciones ó divisiones en cada paso. Por ejemplo, si el exponente es un número de 1000 bits, este método realiza como mucho 3000 operaciones. Además, el tamaño de los números está todo el rato, acotado por la reducción módulo N, en cada paso del bucle.

En definitiva, el número de pasos es $s = \mathcal{O}(n)$, y el algoritmo de Schönhage–Straßen (que remitimos a bibliografía más especializada) multiplica dos enteros con complejidad $\mathcal{O}(n \log n \log \log n)$, y de ahí se deduce la complejidad citada.

Generadores de grupos cíclicos

En este apartado nos interesa hallar un generador de un grupo cíclico multiplicativo del tipo $\mathbb{Z}_n^*$, es decir, un elemento $g \in \mathbb{Z}_n^*$ tal que para todo elemento no nulo $a \in \mathbb{Z}_n^*$ se verifique que $a = g^k \pmod{n}$ para algún entero $k \geq 0$. Este cálculo es útil para algunos algoritmos criptográficos de clave pública (ver [41]). El concepto de grupo y de cuerpo los remitimos al capítulo siguiente 7, o a bibliografía más especializada.

En primer lugar observamos que el número de elementos de este grupo viene dado por la función Phi de Euler $\sharp \mathbb{Z}_n^* = \Phi(n)$. Por otra parte, el orden de un elemento $a \in \mathbb{Z}_n^*$ se define como el mínimo entero no negativo t tal que

$$a^t \equiv 1 \bmod n$$

Siempre se tiene, por la teoría general de grupos, que $t | \Phi(n)$ (ver [13]).

En consecuencia, si existe $g \in \mathbb{Z}_n^*$ de orden $\Phi(n)$, entonces $\mathbb{Z}_n^*$ es cíclico con generador g, y por tanto todos los elementos de $\mathbb{Z}_n^*$ son potencias de g módulo n.

No siempre el grupo multiplicativo $\mathbb{Z}_n^*$ es cíclico, pero sí al menos en los siguientes casos:

$$n = 2, 4, p^k, 2p^k$$

donde p es primo impar y $k \geq 1$ (en particular, para p primo, en cuyo caso $\mathbb{Z}_p$ es un cuerpo).

El único método conocido para hallar generadores de un grupo multiplicativo $\mathbb{Z}_n^*$ cíclico se basa en el siguiente resultado:

Un elemento $g \in \mathbb{Z}_n^*$ es generador del grupo cíclico si y solo si

$$g^{\Phi(n)/p} \bmod n \neq 1$$

para cada factor primo p de $\Phi(n)$.

Nótese que este resultado supone que somos capaces de factorizar el número $\Phi(n)$, lo cual no siempre es posible si $n \gg 0$ es muy grande. El caso más simple es tomar $n = p$ un número primo impar, donde $\Phi(n) = p - 1$, en cuyo caso, usando un "primo seguro" del tipo $p = 2q + 1$, con q también primo, como $p - 1 = 2q$ se puede usar el siguiente algoritmo eficiente:

1. Buscar (aleatoriamente) q primo tal que $n = p = 2q + 1$ sea primo.

2. Buscar (aleatoriamente) $g \in \mathbb{Z}_n^*$, es decir, mcd$(g, n) = 1$, tal que

   a) $g^{(p-1)/2} = g^q \bmod p \neq 1$.

   b) $g^{(p-1)/q} = g^2 \bmod p \neq 1$.

Ejemplo 39. *Por ejemplo, si $q = 3$, $n = p = 2q + 1 = 7$ es primo*

- *Probamos con $g = 2$:*

  1. *$2^{(p-1)/2} \bmod p = 2^3 \bmod 7 = 1$.*
  2. *$2^{(p-1)/q} \bmod p \neq 1$ ni lo comprobamos.*

- *Probamos ahora con $g = 3$:*

  1. *$3^{(p-1)/2} \bmod p = 3^3 \bmod 7 = 6 \neq 1$.*
  2. *$3^{(p-1)/q} \bmod p = 3^2 \bmod 7 = 2 \neq 1$.*

Por tanto $g = 3$ es un generador del grupo cíclico $\mathbb{Z}_7^*$.

6.3. Teoría de Números avanzada

En este apartado estudiaremos algunos resultados un poco más sofisticados sobre números enteros, algunos de los cuales tienen aplicación en la criptografía de clave pública.

6.3.1. Fracciones continuas

A partir del algoritmo de Euclides se deduce una representación de cualquier fracción de enteros como *fracción continua*, que definiremos a partir de los cálculos del Ejemplo 37. Vemos pues cómo representar la fracción $495/315$ como fracción continua, y comencemos por la primera división del algoritmo de Euclides:

$$495 = 1 \cdot 315 + 180$$

Dividiendo ambos miembros por 315 obtenemos

$$\frac{495}{315} = 1 + \frac{180}{315} = 1 + \frac{1}{\frac{315}{180}}$$

Haciendo lo mismo con la segunda división

$$315 = 1 \cdot 180 + 135$$

obtenemos

$$\frac{315}{180} = 1 + \frac{1}{\frac{180}{135}}$$

y sustituyendo en la expresión anterior se obtiene

$$\frac{495}{315} = 1 + \frac{1}{1 + \frac{1}{\frac{180}{135}}}$$

Iterando el proceso con las dos divisiones restantes del algoritmo de Euclides se obtiene la expresión final

$$\frac{495}{315} = 1 + \frac{1}{1 + \frac{1}{1 + \frac{1}{3}}}$$

En este caso la fracción final tiene un número finito de "pisos", lo que da lugar a la siguiente generalización: una **fracción continua simple** es una expresión (finita o infinita) del tipo

$$x \sim b_0 + \cfrac{1}{b_1 + \cfrac{1}{b_2 + \ddots}}$$

que se puede representar simbólicamente como

$$x \sim [b_0; b_1, b_2, \ldots]$$

donde los b_n son enteros no negativos, y de hecho estrictamente positivos para $n \geq 1$.

Debido al algoritmo de Euclides, si x es racional la fracción continua es finita, y en caso contrario la fracción continua es infinita. Veamos un ejemplo con el número áureo

$$x = \frac{1 + \sqrt{5}}{2}$$

que es la solución positiva de la ecuación de segundo grado

$$x^2 - x - 1 = 0$$

de donde se deduce fácilmente que

$$x = 1 + \frac{1}{x}$$

En consecuencia, sustituyendo x repetidamente en esta expresión se obtiene

$$x = 1 + \frac{1}{x} = 1 + \frac{1}{1 + \frac{1}{x}} = 1 + \frac{1}{1 + \frac{1}{1 + \frac{1}{x}}} = \cdots$$

es decir, la fracción continua infinita

$$x \sim [1; 1, 1, 1, \ldots]$$

Hemos puesto el símbolo '$\sim$', pero en realidad se podría poner una igualdad, entendida como un límite de una sucesión numérica. Efectivamente, si truncamos la fracción continua en b_n obtenemos un número racional, llamado **convergente** de x, y que denotamos como p_n/q_n. Pues bien, se puede demostrar que

$$\lim_{n \to \infty} \frac{p_n}{q_n} = x$$

De hecho, la fracción continua simple se calcula de la siguiente manera: sea $x \notin \mathbb{Q}$, y denotamos $x_0 = x$. Separamos su parte entera y su parte decimal

$$x_0 = \lfloor x_0 \rfloor + r_0$$

donde $0 < r_0 < 1$, y tenemos $b_0 := \lfloor x_0 \rfloor$. En consecuencia, podemos escribir

$$x_0 = b_0 + \cfrac{1}{\cfrac{1}{r_0}}$$

donde ahora llamamos $x_1 := \frac{1}{r_0} \notin \mathbb{Q}$ y además $x_1 > 1$, con lo que repetimos el cálculo anterior, sustituyendo x_0 por x_1, y así sucesivamente.

En estas condiciones, tenemos el siguiente resultado clave:

Lema 6. *Los convergenes de x satisfacen las siguientes desigualdades:*

$$\frac{1}{2q_{n+1}^2} < \left| x - \frac{p_n}{q_n} \right| \leq \frac{1}{q_n q_{n+1}} < \frac{1}{q_n^2}$$

Nótese que las fracciones que hay en los extremos del lema anterior tienden a cero, de lo cual se deduce la convergencia de las fracciones p_n/q_n, y de ahí el nombre de "convergentes".

Nota 33. *Como curiosidad, indicamos que la subsucesión de convergentes en posición par es estrictamente creciente, y la subsucesión de convergentes en posición impar es estrictamente decreciente. Por otra parte, cualquier convergente en posición impar es mayor que cualquier convergente en posición par, y además el número x se encuentra siempre en medio de ambas subsucesiones. Finalmente, como la distancia entre dos convergentes consecutivos tiende a cero, de aquí se deduce también la convergencia, mediante una demostración alternativa.*

Nótese que todos los "numeradores" de la fracción continua son iguales a 1. Si no fuese así, tendríamos fracciones continuas generalizadas de la forma

$$x \sim b_0 + \cfrac{a_1}{b_1 + \cfrac{a_2}{b_2 + \cdots}}$$

donde además los a_n son números enteros positivos. De hecho en este caso también hay convergencia de la fracción continua, puesto que el Lema 6 sigue siendo cierto.

Por otra parte, para calcular los convergentes no es necesario hacer cálculos sobre las fracciones con varios pisos sino que se pueden calcular p_n y q_n a partir de la sucesión b_n mediante las siguientes relaciones recursivas:

Teorema 6.6. *Relaciones de Euler-Wallis*

$$
\begin{aligned}
p_n &= b_n p_{n-1} + a_n p_{n-2} & p_{-1} &= 1 & p_0 &= b_0 \\
q_n &= b_n q_{n-1} + a_n q_{n-2} & q_{-1} &= 0 & q_0 &= 1
\end{aligned}
$$

En particular, para las fracciones continuas simples $a_n = 1$ y las relaciones anteriores son aún más sencillas. Las fracciones continuas se han utilizado clásicamente para calcular aproximaciones de números reales mediante convergentes, de manera que para n suficientemente grande se pueden conseguir con precisión las cifras decimales que se deseen. En la actualidad, mediante técnicas de Cálculo y Análisis Numérico se obtienen obviamente aproximaciones con una convergencia mucho más rápida.

Algunos de los desarrollos conocidos en fracciones continuas son los siguientes:

- $\sqrt{2} \sim [1; 2, 2, 2, \ldots]$ (Hipaso de Metaponto, 450 a.C.).

- $e \sim [2; 1, 2, 1, 1, 4, 1, 1, 6, 1, 1, 8, \ldots]$ (Euler, 1737).

- $\pi \sim [3; 7, 15, 1292, 1, 1, 1, 2, 1, 3, 1, 14, 2, 1, 1, 2, 2, 2, 2, 1, 84, 2, 1, 1, 15, 3, 13, 1, 4, \ldots]$.

Como puede verse, el desarrollo de π no sigue ningún patrón reconocible, aunque se le conocen varios desarrollos en fracción continua generalizada con una estructura más regular, por ejemplo $b_0 = 3$ y para $n \geq 1$

$$\begin{cases} b_n = 6 \\ a_n = (2n-1)^2 \end{cases}$$

Otro ejemplo de fracción continua generalizada es $\sqrt{n}$ donde escribimos

$$n = m^2 + a$$

y m es la parte entera de $\sqrt{n}$. En este caso, puede verse fácilmente que $b_0 = m$ y para $n \geq 1$

$$\begin{cases} b_n = 2m \\ a_n = a \end{cases}$$

Por último, señalaremos que si x es un número cuadrático, es decir

$$x = a + b\sqrt{d}$$

donde $d \in \mathbb{Z}$ no es un cuadrado perfecto, y $a, b \in \mathbb{Q}$, entonces la fracción continua simple es periódica, por ejemplo

$$\sqrt{19} \sim [4; \overline{2, 1, 3, 1, 2, 8}]$$

De hecho, es conocido que el desarrollo en fracción continua simple es periódica si y solo si x es un número cuadrático.

Nota 34. *Ecuación de Pell*

Esta ecuación es una ecuación Diofántica del tipo

$$x^2 - d \cdot y^2 = 1$$

donde $d \in \mathbb{Z}$ no es un cuadrado perfecto, y donde buscamos soluciones $x, y \in \mathbb{Z}$ enteras.

En primer lugar, se conoce que si d es libre de cuadrados (es decir, que en su factorización todos su factores primos aparecen con exponente 1), entonces la ecuación tiene infinitas soluciones enteras.

Además, si $d > 5$, entonces las soluciones x, y de la ecuación de Pell son tales que x/y es un convergente de la fracción continua simple de $\sqrt{d}$. En consecuencia, bastaría con hallar dicha fracción continua, calcular mediante las relaciones de Euler-Wallis los sucesivos convergentes, e ir comprobando si $x = p_n$ e $y = q_n$ verifican o no la ecuación de Pell. El primer convergente que nos dé una solución se corresponde, de hecho, con la solución más pequeña, y recorriendo toda la sucesión de convergentes obtendríamos las infinitas soluciones.

Además, se sabe que si el período de la fracción continua simple de $\sqrt{d}$ es de longitud n, entonces:

1. *Si n es par, entonces las soluciones de la ecuación de Pell son $x = p_{nj-1}$ e $y = p_{nj-1}$, para $j \geq 1$.*

2. *Si n es impar, entonces las soluciones de la ecuación de Pell son $x = p_{2nj-1}$ e $y = p_{2nj-1}$, para $j \geq 1$.*

6.3.2. Residuos cuadráticos

En este apartado estudiaremos las raíces cuadradas módulo un número primo p. En este sentido, si a es un entero que no es múltiplo de p, se dice que a es un *residuo cuadrático* módulo p si la congruencia

$$x^2 \equiv a \pmod{p}$$

tiene solución. En otras palabras, si a admite raíz cuadrada módulo p. En ese caso, de hecho tiene dos soluciones $\pm x \pmod{p}$. En realidad, en $\mathbb{Z}_p$ existen exactamente $(p-1)/2$ residuos cuadráticos (ver [64]). La siguiente definición es fundamental en este contexto:

Definición 46. *Símbolos de Legendre*

Sea p un primo impar y a un entero; se define el **símbolo de Legendre** *como*

$$\left(\frac{a}{p}\right) := \begin{cases} 0 & \text{si } a \equiv 0 \pmod{p} \\ +1 & \text{si } a \text{ es un residuo cuadrático módulo } p \\ -1 & \text{si } a \text{ no es un residuo cuadrático módulo } p \end{cases}$$

Enunciamos a continuación los resultados fundamentales sobre residuos cuadráticos y los símbolos de Legendre:

Proposición 3. *En las condiciones anteriores, se tiene:*

(1) $\left(\dfrac{a^2}{p}\right) = 1.$

(2) $\left(\dfrac{-1}{p}\right) = \begin{cases} 1 & \text{si } p \equiv 1 \pmod{4} \\ -1 & \text{si } p \equiv -1 \pmod{4} \end{cases}.$

Teorema 6.7. *Wilson*

$(p-1)! \equiv -1 \pmod{p}$

Nota 35. *Test de Wilson*

El teorema de Wilson nos proporciona un test determinista para comprobar si un número es primo, ya que de hecho n es primo si y solo si $(n-1)! \equiv -1 \pmod{n}$. El problema principal de este test es la complejidad computacional, ya que es preciso calcular $(n-1)!$ cuando $n \gg 0$. Veremos en el siguiente apartado otras formas más eficientes para comprobar si un número es o no primo, lo que se conoce como un "test de primalidad".

El siguiente resultado se utilizará en el apartado siguiente, para comprobar la primalidad de un número entero:

Teorema 6.8. *Criterio de Euler*

Si p es primo, para todo a primo con p se verifica

$$a^{\frac{p-1}{2}} \equiv \left(\frac{a}{p}\right) \pmod{p}$$

Nota 36. *Nótese que el criterio de Euler es fácilmente computable, usando la exponenciación modular eficiente que hemos visto anteriormente, y puesto que los símbolos de Legendre son computables de manera eficiente, como veremos a continuación.*

Finalmente, presentamos el resultado fundamental acerca de los símbolos de Legendre, que se debe a Gauss en sus *Disquisitiones Arithmeticae* (1801), y del cual se conocen más de 100 demostraciones distintas:

Teorema 6.9. *Ley de reciprocidad cuadrática*

Si p y q son primos impares entonces

$$\left(\frac{q}{p}\right) = \left(\frac{p}{q}\right) \cdot (-1)^{\frac{(p-1)(q-1)}{4}}$$

En otras palabras, si p y q son primos impares distintos, entonces:

$$\left(\frac{p}{q}\right) = \begin{cases} \left(\frac{q}{p}\right) & \text{si } p \text{ ó } q \text{ son} \equiv 1 \pmod 4 \\ -\left(\frac{q}{p}\right) & \text{si } p \text{ y } q \text{ son} \equiv -1 \pmod 4 \end{cases}$$

Para calcular de manera eficiente los símbolos de legendre $\left(\dfrac{a}{p}\right)$, en primer lugar observamos que del Criterio de Euler se deduce que el símbolo de Legendre es multiplicativo, es decir

$$\left(\frac{a \cdot b}{p}\right) = \left(\frac{a}{p}\right) \cdot \left(\frac{b}{p}\right)$$

En consecuencia, aplicando la ley de reciprocidad cuadrática y las reglas de cálculo siguientes

$$\text{(a)} \quad \left(\frac{m + kp}{p}\right) = \left(\frac{m}{p}\right)$$

$$\text{(b)} \quad \left(\frac{ma^2}{p}\right) = \left(\frac{m}{p}\right)$$

el cálculo de $\left(\dfrac{a}{p}\right)$ se reduce a tres casos particulares:

(1) $a = -1$.

(2) $a = 2$.

(3) $a = q$ primo impar.

Obviamente $\left(\dfrac{1}{p}\right) = 1$ y $\left(\dfrac{0}{p}\right) = 0$.

Para los dos primeros casos se tienen los siguientes resultados:

- $\left(\dfrac{-1}{p}\right) = (-1)^{\frac{p-1}{2}}$.

- $\left(\dfrac{2}{p}\right) = (-1)^{\frac{p^2-1}{8}}$, es decir, $\left(\dfrac{2}{p}\right) = 1$ si y solo si $p \equiv \pm 1 \pmod 8$.

Para el caso $a = q$ primo impar, el método es aplicar sistemáticamente los resultados anteriores.

Nótese que al aplicar el apartado (2) de la Proposición 3, podemos obtener un símbolo de Legendre en el que el "denominador" no sea primo, cuando hagamos una división Euclídea

CAPÍTULO 6. ARITMÉTICA ENTERA Y MODULAR

y el resto no sea primo. Para ello necesitamos generalizar los símbolos de Legendre mediante los llamados **símbolos de Jacobi**. Así, si $n = p_1 \cdots p_s$ donde los p_i son primos (no necesariamente todos distintos), se define

$$\left(\frac{a}{n}\right) := \left(\frac{a}{p_1}\right) \cdots \left(\frac{a}{p_s}\right)$$

Obviamente se tiene que $\left(\frac{a}{n}\right) = 0$ si y solo si $mcd(a, n) \neq 1$. Es fácil ver que los símbolos de Jacobi verifican todas las propiedades que acabamos de ver para los símbolos de Legendre, incluida la ley de reciprocidad cuadrática

$$\left(\frac{m}{n}\right) = (-1)^{\frac{(m-1)(n-1)}{4}} \left(\frac{n}{m}\right)$$

si m y n son enteros positivos impares. Veamos un ejemplo:

Ejemplo 40. *Calculemos* $\left(\dfrac{2538}{659}\right)$:

$$\left(\frac{2538}{659}\right) = \left(\frac{3 \cdot 659 + 561}{659}\right) = \left(\frac{561}{659}\right)$$

Como $561 \equiv 1$ *(mod 4), se tiene*

$$\left(\frac{561}{659}\right) = \left(\frac{659}{561}\right) = \left(\frac{1 \cdot 561 + 98}{561}\right) = \left(\frac{98}{561}\right)$$

Nótese que 561 no es primo, con lo que este último es un símbolo de Jacobi. Ahora podemos continuar de dos maneras: o bien continuamos realizando divisiones Euclídeas hasta obtener enteros suficientemente pequeños, o bien en este caso 98 al ser par podemos separar los doses por una parte, y nos queda 49 que se comprueba fácilmente que es un cuadrado, es decir:

$$\left(\frac{98}{561}\right) = \left(\frac{2}{561}\right) \cdot \left(\frac{49}{561}\right) = \left(\frac{2}{561}\right) = 1$$

al ser $561 \equiv 1$ *(mod 8).*

Es un buen ejercicio escribir un programa en Python para calcular los símbolos de legendre y de Jacobi, usando las propiedades que acabamos de exponer.

En lo que resta de este apartado, veamos un algoritmo eficiente para calcular la raíces cuadradas modulares. Recordemos que $x \in \mathbb{Z}_n^*$ es una raíz cuadrada (o residuo cuadrático) de $a \in \mathbb{Z}_n^*$ módulo n si

$$x^2 \equiv a \pmod{n}$$

Obviamente, excluimos el caso trivial $x = 0$. Así, si $n = p$ es un primo impar, entonces todo *residuo cuadrático* a tiene exactamente dos raíces cuadradas distintas módulo p, que serían $\pm r \pmod{p}$. En general, si n tiene k factores primos distintos, entonces todo *residuo cuadrático* a tiene exactamente 2^k raíces cuadradas distintas módulo n. Por ejemplo:

1. Las raíces cuadradas de 12 módulo 37 son: 7 y 30.

2. Las raíces cuadradas de 121 módulo 315 son: 11, 74, 101, 151, 164, 214 y 304.

Comencemos por el caso más simple, en el que $n = p$ es un primo impar, y sea $x = a$ con $1 \leq a \leq p - 1$. Lo primero es calcular el símbolo de Legendre $\left(\dfrac{a}{p}\right)$ para saber si existen o no las raíces cuadradas modulares, y en caso de existir, hay tres posibles casos excluyentes:

196   MATEMÁTICA DISCRETA

$p \equiv 3 \pmod 4$: en este caso $r \equiv a^{\frac{p+1}{4}} \pmod p$.

$p \equiv 5 \pmod 8$: se calcula $d \equiv a^{\frac{p-1}{4}} \pmod p$, y solo hay dos casos posibles:

- Si $d = 1$ entonces $r \equiv a^{\frac{p+3}{8}} \pmod p$.
- Si $d = p - 1$ entonces $r \equiv 2a \cdot (4a)^{\frac{p-5}{8}} \pmod p$.

$p \equiv 1 \pmod 8$: este caso es el más complejo, y se procede de la siguiente manera.

1. Se escribe $p - 1 = 2^t \cdot p_0$ con p_0 impar.
2. Se calcula el inverso modular $\alpha \equiv a^{-1} \pmod p$.
3. Se busca (aleatoriamente) un entero b tal que $\left(\dfrac{b}{p}\right) = -1$.
4. Se inicializan $c \equiv b^{p_0} \pmod p$ y $r \equiv a^{\frac{p_0+1}{2}} \pmod p$.
5. Se ejecuta el siguiente bucle para $i = 1, \ldots, t - 1$:
   - $d \equiv (r^2 \cdot \alpha)^2 \pmod p$.
   - Si $d \equiv -1 \pmod p$ entonces actualizamos $r \equiv r \cdot c \pmod p$.
   - Actualizamos $c \equiv c^2 \pmod p$.

En cualquiera de los tres casos, las dos raíces cuadradas de a módulo p son $\pm r \pmod p$. El algoritmo anterior se debe a Tonelli-Shanks .

Para calcular las raíces cuadradas módulo n el problema es mucho más complicado, y nos restringiremos, por sus aplicaciones en la Criptografía, al caso en que $n = p \cdot q$ es el producto de dos primos impares. En este caso, dado $1 \leq a \leq n - 1$ se calculan sus raíces cuadradas $\pm r$ módulo p y $\pm s$ módulo q, y se procede del siguiente modo:

1. $\alpha_p \equiv q(q^{-1} \bmod p) \bmod n$.
2. $\alpha_q \equiv p(p^{-1} \bmod q) \bmod n$.
3. $x \equiv (\alpha_p \cdot r + \alpha_q \cdot s) \bmod n$.
4. $y \equiv (\alpha_p \cdot r - \alpha_q \cdot s) \bmod n$.

En consecuencia, las raíces cuadradas módulo n son $(\pm x, \pm y)$. Nótese que el elemento x de este algoritmo no es más que la solución del sistema de congruencias lineales

$$\begin{cases} x \equiv r \pmod p \\ x \equiv s \pmod s \end{cases}$$

que se resuelve aplicando el teorema chino de los restos.

Veamos ahora un caso particular, en que el algoritmo anterior se simplifica, como es el caso de los enteros de Blum. Un entero de Blum es de la forma $n = pq$ con p y q primos distintos tales que

$$p \equiv q \equiv 3 \pmod 4$$

El siguiente algoritmo calcula de manera más eficiente las cuatro raíces cuadradas de a módulo n:

1. Hallar α, β tales que $\alpha p + \beta q = 1$ (con el algoritmo de Euclides Extendido).
2. Calcular $r = a^{(p+1)/4} \bmod p$.

3. Calcular $s = a^{(q+1)/4} \bmod q$.

4. Calcular $m_1 = (\alpha p s + \beta q r) \bmod n$.

5. Calcular $m_2 = (\alpha p s - \beta q r) \bmod n$.

6. Las cuatro raíces cuadradas de a módulo n son

$$m_1, \ m_2, \ -m_1 \ (\bmod \ n), \ -m_2 \ (\bmod \ n)$$

Nótese que $-m_i \equiv n - m_i \bmod n$. Nótese también que dos raíces no *gemelas* (opuestas) tienen símbolo de Jacobi opuesto.

Ejemplo 41. *Sea $n = 77$ con $p = 7$ y $q = 11$, y calculemos las cuatro raíces cuadradas de $a = 4$ módulo 77:*

- $(-3) \cdot 7 + 2 \cdot 11 = 1$.

- $r = 4^{(7+1)/4} \ mod \ 7 = 2$.

- $s = 4^{(11+1)/4} \ mod \ 11 = 9$.

- $m_1 = -189 + 44 \ mod \ 77 = 9$.

- $m_2 = -189 - 44 \ mod \ 77 = 75$.

- *Las raíces buscadas son: 9, 75, 68, 2.*

6.3.3. Tests de primalidad

En este apartado veremos algunos criterios prácticos para comprobar si un número entero dado es o no primo, además de los que hemos visto en el apartado anterior. Comenzaremos con un resultado que es conocido como el Pequeño Teorema de Fermat:

Teorema 6.10. *Fermat*

Sea p un número primo, y sea a un entero positivo cualquiera. Entonces

$$a^p \equiv a \ (\bmod \ p)$$

Si además a no es divisible por p, entonces

$$a^{p-1} \equiv 1 \ (\bmod \ p)$$

Este resultado se generaliza usando la función Φ de Euler, definida como

$$\Phi(n) := \sharp\{0 < k < n \mid mcd(n, k) = 1\}$$

es decir, el número de enteros en el intervalo $[1, n-1]$ que son primos con n.

Teorema 6.11. *Teorema de Euler–Fermat*

Si $mcd(a, m) = 1$ entonces

$$a^{\Phi(m)} \equiv 1 \ (\bmod \ m)$$

El Pequeño Teorema de Fermat, junto con otros de la misma naturaleza, son útiles para comprobar la primalidad de un entero. Se trata de, mediante un algoritmo, decidir si un número entero es o no primo sin necesidad de factorizar dicho entero.

En la práctica, existen tests de primalidad eficientes, como veremos a continuación. En realidad, no conviene factorizar un entero n si lo único que queremos comprobar es si n es o no primo, ya que factorizar es una tarea costosa computacionalmente.

Por ejemplo, el Pequeño teorema de Fermat

"si p es primo entonces $a^{p-1} \equiv 1 \pmod{p}$, $\forall a > 1$"

se puede aplicar en sentido negativo. Así, si la congruencia anterior no es cierta para algún a concreto, podemos deducir que p (con toda seguridad) no es primo. Si este test (u otro similar) es verificado para muchas bases a diferentes, entonces p "probablemente" es primo.

Existen diversos tests eficientes (de tiempo polinomial) en los cuales la probabilidad de ser primo es estimada, y la posibilidad de error puede hacerse tan pequeña como se quiera, sin más que aumentar el número de tests. Son los llamados *tests probabísticos* de primalidad, como los de Solovay-Strassen o Miller-Rabin, de los cuales estudiaremos con detalle el primero de ellos.

El test probabilístico de Solovay-Strassen se basa en el criterio de Euler que hemos visto anteriormente, por el cual si p es primo, entonces para todo a primo con p se verifica

$$a^{\frac{p-1}{2}} \equiv \left(\frac{a}{p} \right) \pmod{p}$$

Por otra parte, se sabe que si n no es primo, entonces para al menos la mitad de los enteros $0 < a < n$ se verifica que

$$a^{\frac{n-1}{2}} \not\equiv \left(\frac{a}{n} \right) \pmod{n}$$

En consecuencia, si probamos con k enteros diferentes primos con n y en los k casos se da la igualdad, la probabilidad de que n no sea primo es del orden de $1/2^k$, y probando con k suficientemente grande podemos hacer que la probabilidad de error en el test sea tan pequeña como nosotros queramos (incluso menor que la de cometer un error con un algoritmo determinista en un ordenador electrónico).

Recientemente, en el año 2002, se encontró un test determinista y de complejidad polinomial, el algoritmo AKS [59], pero sigue siendo menos eficiente que los tests probabilísticos, que son los que se siguen utilizando en la práctica, al ser tan pequeña la probabilidad de error. El concepto de probabilidad y las técnicas de cálculo de probabilidades se estudiarán en el capítulo 8, dedicado a la combinatoria.

6.4. Aplicaciones prácticas

En esta sección presentaremos varias aplicaciones prácticas de la aritmética modular, que se utilizan en diversas áreas de la vida real.

Funciones hash

Son *funciones resumen* que se usan para reducir el tamaño de la información, pero que permiten comprobar su autenticidad. Por ejemplo si la información es un número grande k, se transforma $k \mapsto k \bmod m$ para m suficientemente grande, de manera que sea poco probable que dos números $k \neq k'$ coincidan módulo m. El caso en de que esto ocurre se denomina "colisión", y se trata de usar funciones hash para las que la probabilidad de colisión sea muy pequeña, de manera que podamos identificar, con escaso riesgo, k con k mod m.

Las funciones hash se emplean por ejemplo para asignar posiciones de memoria en un ordenador, o también en criptografía para comprobar que la información no ha sido manipulada, o para realizar firmas digitales (ver [41]).

Números pseudo-aleatorios

En diversas aplicaciones de la programación informática es necesario generar números que tengan apariencia de ser aleatorios. Como no es posible generar números verdaderamente aleatorios, en su lugar se intenta generar de forma algorítmica números que se comporten estadísticamente como si fueran aleatorios, y la manera más usual de hacerlo es utilizando *generadores congruenciales lineales*. Para ello, se elige una **semilla** x_0 como inicio (o se obtiene una del reloj del ordenador), y entonces se itera

$$x_{n+1} = (a \cdot x_n + b) \pmod{m}$$

con parámetros fijados: el *módulo m*, el *multiplicador a*, y el *incremento b*. De esta manera x_n siempre es un entero entre 0 y $m-1$, y se usa un factor de escala si se quiere otro rango de números aleatorios.

Es obvio que la sucesión generada es periódica, ya que el número de resultados es finito, y en cuanto se repita un resultado a partir de él se vuelven a repetir los siguientes. En la práctica se tienen que elegir cuidadosamente los parámetros a, b, m, x_0 de manera que los números parezcan realmente aleatorios, es decir, que los resultados sean imprevisibles y sus estadísticas se asemejen a las de sucesiones verdaderamente aleatorias, y de forma que los (inevitables) períodos sean tan grandes como sea posible.

Por ejemplo, si $b \neq 0$, el generador tiene período máximo m si y solo si se verifican las 3 condiciones siguientes:

1. $mcd(b, m) = 1$.

2. Para todo primo p divisor de m, también p divide a $a - 1$.

3. Si además m es múltiplo de 4, entonces también $a - 1$ es múltiplo de 4.

Para $b = 0$ hay un resultado similar, aunque en este caso el período máximo es $m - 1$ (nótese que $x_n = 0$ no puede aparecer, pues en ese caso a partir de ahí la sucesión sería constantemente nula). De hecho el período solo puede ser $m - 1$ cuando m es primo. En este caso, el período es un divisor de $m - 1$, y es exactamente $m - 1$ si y solo si el multiplicador $a \neq 0$ es una *raíz primitiva* de $m - 1$, es decir

$$a^{(m-1)/p} \bmod m \neq 1$$

para todo factor primo p de $m - 1$. Una elección usual es $m = 2^{31} - 1$ para ordenadores de 32 bits, o $m = 2^{16} + 1$ para (antiguos) ordenadores de 16 bits, hallando después la raíz primitiva a adecuada.

Enteros de gran longitud

Normalmente hay un límite para el tamaño de un entero con el que se puede trabajar en un ordenador, pero ¿qué pasa si necesitamos enteros arbitrariamente largos? En Criptografía, por ejemplo, se necesitan enteros de más de 200 cifras para varios algoritmos de cifrado de clave pública [41].

En ese caso se usa el teorema chino de los restos de la siguiente manera: en primer lugar se elige una buena base de números enteros primos entre sí, y se reducen todos los enteros largos módulo esta base. A partir de ahí se realizan todas las operaciones aritméticas con los restos (notablemente más pequeños), y al final podemos reconstruir los enteros largos con el teorema chino de los restos.

El teorema chino de los restos se aplica también en protocolos criptográficos de *compartición de secretos*, que remitimos a bibliografía especializada (ver también [41]).

Por último, recordemos también que el teorema chino de los restos se aplicaba clásicamente para cálculos relacionados con calendarios.

Códigos correctores de errores

Reducciones módulo m son muy usadas para detectar y corregir errores. En particular, el caso módulo $m = 2$ (binario) es muy frecuente, puesto que a nivel de bits, las operaciones XOR y AND son (respectivamente) la suma y la multiplicación módulo 2. Por ejemplo, es muy típico añadir un número de control a la información, usando una relación modular, de manera que si la relación es falsa detectamos que existe algún error

Un ejemplo muy sencillo es el NIF (número de identificación fiscal español): hay una letra (entre 23 posibilidades) que se añade al número del DNI, y actúa como dígito de control. Así, si un digito numérico es erróneo, la letra es incorrecta, y el error es detectado. ¿Cómo se calcula esta letra? En primer lugar se calcula DNI *mod* 23, y se busca el resto en la siguiente tabla:

resto	0	1	2	3	4	5	6	7	8	9	10	11
letra	T	R	W	A	G	M	Y	F	P	D	X	B

resto	12	13	14	15	16	17	18	19	20	21	22
letra	N	J	Z	S	Q	V	H	L	C	K	E

Un algoritmo similar se usa para el caso del NIE (Número de Identidad para Extranjeros).

Por otra parte, el **ISBN** que identtifica los libros editados tiene también un sistema detector de errores. Este consiste en un número de 10 cifras

$$x_1 x_2 \cdots x_{10}$$

donde las 9 primeras cifras identifican el libro, y el último dígito x_{10} se añade verificando la siguiente regla:

$$\sum_{i=1}^{10} i \cdot x_i \equiv 0 \ (\text{mod } 11)$$

donde si el resto es 10, se añade la letra X.

Actualmente se usa el ISBN de 13 cifras, que tiene otro sistema de detección de errores. En este caso los 12 primeros dígitos identifican al libro, y la última cifra se calcula mediante la siguiente regla: se suman las cifras en posiciones impares, más las cifras en posiciones pares multiplicadas por 3, y el resultado se reduce módulo 10, obteniendo la cifra de control x_{13}.

En ambos casos, se detectan tanto errores en una cifra como transposiciones de dos cifras. Esta idea se generaliza a los códigos de barras, que identifican los productos que se pueden comprar en las tiendas, en este caso con diseños geométricos de barras o matrices de puntos.

Criptografía

La Criptografía se usa para cifrar información confidencial que queremos proteger frente a usuarios no autorizados. El cifrado más popular es el criptosistema RSA, que se basa en el hecho de que factorizar enteros suficientemente grandes consume una excesiva cantidad de tiempo de computación, y por tanto impide a un hipotético hacker descifrar la información si no conoce la factorización de un número de más de 200 cifras.

El RSA es un criptosistema de clave pública, es decir, que una clave (pública) es utilizada para enviar información a un usuario de una red, y dicho destinatario (legítimo) utiliza su clave (privada) para descifrar dicha información (ver [41]).

Para general dichas claves, se eligen dos enteros "suficientemente grandes" $p, q \gg 0$ $(p \neq q)$, se calcula

$$N = p \cdot q$$

y se calcula su función Phi de Euler $\Phi := (p-1) \cdot (q-1)$, que es posible calcular conociendo la factorización de N.

Por otra parte, se elige aleatoriamente $0 < e < \Phi$ tal que $mcd(e, \Phi) = 1$, y se calcula su inverso modular $d \equiv e^{-1} \ (mod \ \Phi)$.

Así, se publican las claves públicas (N, e), y se mantiene secreta la clave privada d. Por supuesto, p y q deben también mantenerse secretos, o incluso destruirse, ya que en lo sucesivo no van a utilizarse nunca más.

Para el cifrado de un número (mensaje) M, el protocolo es como sigue:

1. Se busca la clave pública del destinatario (N, e).

2. Se envia como mensaje cifrado el número $C := M^e \ (mod \ N)$.

El destinatario legítimo del mensaje cifrado puede descifrarlo mediante este procedimiento:

1. Se toma la clave privada d.

2. Se efectúa el cálculo $M = C^d \ (mod \ N)$.

Esta última igual se verifica aplicando el Teorema de Euler Fermat 6.11.

La seguridad del criptosistema RSA se basa en que es prácticamente imposible calcular d sin factorizar N, y esta factorización es inviable en un tiempo razonable si N es suficientemente grande, y si se toman ciertas precauciones adicionales a la hora de elegir las claves (ver [41]).

Recuérdese que el cálculo de la exponenciación modular es eficiente, de manera que tanto el cifrado como el descifrado es muy rápido, siempre que se conozca la clave correcta correspondiente.

6.5. Problemas de Aritmética

1. Halla la expresión binaria, ternaria, octal y hexadecimal de 12345 y 177130.

2. Sean $a = (43210)_5$ y $b = (3EBC)_{16}$. Calcula la división entera de b por a.

3. Calcula la factorización en primos de los siguientes enteros:

   $$39, 81, 88, 101, 126, 143, 289, 512, 729, 899, 1001, 1111, 909090, 10! = 10 \cdot 9 \cdot 8 \cdots 2 \cdot 1$$

   Calcula la función Phi de Euler para todos los enteros anteriores.

4. Utiliza el algoritmo de Euclides para calcular

   - $mcd(1529, 14038)$ • $mcd(11111, 111111)$

5. Expresa el máximo común divisor de cada uno de los siguientes pares de enteros como combinación lineal (entera) de ellos:

   - $(3454, 4666)$ • $(9999, 11111)$

6. Demuestra que un número entero es múltiplo de 3 (o de 9) si y solo si la suma de sus cifras es múltiplo de 3 (respectivamente 9).

7. Calcula el inverso de 13 módulo 17 y módulo 2436.

8. Demuestra que 2047 no es primo, sin intentar ninguna factorización.

9. Resuelve las siguientes congruencias lineales:

   (a) $6x \equiv 0 \pmod{15}$ (e) $6x \equiv 1 \pmod{15}$
   (b) $4x \equiv 1 \pmod{15}$ (f) $4x \equiv 0 \pmod{15}$
   (c) $6x \equiv 3 \pmod{15}$ (g) $4x \equiv 7 \pmod{15}$
   (d) $6x \equiv 5 \pmod{15}$ (h) $6x \equiv 9 \pmod{15}$

10. Halla todas las soluciones del sistema de congruencias:

    $$\begin{cases} x \equiv 1 \pmod{2} \\ x \equiv 2 \pmod{3} \\ x \equiv 3 \pmod{5} \\ x \equiv 4 \pmod{11} \end{cases}$$

11. Se reparten las cartas de una baraja entre 5 jugadores, con el resultado de que sobran 4 cartas. Por ese motivo, uno de los jugadores renuncia a jugar, y se vuelven a repartir las cartas entre los 4 jugadores restantes. En esta ocasión, se volvieron a repartir las mismas cartas y sobraron 2. Finalmente, tras un sorteo aleatorio se decide que solo 3 de ellos van a jugar a las cartas, y al repartir las cartas entre ellos 3, el reparto fue exacto y no sobró ninguna carta.

    (a) ¿Cuántas cartas había en la baraja, sabiendo que su número era menor que 100?

    (b) Suponiendo que se pueda jugar al mismo juego usando varias barajas idénticas, ¿cuántas barajas habría que usar para que pudieran jugar los 5 jugadores y no sobrase ninguna carta al repartirlas? ¿Y para que pudieran jugar 4 jugadores en las mismas condiciones?

12. Los 9 primeros dígitos del ISBN de un libro son

$$0 - 07 - 073965$$

¿Cuál es el dígito de control para dicho libro?

13. Tenemos un código de 8 bits, cuyo 4 primeros bits son de información, y los últimos 4 bits son de control, con las siguientes relaciones:

$$x_5 := x_1 + x_2 \qquad x_6 := x_2 + x_3$$
$$x_7 := x_3 + x_4 \qquad x_8 := x_1 + x_4$$

Recibimos ahora el mensaje:

$$10001111$$

¿Es correcta la información transmitida? En caso contrario, ¿puedes decir cuál es el mensaje que, con mayor probabilidad, se envió?

14. Demuestra que el NIF detecta un error en una de las cifras del DNI.

15. La plantilla de un calendario anual queda determinada por el día de la semana en que cae el 1 de enero, junto con el hecho de si el año es bisiesto o no. Por tanto solo hay 14 posibles plantillas distintas. Demuestra que las 14 plantillas ocurren realmente, y que cada 28 años se repiten cíclicamente dichas plantillas.

16. Sin usar inducción demuestra que $n^3 + 20n$ es múltiplo de 48, para todo número par $n \geq 0$.

17. Demuestra que si p es primo y $p + 1 = n^3$ es un cubo perfecto, entonces $p = 7$. Equivalentemente: si $n^3 - 1$ es primo, entonces $n = 2$.

18. Demuestra que si m y n son suma de dos enteros al cuadrado, también lo es el producto $m \cdot n$.

19. Usando el ejercicio anterior, demuestra que un entero n es suma de dos cuadrados perfecto si y solo si todos sus factores primos de la forma $4k + 3$ aparecen con exponente par.

20. Se considera la sucesión de Fibonacci $f_1 = f_2 = 1$, y $f_n = f_{n-1} + f_{n-1}$ para $n \geq 3$.

    a) Demuestra por inducción que

    $$f_n = \frac{1}{\sqrt{5}} \left(\frac{1 + \sqrt{5}}{2} \right)^n - \frac{1}{\sqrt{5}} \left(\frac{1 - \sqrt{5}}{2} \right)^n$$

    b) Demuestra que f_n es el entero más cercano a $\frac{1}{\sqrt{5}} \left(\frac{1+\sqrt{5}}{2} \right)^n$.

    c) Demuestra que al aplicar el algoritmo de Euclides se tiene que $mcd(f_i, f_{i+1}) = 1$, y que los restos obtenidos en el algoritmo son $f_{i-1}, \ldots, f_2, 0$.

    d) Demuestra que si $1 \leq b \leq a$ y $b \leq f_k$ para $k \geq 2$, entonces el número de divisiones en el algoritmo de Euclides es a lo sumo $k - 1$.

    e) Aplicando los apartados anteriores, demuestra que si b tiene k cifras, entonces el número de divisiones es lineal con respecto a k.

6.6. Prácticas con Python

En esta sección veremos algunos ejemplos sencillos del uso Python para resolver problemas de aritmética. Finanalizaremos esta sección proponiendo también la resolución de algunos de los problemas anteriores mediante el uso del lenguaje Python.

Operaciones aritméticas: Empecemos recordando cómo se indican las operaciones aritméticas usuales entre números; como en otros lenguajes, la suma + y la resta − se denotan de la forma obvia, y el producto con un asterisco ∗. Las potencias se pueden denotar o bien mediante dos asteriscos seguidos, o bien mediante la función pow:

```
In: 2**8
Out: 256
In: pow(2, 8)
Out: 256
```

Python maneja por defecto enteros de (casi) cualquier tamaño; pruébese por ejemplo teclear 2 ** (2**10) para obtener un número de más de 300 cifras.

La función pow puede usarse también para realizar de forma eficiente la exponenciación modular, indicando el módulo con un tercer argumento:

```
In: pow(7, 1000, 102)
Out: 67
```

y también para calcular el inverso modular, poniendo −1 como exponente:

```
In: pow(7, -1, 101)
Out: 29
```

En caso de no existir dicho inverso Python genera un error, que se puede evitar calculando antes un máximo común divisor, tal y como veremos más adelante.

En el caso de la división hay que distinguir la división exacta, como números reales

```
In: 15 / 6
Out: 2.5
```

o la división entera, calculando el cociente y el resto, respectivamente:

```
In: 15 // 6
Out: 2
In: 15 % 6
Out: 3
```

En el caso del resto, hay que tener en cuenta el signo del divisor, que coincidirá con el signo del resto de la división:

```
In: 15 % 6
Out: 3
In: 15 % -6
```

```
Out: -3
In: -15 % 6
Out: 3
In: -15 % -6
Out: -3
```

Hay dos tipos básicos de números: enteros (int) y reales (float). El tipo puede comprobarse con la función type:

```
In: type(15)
Out: int
In: type(3.5)
Out: float
```

Se puede redondear un número de tipo float al entero más cercano con la función round:

```
In: round(4.7)
Out: 5
In: round(3.2)
Out: 3
In: round(1.5)
Out: 2
```

La parte entera, también conocida como "redondeo hacia cero", se calcula con la función int:

```
In: int(4.5)
Out: 4
In: int(-4.5)
Out: -4
```

La conversión contraria sería convertir un entero a número real:

```
In: float(5)
Out: 5.0
```

El valor absoluto de un número entero (o real) se obtiene con la función abs:

```
In: abs(-4)
Out: 4
In: abs(-4.5)
Out: 4.5
```

Por otra parte, existen funciones que calculan el máximo, el mínimo, o la suma de los elementos de una lista de números:

```
In: max(2, 3, 1)
Out: 3
In: min(2, 0, -1.5)
Out: -1.5
```

```
In: max([2, 3, 1])
Out: 3
In: min([2, 0, -1.5])
Out: -1.5
In: sum([2, 6, -1, 8])
Out: 15
```

Más funciones matemáticas pueden usarse importando la librería estándar `math`:

```
from math import *
```

Ejemplos de funciones:

```
In: factorial(10). # número combinatorio
Out: 3628800
In: sqrt(2). # raíz cuadrada
Out: 1.4142135623730951
In: log(1024). # logaritmo natural
Out: 6.931471805599453
In: log(1024, 2)  # logaritmo en base 2
Out: 10.0
In: log2(1024)  # logaritmo binario
Out: 10.0
In: log(1024, 10)  # logaritmo en base 10
Out: 3.0102999566398116
In: log10(1024). # logritmo decimal
Out: 3.010299956639812
In: floor(4.5). # redondeo hacia abajo
Out: 4
In: floor(-4.5)
Out: -5
In: ceil(4.5). # redondeo hacia arriba
Out: 5
In: ceil(-4.5)
Out: -4
In: pi. # número PI
Out: 3.141592653589793
In: e. # número E
Out: 2.718281828459045
```

Bases de numeración: Veamos ahora cómo cambiar el sistema de numeración, de decimal a binario, octal o hexacedimal, y viceversa. En primer lugar, se pueden definir enteros mediante su expresión en otra base:

```
In: int("101", 2)
Out: 5
In: int("121", 3)
Out: 16
In: int("167", 8)
Out: 119
In: int("FF", 16)
Out: 255
```

```
In: int("ab", 16)
Out: 171
```

Para bases superiores a 10, se usan las primeras letras del abecedario, con el límite de base 36, en que se usarían las 26 letras del abecedario (inglés). En estos casos, es indiferente usar letras mayúsculas o minúsculas, incluso mezcladas. En el caso de bases 2, 8 y 16 (binario, octal y hexadecimal, respectivamente), se podrían introducir directamente de la siguiente forma:

```
In: 0b11101
Out: 29
In: 0o107
Out: 71
In: 0x1f
Out: 31
```

En el caso de la conversión contraria en estas tres bases de numeración, existen funciones que lo hacen directamente, y que devuelven en forma de string los inputs análogos a los anteriores:

```
In: bin(176)
Out: '0b10110000'
In: oct(176)
Out: '0o260'
In: hex(176)
Out: '0xb0'
```

Para otras bases de numeración, hasta base 36, se necesita una librería especial, que devuelve un string con las cifras correspondientes:

```
In: import numpy as np
In: np.base_repr(122, base=3)
Out: '11112'
In: np.base_repr(99999999, base=30)
Out: '43DL39'
```

MCD y aplicaciones: Veamos a continuación cómo calcular el máximo común divisor de dos enteros; la función gcd se importa de la librería math:

```
In: from math import gcd
In: gcd(4, 10)
Out: 2
```

El mínimo común múltiplo hay que calcularlo "a mano" a partir del máximo común divisor:

```
In: (4 * 10) // gcd(4, 10)
Out: 20
```

Otra opción sería usar la librería galois, que habría que instalar en caso de que no venga por defecto en la distribución de Python que estemos usando, e importar la función lcm:

```
In: from galois import lcm
In: lcm(4, 10)
Out: 20
```

En esta misma librería se puede importar el algoritmo de Euclides extendido, para obtener el máximo común divisor junto con los coeficientes del teorema de Bézout; la función se denomina egcd:

```
In: from galois import egcd
In: egcd(4, 10)
Out: (2, -2, 1)
In: -2*4 + 1*10  # comprobación
Out: 2
```

Si no se dispone de esta librería, se puede programar la función correspondiente, que implemente el algoritmo de Euclides extendido, por ejemplo:

```
# Algoritmo de Euclides Extendido
def egcd(a, b):
    x, X = 0, 1
    y, Y = 1, 0
    while (b != 0):
        B = b
        q = a // b
        a, b = b, a % b
        x, X = X - q * x, x
        y, Y = Y - q * y, y
    return ([B, X, Y])
```

A partir de este algoritmo se podría programar el inverso modular, si bien es más eficiente usar la función pow, tal y como vimos anteriormente:

```
# inverso modular
def modInverse(a,m):
    L = egcd(a,m)
    assert L[0] == 1
    return L[1] % m
```

Números primos: Vemos en primer lugar cómo generar números enteros aleatorios. En primer lugar, la función **random** de la librería **random** genera números reales aleatorios (con distribución uniforme) en el intervalo $[0, 1]$, y que podríamos generalizar a un intervalo $[a, b]$ arbitrario con la correspondiente traslación y factor de escala:

```
In: import random
In: random.random()
Out: 0.17086944096750933
In: 2*random.random() + 1  # intervalo [1, 3]
Out: 2.276208158233895
```

Si queremos un número entero aleatorio entre dos límites dados, usamos la función **randint**:

```
In: import random
In: random.randint(100, 200)
Out: 135
```

Para trabajar ahora con números primos, necesitaremos varias funciones de la librería sympy:

```
In: from sympy import nextprime, randprime, isprime
In: nextprime(7)
Out: 11
In: randprime(100, 200)  # primo aleatorio
Out: 181
In: isprime(7)
Out: True
In: isprime(9)
Out: False
In: isprime(1)
Out: False
In: isprime(0)
Out: False
```

Para factorizar un número entero, o calcular su función Phi de Euler, se usan las funciones factorint y totient (respectivamente), también de la librería sympy:

```
In: from sympy import factorint, totient
In: factorint(2000)
Out: {2: 4, 5: 3}
In: 2**4 * 5**3  # comprobación
Out: 2000
In: totient(2000)
Out: 800
In: totient(15)
Out: 8
```

Aritmética modular: Veamos primero cómo resolver el problema del teorema chino de los restos. Por ejemplo, para resolver el problema

$$\begin{cases} x & \equiv & 49 \ (\mathrm{mod} \ 99) \\ x & \equiv & 76 \ (\mathrm{mod} \ 97) \\ x & \equiv & 65 \ (\mathrm{mod} \ 95) \end{cases}$$

hay que pasar ordenadamente las listas de los módulos y de los restos a la función crt:

```
In: from sympy.ntheory.modular import crt
In: x, M = crt([99, 97, 95], [49, 76, 65])
In: int(x)
Out: 639985
In: M
Out: 912285
```

Como puede verse, la función devuelve la solución más pequeña y el módulo M.

Ecuaciones Diofánticas: En general, podemos resolver ecuaciones Diofánticas más complejas; para ello tenemos que importar el "resolvedor" adecuado, y los símbolos x, y, z, t (o los que necesitemos):

```
from sympy.solvers.diophantine import diop_linear
from sympy.abc import x, y, z, t
```

Solo veremos el caso de ecuaciones Diofánticas lineales. Resolvamos por ejemplo la ecuación

$$2x - 3y = 5$$

cuya solución, en función de un parámetro entero t es

$$x = -3 * t - 5, \ \ y = -2 * t - 5$$

Nótese que puede cambiarse t por $-t$ en las expresiones anteriores, como puede fácilmente comprobarse haciendo la sustitución a mano. El comando que tenemos que utilizar, al tratarse de una ecuación Diofántica lineal, es

```
In: diop_linear(2*x - 3*y - 5)
Out: (-3*t_0 - 5, -2*t_0 - 5)
```

Otro ejemplo con tres variables, en función de dos parámetros enteros, es el siguiente:

```
In: diop_linear(2*x - 3*y - 4*z -3)
Out: (t_0, -6*t_0 - 4*t_1 + 3, 5*t_0 + 3*t_1 - 3)
```

Ejercicio 27. *Resolver con la ayuda de Python los problemas 1, 2, 3, 4, 5, 7, 8, 9,10, 11 y 12 de este capítulo.*

Capítulo 7

Estructuras Algebraicas

En este capítulo se hará una pequeña introducción a las estructuras derivadas de las operaciones algebraicas y sus correspondientes propiedades. Ello tiene aplicaciones avanzadas de la Matemática Discreta como la criptografía o la teoría de códigos correctores de errores. Hacemos también una pequeña introducción a las álgebras de Boole, de aplicación más directa en la Informática a bajo nivel (hardware).

7.1. Operaciones binarias

En primer lugar introducimos el concepto de operación binaria, tanto interna como externa, si bien nos centraremos en el primer caso, puesto que el ejemplo más interesante de operación externa tiene que ver con los espacios vectoriales, que es objeto de estudio de otra materia como es el Álgebra Lineal.

Definición 47. *Operaciones algebraicas*

i) *Una operación interna '$*$' en un conjunto A es una aplicación*

$$\begin{aligned} A \times A &\rightarrow A \\ (x, y) &\mapsto x * y \in A \end{aligned}$$

ii) *Una operación externa '$*$' en A con operadores en B (por la izquierda) es una aplicación*

$$\begin{aligned} B \times A &\rightarrow A \\ (b, a) &\mapsto b * a \in A \end{aligned}$$

Se definiría análogamente una operación externa por la derecha.

En lo que sigue supondremos que '$*$' es una operación interna en A. En ese caso, un subconjunto $C \subseteq A$ se dice que es cerrado con respecto a dicha operación si se verifica que

$$\forall x, y \ (x, y \in C \Rightarrow x * y \in C)$$

es decir, al hacer operaciones entre elementos de C no nos salimos del conjunto C. Por otra parte, una operación interna puede cumplir (o no), entre otras, las siguientes propiedades:

Asociativa: $\forall a, b, c \in A, (a * b) * c = a * (b * c)$.

Conmutativa: $\forall a, b \in A,\ a * b = b * a$.

Elemento Neutro: $\exists e \in A,\ (a * e = e * a = a,\ \forall a \in A)$.

Elemento Inverso: Suponiendo que existe elemento neutro $e \in A$, entonces se dice que un elemento $a \in A$ tiene inverso (u opuesto) si

$$\exists a' \in A,\ a * a' = a' * a = e$$

Distributiva: Dadas dos operaciones internas '$*$' y '$\circ$' en A, se dice que '$*$' es distributiva respecto de '$\circ$' si

$$a * (b \circ c) = (a * b) \circ (a * c)$$

Hacemos notar que el elemento neutro, en caso de existir, es único, y lo mismo ocurre con el elemento inverso (u opuesto) a' de un elemento dado a.

Otras propiedades que se pueden cumplir, por parte de las operaciones internas, se verán con más detalle en los apartados sobre Retículos y Álgebras de Boole.

7.2. Estructuras algebraicas

Describiremos brevemente las principales estructuras algebraicas que puede tener un conjunto con una o varias operaciones internas, dependiendo de las propiedades que cumplan dichas operaciones.

7.2.1. Semigrupos

Un semigrupo es un par $(S, *)$ donde '$*$' es una operación interna en S que verifica la propiedad asociativa. Es por tanto la estructura algebraica más sencilla posible. Si además la operación tiene elemento neutro en S, se dice que $(S, *)$ es un monoide. En cualquiera de los dos casos (semigrupo o monoide), si se verifica además la propiedad conmutativa, se dice que el semigrupo (o el monoide) es conmutativo o abeliano.

Ejemplo 42. *1. Tanto $(\mathbb{N}, +)$ como $(\mathbb{N}, \cdot)$ son monoides conmutativos. En el primer caso el elemento neutro es 0, y en el segundo es 1.*

2. Dado un alfabeto de símbolos $\mathcal{A}$, el conjunto de cadenas de símbolos junto con la operación de concatenar cadenas sin cancelaciones entre símbolos es un semigrupo no conmutativo (o un monoide no conmutativo, si se considera la palabra vacía como posible, en cuyo caso la cadena vacía sería el elemento neutro). Esta estructura se utiliza en la Teoría de Autómatas y Lenguajes Formales.

Nota 37. *Semigrupos numéricos*

Un caso especial de semigrupos son los llamados, "semigrupos numéricos", que son semigrupos S contenidos en el semigrupo aditivo $(\mathbb{N}, +)$ de los números naturales. Estos se caracterizan por ser "cerrados para la suma", es decir

$$m, n \in S \Rightarrow m + n \in S$$

y se supone que $0 \in S$ (es decir, en realidad se trata de un monoide conmutativo).

Se puede demostrar que todos ellos pueden ser generados por un número finito de elementos, es decir

$$S = \langle a_1, \ldots, a_n \rangle := \left\{ \sum_{i=1}^{n} \lambda_i a_i,\ \lambda_i \in \mathbb{N} \right\}$$

(combinaciones lineales con coeficientes enteros no negativos).

Además, se puede suponer que el máximo común divisor de los generadores es 1, pues en caso contrario se dividen todos los elementos de S por dicho máximo común divisor y se obtiene un semigrupo equivalente al anterior.

Una vez supuesto que dicho máximo común divisor es 1 (de hecho se suele incluir esta hipótesis en la definición de semigrupo numérico), se demuestra que el número de lagunas g de S (es decir, números naturales que no pertenecen a S) es finito, con lo que todos los números naturales a partir de uno dado c en adelante van a pertenecer al semigrupo, siendo $c - 1 \notin S$. Este número c se llama entonces "conductor" del semigrupo S, y a $F = c - 1$ se le conoce como "número de Frobenius".

En el caso particular de que S esté generado por dos elementos a y b con $mcd(a, b) = 1$, entonces

$$g = \frac{(a-1)(b-1)}{2}$$

(nótese que o bien $a - 1$ o bien $b - 1$ es par), y el conductor es

$$c = 2g = (a-1)(b-1)$$

Cuando un semigrupo numérico verifica precisamente que $c = 2g$ se denomina "simétrico". Por tanto, los semigrupos con dos generadores son simétricos.

Este tipo de semigrupos se aplican en la vida cotidiana. Por ejemplo, un sistema de monedas o de sellos de ciertas cantidades fijas que sirven para pagar ciertas cantidades, se comporta como un semigrupo numérico generado por los precios de las monedas o sellos que estén en vigor. Normalmente el semigrupo generado es $\mathbb{N}$, pero si se eliminan ciertas monedas habría lagunas que no podrían ser cubiertas por dicho sistema de monedas, pero todas las cantidades a partir de una dada (conductor) serían factibles. Así, la cantidad más alta posible que no sería posible realizar con tal sistema de monedas o sellos coincidiría precisamente con el número de Frobenius.

Como ejemplo práctico, se puede comprobar que si solo hubiera monedas de 3 y 5 (céntimos), entonces habría $g = 4$ precios que no se pueden realizar (1, 2, 4 y 7). Así, $F = 7$ sería el prccio más alto que no se puede realizar, pero se podrían realizar todos los precios a partir de $c = 8$ (céntimos).

7.2.2. Grupos

Un grupo es un monoide $(G, *)$ en el que todo elemento $x \in G$ tiene inverso. Si además se verifica la propiedad conmutativa, se dice que el grupo es abeliano (o conmutativo). En la práctica, cuando un grupo es abeliano la operación se denota en forma de suma, y en caso contrario se denota en forma de producto. En el primer caso (notación aditiva), el elemento neutro se denota por 0 (cero) y el elemento "opuesto" de x se denota por $-x$, y en el segundo caso (notación multiplicativa), el elemento neutro se denota por 1 (unidad) y el elemento "inverso" de x se denota por x^{-1}.

Ejemplo 43.　　1. *Tanto $(\mathbb{Z}, +)$ como $(\mathbb{R} \setminus \{0\}, \cdot)$ son grupos abelianos. En el primer caso, el elemento neutro es 0 y el opuesto de x es $-x$, mientras que en el segundo caso el elemento neutro es 1 y el inverso de $x \neq 0$ es $x^{-1} = \dfrac{1}{x}$.*

　　2. *El grupo S_n de "permutaciones" de n elementos $\{1, \ldots, n\}$, junto con la operación de composición, es un grupo no conmutativo, entendiendo una permutación como una aplicación biyectiva*

$$\{1, \ldots, n\} \leftrightarrow \{1, \ldots, n\}$$

Una permutación se puede interpretar como una acción de reordenar los elementos anteriores, y componer dos permutaciones consistiría en aplicar sucesivamente ambas reordenaciones.

A S_n se le suele llamar "grupo simétrico" de orden n.

3. *Los "movimientos rígidos" en $\mathbb{R}^2$ (o en $\mathbb{R}^3$) con la composición también son un grupo no conmutativo, entendiendo por movimiento rígido un tipo especial de aplicaciones biyectivas*

$$\varphi : \mathbb{R}^n \to \mathbb{R}^n$$

(aquellas que conservan distancias y ángulos, es decir, esencialmente simetrías, giros y traslaciones).

4. *Las matrices cuadradas de tamaño $n \times n$ son un grupo abeliano para la suma, mientras que las matrices cuadradas inversibles (con determinante no nulo) son un grupo no conmutativo para el producto.*

5. *Grupos cíclicos: son aquellos que están generados por un único elemento g, que se denomina generador de dicho grupo.*

   Por ejemplo, si G es un grupo cualquiera y se toma $g \in G$ distinto del elemento neutro e, entonces $\langle g \rangle := \{g^0 = e, g^1 = g, g^2, g^3, \ldots\}$ es un grupo cíclico generado por g.

   En este caso, si $\sharp G < \infty$ entonces $\langle g \rangle$ también será finito y existirá un $n \geq 2$ mínimo tal que $g^n = e$. Dicho n se denomina orden del elemento g, y se demuestra que el cardinal de G (llamado también orden del grupo G) es un múltiplo de n.

Si G es un grupo y $H \subseteq G$ es un subconjunto cerrado para la operación de grupo, H verifica también la definición de grupo, y se dice que H es un *subgrupo* de G. En el último ejemplo, el grupo cíclico $\langle g \rangle$ es un subgrupo de G. En el ejemplo del grupo de movimientos rígidos en $\mathbb{R}^n$, el conjunto de *traslaciones* constituye un subgrupo de aquel.

7.2.3. Anillos

Un anillo es una terna $(A, +, \cdot)$ tal que:

1. $(A, +)$ es un grupo abeliano.

2. $(A, \cdot)$ es un semigrupo.

3. El producto es distributivo respecto de la suma.

Si además existe elemento neutro 1 (o unidad) del producto, el anillo se dice *unitario*, y si el producto es conmutativo se trata de un *anillo conmutativo*. Puede ser ambas cosas, que es el caso más corriente, y entonces se trata de un *anillo conmutativo y unitario*.

Ejemplo 44. 1. *$(\mathbb{Z}, +, \cdot)$ es un anillo conmutativo y unitario.*

2. *Si $(A, +, \cdot)$ es un anillo conmutativo y unitario, entonces los polinomios en un número finito de indeterminadas con coeficientes en A, junto con la suma y el producto usuales, es decir, $(A[X_1, \ldots, X_n], +, \cdot)$ es un anillo conmutativo y unitario.*

3. *Las matrices cuadradas $n \times n$ con la suma y el producto de matrices forman un anillo unitario (no conmutativo). El elemento neutro es precisamente la matriz identidad $n \times n$.*

4. $(\mathbb{N}, +, \cdot)$ *es lo que se denomina un semianillo conmutativo y unitario. Se deja al lector como ejercicio escribir las definiciones precisas.*

Por otra parte, se dice que $0 \neq a \in A$ es un *divisor de cero* si existe $0 \neq b \in A$ tal que $a \cdot b = 0$ (por tanto, b sería otro divisor de cero). Por ejemplo, en el anillo de matrices 2×2 de coeficientes reales, con la suma y el producto usuales, se tiene que

$$\begin{pmatrix} 1 & 0 \\ 0 & 0 \end{pmatrix} \cdot \begin{pmatrix} 0 & 0 \\ 0 & 1 \end{pmatrix} = \begin{pmatrix} 0 & 0 \\ 0 & 0 \end{pmatrix}$$

con lo que ambas matrices son divisores de cero. Así pues, si en un anillo no existen divisores de cero, es decir

$$\forall x, y \in A \quad (\, xy = 0 \Rightarrow (x = 0 \vee y = 0) \,)$$

entonces se dice que el anillo A es un anillo *íntegro* o *dominio de integridad* (abreviadamente, se suele decir que A es un *dominio*). Por lo que acabamos de ver, las matrices cuadradas no constituyen un dominio de integridad. En cambio, el anillo de enteros es íntegro, así como los anillos de polinomios con coeficientes en un dominio (por ejemplo $\mathbb{Z}[X_1, \ldots, X_n]$).

Un subconjunto $I \subseteq A$ de un anillo A es un **ideal** si I es cerrado para la suma, y si además

$$f(x) \in I \text{ y } g(x) \in A \Rightarrow f(x) \cdot g(x) \in I$$

Ejemplos de ideales:

- Si $g_1, \ldots, g_n \in A$, se denomina ideal generado por dichos elementos al conjunto $I = \langle g_1, \ldots, g_n \rangle := \left\{ \sum_{i=1}^{n} a_i g_i \mid a_i \in A \right\}$

- En el caso de que $n = 1$, tenemos un *ideal principal* generado por un solo elemento. Por lo tanto, un ideal principal consiste en el conjunto de todos los múltiplos del generador.

Un *dominio de ideales principales* es un dominio en el que todos los ideales son principales. Este sería el caso del anillo de enteros $\mathbb{Z}$, o los polinomios $K[X]$ en una indeterminada con coeficientes en un cuerpo K (que es la estructura algebraica que vamos a estudiar a continuación).

7.2.4. Cuerpos

Un anillo unitario $(K, +, \cdot)$ es un *cuerpo* si verifica la condición adicional de que $(K^*, \cdot)$ sea un grupo, donde $K^* := K \setminus \{0\}$. Es decir

$$\forall x \in K, \quad (x \neq 0 \Rightarrow \exists x^{-1})$$

Si además el producto es conmutativo, se trata de un cuerpo conmutativo. En otras palabras, un cuerpo es un anillo en donde se puede dividir siempre de forma exacta entre un elemento no nulo cualquiera, ya que dividir no es más que multiplicar por el inverso del divisor.

Ejemplo 45. 1. *Los conjuntos $\mathbb{Q}$, $\mathbb{R}$ y $\mathbb{C}$, de los números racionales, reales y complejos respectivamente, son cuerpos con las sumas y productos correspondientes.*

2. *Si p es un número primo, $\mathbb{F}_p := \{0, 1, \ldots, p-1\}$, y las sumas y productos se realizan "módulo p", entonces $\mathbb{F}_p$ es un cuerpo (finito).*

3. *Si se quiere construir un cuerpo no conmutativo, hace falta recurrir a los llamados "cuaterniones". Se dejan los detalles como ejercicio (avanzado). Se considera el conjunto (de cuaterniones) dado por*

$$\mathbb{K} := \{a + bi + cj + dk \mid a, b, c, d \in \mathbb{R}\}$$

donde las letras i, j, k son variables que verifican las siguientes relaciones, análogas a la que se verifican en el cuerpo complejo con la unidad imaginaria i

$$i^2 = j^2 = k^2 = -1$$

$$ij = k, \quad ji = -k$$

$$jk = i, \quad kj = -i$$

$$ki = j, \quad ik = -j$$

y donde la suma y el producto se realizan como si fueran polinomios, con las simplificaciones derivadas de las reglas anteriores.

4. *Si D es un dominio de integridad, se puede construir un cuerpo $Fr(D)$ que lo contiene y que se denomina cuerpo de fracciones de D. La construcción es análoga a la de los números racionales a partir de los números enteros, es decir, se consideran todas las posibles fracciones de elementos de D tales que el denominador sea distinto de 0, se establece la relación de igualdad*

$$\frac{a}{b} = \frac{c}{d} \Leftrightarrow ad - bc = 0$$

y las operaciones usuales entre fracciones

$$\frac{a}{b} + \frac{c}{d} := \frac{ad + bc}{bd} \quad , \quad \frac{a}{b} \cdot \frac{c}{d} := \frac{ac}{bd}$$

El hecho de ser cuerpo viene de que si $a \neq 0 \neq b$ entonces el inverso de a/b es precisamente b/a.

Otro caso particular de esta construcción son las llamadas "funciones racionales" $K(x_1, \ldots, x_n)$ con coeficientes en un cuerpo conmutativo K, construidas como el cuerpo de fracciones del correspondiente dominio de polinomios.

Se dice que un cuerpo (conmutativo) es de característica n si

$$\overbrace{1 + \ldots + 1}^{n} = 0$$

y n es mínimo con esta propiedad. La teoría de anillos demuestra que n solamente puede ser un número primo $p \geq 2$. Por ejemplo, los *cuerpos primos* $\mathbb{F}_p$ son de característica p.

En caso contrario, si tal n no existe se dice que el cuerpo es de característica cero (por ejemplo: $\mathbb{Q}$, $\mathbb{R}$ y $\mathbb{C}$).

Se demuestra asimismo que un cuerpo de característica cero es necesariamente infinito (en consecuencia, todo cuerpo finito es de característica positiva).

Los cuerpos finitos tienen utilidad en la teoría de códigos correctores de errores (por ejemplo, el código del CD y el DVD, entre otros, se basa en un cuerpo finito con 256 elementos, de característica 2). De hecho, todo cuerpo finito tiene como cardinal una potencia de su característica p, como veremos detalladamente en una sección posterior.

De la definición de cuerpo se derivan otras dos estructuras algebraicas:

k-espacio vectorial: Es una terna $(V, +, \cdot k)$ donde k es un cuerpo conmutativo, $(V, +)$ es un grupo abeliano, y '$\cdot k$' es una *operación externa con operadores en* k

$$k \times V \to V$$

que verifica 4 propiedades:

1. Asociativa del producto de escalares:

$$(\lambda \mu) x = \lambda(\mu x), \quad \forall x \in V, \ \ \forall \lambda, \mu \in k$$

2. Elemento neutro:

$$1 \cdot x = x, \ \ \forall x \in V$$

3. Asociativa respecto de la suma de escalares:

$$(\lambda + \mu) x = \lambda x + \mu x, \ \ \forall x \in V, \ \ \forall \lambda, \mu \in k$$

4. Asociativa respecto de la suma de vectores:

$$\lambda(x + y) = \lambda x + \lambda y, \ \ \forall x, y \in V, \ \ \forall \lambda \in k$$

Los elementos de V se llaman vectores, mientras que los de k se llaman escalares. Aunque son operaciones distintas, por simplicidad se denota de la misma manera '$\cdot$' el producto de escalares y la operación externa de vectores y escalares, pero se deduce por el contexto qué operación se está realizando en cada caso.

Cualquier anillo de polinomios con coeficientes en un cuerpo $k[x_1, \ldots, x_n]$, con la suma y el producto por elementos de k, sería un ejemplo típico de k-espacio vectorial (nótese que un escalar puede interpretarse también como un polinomio de grado 0, y el producto por un escalar sería un caso particular del producto en el anillo de polinomios). En el apartado sobre relaciones de recurrencia (capítulo 8), surgirá de forma natural un nuevo ejemplo de espacio vectorial. Asimismo, los códigos correctores de errores llamados "lineales" son en realidad espacios vectoriales sobre un cuerpo finito, en donde el cuerpo finito es, precisamente, el alfabeto para codificar la información. Otros ejemplos de espacios vectoriales, por ejemplo k^n, se remiten a bibliografía específica sobre Álgebra Lineal.

k-álgebra: Es una cuaterna $(V, +, \cdot, \cdot k)$ donde k es un cuerpo conmutativo, $(V, +, \cdot)$ es un anillo conmutativo y unitario, y $(V, +, \cdot k)$ es un k-espacio vectorial.

El típico ejemplo de k-álgebra lo constituyen los polinomios con coeficientes en un cuerpo sobre un número finito de indeterminadas $k[x_1, \ldots, x_n]$.

Nota 38. *Módulos*

Existe una estructura análoga a la de espacio vectorial sobre un cuerpo, pero cambiando el cuerpo por un anillo conmutativo y unitario A. Esta estructura se denomina A-módulo, y un ejemplo de aplicación práctica es en aquellos códigos correctores de errores en los que el alfabeto sea un anillo en vez de un cuerpo (por ejemplo, los llamados 'códigos de Gray", sobre el anillo modular $\mathbb{Z}_4$. Dejamos al lector como ejercicio la definición precisa de A-módulo.

En los siguientes apartados estudiaremos casos especiales de estructuras algebraicas, como son los polinomios, los cuerpos finitos, y las matrices.

7.3. Polinomios en una variable

Un polinomio en la variable x es una expresión del tipo

$$a_0 + a_1 x + a_2 x^2 + \cdots + a_j x^j + \cdots + a_n x^n$$

donde todos los *coeficientes* a_j de grado j son elementos de un anillo A (normalmente un cuerpo conmutativo K).

- Cada sumando $a_j x^j$ con $a_j \neq 0$ se denomina *monomio*.

- Si un polinomio solo tiene dos (respectivamente tres) monomios no nulos, se denomina *binomio* (respectivamente *trinomio*).

- a_0 se denomina *término independiente*.

- Si $a_n \neq 0$, se dice que el polinomio es de *grado n*.

- Denotaremos por $deg(p(x))$ el grado de un polinomio $p(x)$.

- Si todos los coeficientes son nulos, se tiene el polinomio nulo, cuyo grado es $-\infty$ (por convenio).

- La suma o resta de polinomios se realiza grado a grado, es decir, sus monomios serían $(a_j \pm b_j) x^j$.

- El producto se realiza aplicando la propiedad distributiva, teniendo en cuenta que $x^i \cdot x^j = x^{i+j}$.

En adelante, por simplificar, supondremos que los coeficientes están en un cuerpo conmutativo K. El conjunto de todos los polinomios en la variable x con coeficientes en K se denota por $K[x]$. Es fácil comprobar que $K[x]$ es un anillo con las operaciones suma y producto anteriormente descritas.

Recordemos que todo anillo admite ideales. En nuestro caso, puede demostrarse que en todo anillo de polinomios sobre un cuerpo, con un número finito de indeterminadas, todo ideal puede generarse por un número finito de elementos, es decir

$$I = \langle f_1, \ldots, f_m \rangle$$

De hecho, veremos a continuación que si solo hay una variable, entonces todo ideal está generado por un único elemento. En otras palabras, $K[x]$ es un dominio de ideales principales, al igual que $\mathbb{Z}$).

División de polinomios de una variable

Dados dos polinomios $p(x)$ y $d(x) \neq 0$, se puede dividir $p(x)$ entre $d(x)$ con resto de manera que

$$p(x) = d(x) \cdot q(x) + r(x)$$

donde o bien $r(x) = 0$, o bien el grado del *resto* es $deg(r(x)) < deg(d(x))$.

- $q(x)$ es el *cociente* de la división.

- El cociente y el resto son únicos salvo constante multiplicativa.

- Para efectuar la división, se ordenan los monomios en orden decreciente de grado, se dividen los términos de mayor grado obteniendo un monomio exacto $m(x)$, se multiplica $m(x)$ por $d(x)$ y se resta el resultado de $p(x)$, y se sigue de esta forma hasta que el resto tenga grado menor que el del divisor $q(x)$.

- Por tanto, de dice que $p(x)$ es divisible entre $d(x)$ si el resto de la división Euclídea es $r(x) = 0$.

En consecuencia, al igual que con los números enteros, pueden definirse los conceptos análogos de máximo común divisor y mínimo común múltiplo (salvo constante multiplicativa). El cálculo del $mcd(f(x), g(x))$ se realiza análogamente con el algoritmo de Euclides, realizando divisiones sucesivas hasta que el resto es cero, y el último resto no nulo nos proporciona el máximo común divisor.

Nota 39. *Nótese que el grado del resto baja en cada división, por lo que el algoritmo de Euclides para polinomios termina en un número finito de pasos.*

Dos polinomios se dicen primos entre sí si su máximo común divisor es una constante. El siguiente resultado es análogo al caso numérico que vimos en el capítulo 6.

Teorema 7.1. *Bézout Si $mcd(f(x), g(x)) = d(x)$, entonces existen polinomios $a(x), b(x)$ tales que*

$$a(x) \cdot f(x) + b(x) \cdot g(x) = d(x)$$

Los coeficientes $a(x), b(x)$ se calculan, como en el caso numérico, mediante el *algoritmo de Euclides extendido*, que funciona de manera totalmente análoga (ver capítulo 6).

Como consecuencia del teorema de Bézout, si tenemos un ideal $I = \langle f(x), g(x) \rangle$, la relación

$$a(x) \cdot f(x) + b(x) \cdot g(x) = d(x)$$

nos dice que $d(x) \in I$, y por tanto $I = \langle d(x) \rangle$, con lo que I es un ideal principal.

Razonando en general con un número finito de generadores, se deduce también que todo ideal I es principal, generado por el máximo común divisor de todos los generadores de I.

Nótese que, utilizando exactamente el mismo razonamiento, se demuestra que $\mathbb{Z}$ es un dominio de ideales principales.

Se dice que $f(x)$ es irreducible si $f(x) = g(x) \cdot h(x)$ implica que o bien $deg(g(x)) = 0$ o bien $deg(h(x)) = 0$. En caso contrario, $f(x)$ factoriza como producto de irreducibles.

En consecuencia, $K[x]$ es un dominio de factorización única (es decir, los factores irreducibles son únicos, salvo constantes multiplicativas), al igual que en el caso del anillo de enteros. Esto es debido a que, en general, todo dominio de ideales principales es un dominio de factorización única (ver por ejemplo [13]).

Nota 40. *Se llaman* **unidades** *en un anillo A a los elementos que tienen inverso multiplicativo. En el caso de $\mathbb{Z}$ solo hay dos unidades ± 1, y en el caso de $K[X_1, \ldots, X_n]$ obtendríamos todas las constantes no nulas. El conjunto de las unidades de A se denota por A^*.*

Con esta notación, se dice que un dominio es de factorización única si todo elemento se descompone como producto de irreducibles, y la descomposición es única salvo multiplicar por una unidad.

Nótese asimismo que el hecho de que ± 1 sean unidades *en $\mathbb{Z}$ es el motivo por el que 1 no se considera primo, y por eso se incluye la condición $p \geq 2$ en la definición de número primo.*

Raíces y factores

Se dice que $a \in K$ es una *raíz* de $p(x)$ si $p(a) = 0$. En otras palabras, si a es una solución de la ecuación $p(x) = 0$.

El cálculo de raíces reales (para $K = \mathbb{R}$) es un problema muy complicado, general, y además los polinomios pueden tener raíces complejas. Para grado 1 y 2, hay que resolver una ecuación lineal o de grado 2, respectivamente, que son problemas elementales. Para grados 3 y 4 las fórmulas son muy complejas, y para grado mayor que 4 no hay fórmulas generales, más allá de algoritmos para hallar aproximaciones numéricas a dichas raíces.

Si los coeficientes son enteros y buscamos *raíces racionales* del tipo $\frac{a}{b}$, entonces a debe ser un divisor del término independiente a_0 y b debe serlo de a_n (coeficiente de mayor grado).

Por otra parte, si a es una raíz, entonces el polinomio es divisible por $(x - a)$, es decir, al efectuar la división de polinomios, el resto resulta ser 0. De esta manera encontramos *factores* de grado 1, y podemos intentar una factorización del polinomio de partida, hasta donde sea posible. El siguiente resultado es muy conocido:

Teorema 7.2. *Teorema del resto El resto de la división de $p(x)$ por $(x - a)$ es exactamente* $p(a)$.

Nótese que, de hecho, dicho resto debe ser un polinomio de grado 0, es decir, una constante. El resultado anterior está íntimamente ligado a la conocida **Regla de Ruffini**, para dividir $a_n x^n + \cdots + a_0$ entre $(x - a)$, que recordamos gráficamente en la tabla 7.1.

	a_n	a_{n-1}	$\cdots$	a_1	a_0
a		$a \cdot a_n$	$\cdots$		
	a_n	$a_{n-1} + a \cdot a_n$	$\cdots$		$p(a)$

Tabla 7.1: Regla de Ruffini.

Se dice que a es una raíz de $p(x)$ de *multiplicidad* m si $p(x)$ es divisible por $(x - a)^m$ pero no lo es por $(x - a)^{m+1}$. El siguiente resultado se conoce como **Teorema Fundamental del Álgebra**:

Teorema 7.3. *Teorema Fundamental del Álgebra Todo polinomio en una variable con coeficientes complejos ($K = \mathbb{C}$), de grado mayor mayor o igual que 1, tiene al menos una raíz compleja.*

Iterando el teorema anterior al resultado de dividir el polinomio inicial por $x - \alpha$, donde α es la raíz que asegura dicho teorema, se obtiene el siguiente corolario:

Corolario 1. *Todo polinomio no constante en una variable con coeficientes complejos tiene exactamente n raíces, contadas con sus multiplicidades.*

Nota 41. *Si un polinomio con coeficientes reales tiene una raíz compleja, automáticamente también tiene a su conjugada; por tanto, si tuviese grado impar, al menos una de las raíces sería real.*

Criterios de irreducibilidad

En primer lugar, es obvio que un polinomio de grado 2 ó 3 es reducible sobre K si y solo si tiene tiene una raíz en K.

Por otra parte, sin más que multiplicar por el mínimo común múltiplo de los denominadores de todos los coeficientes, es obvio también que $f(x) \in \mathbb{Z}[x]$ es irreducible si y solo si $f(x)$ lo es en $\mathbb{Q}[x]$.

Los dos siguientes criterios funcionan para polinomios con coeficientes enteros:

Criterio de Eisenstein: Sea $p \in \mathbb{N}$ un número primo, y supongamos que $f(x) = a_n x^n + \cdots + a_1 x + a_0 \in \mathbb{Z}[x]$ con $n > 1$ verifica que a_n no es múltiplo de p, que todos los a_i con $i < n$ sí que son múltiplos de p, pero que a_0 no es múltiplo de p^2; entonces $f(x)$ es irreducible en $\mathbb{Q}[x]$.

Criterio modular: Sea $f(x) = a_0 + a_1 x + \cdots + a_n x^n$ un polinomio de grado $n > 1$, con coeficientes enteros. Si existe un número primo p que no divida a a_n, y tal que la reducción de coeficientes $f_p(x)$ módulo p sea irreducible en $\mathbb{Z}_p[x]$, entonces $f(x)$ también es irreducible en $\mathbb{Z}[x]$.

Cocientes de anillos de polinomios

Fijado un polinomio $p(x) \in K[x]$, se considera el ideal principal $I = \langle p(x) \rangle$.

Se define el anillo cociente $A = K[x]/I$ con las operaciones suma y producto módulo $p(x)$, es decir, que se divide el resultado de la operación por $p(x)$ y se toma el resto.

Si además $p(x)$ es irreducible, A es de hecho un cuerpo, es decir, todo elemento no nulo tiene un inverso (modular). En este caso, análogamente al caso numérico, se puede calcular el inverso (modular) mediante el teorema de Bézout, es decir, el algoritmo de Euclides extendido.

Nótese que un elemento no nulo en A se representa por un polinomio $f(x)$ que no sea múltiplo de $p(x)$, con lo que $mcd(f(x), p(x)) = 1$. En particular, si $K = \mathbb{Z}_p$, entonces obtenemos un cuerpo finito con p^r elementos, donde $r = deg(p(x))$, como veremos más adelante.

Se pueden generalizar los conceptos análogos a las congruencias en números enteros:

$$p(x) \equiv q(x) \pmod{m(x)} \Leftrightarrow m(x) \mid (p(x) - q(x))$$

En términos de ideales:

$$p(x) \equiv q(x) \pmod{I} \Leftrightarrow (p(x) - q(x)) \in I$$

7.4. Cuerpos finitos

Tanto en criptografía (cifrado AES) como en teoría de códigos correctores (códigos lineales, Reed Solomon, códigos QR) se usan cuerpos finitos como el tipo de datos (o alfabeto) para guardar información. Para ello, se debe sustituir el cuerpo de los números reales $\mathbb{R}$ por otro con las mismas propiedades algebraicas, pero con un número finito de elementos, es decir, un cuerpo finito. Enunciamos a continuación las propiedades fundamentales que nos permitirán trabajar con tales cuerpos:

(I) En primer lugar, todo cuerpo finito es conmutativo, lo cual de entrada nos simplifica mucho las cosas.

(II) Para todo número primo p, el anillo $\mathbb{Z}_p \equiv \mathbb{Z}/p\mathbb{Z}$ de enteros módulo p es un cuerpo (finito).

(III) Recordamos que un cuerpo tiene característica $n > 0$ si al sumar 1 consigo mismo n veces el resultado es 0, y tiene característica 0 si eso no pasa para ningún $n > 0$. Asimismo, la característica de un cuerpo solo puede ser 0 (por ejemplo $\mathbb{Q}$, $\mathbb{R}$ o $\mathbb{C}$) o un número primo $p > 0$ (por ejemplo $\mathbb{Z}_p$).

(IV) El cardinal de un cuerpo finito solo puede ser una potencia de un primo $q = p^r$, en cuyo caso la característica es p. En particular, ningún cuerpo finito tiene característica cero.

(V) Dos cuerpos finitos del mismo cardinal son isomorfos, es decir, existe una biyección entre ellos que preserva las operaciones de suma y producto, con lo que de alguna manera son el mismo cuerpo, reidentificando los elementos. Por tanto, para cada $q = p^r$ existe un "único" cuerpo finito con q elementos (salvo isomorfismo).

Veamos como se construye un cuerpo $\mathbb{F}_q$ con $q = p^r$ elementos, para $r > 1$ (si $r = 1$ entonces $\mathbb{F}_p = \mathbb{Z}_p$). La construcción es similar a la de los números complejos a partir de los reales:

- Son polinomios con coeficientes reales en la variable i, con la relación $i^2 + 1 = 0$ (nótese que el polinomio $X^2 + 1$ es irreducible sobre $\mathbb{R}$).

- Por tanto, todo polinomio en i de grado mayor que 1 se puede dividir por $i^2 + 1$, obteniendo un resto de grado 1, de la forma $a + bi$.

Análogamente, para construir el cuerpo con $q = p^r$ elementos $\mathbb{F}_q$, se hace lo siguiente:

1. Se busca un polinomio irreducible $m(X)$ de grado r con coeficientes en el *cuerpo primo* $\mathbb{F}_p = \mathbb{Z}_p$ (siempre existe, para todos los p y r posibles).

2. Se consideran todos los posibles polinomios en la variable α, y se reducen módulo $m(\alpha)$, es decir, se consideran solo los restos de dividir por $m(\alpha)$. Recordemos que se pueden dividir con resto los polinomios en una variable sobre un cuerpo conmutativo (división Euclídea).

3. Los posibles restos son polinomios de grado $\leq r - 1$, y el número de ellos es p^r (hay p posibles valores para los coeficientes de grado $0, 1, \ldots, r - 1$).

Ejemplo 46. $\mathbb{F}_4$

Veamos cómo construir el cuerpo finito con $2^2 = 4$ elementos, es decir, $p = 2$ y $r = 2$:

- *Partiendo del cuerpo binario $\mathbb{F}_2 = \mathbb{Z}_2$ necesitamos un polinomio irreducible de grado 2. En nuestro caso, lo podemos hacer por tanteo, ya que solo hay 4 posibles polinomios de grado 2 candidatos*

$$x^2 \ , \ x^2 + x \ , \ x^2 + 1 \ , \ x^2 + x + 1$$

y descartaremos los que sean reducibles En este caso especial, si son reducibles es porque son divisibles por un polinomio $x - a$ de grado 1, y por tanto tienen una raíz a (por la Regla de Ruffini). Así, los tres primeros son reducibles (el primero tiene a 0 por raíz, el tercero tiene a 1 por raíz, y el segundo tiene a ambos 0 y 1 como raíces). Únicamente el cuarto polinomio resulta no tener raíces en $\mathbb{F}_2$, y por tanto es el único polinomio irreducible que podemos utilizar.

- *Así, $\mathbb{F}_4 = \{0, 1, \alpha, 1 + \alpha\}$, ya que estos son todos los posibles restos de dividir por $\alpha^2 + \alpha + 1$.*

Para sumar es fácil: lo único a tener en cuenta es que, como estamos en característica 2, se tiene que $1 + 1 = 0$ y $\alpha + \alpha = 0$, por ejemplo

$$(1 + \alpha) + \alpha = 1 \quad , \quad (1 + \alpha) + (1 + \alpha) = 0 \ \ldots$$

Para multiplicar, hay que tener en cuenta, aparte de que $-1 = 1$ en característica 2, que tenemos la relación

$$\alpha^2 = 1 + \alpha$$

Así, por ejemplo:

$$\alpha \cdot (1 + \alpha) = \alpha^2 + \alpha = 1 \ \ldots$$

Ejemplo 47. $\mathbb{F}_8$

Como $8 = 2^3$, partiendo del cuerpo binario $\mathbb{F}_2 = \mathbb{Z}_2$ necesitamos ahora un polinomio irreducible de grado 3. También lo podemos hacer por tanteo: solo hay 8 posibles polinomios de grado 3, y ahora hay más de uno que es irreducible, por ejemplo

$$x^3 + x + 1$$

Para comprobar que es irreducible, nos damos cuenta que, si fuera reducible, sería divisible por un polinomio de grado 1, y por tanto tendría 0 ó 1 como raíz, pero este polinomio no se anula en ninguno de estos dos valores (nótese que estamos trabajando módulo 2).

El polinomio $x^3 + x^2 + 1$ también es irreducible, y como hemos dicho antes daría lugar a otro cuerpo finito isomorfo al que vamos a construir.

Así pues, tendríamos $\mathbb{F}_8 = \{0, 1, \alpha, 1 + \alpha, \alpha^2, 1 + \alpha^2, \alpha + \alpha^2, 1 + \alpha + \alpha^2\}$, que son todos los restos de dividir por $\alpha^3 + \alpha + 1$.

Para multiplicar elementos de $\mathbb{F}_8$ hay que tener en cuenta la relación

$$\alpha^3 = 1 + \alpha \quad y \ por \ tanto \quad \alpha^4 = \alpha^3 \cdot \alpha = (1 + \alpha)\alpha = \alpha + \alpha^2, \ etc.$$

Nótese que si hubiéramos usado el polinomio irreducible $x^3 + x^2 + 1$, el lista de elementos sería el mismo, lo único que cambiaría es la relación con la que simplificaríamos los productos.

Algunas propiedades interesantes de los cuerpos finitos son las siguientes:

(1) Si un cuerpo K es de característica p, entonces para cualesquiera $a, b \in K$ y para cualquier número natural s se verifica

$$(a + b)^{p^s} = a^{p^s} + b^{p^s}$$

Nótese que los coeficientes restantes, en el binomio de Newton, son múltiplos de p.

(2) En un cuerpo finito $\mathbb{F}_q$, si $a \in \mathbb{F}_q$ entonces $a^q = a$.

(3) Si además $a \neq 0$ entonces $a^{q-1} = 1$, es decir, potencias con exponente suficientemente grande terminan siendo iguales a 1, y esto se repetirá cíclicamente.

(4) Sobre $\mathbb{F}_q$ el polinomio $x^q - x$ tiene q raíces distintas, y por tanto factoriza completamente en q factores lineales diferentes.

Estructura multiplicativa

Ya hemos visto la *estructura aditiva* de un cuerpo finito, como polinomios de grado menor que r. A continuación estudiaremos su *estructura multiplicativa*. La idea es recordar nuevamente lo que sucede con las potencias sucesivas de la unidad imaginaria en los números complejos:

$$i^0 = 1, \ i^1 = i, \ i^2 = -1, \ i^3 = -i, \ i^4 = 1, \ldots$$

Veamos que con los cuerpos finitos sucede algo similar; para ello, recordemos que si $a \neq 0$ entonces $a^{q-1} = 1$, y en realidad, pudiera ser que $a^n = 1$ para un $n < q - 1$.

Llamaremos pues orden (multiplicativo) de $a \in \mathbb{F}_q$ al menor n tal que $a^n = 1$. Por tanto, si n es el orden de a entonces es fácil ver que los elementos del conjunto

$$\{1 = a^0, a = a^1, a^2, \ldots, a^{n-1}\}$$

son todos distintos.

El resultado fundamental es que en todo cuerpo finito $\mathbb{F}_q$ existe al menos un elemento a de orden $q - 1$, con lo que

$$\mathbb{F}_q = \{0, 1 = a^0, a = a^1, a^2, \ldots, a^{q-2}\}$$

es decir, salvo el cero, todos los elementos son potencias de a. A un tal elemento a se le denomina **elemento primitivo** de $\mathbb{F}_q$.

Con esta descripción, multiplicar es más fácil: al multiplicar dos potencias de a sale otra potencia en la que hay que reducir el exponente con la relación $a^{q-1} = 1$, pero la suma se complica, ya que no es evidente qué potencia de a es una suma del tipo $a^i + a^j$.

Por ejemplo, si $\mathbb{F}_4 = \{0, 1, \alpha, \alpha^2\}$, está claro que $\alpha^3 = 1$, $\alpha^4 = \alpha$, etc. Pero por ejemplo, ¿quién es $\alpha^2 + \alpha = \alpha^t$? En la práctica, para este tipo de operaciones se usan unas *tablas* de operaciones algebraicas.

Tablas

Las tablas de un cuerpo finito $\mathbb{F}_{p^r}$ describen, básicamente, cómo pasar de la estructura aditiva a la multiplicativa y viceversa, para un elemento primitivo dado α. Por eficiencia en las búsquedas se usan dos tablas para cada cuerpo finito, aunque en realidad bastaría con una de ellas, a costa de que las búsquedas sean más lentas si el cuerpo tiene un tamaño muy grande.

- La primera tabla asocia al exponente de α^i su escritura en forma aditiva, es decir, las coordenadas en la base $\{\alpha^{r-1}, \alpha^{r-2}, \ldots, \alpha, 1\}$.

- La segunda es la asociación inversa, es decir, dadas dichas coordenadas de la forma aditiva, se da el exponente de la potencia de α que le corresponde.

- Por convenio, como 0 no es potencia de α, se pone como exponente el símbolo ∞.

Por ejemplo, en la primera tabla que corresponda al cuerpo $\mathbb{F}_{3^4}$, la asignación $67 \rightarrow 2120$ significa $\alpha^{67} = 2\alpha^3 + \alpha^2 + 2\alpha$, y en la segunda aparecería la asignación inversa $2120 \rightarrow 67$.

Por simplicidad, en los ejemplos que siguen solo daremos la primera de las tablas:

$\mathbb{F}_4 \rightarrow$ Irreducible: $\alpha^2 + \alpha + 1$

Tabla 1:

0	1	2	∞
01	10	11	00

Tabla 2:

00	01	10	11
∞	0	1	2

$\mathbb{F}_8 \to$ Irreducible: $\alpha^3 + \alpha + 1$

0	1	2	3	4	5	6	∞
001	010	100	011	110	111	101	000

$\mathbb{F}_{16} \to$ Irreducible: $\alpha^4 + \alpha + 1$

0	1	2	3	4	5	6	7	...
0001	0010	0100	1000	0011	0110	1100	1011	...

8	9	10	11	12	13	14	∞
0101	1010	0111	1110	1111	1101	1001	0000

$\mathbb{F}_{32} \to$ Irreducible: $\alpha^5 + \alpha^2 + 1$

$\mathbb{F}_{64} \to$ Irreducible: $\alpha^6 + \alpha + 1$

$\mathbb{F}_{128} \to$ Irreducible: $\alpha^7 + \alpha + 1$

$\mathbb{F}_{256} \to$ Irreducible: $\alpha^8 + \alpha^4 + \alpha^3 + \alpha^2 + 1$

- Este cuerpo finito se usa en la codificación del CD y el DVD, y en los códigos de barras (QR y PDF147).

- Para aplicaciones en criptografía (AES) se usa otro polinomio irreducible (se cambia x^2 por x). Cuidado porque este otro polinomio es irreducible pero no primitivo, con lo que el generador α correspondiente no sería un elemento primitivo de $\mathbb{F}_{256}$. Un polinomio irreducible es **primitivo** si todas sus raíces tienen orden $2^m - 1$, donde m es el grado del polinomio. En todas las tablas que se construyan, lo lógico es considerar siempre un polinomio no solo irreducible, sino primitivo, para simplificar el cálculo de la tabla, entre otras cosas.

$\mathbb{F}_9 \to$ Irreducible: $\alpha^2 + \alpha + 2 = \alpha^2 + \alpha - 1$

0	1	2	3	4	5	6	7	∞
01	10	21	22	02	20	12	11	00

$\mathbb{F}_{27} \to$ Irreducible: $\alpha^3 + 2\alpha + 1 = \alpha^3 - \alpha + 1$

$\mathbb{F}_{81} \to$ Irreducible: $\alpha^4 + \alpha + 2 = \alpha^4 + \alpha - 1$

$\mathbb{F}_{25} \to$ Irreducible: $\alpha^2 + \alpha + 2$

$\mathbb{F}_{125} \to$ Irreducible: $\alpha^3 + 3\alpha + 2$

$\mathbb{F}_{49} \to$ Irreducible: $\alpha^2 + \alpha + 3$

$\mathbb{F}_{121} \to$ Irreducible: $\alpha^2 + \alpha + 7$

Conjugados

Dados un polinomio irreducible $f(x)$ de grado m sobre el cuerpo finito $\mathbb{F}_p$ y una raíz α de $f(x)$ en el cuerpo $\mathbb{F}_{p^m}$, se llama *conjugado* de α sobre $\mathbb{F}_p$ a cualquiera de las otras raíces en $\mathbb{F}_{p^m}$ de $f(x)$.

El resultado fundamental es que, en las condiciones anteriores, los conjugados de α son r elementos distintos (incluido α), y se calculan mediante potencias sucesivas:

$$\alpha, \alpha^p, \alpha^{p^2}, \ldots, \alpha^{p^{m-1}}$$

Esto se puede generalizar para polinomios irreducibles sobre $\mathbb{F}_q$ pero es un poco más delicado, y remitimos su estudio a bibliografía más especializada [13].

Nota 42. *Caso complejo*

Nótese que esta definición generaliza el concepto de "conjugados" en el cuerpo complejo $\mathbb{C}$. Efectivamente, los únicos polinomios irreducibles sobre el cuerpo real tienen grado 1 ó 2. En el primer caso, la única raíz es real, y en el segundo caso las dos raíces de un polinomio irreducible de grado 2 son dos número complejos conjugados, en los que se cambia i por $-i$.

Polinomios sobre cuerpos finitos

Recordamos algunas cosas que ya hemos visto sobre polinomios, y que siguen siendo ciertas para el caso de cuerpos finitos:

- Dados dos polinomios $f(x)$ y $d(x) \neq 0$ en una variable, con coeficientes en un cuerpo finito $\mathbb{F}_q$, se puede dividir $f(x)$ entre $d(x)$ obteniendo un cociente y un resto.

$$f(x) = q(x) \cdot d(x) + r(x)$$

donde o bien $r(x) = 0$ o bien el grado está acotado

$$0 \leq grad(r(x)) \leq grad(d(x)) - 1$$

- La *Regla de Ruffini* dice que $f(b)$ es el resto de $f(x)$ entre $x - b$.

- En particular, $f(x)$ es divisible entre $x - b$ si y solo si $f(b) = 0$ (es decir, si b es una raíz de f).

- Análogamente al caso de los números enteros, dados dos polinomios $f(x)$ y $g(x)$ se puede calcular su máximo común divisor mediante el *algoritmo de Euclides* para polinomios en una variable.

- Asimismo, mediante el correspondiente *algoritmo de Euclides extendido* se pueden calcular los coeficientes del teorema de Bézout

$$d(x) = a(x)f(x) + b(x)g(x)$$

donde $d(x) = mcd(f(x), g(x))$.

- Todos los cálculos se efectúan salvo constante mutiplicativa, por tanto siempre consideraremos los polinomios *mónicos* (con coeficiente del monomio de mayor grado igual a 1, la unidad en el cuerpo base).

- En particular, dos polinomios son primos entre sí cuando el máximo común divisor es de grado 0, es decir, una constante no nula, pues en ese caso se convierte en 1 dividiendo por dicha constante.

- Recomendamos al lector escribir explícitamente los algoritmos de Euclides y Euclides extendido, y hacer un ejemplo de cada, con dos pares de polinomios distintos y con dos cuerpos finitos distintos.

7.5. Cálculo matricial

En este apartado recordaremos las principales operaciones que podemos realizar con matrices. La aritmética que se use para operar con sus elementos dependerá del cuerpo (o incluso anillo) a partir del cual se definan las matrices. Usualmente se estudian las operaciones sobre los números reales o complejos (característica cero), pero todas las operaciones que vamos a estudiar se podrían realizar también, por ejemplo, sobre un cuerpo finito $\mathbb{F}_q$.

Una de las aplicaciones fundamentales de las matrices es la resolución de sistemas de ecuaciones lineales, pero también se utilizan para almacenar conjuntos de datos (en Big Data o Machine Learning, por ejemplo), o para modelar movimientos geométricos en 2 y 3 dimensiones. Estas aplicaciones las remitimos a bibliografía más especializada.

Para un estudio general, supondremos en adelante que K es un cuerpo conmutativo cualquiera, y en caso de necesidad detallaríamos qué ocurre en el caso de operar en un cuerpo finito.

Una matriz $m \times n$ con elementos en K viene dada por m filas y n columnas en la forma

$$
A = \begin{pmatrix}
a_{11} & a_{12} & \cdots & a_{1n} \\
a_{21} & a_{22} & \cdots & a_{2n} \\
\cdots & \cdots & \cdots & \cdots \\
a_{m1} & a_{m2} & \cdots & a_{mn}
\end{pmatrix}
$$

Por tanto, un elemento denotado por a_{ij} es el que se halla en la fila i y la columna j. Si $m = 1$ se trata de un *matriz fila*, y si $n = 1$ se trata de una *matriz columna*; en ambos casos, se suelen referir como *vectores*. En el caso $m = n$ decimos que se trata de una matriz cuadrada, y si además $m = n = 1$ recuperamos los escalares de K. En el caso de una matriz cuadrada, los elementos a_{ii} constituyen la *diagonal* de la matriz.

Comenzaremos por definir las operaciones algebraicas elementales:

Suma: Dadas $A = (a_{ij})$ y $B = (b_{ij})$ ambas de las mismas dimensiones $m \times n$, se define

$$
A + B := (a_{ij} + b_{ij})
$$

es decir, es la suma componente a componente. Nótese que, fijadas dimensiones $m \times n$, la suma dota al conjunto de matrices sobre K de estructura de grupo abeliano, donde el elemento neutro es la matriz nula (con todas las entradas iguales a $0 \in K$), y la matriz opuesta a una dada es la que se obtiene cambiando de signo todos sus elementos.

Producto: Dadas $A = (a_{ij})$ de dimensiones $m \times n$ y $B = (b_{ij})$ de dimensiones $n \times p$, se define el producto como $A \cdot B = (c_{ij})$ donde

$$
c_{ij} := \sum_{k=1}^{n} a_{ik} \cdot b_{kj}
$$

es decir, multiplicando los elementos de la fila i de A por los de la columna j de B. Nótese que es necesario que el número de columnas de A debe coincidir con el número de filas de B, y el producto tiene m filas y p columnas. En particular, no todas las matrices se pueden multiplicar entre sí, y para que el producto sea una operación interna es necesario que nos restrinjamos a matrices cuadradas $n \times n$, en cuyo caso el resultado es otra matriz con las mismas dimensiones. Ya vimos en un apartado anterior que el producto de matrices no es conmutativo en general, aunque existe un elemento neutro, que es la matriz identidad I_n con unos en la diagonal y ceros fuera de la misma. En este caso, las matrices cuadradas $n \times n$ sobre un cuerpo K son un anillo unitario no conmutativo, con la suma y producto que hemos definido. No es un cuerpo ya que, como veremos más adelante, es necesario poner condiciones adicionales para la existencia de matriz inversa.

Nota 43. *Producto escalar*

Dados dos vectores $\mathbf{v} = (v_1, \ldots, v_n)$ *y* $\mathbf{w} = (w_1, \ldots, w_n)$ *de la misma dimensión, se define el producto escalar de ambos mediante la fórmula*

$$\mathbf{v} \cdot \mathbf{w} := \sum_{k=1}^{n} v_k \cdot w_k$$

Con esta notación, el elemento c_{ij} *del producto de dos matrices A y B es el producto escalar de la fila i de A por la columna j de B.*

Nota 44. *En algunas aplicaciones se usa el llamado producto estrella* $*$ *(del inglés* star product*), componente a componente:* $A*B := (a_{ij} \cdot b_{ij})$. *Da lugar a otra estructura algebraica similar, que dejamos al lector como ejercicio, si bien no tiene una interpretación geométrica, como en el caso del producto usual.*

También se puede definir un producto por un escalar $\lambda \in K$, componente a componente:

$$\lambda \cdot A := (\lambda \cdot a_{ij})$$

Esta operación externa, junto con la suma de matrices, daría lugar a una estructura de espacio vectorial sobre K. En el caso de las matrices cuadradas, esta operación externa, junto con la suma y producto de matrices, daría lugar a una estructura de K-álgebra no conmutativa, según la definición que vimos en una sección anterior.

En lo que queda de sección, estudiaremos varios algoritmos que son útiles en el álgebra lineal para la resolución de sistemas lineales, y que de nuevo remitimos los detalles a una bibliografía más especializada, como por ejemplo [52]. La idea subyacente será siempre la *eliminación Gaussiana*, en la que mediante operaciones elementales (por filas en nuestro caso, aunque también se podrían hacer por columnas) se van haciendo ceros en sitios determinados de la matriz. Veamos en primer lugar las operaciones elementales que vamos a utilizar:

(1) Intercambio de filas: intercambiar entre sí dos filas $i \neq j$ de la matriz.

(2) Multiplicación escalar: multiplicar los elementos de una fila por un escalar $\lambda \neq 0$.

(3) Suma de filas: sumarle (o restarle) a la fila i otra fila $j \neq i$ multiplicada por un escalar $\lambda \neq 0$.

Expondremos a continuación los algoritmos en los que estamos interesados, partiendo de una matriz A, y efectuando solamente operaciones elementales por filas de los tipos anteriores:

Matriz escalonada reducida por filas Se trata de una matriz con las siguientes propiedades:

1. Ninguna fila con todas las posiciones nulas puede estar por encima de una fila con alguna posición no nula.

2. En toda fila no nula, el primer elemento no nulo (llamado *pivote* o *coeficiente líder*) debe estar estrictamente más a la derecha que el pivote de la fila superior.

3. Si además los pivotes son todos iguales a 1, la matriz escalonada se dice *reducida*.

Un ejemplo de tal matriz sería:

$$A' = \begin{bmatrix} 1 & 3 & 0 & 0 & 3 \\ 0 & 0 & 1 & 0 & 9 \\ 0 & 0 & 0 & 1 & -4 \\ 0 & 0 & 0 & 0 & 0 \end{bmatrix}$$

Para hallar A' a partir de A, procederíamos ordenadamente por columnas, de izquierda a derecha, buscando un elemento no nulo como pivote en la posición adecuada (haciendo un pivotaje si es preciso, es decir, un intercambio de filas), y realizando operaciones elementales de tipo (3) para hacer ceros por debajo del pivote. Es un buen ejercicio de programación en Python que propondremos al lector como práctica.

Esta matriz tiene muchas aplicaciones en el álgebra lineal, por ejemplo:

1. La matriz escalonada por filas se puede utilizar para encontrar soluciones de sistemas de ecuaciones lineales, mediante sustitución progresiva y sustitución regresiva.

2. El número de filas no nulas en la matriz escalonada por filas coincide con el rango de la matriz de partida, es decir, el número de filas linealmente independientes.

3. Si se aplica a una matriz cuadrada en la forma no reducida, usando solamente operaciones elementales de tipo (1) y (3), el determinante es precisamente el producto de los elementos de la diagonal, salvo signo, que depende del número de intercambios de filas que hayamos utilizado en el proceso (hay un cambio de signo por cada intercambio). En particular, si al final sale alguna fila nula, hay un cero en la diagonal y el determinante es cero.

Los conceptos de álgebra lineal se remiten a [52].

Núcleo de una matriz: El objetivo es hallar una base del K-espacio vectorial de soluciones de un sistema lineal homogéneo cuya matriz sea la matriz dada A. Para ello, a partir de la matriz escalonada reducida por filas se realiza el siguiente truco, llamado en inglés *Minus-1 Trick*. Supondremos que el número k de filas no nulas de dicha matriz reducida es estrictamente menor que el número n de columnas, se procede primero a eliminar las filas nulas de la parte de abajo, y se intercalan, entre las k filas no nulas, $n - k$ filas de la forma

$$[0 \ \cdots \ 0 \ - 1 \ 0 \ \cdots \ 0]$$

de manera que en la diagonal de la matriz $n \times n$ resultante haya un pivote 1 ó -1. Así, en el ejemplo del apartado anterior, se obtendría

$$A'' = \begin{bmatrix} 1 & 3 & 0 & 0 & 3 \\ 0 & -1 & 0 & 0 & 0 \\ 0 & 0 & 1 & 0 & 9 \\ 0 & 0 & 0 & 1 & -4 \\ 0 & 0 & 0 & 0 & -1 \end{bmatrix}$$

De esta manera, la base de soluciones buscada estaría formada por las columnas correspondientes a los pivotes -1, en el ejemplo anterior, las columnas segunda y quinta, y el núcleo de la matriz sería:

$$\langle (3, -1, 0, 0, 0), \ (3, 0, 9, -4, -1) \rangle$$

Forma normal de Gauss: Es una extensión de la matriz anterior, en el caso de que se pueda obtener una submatriz $m \times m$ con las primeras m columnas de la matriz que sea igual a la identidad I_m. Esta matriz no siempre es posible conseguirla, o bien porque nos salgan filas nulas (si el *rango* de la matriz es menor estrictamente que m), o bien porque necesitemos efectuar intercambios de columnas para encontrar un pivote no nulo en alguno de los pasos. Un ejemplo sería:

$$A' = \left[\begin{array}{ccc|cc} 1 & 0 & 0 & 0 & 3 \\ 0 & 1 & 0 & 0 & 9 \\ 0 & 0 & 1 & 1 & -4 \end{array} \right]$$

Para conseguirlo, una vez obtenida la parte inferior de la identidad, procederíamos mediante operaciones elementales de tipo (3) a conseguir los ceros por encima de la diagonal de unos. También lo proponemos como práctica de Python.

Inversa de una matriz: Suponiendo que una matriz cuadrada A es inversible (según el álgebra lineal, porque el rango sea n, o porque su *determinante* sea no nulo), se compone una matriz extendida con A a la izquierda y con la identidad I_n a la derecha, y se procede a calcular la forma normal de Gauss de dicha matriz. El resultado será que a la izquierda nos quedará la identidad I_n y a la derecha la inversa A^{-1}. Por ejemplo, para hallar la inversa de

$$A = \begin{bmatrix} 1 & 0 & 2 & 0 \\ 1 & 1 & 0 & 0 \\ 1 & 2 & 0 & 1 \\ 1 & 1 & 1 & 1 \end{bmatrix}$$

se construye la matriz extendida

$$\overline{A} = \left[\begin{array}{cccc|cccc} 1 & 0 & 2 & 0 & 1 & 0 & 0 & 0 \\ 1 & 1 & 0 & 0 & 0 & 1 & 0 & 0 \\ 1 & 2 & 0 & 1 & 0 & 0 & 1 & 0 \\ 1 & 1 & 1 & 1 & 0 & 0 & 0 & 1 \end{array} \right]$$

se efectúa el procedimiento anterior para obtener

$$\overline{A}' = \left[\begin{array}{cccc|cccc} 1 & 0 & 0 & 0 & -1 & 2 & -2 & 2 \\ 0 & 1 & 0 & 0 & 1 & -1 & 2 & -2 \\ 0 & 0 & 1 & 0 & 1 & -1 & 1 & -1 \\ 0 & 0 & 0 & 1 & -1 & 0 & -1 & 2 \end{array} \right]$$

con lo que la inversa es

$$A^{-1} = \begin{bmatrix} -1 & 2 & -2 & 2 \\ 1 & -1 & 2 & -2 \\ 1 & -1 & 1 & -1 \\ -1 & 0 & -1 & 2 \end{bmatrix}$$

7.6. Retículos y álgebras de Boole

Un retículo es una terna $(R, +, \cdot)$ tal que:

1. Ambas operaciones son asociativas.

2. Ambas operaciones son conmutativas.

3. Se verifican las "Leyes de Absorción" (o simplificativas):

$$x \cdot (x + y) = x \quad , \quad x + (x \cdot y) = x$$

Se puede probar que esta definición de retículo es equivalente a la dada en el capítulo de relaciones de orden. Para ello, a partir de una relación de orden con las propiedades de retículo según la definición del capítulo anterior, se pueden definir las operaciones

$$\begin{aligned} x + y &:= x \sqcup y &= \sup\{x, y\} \\ x \cdot y &:= x \sqcap y &= \text{ínf}\{x, y\} \end{aligned}$$

Se deja al lector la comprobación de que las propiedades de estas operaciones dan lugar a un retículo, según la definición del presente capítulo.

Recíprocamente, a partir de de un retículo $(R, +, \cdot)$ con las propiedades 1, 2 y 3 del presente apartado, se puede definir una relación de orden entre los elementos de R de la siguiente manera:

$$x \leq y \Leftrightarrow x + y = y$$

Se deja también al lector como ejercicio la comprobación de que tal relación de orden cumple las propiedades de retículo dada en el capítulo anterior.

Ejemplo 48. *1. $(\mathcal{P}(U), \cup, \cap)$ es un retículo.*

2. $(\mathbb{N}, \sqcup, \sqcap)$ es un retículo, donde

$$m \sqcup n := mcm(m, n) \quad , \quad m \sqcap n := mcd(m, n)$$

De las propiedades anteriores se deducen las de *idempotencia*

$$x + x = x \quad , \quad x \cdot x = x$$

Si se verifican además las dos propiedades distributivas (de cada una de las operaciones con respecto de la otra), se trataría de un *retículo distributivo*. Por otra parte, si existen elementos llamados 0 y 1 tales que

$$\forall x, \quad x + 0 = x$$

$$\forall x, \quad x \cdot 1 = x$$

se dice que es un *retículo acotado*. Finalmente, si además de ser acotado, el retículo verifica que

$$\forall x, \quad \exists x' \mid (x + x' = 1) \wedge (x \cdot x' = 0)$$

se trata de un *retículo complementario*; en este caso, a x' se le llama elemento complementario de x. Así pues, y aunque lo estudiaremos en seguida con una definición "minimal" (es decir, incluyendo en la definición el mínimo número posible de propiedades), diremos que a un retículo distributivo y complementario se le llama *álgebra de Boole*.

Ejemplo 49. *1. Por ejemplo, el retículo $\mathcal{P}(U)$ anteriormente citado es, de hecho, un álgebra de Boole.*

2. El retículo de las particiones, estudiado en el capítulo de Relaciones, es un retículo acotado. Sin embargo no es un álgebra de Boole, ya que no es un retículo complementario (a nivel de relaciones de equivalencia, la relación complementaria de una relación de equivalencia no es una relación de equivalencia pues, por ejemplo, pierde la propiedad reflexiva).

7.6.1. Álgebras de Boole

Comenzaremos dando una definición alternativa de álgebra de Boole, equivalente a la que acabamos de ver (retículo distributivo y complementario).

Definición 48. *Álgebras de Boole*

Un álgebra de Boole es una 6-upla $(B, +, \cdot, ', 0, 1)$, con $1 \neq 0$, y con las siguientes propiedades:

(1) Conmutativas: $x + y = y + x$, $x \cdot y = y \cdot x$.

(2) Distributivas: $x \cdot (y + z) = x \cdot y + x \cdot z$, $x + (y \cdot z) = (x + y) \cdot (x + z)$.

(3) Identidades (elementos neutros): $x + 0 = x$, $x \cdot 1 = x$.

(4) Complementación (elementos inversos): $x + x' = 1$, $x \cdot x' = 0$.

Nota 45. *1. Por economía de notación, muchas veces se omite el punto en los productos:*

$$x \cdot y \equiv xy$$

2. El complemento puede también denotarse

$$x' \equiv \overline{x}$$

3. En ausencia de paréntesis, la precedencia de las operaciones es primero la complementación, luego el producto y finalmente la suma.

4. La expresión dual de una expresión Booleana dada consiste en intercambiar 0 y 1, y las operaciones suma y producto. Debido a que la definición anterior incluye cuatro propiedades y sus duales, se establece un "principio de dualidad", similar al que vimos en su momento con las expresiones lógicas y conjuntistas.

Ejemplo 50. *Los dos ejemplos característicos de álgebras de Boole son:*

- $(\mathcal{P}, \vee, \wedge, \neg, C, T)$, *donde* $\mathcal{P}$ *es un conjunto de proposiciones lógicas.*

- $(\mathcal{P}(U), \cup, \cap, \overline{}, \emptyset, U)$, *donde* U *es un conjunto universal.*

A partir de estas tres operaciones Booleanas (NOT, OR, AND), se podrían definir otras tres operaciones, cuya analogía a la lógica proposicional es obvia:

XOR: $x \oplus y := xy' + x'y$.

NOR: $x \downarrow y := (x + y)'$.

NAND: $x|y := (xy)'$.

Definición 49. *Morfismos*

Una aplicación $\Phi : A \to B$ *es un morfismo de álgebras de Boole si*

(I) $\Phi(x + y) = \Phi(x) + \Phi(y)$.

(II) $\Phi(x \cdot y) = \Phi(x) \cdot \Phi(y)$.

(III) $\Phi(x') = \Phi(x)'$.

Si además Φ *es biyectiva, se dice que es un* **isomorfismo** *de álgebras de Boole.*

El ejemplo de álgebra de Boole estándar es el siguiente: $B = \{0, 1\}$ (bits, o valores de verdad), donde la suma es la disyunción lógica de valores de verdad, el producto es la conjunción lógica, y la complementación es la negación lógica.

A partir de B, se define el producto cartesiano B^n de n-uplas de bits, donde las operaciones Booleanas se realizan componente a componente. En este caso, se puede demostrar que B^n es isomorfa a $\mathcal{P}(U)$, para cierto conjunto finito U con $\sharp U = n$.

Para ver la relación de las álgebras de Boole con la dada en la sección anterior, necesitamos definir una relación de orden:

$$x \leq y \Leftrightarrow x + y = y$$

Por dualidad, se podría haber definido la relación de orden como $x \cdot y = x$. De esta manera, se puede ver que B es un conjunto parcialmente ordenado, y usando las propiedades de la definición de álgebra de Boole se deduce que B es un retículo distributivo y complementario.

Definición 50. *Átomos* *Un elemento* $0 \neq a \in B$ *del álgebra de Boole* B *es un* **átomo** *si*

$$x \cdot a = x \Rightarrow (x = 0) \vee (x = a)$$

Equivalentemente:

$$x \leq a \Rightarrow (x = 0) \vee (x = a)$$

En B^n los átomos son las n-uplas de bits con un solo 1 y el resto ceros. En $\mathcal{P}(U)$ los átomos son los conjuntos con un solo elemento (singleton). Es fácil ver que

Lema 7. *Todo elemento* $b \in B$ *se descompone de manera única como suma de átomos. Si* $b = 0$ *tal suma es una "suma vacía".*

Aplicando la definición de álgebra de Boole, se deducen el resto de propiedades típicas que hemos estudiado en lógica y teoría de conjuntos:

Teorema 7.4. *(a) Asociativas:* $(x + y) + z = x + (y + z)$, $(xy)z = x(yz)$.

(b) Idempotentes: $x + x = x$, $x \cdot x = x$.

(c) Absorción: $x + (xy) = x$, $x(x + y) = x$.

(d) Dominación: $x + 1 = 1$, $x \cdot 0 = 0$.

(e) De Morgan: $(x + y)' = x'y'$, $(xy)' = x' + y'$.

(f) Unicidad del complementario: si $xy = 0$ *y* $x + y = 1$ *entonces* $y = x'$.

7.6.2. Funciones Booleanas

Una expresión Booleana en las variables Booleanas $x_1, \ldots, x_n$ es cualquier cadena en la que intervengan las variables x_i, 0, 1, y las operaciones Booleanas $(+, \cdot, ')$.

Una función Booleana de orden n es una aplicación conjuntista

$$f : B^n \to B$$

Nuestro propósito es representar las funciones Booleanas mediante expresiones Booleanas. Para ello, se define un **literal** como una variable Booleana o su complemento (o negación). Entonces, se denomina **minitérmino** en las variables Booleanas $x_1, \ldots, x_n$ a un producto de la forma

$$y_1, \ldots, y_n$$

donde o bien $y_n = x_n$ o bien $y_n = x'_n$.

La relación entre funciones y expresiones Booleanas se lleva a cabo a través de sus tablas de verdad. Efectivamente, una función Booleana viene dada esencialmente por su tabla de verdad, en la que para cada n-upla de valores Booleanos se escribe en una tabla su imagen (0/1).

Por otra parte, para una expresión Booleana se puede construir una tabla en la que, para cada combinación de valores Booleanos, se hace la sustitución en la expresión Booleana y se calcula su resultado (0/1).

Por tanto para hallar una expresión Booleana cuya tabla de verdad se corresponda con la función Booleana dada por dicha tabla, el proceso es el siguiente:

1. Para cada fila de la tabla en donde la función Booleana tenga el valor 1, se construye el minitérmino producto de x_i si en esa fila el valor de x_i es 1, y x_i' si en esa fila $x_i = 0$.

2. La suma de los minitérminos anteriores es la expresión Booleana buscada.

De hecho, la expresión Booleana hallada por el procedimiento anterior es una *Forma Normal Disyuntiva* (FND), que es por definición una suma de minitérminos. Análogamente se pueden definir los **maxitérminos** como suma de n literales, y una *Forma Normal Conjuntiva* (FNC) como un producto de maxitérminos. Estas expresiones obtenidas se pueden simplificar, usando las propiedades de las álgebras de Boole, o bien si el número de variables es pequeño, mediante métodos más especializados como los mapas de Karnaugh, que veremos más adelante.

Se podría calcular la forma FND (o la FNC) de una expresión Booleana a través de su tabla de verdad, con el procedimiento anterior. Sin embargo, se puede realizar de forma directa manipulando las expresiones Booleanas, de forma análoga a como se hace en lógica proposicional (ver sección 1.5). Se recomienda al lector reescribir los procedimientos de dicha sección con la notación de álgebras de Boole.

Ejercicio 28. *Halla las formas normales FND y FNC de la expresión Booleana en tres variables* $f(x, y, z) = x(z' + y'z) + x'$.

Nota 46. *El número de funciones Booleanas* $f : B^n \to B$ *es* 2^{2^n}, *tantas como posibles tablas de verdad. En el caso* $n = 2$, *si denotamos por* x, y *las variables, Booleanas, las 16 expresiones Booleanas correspondientes a estas 16 funciones Booleanas son las siguientes:*

$$
\begin{array}{cccccccc}
0 & 1 & x & y & x' & y' & x + y & x \cdot y \\
x \oplus y & (x \oplus y)' & x + y' & x' + y & xy' & x'y & x|y & x \downarrow y
\end{array}
$$

7.6.3. Circuitos lógicos

Las álgebras de Boole tienen su aplicación en el diseño de circuitos lógicos, implementados en hardware (chips), en los que la entrada son bits (0/1) y la salida también son bits. El circuito realizará una operación con esos bits, que tendrá un significado a alto nivel (por ejemplo, sumas de enteros en binario).

Cada operación lógica básica entre bits se realiza mediante dispositivos electrónicos llamados **puertas lógicas**: NOT, OR, AND, XOR, etc. Dependiendo de cómo se conecten estas puertas, da lugar a una expresión Booleana, y el objetivo es "minimizar" dicha expresión, lo cual significa cambiar el circuito por otro que realiza la misma operación pero con menos puertas lógicas, lo que hace el circuito más eficiente (y económico).

Veamos un ejemplo, sumando números en binario: comencemos por sumar dos bits con llevada; es obvio que la suma equivale a hacer el XOR, mientras que la llevada equivale a la conjunción AND:

$$
\begin{array}{ccccc}
0 & + & 0 & = & 00 \\
0 & + & 1 & = & 01 \\
1 & + & 0 & = & 01 \\
1 & + & 1 & = & 10
\end{array}
$$

Veamos cómo se diseña esta operación con un circuito electrónico; en primer lugar mostramos las principales puertas lógicas (NOT, AND, OR, XOR):

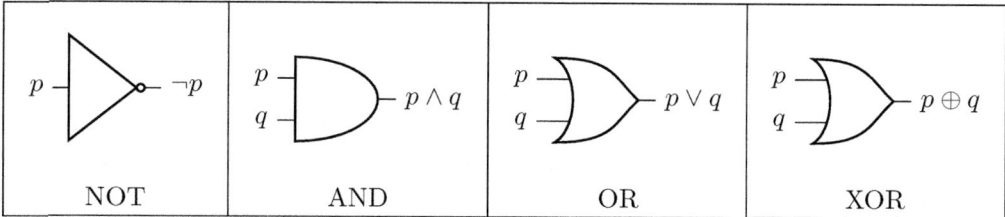

Por tanto, la suma con llevada anterior se puede implementar con el siguiente circuito electrónico de puertas lógicas, que se denomina *semisumador*, en donde s es la suma y c la llevada:

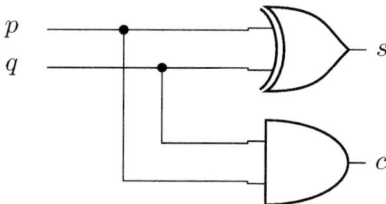

Ejercicio 29. *Semisumador Diseña un circuito equivalente al semisumador, pero usando solamente puertas NOT, OR y AND.*

Para sumar dos números en binario, hace falta un segundo circuito, llamado *sumador completo*, que suma dos bits contando con un bit de la llevada anterior, y devuelve la suma y la nueva llevada. Para ello, lo planteamos mediante una tabla de verdad, donde p y q son los bits que se suman, c es el bit de la llevada anterior, s es la suma, y c' es la nueva llevada:

p	q	c	s	c'
1	1	1	1	1
1	1	0	1	0
1	0	1	0	1
1	0	0	1	0
0	1	1	0	1
0	1	0	1	0
0	0	1	1	0
0	0	0	0	0

Dejamos al lector que compruebe que

$$\begin{cases} s & = & p \oplus q \oplus c \\ c' & = & (p \wedge q) \vee [(p \vee q) \wedge c] \end{cases} \tag{7.1}$$

Así, un circuito que implementa este circuito sería:

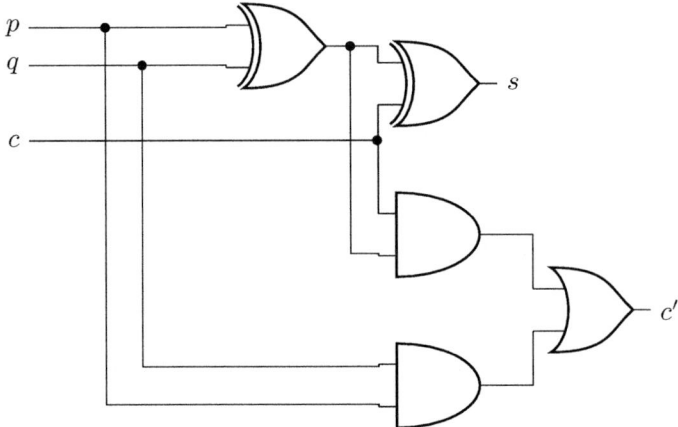

Nótese que el bit c' que devuelve este circuito viene dado por la expresión lógica

$$c' = (p \wedge q) \vee [(p \oplus q) \wedge c]$$

que es equivalente a la dada en la ecuación (7.1), con la ventaja adicional de que ahorramos una puerta lógica en el circuito, es decir, usamos solo 5 en lugar de 6.

Finalmente, para sumar dos números (enteros no negativos) en binario de longitud n, habría que concatenar varios de estos "sumadores", en concreto un semisumador para los bits menos significativos, y $n - 1$ sumadores completos para el resto de bits. El siguiente ejemplo sirve para sumar enteros de 3 bits, en donde SS es un semisumador, SC es un sumador completo, el resultado de la suma es

$$
\begin{array}{ccccc}
 & & x_2 & x_1 & x_0 \\
+ & & y_2 & y_1 & y_0 \\
\hline
 & s_3 & s_2 & s_1 & s_0 \\
\end{array}
$$

y las sucesivas llevadas son c_1, c_2 y c_3:

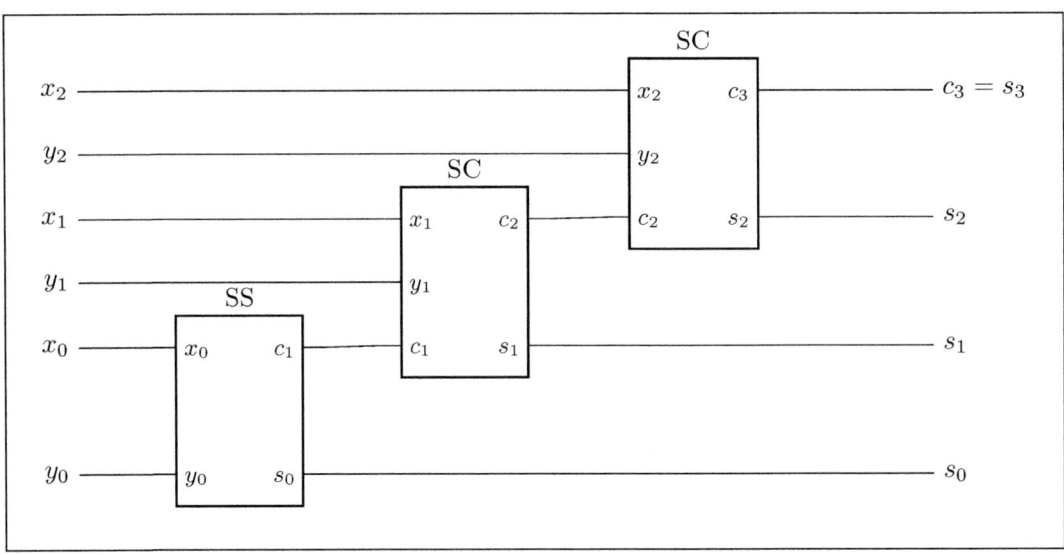

Ejercicio 30. *Multiplicador Diseña un circuito de puertas lógicas para multiplicar dos enteros no negativos de 3 bits, y comprueba que el resultado es siempre correcto.*

7.6.4. Mapas de Karnaugh

Hay varios métodos para simplificar circuitos lógicos, como los mapas de Karnaugh que hemos aludido anteriormente, y que vamos a estudiar a continuación. El objetivo último es, dado un circuito lógico, hallar otro equivalente pero con el menos número posible de puertas lógicas y de conexiones, para ahorrar dinero y ganar eficiencia. Este problema es muy complejo, en general, y solo hay métodos eficientes cuando hay pocas variables Booleanas involucradas. En particular, los mapas de Karnaugh son factibles solamente con expresiones Booleanas de hasta 4 variables, y funcionan a partir de la Forma Normal Disyuntiva (FND) de una tal expresión.

Comencemos con el caso de 2 variables, y representemos la expresión Booleana $f(x, y) = x'y' + x'y + xy'$:

$$
\begin{array}{ccc}
 & x & \\
 & 0 \quad\quad 1 & \\
\end{array}
$$

	0	1
0	1	1
1	1	0

(eje y a la izquierda)

En la representación gráfica anterior, cada celda de la cuadrícula corresponde a uno de los minitérminos; los valores $0/1$ para x en el eje horizontal, y para y en el eje vertical, significa que la variable va negada (o no) en el correspondiente minitérmino. Un 1 en la celda significa que ese término aparece en la FND, y un 0 significa que ese minitérmino no aparece. El objetivo es ahora agrupar los minitérminos en *bloques* de tamaños $2^n \times 2^m$, con casillas adyacentes, que en este caso solo hay 4 tamaños posibles:

$$1 \times 1 \quad 1 \times 2 \quad 2 \times 1 \quad 2 \times 2$$

Obviamente, los bloques 1×1 corresponden a los minitérminos, mientras que bloques más grandes se corresponden con la idea de sacar un factor común, y por tanto ahorrar alguna operación lógica. En particular, el bloque total 2×2 corresponde a la Tautología $f(x, y) = 1$. Por ejemplo, el bloque

$$
\begin{array}{ccc}
 & x & \\
 & 0 \quad\quad 1 & \\
\end{array}
$$

	0	1
0	1	1
1	1	0

(eje y a la izquierda; bloque que agrupa la columna $x=0$)

se corresponde con sacar factor común x', con lo que la expresión Booleana quedaría

$$f(x, y) = x'(y' + y) + xy' = x' + xy'$$

ya que $y' + y = 1$. Nótese que hemos ahorrado operaciones: en la FND necesitábamos 2 puertas NOT, 3 puertas AND y 2 puertas OR, mientras que ahora solo necesitamos 2 puertas NOT, 1 puerta AND y 1 puerta OR. Esta expresión corresponde a cubrir todos los minitérminos del mapa con los siguientes bloques:

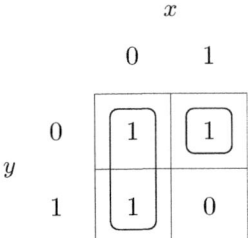

Otra opción sería cubrir los minitérminos con dos bloques de tamaño 2:

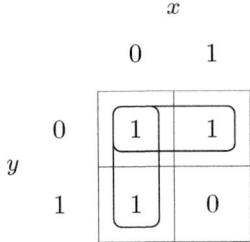

Nótese que, en este caso, es como si el minitérmino $x'y'$ le estuviéramos sumando dos veces, lo cual no importa, ya que se simplifica mediante la ley de idempotencia. En este caso, la expresión Booleana quedaría

$$f(x, y) = x' + y'$$

que es aún más simple que la expresión anterior (solamente 2 puertas NOT y 1 puerta OR). Nótese que cada bloque de minitérminos se simplifica mediante los literales comunes que aparecen en dichos minitérminos.

En consecuencia, para obtener un recubrimiento óptimo con bloques válidos, que minimice el número de puertas lógicas en el circuito correspondiente, deducimos las siguientes **reglas**:

(I) Recubrir todos los minitérminos efectivos al menos una vez, es decir, las casillas marcadas con un 1.

(II) No recubrir ninguna de las casillas que no estén marcadas con un 1.

(III) Usar bloques lo más grandes posibles.

(IV) Usar el menor número posible de bloques.

Veamos ahora qué sucede con tres variables; en este caso el mapa consiste en una tabla 2×4 con 8 casillas:

xy

	00	01	11	10
0	0	1	1	0
1	1	1	1	1

z

En este mapa, las combinaciones de bits que aparecen en el eje horizontal corresponden a combinaciones de valores de verdad de x e y, donde 0/1 significa que la variable correspondiente va negada o no. Nótese además que casillas adyacentes en el eje horizontal deben tener al menos un literal común, por ese motivo no se pasa de 01 a 10, ya que $x'y$ y xy' no tendrían ningún literal común. Por tanto, se trata de la expresión Booleana

$$f(x,y,z) = x'yz' + xyz' + x'y'z + x'yz + xyz + xy'z$$

En este caso, aplicando las 4 reglas anteriores, el recubrimiento óptimo es el siguiente:

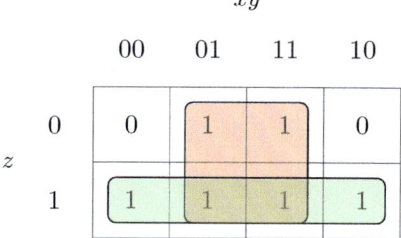

que corresponde a la expresión Booleana $f(x,y,z) = y + z$, ya que y es el literal común en el bloque 2×2 y z es el literal común en el bloque 4×1. Para 3 variables, los bloques válidos posibles son de tamaños

$$1 \times 1 \quad 1 \times 2 \quad 1 \times 4 \quad 2 \times 1 \quad 2 \times 2 \quad 2 \times 4$$

el último de los cuales se corresponde con la Tautología $f(x,y,z) = 1$.

Es importante observar que, en este caso, así como en el caso de 4 variables que veremos a continuación, casillas en la misma fila pero en lados opuestos son "adyacentes", ya que tienen algún literal común, y lo mismo sucederá con 4 variables con casillas en la misma columna pero en lados opuestos. Por ejemplo en el mapa

xy

	00	01	11	10
0	1	0	0	1
1	0	0	0	0

z

podemos hacer un bloque 1×2 de esta manera, que corresponde a la expresión Booleana $y'z'$, que es el producto de literales comunes a ambos minitérminos. Nótese que en realidad estamos aplicando, de manera gráfica, la propiedad distributiva (sacando factores comunes en grupos de minitérminos).

Veamos finalmente el caso de 4 variables, en el que el mapa tiene tamaño 4×4, y en el que el lector deducirá inmediatamente los tamaños de los posibles bloques válidos:

$$wx$$

	00	01	11	10
00				
01				
11				
10				

(yz)

Por todo lo dicho anteriormente, es fácil ver en el siguiente mapa de Karnaugh que el recubrimiento óptimo es

$$wx$$

	00	01	11	10
00	1	0	0	1
01	0	0	0	0
11	0	0	0	0
10	1	0	0	1

(yz)

que corresponde con la expresión Booleana $f(w, x, y, z) = x'z'$.

Nota 47. *Condiciones de indiferencia*

En algunas funciones Booleanas, es posible que para algunas combinaciones de bits en el Input nos sea indiferente que el circuito nos devuelva un 0 o un 1 en el Output. En ese caso, al realizar el correspondiente mapa de Karnaugh nos interesa poner en esas casillas el valor 0/1 que nos dé una solución mejor, al aplicar las reglas I–IV anteriormente citadas. Por ejemplo, en el mapa

	xy			
z	**00**	**01**	**11**	**10**
0	0	1	1	0
1	1	X	1	1

la casilla marcada con una X es "indiferente", y se puede comprobar que se obtiene una solución mejor si en esa casilla se pone un 1 que si se pone un 0 (dejamos al lector que compruebe la solución en ambos casos).

Nota 48. *Es posible elaborar mapas de Karnaugh para 5 y 6 variables Booleanas, manejando 2 cuadrículas 4×4 y 4 cuadrículas 4×4, respectivamente, incrementando considerablemente el proceso de encontrar un recubrimiento óptimo. Por ejemplo:*

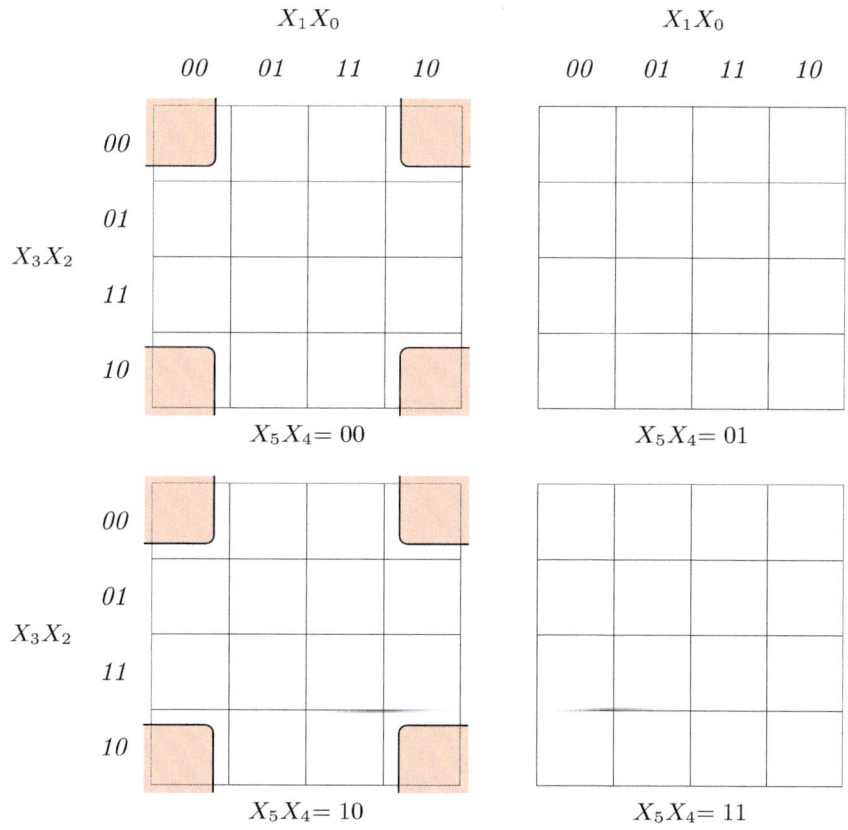

Nota 49. *Método de Quine-McCluskey El método de los mapas de Karnaugh, por ser un método geométrico, no es posible programarlo en un ordenador. Para ello, habría que utilizar un método más "algebraico", como es el caso del método de Quine-McCluskey, que sustituye las casillas del mapa de Karnaugh por cadenas de bits que representan los minitérminos, y va comparando estas cadenas para tratar de encontrar los literales comunes en grupos de minitérminos. Remitimos los detalles de este método a [17, 27].*

7.7. Problemas sobre Estructuras Algebraicas

1. Demuestra que el pago de cualquier cantidad postal a partir de 12 céntimos puede efectuarse utilizando únicamente sellos de 4 ó 5 céntimos. ¿Qué estructura algebraica forman dichas cantidades postales?

2. Se considera el grupo S_5 de permutaciones de 5 elementos, y se considera la permutación σ definida por

$$\sigma = (2\ 4\ 3\ 5\ 1)$$

que significa que el primer elemento se coloca en la segunda posición, el segundo elemento en la cuarta, etc. Si denotamos σ^k a la composición

$$\sigma \circ \overset{k}{\cdots} \circ \sigma$$

calcula σ^k para $k \geq 0$.

3. Haz la lista de todas las posibles operaciones modulares (sumas y productos) en al anillo $\mathbb{Z}_{16}$.

4. Se considera el conjunto $\mathbb{F}_4 := \{0, 1, a, a+1\}$ de polinomios en a con coeficientes en $\mathbb{Z}_2$ y de grado menor que 2. Se considera como suma la suma natural de polinomios (con las correspondientes cancelaciones de coeficientes derivadas de la suma en $\mathbb{Z}_2$, es decir $1+1 = 0$), y como multiplicación el producto natural de polinomios (con las correspondientes cancelaciones de coeficientes) con la siguiente regla adicional de simplificación:

$$a \cdot a = a + 1$$

Demuestra que $\mathbb{F}_4$ es un cuerpo finito de característica 2.

5. Siguiendo con el ejemplo del problema anterior, se considera el grupo multiplicativo $\mathbb{F}_4^* := \mathbb{F}_4 \setminus \{0\} = \{1, a, a+1\}$ con la operación de mutiplicar de $\mathbb{F}_4$ restringida a dicho subconjunto. Demuestra que $(\mathbb{F}_4^*, \cdot)$ es un grupo cíclico, y analiza qué elementos son o no generadores de dicho grupo cíclico.

6. Demuestra que $\mathbb{Z}_4 := \{0, 1, 2, 3\}$, con las operaciones de suma y producto módulo 4, es un anillo conmutativo y unitario. ¿Es un dominio de integridad?

7. Demuestra que a partir de la definición de espacio vectorial se deducen las siguientes propiedades:

   - Si $\mathbf{0}$ es el vector nulo, es decir, el elemento neutro del grupo de vectores $(V, +)$, entonces $\lambda \cdot \mathbf{0} = \mathbf{0}$, para todo $\lambda \in k$.

   - Si $0 \in k$ es el cero del cuerpo de escalares, entonces $0 \cdot v = \mathbf{0}$, para todo vector $v \in V$ ($\mathbf{0}$ es de nuevo el vector nulo).

   - Sean quien sean $\lambda \in K$ y $v \in V$, si $\lambda x = \mathbf{0}$ entonces o bien $\lambda = 0$, o bien $v = \mathbf{0}$.

8. Dados los polinomios $p(x) = 2 - x + 3x^4 + 2x^5$ y $q(x) = 1 + x - x^2$, calcula $p(x) + q(x)$, $p(x) - q(x)$, $p(x) \cdot q(x)$, $p(x)^2 - q(x)^2$, y dividir $p(x)$ entre $q(x)$ (con resto).

9. Divide (con resto) el polinomio $p(x) = 1 - x + x^2 - x^3 + x^4 - x^5$ entre x, $(x+1)$, $(x-1)$ y $(x^2 + x)$.

10. Calcula las raíces racionales de los siguientes polinomios:

    a) $x^4 - x^3 - 6x^2$.

    b) $x^4 + x^3 - 3x^2 - 2x$.

    c) $6x^4 + 5x^3 - 2x^2 - x$.

    d) $x^5 - x^4 - x - 1$.

11. Factoriza los siguientes polinomios:

    a) $x^4 - x^3 - 5x^2 + 4x + 4$.

    b) $x^5 + 3x^4 - x^3 - 3x^2$.

    c) $x^5 - x^4 + x^3 + x^2 - 2x - 2$.

    d) $2x^3 - x^2 + 6x + 3$

12. Calcula el resto de la división de $p(x)$ por $(x - a)$ en los siguientes casos:

    a) $p(x) = x^5 - x^4 + 1$ y $a = 2$.

    b) $p(x) = x^4 + x^2 + x - 1$ y $a = -1$.

    c) $p(x) = 2x^2 - 3x + 7$ y $a = \sqrt{2}$.

    d) $p(x) = (x + 2)(x - 3)$ y $a = 0$.

13. Divide, aplicando la regla de Ruffini, el polinomio $p(x) = x^3 + 3x^2 - x - 3$ por x, $x - 1$, $x + 1$, $x - 2$ y $x + 2$. Calcula todas las raíces de $p(x)$ y factoriza dicho polinomio.

14. ¿Es divisible el polinomio $x^n - 1$ por $(x - 1)$? ¿Por qué?
    Calcula la suma de los n primeros términos de una progresión geométrica de razón x.
    Indicación: multiplica dicha suma por $(x - 1)$.

15. En cada uno de los casos siguientes, encuentra un generador $F \in \mathbb{Q}[x]$ del ideal I:

    a) $I = \langle x, x^5 \rangle$.

    b) $I = \langle x^2, x^3 \rangle$.

    c) $I = \langle 5, x \rangle$.

    d) $I = \langle x^2 + 1, x^4 \rangle$.

    e) $I = \langle x^5 - 5x^3 + 4x, x^3 - 2x^2 - 5x + 6 \rangle$.

    f) $I = \langle x^5 + x^4 + 2x^3 + 2x^2 + 2x + 1, x^4 + x^2 + 1 \rangle$.

    g) $I = \langle x^4 + 5x^3 + 3x^2 + 20x - 4, x^4 + 5x^3 + x^2 + 10x - 2 \rangle$.

16. Dado un ideal I de $A = K[x]$ con K cuerpo, se define la relación binaria sobre A dada por
$$P \sim Q \Leftrightarrow P - Q \in I$$

    a) Demuestra que esta relación es de equivalencia, que denotaremos por $P \equiv Q \pmod{I}$.

    b) Si denotamos el conjunto de clases de equivalencia por la anterior anterior por A/I, demuestra que la suma y el producto de clases no depende del representante elegido.

17. Sea $A = K[x]$ con $K = \mathbb{Z}_3$, y consideramos el ideal
$$I = \langle x^3 + x^2 + x + 1, x^4 + x^3 - x^2 + x + 1 \rangle$$

Demuestra que A/I es un cuerpo con 9 elementos, y halla el inverso de la clase de x.

18. Sean ahora $K = \mathbb{Z}_5$ y $A = K[x]/\langle x^3 - 2x + 2 \rangle$. Demuestra que A es un cuerpo finito, y halla el inverso de $x^2 + 1$ en A.

19. Halla la lista de polinomios mónicos irreducibles de grado 2 en $\mathbb{Z}_3[x]$. ¿Es irreducible en dicho anillo el polinomio $f(x) = x^5 - 2x^4 + x^3 + 2x^2 - 2x + 2$?

20. Demuestra que si $f(x) \in \mathbb{Z}[x]$ verifica que $f(0) \equiv 1 \pmod 2$ y $f(1) \equiv 1 \pmod 2$, entonces f no tiene raíces enteras.

21. En cada uno de los casos siguientes, halla un polinomio $p(x) \in \mathbb{Q}[x]$ que cumpla las condiciones propuestas:

    a) $p(0) = p(1) = p(2) = p(3) = p(4) = -7$.

    b) $p(0) = p(1) = p(2) = p(3) = p(4) = -7$ y $deg(p) \leq 4$.

    c) $p(0) = 1$, $p(1) = 2$, $p(2) = -1$, $p(3) = 4$, $p(4) = 1$, y $deg(p) \leq 4$.

    d) $p(0) = 1$, $p(1) = 2$, $p(2) = -1$, $p(3) = 4$, $p(4) = 1$, y $deg(p) \leq 3$.

    e) $p(0) = 1$, $p(1) = 2$, $p(2) = -1$, $p(3) = 4$, $p(4) = 1$, y $deg(p) = 7$.

22. Halla un polinomio $p(x) \in \mathbb{Z}_7[x]$ de grado $deg(p) \leq 3$ tal que $p(0) = 1$, $p(1) = -1$, $p(2) = 1$, $p(3) = 2$.
    Nota: los coeficientes se invierten módulo 7.

23. Se considera el polinomio $F = x^6 + x^5 + x^4 + x^2 + 1$ sobre el cuerpo binario. ¿Es F irreducible? ¿Es $A = \mathbb{Z}_2[x]/\langle F \rangle$ un cuerpo? ¿Cuantos elementos hay en A? Halla el inverso de x en A.

24. Usando el criterio modular, estudia la irreducibilidad del polinomio $f(x) = x^4 - 5x^3 + 6x^2 - 8x + 11$ sobre $\mathbb{Z}$.

25. Usando el criterio de Eisenstein. estudia la irreducibilidad del polinomio $f(x) = 3x^4 - 5x^3 + 10x^2 + 5x + 15$ sobre $\mathbb{Q}$.

26. Halla un polinomio $P \in \mathbb{Z}_5[x]$ de grado $deg(P) \leq 3$, verificando las siguientes condiciones:

    $$P(0) = 2, \ P(-1) = 2, \ P(3) = 0, \ P(2) = 1$$

    ¿Cuál es el grado exacto del polinomio encontrado? ¿Cuántos polinomios de grado exactamente 3 verifican las condiciones anteriores?

27. Construye un cuerpo finito con 8 elementos, y otro con 16 elementos, y genera las tablas correspondientes.

28. Construye explícitamente los cuerpos finitos con 9, 25, 27 y 32 elementos, con las tablas correspondientes, y encuentra explícitamente elementos primitivos para los cuerpos finitos anteriores.

29. Encuentra explícitamente un elemento primitivo del cuerpo $\mathbb{F}_{31}$.

30. Demuestra que la suma de todos los elementos de un cuerpo finito distinto del binario $\mathbb{F}_2$ es cero.

31. Resuelve el siguiente sistema en el cuerpo binario $\mathbb{F}_2$:

$$\begin{cases} & y & + & z & = & 1 \\ x & & + & z & = & 1 \\ x & + & y & + & z & = & 0 \end{cases}$$

32. Resuelve el siguiente sistema en el cuerpo ternario $\mathbb{F}_3$:

$$\begin{cases} & y & - & z & = & -1 \\ x & - & y & & & = & 0 \\ x & & + & z & = & 1 \end{cases}$$

33. Se considera la matriz

$$A = \begin{pmatrix} 1 & 1 & 1 & 0 \\ 1 & 1 & 0 & 1 \end{pmatrix}$$

   (a) Halla la matriz escalonada reducida por filas de A.

   (b) ¿Cuál es el rango de A?

   (c) Calcula el núcleo de la matriz A.

   (d) Describe todas las soluciones del sistema de ecuaciones lineales:

$$\begin{cases} x & + & y & + & z & & & = & 1 \\ x & + & y & & & + & t & = & -1 \end{cases}$$

34. Calcula el determinante de la matriz

$$M = \begin{pmatrix} 1 & 1 & 1 & 1 \\ -1 & 0 & 1 & 1 \\ -1 & -1 & 0 & 1 \\ -1 & -1 & -1 & -1 \end{pmatrix}$$

   ¿Es M inversible? En caso afirmativo, halla M^{-1}.

35. Halla la forma normal de Gauss de las matrices siguientes, definidas sobre el cuerpo binario $\mathbb{F}_2$, y comprueba si es necesario o no realizar intercambio de columnas:

$$A = \begin{pmatrix} 0 & 0 & 1 & 1 \\ 1 & 1 & 0 & 0 \\ 1 & 0 & 1 & 0 \end{pmatrix} \qquad B = \begin{pmatrix} 1 & 0 & 1 & 1 \\ 1 & 1 & 0 & 1 \\ 1 & 1 & 0 & 0 \end{pmatrix}$$

36. Dado un cuerpo finito $\mathbb{F}_{p^r}$, para $r > 1$, con sus correspondientes tablas de operaciones, explica cómo calcular el inverso multiplicativo de un elemento no nulo cualquiera de $\mathbb{F}_{p^r}$.

37. Calcula la matriz escalonada reducida por filas, sobre el cuerpo finito $\mathbb{F}_4$, de la siguiente matriz:

$$M = \begin{pmatrix} \alpha & 1 & 1 & 0 \\ \alpha^2 & 1 & 0 & \alpha \end{pmatrix}$$

38. Demuestra que las expresiones Booleanas $(x+1)^2$ y x^2+1 son equivalentes.

39. Halla una expresión Booleana para la función Booleana $f : \{0,1\} \to \{0,1\}$ definida por $f(0,0,0) = f(0,0,1) = f(1,1,0) = 1$ y $f(x,y,z) = 0$ en el resto de los casos.

40. Halla las *formas normales disyuntivas* y las *formas normales conjuntivas* de:

   a) $f(x,y,z) = xy + \overline{x}z$.

   b) $g(w,x,y,z) = wx\overline{y} + wy\overline{z} + xy$.

   c) $h(x,y,z) = (x+y) \cdot (\overline{x}+z)$.

   d) $f(w,x,y,z) = (w+x+y) \cdot (x+\overline{y}+z) \cdot (w+\overline{y})$.

   e) $g(w,x,y,z) = wx + \overline{w}y + \overline{x}yz$.

   f) $h(x,y,z) = xy + (\overline{y}+z) \cdot (y+\overline{z})$.

41. Se considera la función Booleana $f(x,y,z) = xy + yz + xz$, denominada *majority*.

   (a) Comprueba que la función *majority* devuelve el bit más frecuente de entre los 3 inputs (x,y,z), es decir, 0 si hay más ceros que unos, y 1 en caso contrario, lo que justifica su nombre.

(b) Diseña un circuito lógica que implemente la función f usando solamente 4 puertas lógicas, más concretamente, dos puertas OR y dos puertas AND.

42. Se considera una función Booleana $f(x, y, z)$, denominada *choice*, que devuelve el bit y si $x = 1$, y devuelve el bit z si $x = 0$.

(a) Halla una expresión lógica para la función *choice*.

(b) Minimiza la expresión anterior mediante el método de mapas de Karnaugh.

(c) Diseña un circuito lógico que implemente la función *choice* usando el menor número de puertas lógicas posibles.

43. Se considera la siguiente expresión Booleana:

$$xyz + x'y'(w + w'z) + z'(w'x'y' + xyz')$$

i) Minimícese dicha expresión Booleana.

ii) Hállese una "red de puertas lógicas" para dicha expresión Booleana.

iii) Demuéstrese que dicha expresión Booleana es equivalente a $(x \oplus y)'$.

44. Se considera la siguiente expresión Booleana:

$$xy'z + xz(w'z + w'y') + w(yz + wy'z)$$

a) Minimícese dicha expresión Booleana.

b) Hállese una "red de puertas lógicas" **óptima** para dicha expresión Booleana (es decir, con el mínimo número posible de puertas lógicas).

7.8. Prácticas con Python

En esta sección veremos algunos ejercicios sencillos con Python relacionados con los contenidos de este capítulo. Para entender los bucles y sentencias if/else nos remitimos al apéndice A.

Semigrupos numéricos: veamos algunos algoritmos sencillos para hacer cálculos con semigrupos numéricos. Por ejemplo, dado el semigrupo numérico S generado por $\{3, 5, 11\}$, veamos cómo se puede calcular el conductor, el género y el conjunto de lagunas o huecos. Para ello calcularemos el mínimo elemento $a_i \in S$ que es congruente con i módulo 3, para $0 < i < 3$ (estos elementos constituyen el llamado *conjunto de Apéry* de S con respecto a 3). A partir de estos elementos, $a_i + 3k \in S$ para todo $k \geq 0$, y construiremos la lista de elementos de S hasta cierta cota:

```python
# G = {3, 5, 11}
Apery = []
S = [0]
for k in range(1, 12):
    S.append(3*k)
    S.append(3 + 5*k)
    S.append(3 + 11*k)
    S.append(5*k)
    S.append(5 + 3*k)
    S.append(5 + 11*k)
    S.append(11*k)
    S.append(11 + 3*k)
    S.append(11 + 5*k)
S = sorted(list(set(S)))
for i in range(1, 3):
    L = list(filter(lambda n: n%3==i, S))
    Apery.append(min(L))
S = []
for k in range(12):
    S.append(3*k)
    S.append(Apery[0] + 3*k)
    S.append(Apery[1] + 3*k)
S = sorted(S)
gaps = []
for i in range(45):
    if not i in S:
        gaps.append(i)
    elif i>=2 and (i-1) in S and (i-2) in S:
        break
conductor = i - 2
S = list(filter(lambda n: n<=conductor, S))
S.append('-->')
print(S)
print(gaps)
print('conductor =', conductor)
```

Ejercicio 31. *Intenta intenta generalizar el ejemplo anterior para un semigrupo generado por 3 elementos cualesquiera, y prueba que el resultado es correcto con al menos 5 ejemplos.*

Grupos cíclicos: veremos solo el caso de grupos cíclicos numéricos, es decir, del tipo $\mathbb{Z}/(n)$. Por ejemplo, hallemos un elemento primitivo, es decir, un generador del grupo multiplicativo, de $\mathbb{Z}/(7)^*$. Usaremos la función `pow` para realizar exponenciaciones modulares, y buscamos un elemento de orden 6:

```python
n = 7
for a in range(2, n):
    for i in range(2, n):
        x = pow(a, i, n)
        if x == 1:
            break
    if i == n-1:
        break
print('elemento primitivo:', a)
```

Nótese que cambiando n por otro número primo cualquiera, nos valdría el mismo código para hallar un elemento primitivo del grupo cíclico correspondiente (por ejemplo, para resolver el problema 29 del presente capítulo).

Grupos de permutaciones: Necesitamos importar la clase `SymmetricGroup` de la librería `sympy`:

```python
from sympy.combinatorics.named_groups import SymmetricGroup
```

Una vez hecho, trabajaremos por ejemplo con el grupo S_4 de permutaciones de 4 elementos:

```python
In: G = SymmetricGroup(4)
In: G.order()  # número de permutaciones
Out: 24
In: G  # muestra los generadores del grupo
Out:
PermutationGroup([
    (0 1 2 3),
    (3)(0 1)])
In: list(G.generate_schreier_sims(af=True)) # muestra todas las permutaciones
Out:
[[0, 1, 2, 3],
 [1, 2, 3, 0],
 [2, 3, 0, 1],
 [3, 1, 2, 0],
 [0, 2, 3, 1],
 [1, 3, 0, 2],
 [2, 0, 1, 3],
 [3, 2, 0, 1],
 [0, 3, 1, 2],
 [1, 0, 2, 3],
 [2, 1, 3, 0],
 [3, 0, 1, 2],
 [0, 1, 3, 2],
 [1, 2, 0, 3],
 [2, 3, 1, 0],
 [3, 1, 0, 2],
```

```
[0, 2, 1, 3],
[1, 3, 2, 0],
[2, 0, 3, 1],
[3, 2, 1, 0],
[0, 3, 2, 1],
[1, 0, 3, 2],
[2, 1, 0, 3],
[3, 0, 2, 1]]
```

Para entender la notación, una permutación $\sigma = (1,2,3,0)$ significa que $\sigma(0) = 1$, $\sigma(1) = 2$, etc. Por otra parte, la permutación $\tau = (3)(0,1)$ está descompuesta como producto de dos ciclos (más información en [13]).

Ejercicio 32. *Escribe un procedimiento de Python para componer dos permutaciones del mismo tamaño n.*

Polinomios: En primer lugar trataremos los polinomios de manera simbólica. Para ello es necesario importar símbolos de la librería `sympy`:

```
from sympy import *
x = symbols('x')
y = symbols('y')
z = symbols('z')
```

En `sympy` existe el comando `pprint` para imprimir por pantalla de manera más amigable los resultados.

Una vez definidas variables mediante símbolos, podemos definir de forma natural las operaciones aritméticas usuales (suma, resta, producto, producto por escalar, y potencia). En el caso de productos y potencias, se usa `expand` para que muestre el desarrollo de la operación y elimine paréntesis:

```
In: f = 5*x**2 + 10*x + 3
In: g = 2*x + 2
In: f * g
Out: (2*x + 2)*(5*x**2 + 10*x + 3)
In: (f * g).expand()
Out: 10*x**3 + 30*x**2 + 26*x + 6
```

Veamos un ejemplo de cómo efectuar la división Euclídea con cociente y resto:

```
In: q, r = div(f, g, x, y)
In: q
Out: 5*x/2 + 5/2
In: r
Out: -2
In: (q*g + r).expand() == f
Out: True
```

Ojo: sin `expand`, el último comando para comprobar que la división es correcta obtendría `False`.

Análogamente, se pueden calcular el máximo común divisor y el mínimo común múltiplo de polinomios de una variable:

```
In: f = 12*(x + 1)*x
In: g = 16*x**2
In: gcd(f, g, x)
Out: 4*x
In: lcm(f, g, x)
Out: 48*x**3 + 48*x**2
```

También se pueden definir polinomios en más variables:

```
In: f = x*y**2 + x**2*y
In: g = x**2*y**2
In: G = gcd(f, g, x, y)
In: G
Out: x*y
In: L = lcm(f, g, x, y)
In: L
Out: x**3*y**2 + x**2*y**3
In: (f*g).expand() == (G * L).expand()   # comprobación
Out: True
```

Por otra parte, para factorizar polinomios en una o varias variables se usa la función `factor`, por ejemplo:

```
In: factor(x**2 + 4*x*y + 4*y**2)
Out: (x + 2*y)**2
```

Para resolver (algunos) sistemas de ecuaciones polinómicas se usa la función `solve`, por ejemplo la ecuación $x^3 + 2x + 3 = 0$:

```
In: solve(x**3 + 2*x + 3, x)
Out: [-1, 1/2 - sqrt(11)*I/2, 1/2 + sqrt(11)*I/2]
```

Como puede verse en este ejemplo, el polinomio tiene una solución real y dos soluciones complejas conjugadas, en función de la unidad imaginaria `I`, y las soluciones se muestran de forma exacta, en función de $\sqrt{11}$.

Vemos por tanto que `solve` puede usarse para hallar las raíces de un polinomio. Este polinomio nos da el número áureo:

```
In: solve(x**2 -x -1,x)
Out: [1/2 + sqrt(5)/2, -sqrt(5)/2 + 1/2]
```

El siguiente polinomio tiene dos raíces complejas conjugadas:

```
In: solve(x**2 +x +1,x)
Out: [-1/2 - sqrt(3)*I/2, -1/2 + sqrt(3)*I/2]
```

Para buscar raíces enteras de un polinomio con coeficientes enteros, recordemos que estas han de dividir al término independiente. Veámoslo con un ejemplo:

```
In: p = x**3 + x**2 -12
In: t = abs(p.subs({x:0})) # término independiente (valor absoluto)
```

```
In: t
Out: 12
In: factorint(t)
Out: {2: 2, 3: 1}
```

Podemos ahora comprobar las cuatro posibles raíces enteras:

```
In: p.subs(x,2)
Out: 0
In: p.subs(x,2) == 0
Out: True
In: p.subs(x,-2) == 0
Out: False
In: p.subs(x,3) == 0
Out: False
In: p.subs(x,-3)
Out: -30
```

Para tener más opciones sobre la manipulación de polinomios podemos usar la clase `Poly` de `sympy`. Para más información recomendamos [80]. Podemos definir polinomios de esta manera, declarando la expresión, el símbolo o símbolos, y el dominio de los coeficientes:

```
In: p = poly(x - 2 * x**3, x, domain=ZZ)
In: p
Out: Poly(-2*x**3 + x, x, domain='ZZ')
```

El dominio de coeficientes por defecto es ZZ (números enteros), pero se puede especificar como dominio QQ (números racionales) o RR (números reales). En la mayoría de los casos QQ es suficiente para trabajar con problemas de Álgebra Lineal. Para obtener la lista de los coeficientes, en el caso de una sola variable, se escribe

```
In: p.all_coeffs()
Out: [-2, 0, 1, 0]
```

Como podemos ver, se ordenan los coeficientes de mayor a menor grado, si lo queremos hacer al revés tendríamos que escribir

```
In: coeficientes = p.all_coeffs()
In: coeficientes.reverse()
In: coeficientes
Out: [0, 1, 0, -2]
```

De esta manera, estaríamos en condiciones de comprobar el criterio de Eisenstein, y resolver el problema 25 del presente capítulo.

Para polinomios de una variable, el procedimiento `.degree()` nos dice el grado del polinomio:

```
In: p = poly(-2*x**5 - x**3 + x, x, domain='ZZ')
In: p.degree()
Out: 5
In: degree(p)  # forma alternativa
Out: 5
```

Para polinomios en varias variables, hay que especificar la variable con respecto a la cual queremos el grado, o bien podemos pedir el "grado total":

```
In: q = Poly(2 * x**3 * y + 3 * y**2 - x + 1)
In: degree(q, gen=x)
Out: 3
In: degree(q, gen=y)
Out: 2
In: q.total_degree()
Out: 4
```

Para hacer un cambio de variable, se utiliza `replace`:

```
In: q.replace(x, x + y)
Out: Poly(2*x + y**3*y - x + y + 3*y**2 + 1, x + y, y, domain='ZZ')
```

Como ya hemos visto en los ejemplos anteriores, para evaluar un polinomio en un valor concreto se usa `subs`:

```
In: p.subs(x, 1)
Out: -2
```

Con la función `float` podemos convertir el resultado en un número real, y obtener así una aproximación numérica en caso necesario.

También se puede evaluar un polinomio de varias variables, o bien por sustituciones sucesivas, o bien declarando las sustituciones mediante un diccionario:

```
In: q.subs(x, 1).subs(y, 2)
Out: 16
In: q.subs({x: 1, y: 2})
Out: 16
```

Volviendo al caso de polinomios de una variable, se pueden calcular las raíces del polinomio. Hay varias opciones; en primer lugar, `roots` nos da todas las raíces, reales y complejas, con sus multiplicidades, en forma de diccionario de Python:

```
In: roots(p)
Out: {-I: 1, I: 1, -sqrt(2)/2: 1, sqrt(2)/2: 1, 0: 1}
```

El procedimiento `all_roots` nos devuelve la lista de todas las raíces, pero sin las multiplicidades:

```
In: p.all_roots()
Out: [-sqrt(2)/2, 0, sqrt(2)/2, -I, I]
```

En ambos casos, busca soluciones exactas, y si no las puede escribir en términos de radicales, las expresa de forma simbólica, por ejemplo:

```
In: Poly(x**3 + x + 1).all_roots()
Out:
[CRootOf(x**3 + x + 1, 0),
 CRootOf(x**3 + x + 1, 1),
 CRootOf(x**3 + x + 1, 2)]
```

Por otra parte, si solo queremos las raíces que pertenecen al dominio de definición del polinomio ('ZZ', 'QQ', 'RR'), con sus multiplicidades, usaremos la función `ground_roots`:

```
In: p
Out: Poly(-2*x**5 - x**3 + x, x, domain='ZZ')
In: p.ground_roots()
Out: {0: 1}
In: Poly(2*x - 3, x, domain='QQ').ground_roots()
Out: {3/2: 1}
In: Poly(2*x - 3, x, domain='RR').ground_roots()
Out: {1.50000000000000: 1}
```

Respecto del algoritmo de Euclides con polinomios de una variable, tenemos `gcd` (máximo común divisor), `lcm` (mínimo común múltiplo), y `gcdex` (Algoritmo de Euclídes Extendido para el caso de polinomios). Veamos algunos ejemplos:

```
In: f = Poly(x**2 -x, x)
In: g = Poly(x**3 + x, x)
In: gcd(f, g)
Out: Poly(x, x, domain='ZZ')
In: lcm(f, g)
Out: Poly(x**4 - x**3 + x**2 - x, x, domain='ZZ')
In: [a, b, h] = gcdex(f,g)
In: h  # gcd, cambia a los números racionales
Out: Poly(x, x, domain='QQ')
In: f * a + g * b == h  # comprobación de la identidad de Bézout
Out: True
```

Matrices: La forma más inmediata de trabajar con matrices, es definirlas como listas de listas, donde cada lista es una de las filas de la matriz:

```
M = [[1, 2, 3], [4, 5, 6], [7, 8, 9]]
```

Para tener más funcionalidad con las matrices, por ejemplo sumar y multiplicar matrices, determinantes, rangos, etc., es necesario hacer uso de módulos especializados, como `sympy`, `numpy` o `scipy`. Nos centraremos principalmente en la librería `sympy`. Así, la función `Matrix` convierte una lista de listas en un objeto de tipo "Matrix":

```
In: from sympy import *
In: Matrix([[1, 2], [3, 4]])
Out:
Matrix([
[1, 2],
[3, 4]])
In: Matrix([1, 0, 1])
Out:
Matrix([
[1],
[0],
[1]])
```

En el primer caso, la matriz está definida por sus filas. En el segundo caso, se construye un vector a partir de una lista simple, con lo que `sympy` lo convierte, como puede verse, en una matriz columna. Para definir una matriz fila se escribe

J. I. Farrán

```
Matrix([[1, 2, 3]])
```

Para acceder a una fila o columna determinada se teclea

```
In: M = Matrix([[ 1, 1,  1], [-2, 0,  4], [ 0, 0, -1]])
In: M.row(0)
Out:
Matrix([[1, 1, 1]])
In: M.col(-1)
Out:
Matrix([
[ 1],
[ 4],
[-1]])
```

Se pueden obtener submatrices de esta manera, por ejemplo con las filas primera y tercera, y las columnas segunda y tercera:

```
In: M.row([0, 2]).col([1, 2])
Out:
Matrix([
[1,  1],
[0, -1]])
```

Para saber el tamaño de una matriz se escribe

```
In: M.shape
Out: (3, 3)
```

que devuelve una tupla con el número de filas y el número de columnas.

Veamos que, efectivamente, se pueden sumar y multiplicar matrices, siempre que los tamaños sean adecuados (en caso contrario aparecerá un error):

```
In: A = Matrix([[1, 2], [3, 4]])
In: B = Matrix([[1, 0, 0], [0, 1, 1]])
In: A * B
Out:
Matrix([
[1, 2, 2],
[3, 4, 4]])
In: I = Matrix([[1, 0], [0, 1]])
In: A + I
Out:
Matrix([
[2, 2],
[3, 5]])
In: 3 * B
Out:
Matrix([
[3, 0, 0],
[0, 3, 3]])
In: B * 2
```

Matemática Discreta

```
Out:
Matrix([
[2, 0, 0],
[0, 2, 2]])
In: M = Matrix([[1, 1, 1], [0, 1, 1], [0, 0, -1]])
In: N = Matrix([[1, 2, 3], [3, 2, 1], [1, 0, -1]])
In: M + 2 * N
Out:
Matrix([
[3, 5,  7],
[6, 5,  3],
[2, 0, -3]])
In: N ** 3
Out:
Matrix([
[30, 32, 34],
[50, 40, 30],
[10,  4, -2]])
```

La librería **sympy** provee distintas formas sencillas de inicializar matrices:

```
In: zeros(5)  # matriz cuadrada de ceros de tamaño 5
Out:
Matrix([
[0, 0, 0, 0, 0],
[0, 0, 0, 0, 0],
[0, 0, 0, 0, 0],
[0, 0, 0, 0, 0],
[0, 0, 0, 0, 0]])
In: zeros(2, 3)
Out:
Matrix([
[0, 0, 0],
[0, 0, 0]])
In: ones(4,3)  # inicializa con unos
Out:
Matrix([
[1, 1, 1],
[1, 1, 1],
[1, 1, 1],
[1, 1, 1]])
In: eye(4)  # identidad de tamaño 4
Out:
Matrix([
[1, 0, 0, 0],
[0, 1, 0, 0],
[0, 0, 1, 0],
[0, 0, 0, 1]])
In: diag(1, 2, 3, 4)  # matriz diagonal por sus elementos
Out:
Matrix([
[1, 0, 0, 0],
[0, 2, 0, 0],
```

```
[0, 0, 3, 0],
[0, 0, 0, 4]])
```

También se pueden definir matrices diagonales por bloques o cajas:

```
In: diag(-1, ones(2, 2), eye(3))
Out:
Matrix([
[-1, 0, 0, 0, 0, 0],
[ 0, 1, 1, 0, 0, 0],
[ 0, 1, 1, 0, 0, 0],
[ 0, 0, 0, 1, 0, 0],
[ 0, 0, 0, 0, 1, 0],
[ 0, 0, 0, 0, 0, 1]])
In: diag(-1, ones(2, 2), Matrix([5, 7, 5]), eye(2))
Out:
Matrix([
[-1, 0, 0, 0, 0, 0],
[ 0, 1, 1, 0, 0, 0],
[ 0, 1, 1, 0, 0, 0],
[ 0, 0, 0, 5, 0, 0],
[ 0, 0, 0, 7, 0, 0],
[ 0, 0, 0, 5, 0, 0],
[ 0, 0, 0, 0, 1, 0],
[ 0, 0, 0, 0, 0, 1]])
```

Se puede obtener la matriz traspuesta de esta manera:

```
In: Matrix([1, 2, 3]).T
Out:
Matrix([[1, 2, 3]])
In: B.T
Out:
Matrix([
[1, 0],
[0, 1],
[0, 1]])
```

Para calcular la matriz inversa, en caso de existir, se escribe

```
In: M ** -1
Out:
Matrix([
[1, -1,  0],
[0,  1,  1],
[0,  0, -1]])
```

o también

```
M.inv()
```

Si la matriz no es cuadrada, o no es inversible, se genera un error.

En caso de trabajar con aritmética modular, se puede calcular la inversa módulo n:

```
In: M2 = Matrix([[1, 1, 1], [0, 1, 0], [0, 0, 1]])
In: M2.inv_mod(2)
Out:
Matrix([
[1, 1, 1],
[0, 1, 0],
[0, 0, 1]])
```

El determinante de una matriz cuadrada se calcula así:

```
In: N.det()
Out: 0
```

El rango de una matriz cualquiera se calcula así:

```
In: N.rank()
Out: 2
```

Por último, para calcular la matriz escalonada reducida por filas, también llamada forma normal de Hermite por filas, se teclea

```
In: X = Matrix([[1, 0, 1, 3], [2, 3, 4, 7], [-1, -3, -3, -4]])
In: X.rref()
Out:
(Matrix([
 [1, 0,   1,   3],
 [0, 1, 2/3, 1/3],
 [0, 0,   0,   0]]), [0, 1])
```

Este procedimiento devuelve una matriz escalonada por filas y una tupla con los índices de las columnas pivote. Para hallar la matriz normal de Hermite por columnas, se puede trabajar con la matriz traspuesta. Si se quiere la forma escalonada por filas no reducida, es necesario acceder a las librerías numpy y scipy:

```
In: from scipy.linalg import lu
In: import numpy as np
In: M=np.array([[0,3,-6,6,4,-5],[3,-7,8,-5,8,9],[3,-9,12,-9,6,15]])
In: P, L, U = lu(M)
In: U
Out:
array([[ 3.  , -7.  ,  8.  , -5.  ,  8.        ,  9.        ],
       [ 0.  ,  3.  , -6.  ,  6.  ,  4.        , -5.        ],
       [ 0.  ,  0.  ,  0.  ,  0.  ,  0.66666667,  2.66666667]])
```

es decir, se recurre a la factorización LU con pivotaje (ver [52]). Estas dos librerías trabajan con la estructura array, en lugar de la estructura Matrix. La librería sympy también calcula la descomposición LU, pero solamente para matrices cuadradas.

Cuerpos finitos: Vamos a constuir la tabla del cuerpo finito $\mathbb{F}_{32}$ con 32 elementos. Recordemos que el polinomio irreducible en este caso es $\alpha^5 + \alpha^2 + 1$. Para ello vamos a usar la librería bitarray que permite trabajar con cadenas de bits de longitud arbitraria.

```
In: from bitarray import bitarray
In: bitarray('10110100')
Out: bitarray('10110100')
```

La suma de dos arrays de bits equivale al XOR lógico bit a bit, y se puede hacer tecleando

```
In: bitarray('10110100') ^ bitarray('11110010')
Out: bitarray('01000110')
```

De esta forma, bastaría con considerar bitarrays de longitud 5, en donde `bitarray('00001')` es la unidad, y `bitarray('00010')` se corresponde con el elemento primitivo α. Para calcular las potencias sucesivas de α y elaborar la tabla de $\mathbb{F}_{32}$, hay que saber añadir un cero al final y eliminar el primer elemento en un bitarray; esto se hace de manera análoga al manejo de listas en Python:

```
In: b = bitarray('01100')
In: b.append(False)
In: b
Out: bitarray('011000')
In: del(b[0])
In: b
Out: bitarray('11000')
```

Por otra parte, hay que representar el polinomio irreducible como un bitarray de longitud 6:

```
irreducible = bitarray('100101')
```

Juntando todo, este código calcula la tabla de $\mathbb{F}_{32}$:

```
from bitarray import bitarray
irreducible = bitarray('100101')

F32 = [bitarray('00001')]
for i in range(30):
    nuevo = F32[-1].copy()
    nuevo.append(False)
    if nuevo[0] == True:
        nuevo = nuevo ^ irreducible
    del nuevo[0]
    F32.append(nuevo)
```

Podemos comprobar cómo es la tabla:

```
In: F32
Out:
[bitarray('00001'), bitarray('00010'), bitarray('00100'), bitarray('01000'),
 bitarray('10000'), bitarray('00101'), bitarray('01010'), bitarray('10100'),
 bitarray('01101'), bitarray('11010'), bitarray('10001'), bitarray('00111'),
 bitarray('01110'), bitarray('11100'), bitarray('11101'), bitarray('11111'),
 bitarray('11011'), bitarray('10011'), bitarray('00011'), bitarray('00110'),
 bitarray('01100'), bitarray('11000'), bitarray('10101'), bitarray('01111'),
 bitarray('11110'), bitarray('11001'), bitarray('10111'), bitarray('01011'),
 bitarray('10110'), bitarray('01001'), bitarray('10010')]
```

Podemos ahora definir unos procedimientos para sumar y multiplicar elementos de $\mathbb{F}_{32}$:

```
def suma(x, y):
    return(x ^ y)

def producto(x, y):
    # comprobamos si un factor es nulo
    if not x.any() or not y.any():
        resultado = bitarray('00000')
    else:
        m = F32.index(x)
        n = F32.index(y)
        expo = (m + n) % 31
        resultado = F32[expo]
    return(resultado)
```

Para poder dividir elementos de $\mathbb{F}_{32}$, es necesario saber calcular el inverso de un elemento no nulo, mediante la tabla, que se corresponde con el elemento en la posición $31 - i$ si i es la posición del elemento dado:

```
def inverso(x):
    assert x.any()
    i = F32.index(x)
    return(F32[31-i])

def dividir(x, y):
    assert y.any()
    if not x.any():
        resultado = x
    else:
        resultado = producto(x, inverso(y))
    return(resultado)
```

Ejercicio 33. *Definir un procedimiento en Python, usando el código anterior, para calcular la potencia x^n, para $x \in \mathbb{F}_{32}$ y $n \geq 0$ un número entero no negativo.*

Ejercicio 34. *Usando el polinomio irreducible que aparece en este capítulo, implementar de forma análoga el cuerpo finito de 256 elementos, que se usa en la codificación del CD y el DVD, entre otros.*

Ejercicio 35. *Resuelve con ayuda de Python los problemas 2 (con la solución del ejercicio 32), 8, 9, 10, 11, 12, 13, 14, 15, 25, 27, 29, 33 y 34 de este capítulo.*

Capítulo 8

Combinatoria

La combinatoria trata de contar el número de elementos de conjuntos finitos. Entre sus aplicaciones prácticas podemos citar por una parte el cálculo de probabilidades, por cuanto se cuentan casos favorables y casos posibles, y por otra el cálculo de la complejidad o tiempo de ejecución de un algoritmo o programa informático, por cuanto se cuenta el número de operaciones que se realizan en un procedimiento algorítmico. Cuando se trata de estimar el número medio o esperado de operaciones que realiza un programa, se unen ambas de las aplicaciones antes citadas, es decir, complejidad algorítmica y cálculo de probabilidades.

8.1. Principios elementales

8.1.1. Principio de la Suma

Si A puede suceder de n formas diferentes, B de m formas diferentes, y A y B no pueden suceder a la vez, entonces hay $m + n$ formas diferentes de que suceda A ó B. Equivalentemente:

$$A \cap B = \emptyset \Rightarrow |A \cup B| = |A| + |B|$$

Este resultado se puede generalizar para un número finito de conjuntos disjuntos dos a dos:

$$A_i \cap A_j = \emptyset, \forall i \neq j \Rightarrow |A_1 \cup ... \cup A_n| = |A_1| + ... + |A_n|$$

Ejemplo 51. *(a) 3 libros de Química y 4 de Física son 7 libros de Química o de Física*

(b) 3 libros de matemáticas y 4 libros de matemáticas son k libros de matemáticas distintos con $4 \leq k \leq 7$, dependiendo de que algunos estén repetidos o no.

8.1.2. Principio del Producto

Si un proceso puede dividirse en dos etapas, donde la primera se puede realizar de n formas y la segunda de m formas, entonces el proceso puede hacerse de $m \cdot n$ formas.

Puede generalizarse a procesos en k etapas: si cada etapa se puede hacer de n_i formas, entonces el proceso puede realizarse de $n_1 \cdot ... \cdot n_k$ formas.

Ejemplo 52. *(a) Si quiero un libro de Química y otro de Física y hay 3 libros de Química y 4 de Física, entonces tengo $3 \cdot 4 = 12$ opciones para elegir un libro de Química y uno de Física.*

(b) *En matrículas de coche con 3 letras y 4 números, suponiendo que solo se pueden usar 21 consonantes, existen $21^3 \cdot 10^4$ posibles matrículas diferentes.*

(c) *Hay $n!$ permutaciones de n elementos (es decir, formas de ordenar los n elementos), ya que tengo n posición a elegir para el primer elemento, $n-1$ posiciones libres para el segundo, y así sucesivamente.*

(d) *Hay 2^8 posibles bytes (secuencias de 8 bits), ya que hay 2 bits, 0 y 1, y hay que elegir un bit en cada posición.*

(e) *Si el cardinal de A es n y el de B es m, el cardinal del conjunto de aplicaciones $\{f : A \to B\}$ es m^n, ya que hay que elegir la imagen de cada uno de los n elementos de A de entre los m elementos de B.*

8.1.3. Principio del Palomar

Si $\sharp A > \sharp B$ y $f : A \to B$ es una aplicación, entonces f no puede ser inyectiva.

Es decir, "si m palomas ocupan n nidos y $m > n$, entonces en al menos un nido hay más de una paloma" (de ahí el nombre de este principio de combinatoria, que suele usarse para detectar situaciones imposibles).

Ejemplo 53. *(1) Entre 13 personas tiene que haber al menos dos que cumplan años en el mismo mes.*

(2) Si tenemos 12 pares de calcetines de colores diversos en una bolsa, entonces sacaremos un par completo en un número de intentos menor o igual que 13.

(3) Si el PIN de una tarjeta de crédito se forma con 4 cifras, y hay más de 10.000 usuarios distintos, entonces habrá al menos dos usuarios con el mismo PIN.

(4) De 101 enteros distintos cualesquiera comprendidos entre 1 y 200 existen dos de ellos, a y b, tales que a es divisible entre b. Efectivamente, si expresamos $a = 2^n \cdot y$, con $y \in \{1, 3, 5, ..., 199\}$ (nótese que hay 100 posibles valores para y), entonces con el mismo y existirá otro, $b = 2^m \cdot y$, siendo $m < n$ o $m > m$. Así, $b \mid a$ en el primer caso, y $a \mid b$ en el segundo.

(5) $S = \{1, 2, ..., 9\}$, $T \subseteq S$ y $\sharp T = 6$. Entonces existen $a, b \in T$ tales que $a + b = 10$. Efectivamente, como en T excluimos solo 3 elementos, uno de estos cuatro subconjuntos

$$\{1, 9\} \ , \ \{2, 8\} \ , \ \{3, 7\} \ , \ \{4, 6\}$$

de S estará contenido en T.

8.1.4. Principio de las Casillas

Generaliza el principio del palomar, y se usa de la misma manera: si $\sharp S \geq k \cdot \sharp T$ y $f : S \to T$ es una aplicación, entonces existe $t \in T$ tal que $\sharp f^{-1}(t) \geq k$.

Es decir, "si se reparten s sobres en n casillas, entonces en alguna casilla hay al menos $\dfrac{s}{n}$ sobres" (de ahí el nombre este principio).

Ejemplo 54. *Sean nueve enteros no negativos tales que $x_1 + x_2 + ... + x_9 = 90$. Entonces existen tres de ellos que verifican:*

$$x_{i_1} + x_{i_2} + x_{i_3} \geq 30$$

(Razónese por reducción al absurdo).

8.2. Técnicas de conteo

Veremos a continuación cómo, a partir de los principios elementales, se pueden contar elementos en ciertas situaciones típicas, y definir una serie de números combinatorios que representan dichas situaciones.

8.2.1. Permutaciones de n elementos

Definición 51. *Sea $A = \{a_1, a_2, ..., a_n\}$ un conjunto de cardinal n. Definimos una permutación de los elementos de A como cualquier n-upla ordenada $(b_1, b_2, ..., b_n)$ tal que $\{a_1, a_2, ..., a_n\} = \{b_1, b_2, ..., b_n\}$. Es decir, cada elemento de A aparece una sola vez, y en un orden determinado.*

Entonces, existen exactamente $n!$ posibles permutaciones de n elementos, y se denota por $P(n)$ ó P_n:
$$P_n = P(n) = n!$$

Nota 50. *Se puede deducir del principio del producto, ya que para la primera posición hay n posibilidades, para la segunda $n-1$ (ya que no se puede repetir la primera elección), y así hasta la última posición, en que solo hay una opción (el único elemento que no se haya seleccionado en ninguna de las etapas anteriores).*

Las permutaciones se pueden interpretar también como aplicaciones biyectivas de A en A.

Ejemplo 55. *(a) Posibles colocaciones de 10 personas en 10 sitios ordenados: 10!*

(b) Formas de ordenar 6 libros en una estantería: 6!

8.2.2. Permutaciones con repetición

Definición 52. *Consideramos grupos de elementos iguales entre sí de n_1 elementos, n_2 elementos,..., n_k elementos, de forma que el total sea $n_1 + n_2 + ...n_k = n$. Definimos una permutación de estos elementos, como cualquier n-upla ordenada de dichos elementos. Es decir, aparecen n_i elementos repetidos con $i = 1, .., k$, y cualquier reordenación entre ellos es indistinguible.*

Se denota: $PR_n^{n_1,...n_k}$ al número de posibles permutaciones con repetición de n elementos, y dicho número es exactamente
$$PR_n^{n_1,...n_k} = \frac{n!}{n_1! \cdot n_2! \cdot ... \cdot n_k!} = \binom{n}{n_1...n_k}$$

Nota 51. *Se puede deducir a partir de las permutaciones, ya que todas las posibles permutaciones son $n!$, pero habría casos repetidos, ya que si cambiamos de posición los n_i elementos iguales obtenemos aparentemente el mismo resultado, y hay $n_i!$ posibilidades para reordenar dicho grupo de elementos iguales, es decir, aplicando el principio del producto:*
$$(PR_n^{n_1,...n_k})(n_1! \cdot ... \cdot n_k!) = n!$$

También se pueden interpretar como las posibles aplicaciones suprayectivas $A \to B$, siendo $\sharp A = n$ y $\sharp B = k$, de forma que cada grupo de n_i elementos de A se aplican en el mismo elemento b_i de B.

Ejemplo 56. *Posibles colocaciones de bolas, 3 rojas iguales y 2 blancas iguales:* $\dfrac{5!}{2! \cdot 3!} = \binom{5}{2\ 3}$.

8.2.3. Variaciones sin repetición

Definición 53. *Sea $A = \{a_1, a_2, ..., a_n\}$ un conjunto de cardinal n. Definimos una variación sin repetición de r elementos de A como cualquier r-upla ordenada $(b_1, b_2, ..., b_r)$ tal que $\sharp\{b_1, ..., b_r\} = r$ y $\{b_1, b_2, ..., b_n\} \subseteq \{a_1, a_2, ..., a_n\}$. Es decir, cada uno de esos r elementos de A aparece una sola vez, y en un orden determinado.*

Se denota por $V(n, r)$ ó V_n^r al número de posibles variaciones sin repetición de n elementos tomados de r en r, y dicho número es exactamente

$$V(n, r) = V_n^r = \frac{n!}{(n-r)!} = n \cdot (n-1) \cdot ... \cdot (n-r+1)$$

Nota 52. *También se pueden interpretar como las posibles aplicaciones inyectivas*

$$\{1, ...r\} \rightarrow A$$

Ejemplo 57. *Si $A = \{\alpha, \beta, \gamma\}$, las variaciones de los elementos de A tomados de 2 en 2 son: (α, β), (α, γ), (β, α), (β, γ), (γ, α), (γ, β). En total: $3 \cdot 2 = 6$.*

8.2.4. Variaciones con repetición

Definición 54. *Sea $A = \{a_1, a_2, ..., a_n\}$ un conjunto de cardinal n. Definimos una variación con repetición de r elementos de A, como cualquier r-upla ordenada $(b_1, b_2, ..., b_r)$ tal que $b_i \in A$ con $i = 1, ...r$, es decir, cualquier elemento del producto cartesiano A^r.*

Se denota por $VR(n, r)$ ó VR_n^r al número de posibles variaciones con repetición de n elementos tomados de r en r, y claramente dicho número es

$$VR(n, r) = VR_n^r = \sharp A^r = n^r$$

Nota 53.
- *Se puede considerar como si fueran "quinielas simples" de r resultados, donde cada resultado puede tomar n posibles valores (los elementos de A). En el caso del fútbol, hay que acertar $r = 14$ resultados, a elegir entre $n = 3$ posibles ($1/x/2$), y en una quiniela simple no se pueden poner dobles ni triples, con lo que el número posible de quinielas simples es 3^{14}.*

- *Asimismo, son equivalentes a cadenas de longitud r con n posibles símbolos.*

- *Por último, también se pueden interpretar como las posibles aplicaciones de $\{1, ...r\} \rightarrow A$.*

Ejemplo 58. *Si $A = \{\alpha, \beta, \gamma\}$ las variaciones con repetición de los elementos de A tomados de 2 en dos son: (α, α), (α, β), (α, γ), (β, α), (β, β), (β, γ), (γ, α), (γ, β), (γ, γ). En total: $3^2 = 9$.*

8.2.5. Número de subconjuntos

Sea $A = \{a_1, a_2, ..., a_n\}$ un conjunto de cardinal n. Los subconjuntos de A forman el conjunto de las partes de A, se denota $\mathcal{P}(A)$. Por tanto el número de subconjuntos de A es el cardinal de $\mathcal{P}(A)$ y es 2^n en este caso. En general, se tiene

$$\sharp\mathcal{P}(A) = 2^{\sharp A}$$

Para demostrarlo, basta darse cuenta de que cada elemento tiene dos opciones, estar o no en cada subconjunto, con lo que se aplicaría el principio del producto.

Ejemplo 59. *Si $A = \{\alpha, \beta, \gamma\}$ los subconjuntos de A son: $\emptyset$, $\{\alpha\}$, $\{\beta\}$, $\{\gamma\}$, $\{\alpha, \beta\}$, $\{\alpha, \gamma\}$, $\{\beta, \gamma\}$, $\{\alpha, \beta, \gamma\} = A$ (en total $2^3 = 8$).*

8.2.6. Números Combinatorios

Definición 55. *Definimos los números combinatorios, que se leen "n sobre k", como*

$$\binom{n}{k} = \frac{n!}{k!(n-k)!} = \frac{n(n-1)...(n-k+1)(n-k)!}{k!(n-k)!} = \frac{n(n-1)...(n-k+1)}{k!}$$

Obsérvese que en la última expresión del numerador hay k términos decreciendo en una unidad desde n. Establecemos a continuación las propiedades fundamentales de estos números combinatorios:

Teorema 8.1. *(a)* $\binom{n}{0} = \binom{n}{n} = 1$, $\binom{n}{1} = \binom{n}{n-1} = n$.

(b) $\binom{n}{k} = \binom{n}{n-k}$.

(c) $\binom{n}{k} + \binom{n}{k+1} = \binom{n+1}{k+1}$.

Triángulo de Pascal

Se pueden obtener los números combinatorios a partir de 1's en el vértice y los lados de un triángulo, de manera que los números en posiciones interiores se obtienen sumando los dos números que quedan justo encima:

$$
\begin{array}{ccccccccc}
 & & & & 1 & & & & \\
 & & & 1 & & 1 & & & \\
 & & 1 & & 2 & & 1 & & \\
 & 1 & & 3 & & 3 & & 1 & \\
1 & & 4 & & 6 & & 4 & & 1 \\
\cdot & \cdot & \cdot & \cdot & \cdot & \cdot & \cdot & \cdot
\end{array}
$$

El triángulo anterior se conoce como **triángulo de Tartaglia**.

Así, en términos de números combinatorios obtenemos:

$$
\begin{array}{ccccccccc}
 & & & & \binom{0}{0} & & & & \\
 & & & \binom{1}{0} & & \binom{1}{1} & & & \\
 & & \binom{2}{0} & & \binom{2}{1} & & \binom{2}{2} & & \\
 & \binom{3}{0} & & \binom{3}{1} & & \binom{3}{2} & & \binom{3}{3} & \\
\binom{4}{0} & & \binom{4}{1} & & \binom{4}{2} & & \binom{4}{3} & & \binom{4}{4} \\
\cdot & \cdot & \cdot & \cdot & \cdot & \cdot & \cdot & \cdot & \cdot
\end{array}
$$

debido a las propiedades establecidas en el teorema 8.1, que es conocido como *triángulo de Pascal*.

Binomio de Newton

Se puede desmostrar por inducción la siguiente igualdad de polinomios:

$$(a+b)^n = \sum_{k=0}^{n} \binom{n}{k} a^k b^{n-k}$$

Como casos particulares, obtenemos las siguientes igualdades numéricas:

$$0 = (1-1)^n = \sum_{k=0}^{\infty} (-1)^k \binom{n}{k}$$

$$2^n = (1+1)^n = \sum_{k=0}^{\infty} \binom{n}{k}$$

Una generalización del binomio de Newton es el llamado **teorema multinomial**, que dice que en el polinomio $(x_1 + ... + x_k)^n$, el coeficiente de $x_1^{n_1} \cdot ... \cdot x_k^{n_k}$ es exactamente

$$\binom{n}{n_1 ... n_k} = \frac{n!}{n_1! \cdot ... \cdot n_k!}$$

si $n_1 + ... + n_k = n$, y es 0 en caso contrario.

8.2.7. Combinaciones sin repetición

Definición 56. *Sea $A = \{a_1, a_2, ..., a_n\}$ un conjunto de cardinal n. Definimos una combinación sin repetición de los elementos de A tomados de r en r, como cualquier subconjunto de A con r elementos.*

Nótese que, a diferencia de las variaciones, en las combinaciones no importa el orden.

Se denota por $C(n, r)$ ó C_n^r al número de posibles combinaciones sin repetición de n elementos tomados de r en r, y dicho número es exactamente

$$C(n, r) = C_n^r = \binom{n}{r} = \frac{n!}{r!(n-r)!}$$

Nota 54. *Si para cada conjunto consideramos las permutaciones de sus elementos obtenemos las variaciones, es decir,*

$$C_n^r \cdot r! = \frac{n!}{(n-r)!} = V_n^r$$

Dicho de otra manera, se puede deducir el número de combinaciones a partir del de variaciones, aplicando el principio del producto.

Ejemplo 60. *Si $A = \{\alpha, \beta, \gamma\}$ las combinaciones de los elementos de A tomados de 2 en dos son: $\{\alpha, \beta\}$, $\{\alpha, \gamma\}$, $\{\beta, \gamma\}$ (en total $\binom{3}{2} = 3$).*

8.2.8. Combinaciones con repetición

Definición 57. *Sea $A = \{a_1, a_2, ..., a_n\}$ un conjunto de cardinal n. Definimos una combinación con repetición de r elementos de A, como r elementos de A pudiendo repetirse y sin importar el orden.*

Nótese que, en realidad, una combinación con repetición es un "multiconjunto".

Se denota por $CR(n, r)$ ó CR_n^r al número de posibles combinaciones con repetición de n elementos tomados de r en r, y dicho número es exactamente

$$CR(n, r) = CR_n^r = \binom{n+r-1}{r} = \binom{n+r-1}{n-1}$$

Las combinaciones con repetición son equivalentes a otros problemas de combinatoria, por ejemplo:

- Distribuciones de bolas r indistinguibles entre n recipientes distinguibles. De esta manera especificamos, para cada uno de los n elementos de A, cuántas veces le incluimos en el multiconjunto.

- Hallar el número de soluciones enteras no negativas de una ecuación lineal del tipo

$$x_1 + \ldots + x_n = r$$

  (nótese que el número de bolas que le corresponden a cada recipiente lo podemos representar por la variable x_i correspondiente).

Con esta interpretación, podemos considerar r elementos $b_1, \ldots b_r$ y "separadores" para delimitar el contenido de tales recipientes:

$$b_1, \ldots, b_{r_1} | b_{r_1+1}, \ldots, b_{r_2} | \ldots | \ldots b_r$$

de forma que $b_1, \ldots b_{r_1}$ son iguales a a_1, $b_{r_1+1}, \ldots, b_{r_2}$ son iguales a a_2, y así sucesivamente. Como tenemos que poner $n - 1$ separadores, el número de posibilidades es

$$C_{n+r-1}^{n-1} = C_{n+r-1}^{r} = CR_n^r$$

es decir, elegir $n - 1$ posiciones para los separadores, de entre $r + n - 1$ posiciones posibles.

Nota 55. *Nótese que r puede ser mayor que n, a diferencia del caso de combinaciones sin repetición, en el que necesariamente $r \leq n$.*

Ejemplo 61. *(1) Si $A = \{\alpha, \beta, \gamma\}$ las combinaciones con repetición de los elementos de A tomados de 2 en dos son: $\{\alpha, \alpha\}$, $\{\alpha, \beta\}$, $\{\alpha, \gamma\}$, $\{\beta, \beta\}$, $\{\beta, \gamma\}$, $\{\gamma, \gamma\}$. En total $\binom{3+2-1}{2} = 6$.*

(2) Tres personas van a comer un bocadillo, y tienen que eligen entre queso o chorizo. Entonces el pedido puede realizarse de 6 formas posibles.

Ejercicio 36. *Contar en las siguientes situaciones los casos posibles usando lo que hemos visto hasta ahora, distinguiendo si son combinaciones, variaciones, etc., y si son con repetición o sin repetición:*

(1) Formar grupos de 4, en una clase de 24 alumnos.

(2) Probabilidad de acertar una quiniela.

(3) Número de palabras que se pueden formar con 6 letras distintas.

(4) Permutar las letras de la palabra "HALL".

8.3. Principio de Inclusión-Exclusión

El principio de la suma decía que si dos sucesos A y B son incompatibles (conjuntos disjuntos), entonces su unión tiene como cardinal la suma de ambos cardinales. El principio de inclusión-exclusión estudia el caso en que A y B puedan tener elementos comunes.

Así, si A puede suceder de n formas diferentes, B de m formas diferentes, y A y B pueden suceder a la vez, entonces las formas diferentes de que suceda A o B no son $m+n$, ya que los elementos de $A \cap B$ se contarían dos veces. En este caso, la fórmula exacta sería más bien

$$|A \cup B| = |A| + |B| - |A \cap B|$$

Para el caso de tres conjuntos A, B y C la fórmula sería

$$|A \cup B \cup C| = |A| + |B| + |C| - |A \cap B| - |A \cap C| - |B \cap C| + |A \cap B \cap C|$$

generalizando el argumento anterior. Nótese que el último sumando es necesario ya que, en caso contrario, sus elementos no estarían contados.

Este resultado se puede generalizar para un número finito de conjuntos:

$$|A_1 \cup ... \cup A_n| = |A_1| + ... + |A_n| - |A_1 \cap A_2| - ... - |A_{n-1} \cap A_n| + |A_1 \cap A_2 \cap A_3| +$$

$$... + |A_{n-2} \cap A_{n-1} \cap A_n|....(-1)^{n+1}|A_1 \cap ... \cap A_n|$$

es decir, una suma alternada de intersecciones de dos en dos, de tres en tres, etc.

Ejercicio 37. *Calcular el número de palabras posibles de 4 letras, que contengan la letra A o la B.*

Nota 56. *En ocasiones los enunciados piden obtener el número de elementos que **no están** en ningún A_i, es decir, el complementario del conjunto anterior. En este caso, si el número total de elementos en el Universo es $|\mathcal{U}| = N$, el número buscado sería*

$$N - |A_1 \cup ... \cup A_n|$$

Ejemplo 62. *Utilizando 26 letras, obtener las permutaciones en las que no aparezcan las cadenas: cat, dog, sun, rice. Si consideramos A como las permutaciones con cat, B con dog, C con sun y D con rice, el número buscado es $|\mathcal{U}| - |A \cup B \cup C \cup D|$. Lo calculamos:*

$$N = 26!$$

$$|A| = 24! = |B| = |C|, |D| = 23!$$

Considerando las cadenas cat, dog sun y rice como un solo símbolo. Además:

$$|A \cap B| = |A \cap C| = |B \cap C| = 22!$$

$$|A \cap D| = |B \cap D| = |C \cap D| = 21!$$

$$|A \cap B \cap C| = 20!$$

$$|A \cap B \cap D| = |A \cap C \cap D| = |B \cap C \cap D| = 19!$$

$$|A \cap B \cap C \cap D| = 17!$$

Por tanto el número buscado es:

$$26! - 3 \cdot 24! - 23! + 3 \cdot 22! + 3 \cdot 21! - 20! - 3 \cdot 19! + 17!$$

Ejercicio 38. *Halla el número de permutaciones de los 10 dígitos (del 0 al 9) en las que no aparezcan ni 123, ni 456, ni 7890.*

8.3.1. Principio de Inclusión-Exclusión generalizado

Sean $A_1, ... A_n \subseteq \mathcal{U}$ y $m \leq n$, el número de elementos de $\mathcal{U}$ que pertenecen a exactamente m de los conjuntos A_i a la vez es:

$$E_m = S_m - \binom{m+1}{1}S_{m+1} + \binom{m+2}{2}S_{m+2} - ... + (-1)^{n-m}\binom{n}{n-m}S_n$$

Donde:

$$S_0 = N = \sharp\mathcal{U}$$

$$S_1 = \sharp A_1 + ... + \sharp A_n = \sum_{k=1}^{n}\sharp A_i$$

$$S_2 = \sharp(A_1 \cap A_2) + ... + \sharp(A_{n-1} \cap A_n) = \sum_{1 \leq i < j \leq n}\sharp(A_i \cap A_j)$$

....

$$S_t = \sum_{1 \leq i_1 < ... < i_t \leq n}\sharp(A_{i_1} \cap ... \cap A_{i_t})$$

....

$$S_n = \sharp(A_1 \cap ... \cap A_n)$$

Nota 57. *El principio de Inclusión-Exclusión "clásico" es el caso $m = 0$:*

$$E_0 = S_0 - S_1 + S_2 - ... + (-1)^n S_n$$

Corolario 2. *El número de elementos de $\mathcal{U}$ que pertenecen **al menos** a m de los conjuntos A_i es:*

$$L_m = S_m - \binom{m}{m-1}S_{m+1} + \binom{m+1}{m-1}S_{m+2} - ... + (-1)^{n-m}\binom{n-1}{m-1}S_n$$

Ejemplo 63. *Como aplicaciones de los resultados anteriores, se pueden resolver los siguientes problemas:*

(1) **Desórdenes***: Si $\{1, 2, 3, 4\}$ está colocado, vemos de cuántas formas están **todos** fuera de su sitio:*

$$E_0 = S_0 - S_1 + S_2 - ... + (-1)^n S_n$$
$$S_0 = 4! = 24$$
$$S_1 = 3! + 3! + 3! + 3! = 4 \cdot 3! = 4! = 24$$
$$S_2 = 2! \cdot \binom{4}{2} = 2!\frac{4!}{2! \cdot 2!} = 4 \cdot 3 = 12$$
$$S_3 = \binom{4}{3} = \frac{4!}{3!} = 4$$
$$S_4 = 1$$

Entonces el número buscado es

$$E_0 = 24 - 24 + 12 - 4 + 1 = 9$$

(2) **Posiciones prohibidas***: Veamos las posibles matrículas de coche que se pueden formar con 3 cifras y 3 letras, de forma que la primera letra no sea vocal, y que no haya dos vocales (en las últimas dos posiciones, se sobreentiende): con 10 cifras y considerando 26 letras, si en las dos últimas letras no puede haber dos vocales, por el Principio de Inclusión-Exclusión hay $26 \cdot 26 - 5 \cdot 5$, obteniendo en total:*

$$10 \cdot 10 \cdot 10 \cdot 21 \cdot [26 \cdot 26 - 5 \cdot 5]$$

Ejercicio 39. *Contar el número de palabras posibles de 4 letras, que contengan entre una y tres vocales.*

8.3.2. Distribuir objetos en recipientes

En este apartado vamos a ver algunas aplicaciones derivadas del principio de inclusión-exclusión. Por ejemplo, el problema de obtener el número de aplicaciones sobreyectivas entre A y B, siendo $\sharp A = n$ y $\sharp B = m$, equivale al de distribuir m objetos en n recipientes sin que ninguno quede vacío, siendo los recipientes distinguibles entre sí, y este número es:

$$\sum_{k=0}^{n}(-1)^k \binom{n}{n-k}(n-k)^m$$

Si los recipientes son indistinguibles, obtenemos los llamados números de Stirling de segundo tipo:

$$S(m,n) = \frac{1}{n!}\sum_{k=0}^{n}(-1)^k \binom{n}{n-k}(n-k)^m = \left\{ \begin{array}{c} m \\ n \end{array} \right\}$$

Si se admiten recipientes vacíos y $m = n$, se obtiene el n-ésimo número de Bell, que es por definición el número de particiones de un conjunto de n elementos:

$$B_n = \sum_{i=1}^{n} S(n,i)$$

Los diez primeros números de Bell son:

$$1, 1, 2, 5, 15, 52, 203, 877, 4140, 21147$$

Por terminar este apartado, introducimos los números de Stirling de primer tipo. Se define el número $s(n,k)$ como el coeficiente de x^k en el desarrollo del polinomio

$$x(x-1)(x-2)\ldots(x-n+1)$$

es decir

$$\sum_{k=0}^{n} s(n,k)x^k = x(x-1)(x-2)\ldots(x-n+1)$$

Así pues, los números de Stirling de primer tipo se definen como

$$\left[\begin{array}{c} m \\ n \end{array} \right] = (-1)^{n-k}s(n,k)$$

y se corresponde con el número de particiones de n objetos en k ciclos no vacíos (un ciclo es una permutación circular).

8.4. Funciones generatrices

El teorema multinomial por una parte, y la definición de los números de Stirling de primer tipo por otra, son ejemplos de cálculo de coeficientes de ciertos grados de un polinomio o, en general, de una función definida de forma simbólica mediante una suma (posiblemente infinita) de monomios (llamada *serie de potencias formal*). Ejemplos más complicados de este proceso se ven en un curso de Análisis Matemático, en el cálculo de polinomios y series de Taylor.

Este proceso nos sirve de introducción para el concepto de *función generatriz*, que consiste precisamente en el proceso inverso, es decir, dada una sucesión de números, hallar la correspondiente función (llamada generatriz) cuyos coeficientes son los números dados. La ventaja es poder representar la sucesión (posiblemente infinita) mediante un dato polinómico, manipulable algebraicamente, y con el que podemos recuperar en cualquier momento cualquiera de los números originales en el momento en que lo necesitemos.

Introducimos a continuación la definición fundamental, en la que usaremos solamente una variable.

Definición 58. *Se denomina función generatriz de la sucesión* $(a_k)_{k=0}^{\infty}$ *a la "serie de potencias"*

$$g(x) = \sum_{k=0}^{\infty} a_k x^k = a_0 + a_1 x + a_2 x^2 + \ldots + a_n x^n + \ldots$$

Si la sucesión es "finita", es decir, solo un número finito de los a_k son distintos de cero, entonces la serie de potencias es en realidad un polinomio. Muchas series infinitas pueden representarse por una función "elemental", cuya serie de Taylor es convergente y coincide con dicha *serie generatriz*, y cuyo análisis no es objeto de estudio en este curso, pero que usaremos a nivel de ejemplos sencillos. Por ejemplo, si $a_k = 1$ para todo $k \geq 0$, entonces la función generatriz

$$1 + x + x^2 + \ldots + x^n + \ldots = \frac{1}{1-x}$$

es la suma de los infinitos términos de una progresión geométrica (suponiendo que la razón x es un número con valor absoluto estrictamente menor que 1, para que la suma sea finita), también llamada *serie geométrica*. Otro ejemplo típico es la exponencial

$$1 + x + \frac{x^2}{2} + \frac{x^3}{3!} + \ldots + \frac{x^n}{n!} + \ldots = e^x$$

que converge para cualquier número real x.

Ejercicio 40.   *1. Si $a_k = 1$ para $k = 0, \ldots, n$ y $a_k = 0$ para $k > n$, entonces la función generatriz es*

$$g(x) = \frac{x^{n+1} - 1}{x - 1}$$

(la suma de los primeros términos de una progresión geométrica).

2. *Dado un conjunto A con n elementos, se define a_k como el número de subconjuntos de A con k elementos. Hallar la función generatriz de dicha sucesión.*

3. *Sea a_k (para $k \in \mathbb{N}$) el número de formas en que se puede escribir k como suma de dos números naturales. Hallar la función generatriz de esta sucesión.*
   Indicación: *la serie de potencias obtenida es la derivada (término a término) de serie geométrica.*

Nota 58. *Mediante sustituciones adecuadas, se puede usar la serie geométrica para obtener otras funciones generatrices. Por ejemplo, la función*

$$g(x) = \frac{a}{b+cx} = a \cdot \frac{1}{b - (-cx)} = \frac{a}{b} \cdot \frac{1}{1 - \frac{-cx}{b}}$$

es la función generatriz de la sucesión $a_k = (-1)^n \dfrac{a\, c^n}{b^{n+1}}$, o bien

$$f(x) = \frac{1}{1 - x^2}$$

es la función generatriz de la sucesión

$$a_k = \begin{cases} 1 & \text{si } k \text{ es par} \\ 0 & \text{si } k \text{ es impar} \end{cases}$$

Veamos con un ejemplo cómo se pueden usar las funciones generatrices para resolver problemas de combinatoria.

Ejemplo 64. • *Supongamos que hay que elegir una cantidad de piezas de fruta (manzanas, peras y naranjas), de forma que se elija al menos una pieza de cada tipo y un máximo de tres de cada tipo. ¿De cuántas maneras se pueden elegir 5 piezas de fruta?*

Representemos por x el proceso de elegir una pieza de fruta de cualquiera de los tres tipos, x^2 elegir dos piezas, y x^3 elegir tres piezas; como podemos elegir 1, 2 ó 3 piezas, dicha elección puede representarse por el polinomio

$$(x + x^2 + x^3)$$

y como hay tres tipo de fruta, las tres elecciones se representan por

$$(x + x^2 + x^3)(x + x^2 + x^3)(x + x^2 + x^3) = (x + x^2 + x^3)^3$$

con lo que el número de formas de elegir en total 5 piezas de fruta es el coeficiente de x^5 en dicho polinomio (o función generatriz). En general, el coeficiente a_k de x^k es el número de formas de elegir en total k piezas.

• *Otra variante de este problema es la siguiente: supongamos que una manzana cuesta 20 céntimos, una pera 25 céntimos, y una naranja 15 céntimos. ¿Cuántas de las anteriores combinaciones de piezas de fruta cuestan 1 euro?*

Para ello variamos la función generatriz anterior de forma que los exponentes sean los precios de comprar un número de piezas de cada tipo, es decir

$$(x^{20} + x^{40} + x^{60})(x^{25} + x^{50} + x^{75})(x^{15} + x^{30} + x^{45})$$

El resultado buscado es ahora el coeficiente de x^{100} en el desarrollo de dicho polinomio. En general, el coeficiente de a_p es el número de combinaciones cuyo precio en céntimos es p.

El ejemplo anterior nos sirve para introducir de manera informal el llamado **principio del producto para funciones generatrices**:

> Si un proceso puede dividirse en n etapas y la etapa k se representa por una función generatriz $g_k(x)$, entonces el proceso global se representa mediante la función generatriz producto $g_1(x) \cdots g_n(x)$.

En términos formales, las funciones generatrices se pueden sumar y multiplicar, como explicamos a continuación. Si $f(x) = \sum_{k=0}^{\infty} a_k x^k$ y $g(x) = \sum_{k=0}^{\infty} b_k x^k$ entonces:

(a) $f(x) + g(x) = \sum_{k=0}^{\infty} (a_k + b_k) x^k$

(b) $f(x) \cdot g(x) = \sum_{k=0}^{\infty} \left(\sum_{j=0}^{k} a_j b_{k-j} \right) x^k$

Ejemplo 65. *Como ejemplo de aplicación, veamos de qué sucesión es generatriz la función $g(x) = 1/(1-x)^2$. Puesto que $f(x) = 1/(1-x)$ es la serie geométrica ($a_k = 1$ para todo $k \geq 0$) y $g(x) = f(x) \cdot f(x)$, se multiplican las series formales y se obtiene*

$$\frac{1}{(1-x)^2} = \sum_{k=0}^{\infty} \left(\sum_{j=0}^{k} 1 \right) x^k = \sum_{k=0}^{\infty} (k+1) x^k$$

En este caso se podía también haber obtenido derivando término a término la serie geométrica, tal y como se plantea en el ejercicio anterior.

El binomio de Newton (o Teorema Binomial)

$$(a + b)^n = \sum_{k=0}^{n} \binom{n}{k} a^k b^{n-k}$$

puede interpretarse como una función generatriz generada por los coeficientes binomiales. Una generalización es el Teorema Multinomial, que ya vimos, y otra que vemos a continuación es el llamado **Teorema Binomial Extendido**. Para ello necesitamos la siguiente

Definición 59. *Si u es un número real y k es un entero no negativo, llamaremos coeficiente binomial extendido a*

$$\binom{u}{k} := \begin{cases} \frac{u(u-1)\cdots(u-k+1)}{k!} & si\ k > 0 \\ 1 & si\ k = 0 \end{cases}$$

Ahora podemos establecer el anunciado teorema, cuyos aspectos técnicos los remitimos a cualquier libro de Análisis Matemático:

Teorema 8.2. *Teorema Binomial Extendido*

Si x es un número real tal que $|x| < 1$ y u es un número real cualquiera, entonces

$$(1 + x)^u = \sum_{k=0}^{\infty} \binom{u}{k} x^k$$

Ejercicio 41. *1. Demostrar que $\binom{-n}{k} = (-1)^k \binom{n+k-1}{k}$.*

2. Desarrollar la función generatriz de las expresiones $(1 + x)^{-n}$ y $(1 - x)^{-n}$.

Ejercicio 42. *Hallar, usando funciones generatrices, el número de soluciones enteras no negativas de la ecuación*

$$x_1 + x_2 + x_3 = 17$$

con las condiciones extra: $2 \leq x_1 \leq 5$, $3 \leq x_2 \leq 6$ y $4 \leq x_3 \leq 7$.

Ejercicio 43. *Mediante funciones generatrices, hallar el número de formas en que se pueden distribuir 10 galletas idénticas entre tres niños distintos, si cada niño debe recibir al menos dos galletas y como máximo cuatro, y si pueden sobrar galletas.*

Por último, diremos que las funciones generatrices se usan mucho en Teoría de Probabilidades y Estadística (por ejemplo, funciones generatrices de momentos, para variables aleatorias).

8.5. Relaciones de recurrencia

Muchos problemas de combinatoria no pueden resolverse fácilmente con las técnicas generales, y es preciso recurrir a argumentos más sofisticados, como las funciones generatrices (estudiadas en el apartado anterior) o las relaciones de recurrencia, que estudiaremos a continuación. Un ejemplo sencillo son las progresiones (aritméticas o geométricas): si las bacterias doblan la población a cada hora, ¿a cuántas bacterias da lugar una sola bacteria al cabo de dos días? En estos casos, y en general en las sucesiones recursivas, se cuenta un cierto número en cada etapa, y cada número depende de los números anteriores.

De forma más precisa, una sucesión recursiva de orden k es una sucesión de números reales $\{a_n\}_{n=n_0}^{\infty}$ tal que para $n \geq n_0 + k$ se verifica una relación de recurrencia

$$a_n = f(a_{n-1}, \ldots, a_{n-k})$$

es decir, que cada término se calcula mediante una fórmula a partir de los k términos anteriores. Obviamente, para que la sucesión esté determinada es necesario conocer los valores de los k primeros términos, que se suelen llamar *condiciones iniciales* (o base inductiva).

El problema que se suele plantear en combinatoria es: dada una relación de recurrencia con condiciones iniciales, tratar de buscar una sucesión que verifique dichas condiciones y la relación de recurrencia, sucesión que se denomina "solución" de dicho problema de recurrencia. Veamos dos ejemplos prácticos de relaciones de recurrencia:

Interés Compuesto: Supongamos que pedimos una hipoteca de 150000 euros a un banco y nos cobra un interés anual (compuesto) del 5 %, a pagar en 30 años. ¿Cuántos intereses pagamos al final? Esta cuestión está relacionada con una progresión geométrica.

Los Números de Fibonacci: este problema es originalmente un problema de contar parejas de conejos. Una pareja (heterosexual) de conejos en una isla, recién nacidos, no se reproducen hasta que no tienen dos meses, en cuyo caso reproducen otra pareja de conejos por mes. Hallar el número de parejas de conejos que hay en la isla al cabo de n meses (suponiendo que los conejos no se mueren dentro del período estudiado). La solución es la sucesión de Fibonacci, ya estudiada en el capítulo sobre Inducción.

Ejemplo 66. *Torres de Hanoi*

Este es un pasatiempo clásico que consiste en tres pivotes verticales sobre un tablero en los que se pueden introducir por su agujero central n discos de distintos tamaños. Inicialmente los discos se colocan en uno de los pivotes (por ejemplo el primero) en orden decreciente, es decir, los discos de menor tamaño encima de los de mayor tamaño. El objetivo del juego es trasladar todos los discos a otro de los pivotes (por ejemplo el segundo), igualmente ordenados en forma decreciente, pudiendo usar el tercer pivote de forma auxiliar, y las reglas son dos:

1. *Los discos se mueven de uno en uno cada vez.*

2. *Un disco que se mueve no se puede depositar sobre un disco de menor tamaño.*

En este contexto, nos interesa contar el número de movimientos necesarios para realizar el juego, llamémoslo H_n. Obviamente $H_1 = 1$ (condición inicial). Vemos a continuación que la sucesión H_n satisface una relación de recurrencia.

Efectivamente, si somos capaces de resolver el juego con $n-1$ discos con H_{n-1} movimientos, podemos resolver el problema con n discos en tres etapas:

1. *Trasladamos los $n-1$ discos superiores del pivote inicial al pivote auxiliar.*

2. *Trasladamos el disco inferior del pivote inicial al pivote final.*

3. *Trasladamos los $n-1$ discos que habíamos colocado en el pivote auxiliar encima del disco que colocamos en el pivote final.*

El número total de movimientos que se han realizado es pues $H_n = 2H_{n-1} + 1$, y procedemos a resolver esta relación de recurrencia mediante una aproximación iterativa, es decir, por sucesivas sustituciones para obtener (de alguna manera) una fórmula final, la cual se demuestra que es la solución buscada por inducción (inducción completa, en general, como ya indicamos en el capítulo sobre Inducción):

$$
\begin{aligned}
H_n &= 2H_{n-1} + 1 = \\
&= 2(2H_{n-2} + 1) + 1 = 2^2 H_{n-2} + 2 + 1 = \\
&= 2^2(2H_{n-3} + 1) + 2 + 1 = 2^3 H_{n-3} + 2^2 + 2 + 1 = \\
&= \cdots \\
&= 2^{n-1}H_1 + 2^{n-2} + \cdots + 2 + 1 = \\
&= 2^{n-1} + 2^{n-2} + \cdots + 2 + 1 = \\
&= 2^n - 1
\end{aligned}
$$

(la última igualdad es la fórmula para sumar los términos de una progresión geométrica). En particular, vemos que el problema requiere un número exponencial de movimientos en relación al número n de discos.

Lo único que queda (cosa que dejamos como ejercicio) es demostrar que la sucesión $H_n = 2^n - 1$ verifica efectivamente tanto la relación de recurrencia (por inducción) como la condición inicial.

Ejercicio 44. *¿Cuántas cadenas de n bits no tienen dos unos consecutivos?*

Para poder resolver fácilmente una relación de recurrencia hay que restringirse a funciones f particulares, por ejemplo lineales. En este caso (que será el único que estudiemos), se dice que la relación de recurrencia es *lineal*, es decir, la relación es de la forma

$$a_n = c_0 + c_1 a_{n-1} + \ldots + c_k a_{n-k}$$

donde $c_k \neq 0$ (para que sea de orden k). Si c_0 (término independiente) es cero la relación se dice *homogénea*, siendo no homogénea en caso contrario. Los coeficientes c_k se suponen constantes, pero podrían ser a su vez funciones de n y el problema se complica. Por ejemplo, en la relación $a_n = n * a_{n-1}$, que da lugar a los números factoriales $a_n = n!$, el coeficiente $c_1 = n$ no es constante. Por otra parte, la relación de recurrencia que origina los números de Fibonacci ($a_n = a_{n-1} + a_{n-2}$) es lineal (y homogénea), mientras que por ejemplo la recurrencia $a_n = a_{n-1}^2$ no es lineal.

Antes de dar la solución general de dichas relaciones de recurrencia, necesitamos definir el llamado *polinomio característico*, dado a partir de la ley de recurrencia mediante la expresión

$$p(x) := x^k - c_1 x^{k-1} - \ldots - c_k$$

El siguiente resultado nos da las soluciones de una relación de recurrencia lineal y homogénea con coeficientes constantes:

Teorema 8.3. *Supongamos que el polinomio característico tiene t raíces distintas r_i (reales o complejas) con multiplicidades m_i (se supone que $m_i \geq 1$ y que $m_1 + \ldots + m_t = k$).*

Entonces, todas las soluciones de dicha relación de recurrencia pueden escribirse en la forma

$$a_n = \sum_{i=1}^{t} (A_{i,0} + A_{i,1} \cdot n + A_{i,2} \cdot n^2 + \ldots + A_{i,m_i-1} \cdot n^{m_i-1} +) r_i^n$$

donde $A_{i,j}$ son constantes. Es decir, el conjunto de soluciones es un $\mathbb{R}$-espacio vectorial de dimensión k.

El proceso práctico para resolver una tal relación de recurrencia es plantear la solución general como dice el teorema anterior, a partir de las raíces del polinomio característico, y luego imponer las condiciones iniciales, lo que da lugar a un sistema lineal de ecuaciones cuyas soluciones son las constantes $A_{i,j}$ buscadas.

En el caso no homogéneo, la solución general se reduce a sumar una solución particular de la ecuación no homogénea a la solución general de la homogénea asociada, resultado de suprimir el término independiente (constante o no). El problema es entonces encontrar de alguna manera una solución particular de la relación de recurrencia no homogénea. Dejamos este aspecto a bibliografía más especializada.

Ejemplo 67. *Vemos un ejemplo de aplicación del resultado anterior:*

Resolver la relación de recurrencia $a_n = 3a_{n-1}$ con la condición inicial $a_0 = 2$.

En esta relación de recurrencia, $k = 1$ y el único coeficiente no nulo es $c_1 = 3$, con el que el polinomio característico es

$$p(x) := x - 3$$

que solo tiene una raíz $r_1 = 3$ con multiplicidad $m_1 = 1$.

Por lo tanto, podemos ensayar un solución del tipo

$$a_n = A \cdot 3^n$$

con A constante, de manera que se verifique la condición inicial

$$a_0 = A = 2$$

lo cual nos determina la constante, y por consiguiente $a_n = 2 \cdot 3^n$.

Ejemplo 68. *Veamos a continuación, a través del ejemplo anterior, cómo se puede resolver una relación de recurrencia mediante funciones generatrices:*

• *Sea $G(x) = \sum_{k=0}^{\infty} a_k x^k$ la función generatriz de la solución buscada. Notemos que*

$$xG(x) = \sum_{k=0}^{\infty} a_k x^{k+1} = \sum_{k=1}^{\infty} a_{k-1} x^k$$

y por tanto

$$G(x) - 3xG(x) = \sum_{k=0}^{\infty} a_k x^k - 3 \sum_{k=1}^{\infty} a_{k-1} x^k = a_0 + \sum_{k=1}^{\infty} (a_k - 3a_{k-1}) x^k = 2$$

por culpa de la relación de recurrencia y de la condición inicial. Despejando $G(x)$ en esta ecuación obtenemos

$$G(x) = \frac{2}{1 - 3x}$$

que mediante la serie geométrica se desarrolla y se tiene $a_k = 2 \cdot 3^k$.

Por último, ilustraremos con un ejemplo cómo se pueden aplicar las relaciones de recurrencia en el cálculo de la complejidad de un algoritmo, es decir, el número de operaciones que realiza un programa.

Ejemplo 69. *Ordenación por selección*

Se trata de ordenar una lista de números reales $[s_0, \ldots, s_{n-1}]$ de forma creciente; este método selecciona el elemento máximo, lo coloca al final de la lista y aplica el algoritmo de forma recursiva a la lista de los $n-1$ primeros números. He aquí el código de Python*, donde el Input es la lista s, y el Output es la misma lista s, pero ordenada en forma creciente:*

```python
def selection(s):
    n = len(s)
    if n < 2:
        respuesta = s
    else:
        M = max(s)
        k = s.index(M)
        del(s[k])
        respuesta = selection(s)
        respuesta.append(M)
    return(respuesta)
```

Si n es el tamaño de la lista, llamemos b_n al número de comparaciones (dentro de la función max*) que realiza el programa cuando el tamaño del Input es n. Obviamente $b_1 = 0$.*

Si $n > 1$ se realizan $n - 1$ comparaciones antes de llamar al programa de forma recursiva, ya que se va comparando el elemento en la primera posición con los elementos en las $n - 1$ posiciones siguientes, hasta devolver el elemento de mayor valor en la función max*; luego la relación entre b_n y b_{n-1} es*

$$b_n = n - 1 + b_{n-1}$$

Tenemos pues la relación de recurrencia (lineal no homogénea) y la condición inicial. En este caso se resuelve por iteración:

$$
\begin{aligned}
b_n &= (n-1) + b_{n-1} = (n-1) + (n-2) + b_{n-2} = \ldots \\
&= b_1 + [1 + 2 + \ldots + (n-1)] = 0 + 1 + 2 + \ldots + (n-1) = \\
&= \frac{(n-1)n}{2}
\end{aligned}
$$

(Nótese que se trata de una progresión aritmética).

8.6. Introducción al cálculo de probabilidades

No es el ánimo de esta sección final hacer un estudio profundo de la teoría de probabilidades, sino simplemente recordar unos conceptos básicos con el fin de poder calcular probabilidades sencillas usando las técnicas de combinatoria que hemos visto en este capítulo.

Así, pues supongamos que U es un espacio muestral, es decir, el conjunto de posibles resultados de un experimento aleatorio, y que todos los elementos de U son equiprobables. Entonces, si $\sharp U = n$ y $x \in U$, la probabilidad de x es igual a

$$p(x) = \frac{1}{n}$$

En consecuencia, si tenemos un *suceso* $A \subseteq U$, se tiene que

$$p(A) = \frac{\sharp A}{n}$$

es decir, la clásica regla de *casos favorables entre casos posibles*.

Si ahora tenemos dos sucesos A y B, aplicando el principio de inclusión-exclusión y dividiendo por n, se deduce que

$$p(A \cup B) = p(A) + p(B) - p(A \cap B)$$

En particular, si los sucesos A y B son *incompatibles*, es decir $p(A \cap B) = \emptyset$, entonces $p(A \cup B) = p(A) + p(B)$, que es el resultado análogo al *principio de la suma* que vimos al principio del capítulo.

En general, si tenemos m sucesos, se tiene una fórmula análoga al principio de inclusión-exclusión generalizado, sin más que cambiar el cardinal de un suceso por su probabilidad.

Por otra parte, se denomina suceso contrario $\overline{A}$ de A al complementario $U \setminus A$. Es fácil ver entonces que $p(\overline{A}) = 1 - p(A)$, puesto que $\sharp(U \setminus A) = n - \sharp A$. Con los sucesos se pueden hacer las mismas operaciones Booleanas que con los conjuntos (diferencia y diferencia simétrica, por ejemplo), y dejamos al lector deducir las fórmulas correspondientes para las probabilidades.

Por último, recordamos que la probabilidad del suceso intersección $A \cap B$ solamente verifca la fórmula

$$p(A \cap B) = p(A) \cdot p(B)$$

cuando A y B son *independientes*; en caso contrario, se verifica que

$$p(A \cap B) = p(A) \cdot p(B|A) = p(B) \cdot p(A|B)$$

donde $p(A|B)$ denota la *probabilidad condicionada* del suceso A suponiendo que ha ocurrido B. Un estudio más profundo de la probabilidad se remite a bibliografía más especializada, por ejemplo [57].

Ejemplo 70. *Sea U el conjunto de enteros en el intervalo $[1, 60]$. Se consideran los sucesos A y B que contienen respectivamente a los números pares y a los múltiplos de 3. Se tiene que $p(A) = 1/2$ y $p(B) = 1/3$. Por otra parte, $p(A|B) = 1/2$, ya que uno de cada dos múltiplos de 3 es par. En consecuencia:*

$$p(A \cap B) = p(B) \cdot p(A|B) = \frac{1}{3} \cdot \frac{1}{2} = \frac{1}{6}$$

lo cual es lógico, ya que los números que son múltiplos de 2 y 3 son exactamente los múltiplos de 6. En consecuencia, por el principio de inclusión exclusión, la probabilidad de ser múltiplo de 2 o de 3 es

$$p(A \cup B) = p(A) + p(B) - p(A \cap B) = \frac{1}{2} + \frac{1}{3} - \frac{1}{6} = \frac{2}{3}$$

8.7. Problemas de Combinatoria

1. En la comisaría de policía se denuncia el robo de un coche cuya matrícula constaba de 3 letras consonantes seguidas de 4 cifras, y de la cual se sabe que la primera letra es una M y las otras dos letras eran iguales, mientras que la última cifra era 0 y ninguna de las otras tres era par. ¿Cuántas placas de matrícula deberá verificar la policía?

2. En una hamburguesería se indica que las hamburguesas se pueden servir con cualesquiera de los siguientes ingredientes adicionales: ketchup, mostaza, mayonesa, lechuga, queso, tomate, cebolla, pepinillos o bacon. ¿De cuántas formas distintas se puede preparar una hamburguesa?

3. Se deben compilar un total de 12 programas; ¿de cuántas formas posibles se pueden ordenar para su compilación en cada uno de estos casos?

   (a) Sin restricciones.

   (b) Si cuatro de ellos deben compilarse con preferencia al resto.

   (c) Si dos de ellos deben compilarse antes que los demás y otros dos deben compilarse después de que lo sean los ocho restantes.

4. Si se tienen 15 libros distintos y 4 estanterías, ¿de cuántas maneras es posible ordenarlos en dichas estanterías? ¿Y si se añade la condición de que ninguna de las estanterías quede vacía?

5. ¿Cuántas permutaciones existen para las vocales a,e,i,o,u? ¿Cuántas de ellas comienzan con la letra i? ¿Cuántas de ellas comienzan por a y terminan por u?

6. Un compilador admite como identificadores de variables cadenas de hasta ocho símbolos de entre los cuales el primero es necesariamente una letra. Si los símbolos permitidos son 26 letras y 10 cifras, que se distingue entre mayúsculas y minúsculas, y que no puede usarse como identificador ninguna de las 40 palabras clave del compilador, ¿cuántos identificadores distintos son posibles? ¿Y si solo se usan letras mayúsculas?

7. ¿De cuántas maneras distintas se pueden permutar las letras de la palabra TRASTAMA-RAS? De entre ellas, ¿cuántas tienen juntas las letras repetidas?

8. ¿De cuántas formas se pueden permutar las letras de ESTERNOCLEIDOMASTOIDEO de manera que se mantenga el orden de aparición de las vocales?

9. Determina el valor de la variable *counter* al final de la ejecución de este programa:

```
counter = 0
for i in range(10):
    counter = counter + 1
for j in range(7):
    counter = counter + 1
for k in range(5):
    counter = counter + 1
```

10. Determina el valor de la variable *counter* al final de la ejecución de este programa:

```
counter = 0
for i in range(10):
    for j in range(7):
        for k in range(5):
            counter = counter + 1
```

11. ¿De cuántas formas distintas pueden sentarse 8 personas en una mesa circular? (Distintas quiere decir que la colocación relativa de las personas sea diferente). ¿En cuántas de ellas se sientan dos personas fijas A y B en asientos correlativos?

12. En el sistema *Braille*, un símbolo se representa resaltando al menos uno de los seis puntos colocados como el número 6 en un dado.

    (a) ¿Cuántos símbolos diferentes existe en el sistema Braille?

    (b) ¿Cuántos símbolos tienen exactamente 3 puntos en relieve?

    (c) ¿Cuántos símbolos tienen un número par de puntos en relieve?

    (d) ¿Cuántos símbolos tienen al menos 4 puntos en relieve?

13. ¿De cuántas formas puede un jugador extraer cinco cartas de una baraja española y obtener las siguientes combinaciones?

    (a) Todas las cartas del mismo palo.

    (b) Las 4 cartas del mismo número.

    (c) 2 reyes y 2 ases.

    (d) 3 reyes y una pareja de otro número.

    (e) 5 cartas con números correlativos y del mismo palo.

    (f) Un full (una terna y un par).

    (g) Una terna.

    (h) 2 pares.

    (i) 5 cartas con números correlativos, aunque no sean del mismo palo.

    (j) 3 reyes y 2 caballos.

14. Determina el coeficiente de

    (a) xy^2z en $(x + y + z)^4$.

    (b) xy^2z en $(w + x + y + z)^4$.

    (c) xy^2z en $(2x + y - z)^4$.

    (d) xyz^2 en $(x - 3y - 2z^{-1})^4$.

    (e) $wx^2y^3z^4$ en $(w - x + 2y - 2z)^{10}$.

    (f) wxy^2z^3 en $(w - 11x - 20y + 32z)^8$.

15. Si $n \in \mathbb{N}$ y $n > 1$, demuestra que:

    (a) $\dbinom{n}{2} + \dbinom{n-1}{2}$ es un cuadrado perfecto.

    (b) $\dbinom{n+1}{2} = n + \dbinom{n}{2}$.

16. Si $n \in \mathbb{N}$ y $n > 0$, demuestra que $\dbinom{2n}{n} + \dbinom{2n}{n-1} = \dfrac{1}{2} \cdot \dbinom{2n+2}{n+1}$.

17. Si $n \in \mathbb{N}$ y $n > 1$, calcula:

$$\text{(a)} \sum_{i=0}^{n} \frac{1}{i!(n-i)!} \qquad \text{(b)} \sum_{i=0}^{n} \frac{(-1)^i}{i!(n-i)!}$$

18. Si $n \in \mathbb{N}$, calcula el valor de $\displaystyle\sum_{k=0}^{n} 2^k \binom{n}{k}$.

19. Determina el número de soluciones enteras de la ecuación

$$x_1 + x_2 + x_3 + x_4 = 32$$

con las condiciones:

(a) $x_i \geq 0$ (b) $x_i > 0$
(c) $x_i \geq 8$ (d) $x_1, x_2 \geq 3, x_3, x_4 \geq 5$

20. Determina el número de soluciones enteras de la inecuación

$$x_1 + x_2 + x_3 + x_4 + x_5 < 25$$

con las condiciones:

(a) $x_i \geq 0$ (b) $x_i \geq -1$

21. Escribe un programa en Python para calcular las soluciones enteras no negativas de la ecuación

$$x_1 + x_2 + x_3 = 10$$

22. Determina el valor de la variable *counter* al final de la ejecución de este programa:

```
counter = 0
for i in range(10):
    for j in range(i, 10):
        for k in range(j, 10):
            counter = counter + 1
```

Nota: para saber exactamente lo que hace la función **range**, en función de los parámetros, véase el apéndice A.

23. Determina el valor de la variable *counter* al final de la ejecución de este programa:

```
counter = 0
for i in range(10):
    for j in range(i):
        for k in range(j):
            counter = counter + 1
```

24. En una caja hay 8 libros de Delibes, 16 de Cela, 6 de Cervantes, 15 de Galdós y 20 de Unamuno; ¿cuántos libros deben sacarse para estar seguro de que hay al menos 10 libros del mismo autor?

25. Demuestra que si seleccionamos 51 números enteros del 1 al 100 al menos dos de ellos son primos entre sí.

26. Demuestra que si seleccionamos 5 puntos en el interior de un cuadrado cuyo lado mide 1, entonces al menos dos de ellos están entre sí a una distancia menor que $1/\sqrt{2}$.

27. Si se lanzan 7 dados distintos, ¿cuál es la probabilidad de que aparezcan todos los números posibles excepto dos de ellos?

28. Si se tira un dado 4 veces, ¿cuál es la probabilidad de que la suma de las tiradas sea 15?

29. Determina el número de enteros positivos entre 1 y 1000, tales que:

    (a) No son divisibles entre 2,3 ni 5.

    (b) No son divisibles entre 2,3,5 ni 7.

    (c) No son divisibles entre 2,3 ni 5, pero sí entre 7.

    (d) No son divisibles por ninguno de estos cuatro números (2, 3, 5 y 7).

30. Si se extraen 10 cartas distintas de una baraja española, calcula la probabilidad de que:

    (a) Haya al menos una carta de cada palo.

    (b) Haya cartas de todos los palos menos exactamente de uno.

    (c) Haya al menos dos cartas de cada palo.

    (d) Haya exactamente una carta de cada número.

31. Halla el número de soluciones enteras no negativas de la inecuación

$$x_1 + x_2 + x_3 + x_4 < 40$$

con las condiciones
$$x_1 > 1 \ , \ \ x_2 \leq 10 \ , \ \ x_3 \leq 12 \ , \ \ x_4 < 10$$

32. Se quieren enviar 15 ejemplares de un libro a cuatro distribuidoras diferentes, de forma que a todas ellas se le envíen al menos dos ejemplares.

    a) ¿De cuántas formas diferentes se pueden distribuir los libros en cuatro paquetes para realizar dicho envío?

    b) ¿De cuántas formas diferentes se puede resolver el problema anterior con la condición adicional de que a dos de las distribuidoras no se le envíen más de cuatro ejemplares?

33. Se extraen 12 canicas de una bolsa con 16, de las cuales hay 4 de cada color (4 rojas, 4 azules, 4 verdes y 4 blancas). ¿Cuántos resultados diferentes se pueden obtener en dicha extracción?

34. Para $n \geq 2$, calcula el valor de la siguiente suma:

$$\sum_{k=2}^{n} \frac{(-1)^k \, 2^{k+1}}{k!(n-k)!}$$

35.

    a) Halla el número de soluciones enteras no negativas de la ecuación

$$\begin{cases} x_4 + x_5 = 10 \\ x_4 \geq 0, x_5 \geq 0 \end{cases}$$

    b) Calcula el número de soluciones enteras no negativas del sistema de ecuaciones

$$\begin{cases} x_1 + x_2 + x_3 = 10 \\ x_1 + x_2 + x_3 + x_4 + x_5 = 20 \\ x_1 \geq 0, x_2 \geq 0, x_3 \geq 0, x_4 \geq 0, x_5 \geq 0 \end{cases}$$

36. Se considera el siguiente programa para comprobar si un número natural n entre 1 y 100, que se introduce por teclado, es o no primo (si n es primo, la respuesta **answer** es True y en caso contrario es False):

```
n = int(input())
answer = False
if (n % 5 != 0):
    if (n % 3 != 0):
        if (n % 2 != 0):
            answer = True
print(answer)
```

a) Calcula, utilizando el principio de inclusión–exclusión, cuántos números naturales comprendidos entre 1 y 100 que verifican simultáneamente las tres condiciones "if-then" del programa anterior.

b) Calcula que la probabilidad de que dicho programa dé un resultado erróneo.

c) Reescribe el mismo programa de forma que se efectúen menos operaciones "mod", y comprobar que el programa propuesto es más rápido que el del enunciado, hallando el número medio de operaciones en ambos casos.

37. Se considera el siguiente programa, con Input un número natural $1 \leq n \leq 50$ y Output k:

```
n = int(input())
k = 0
m = n % 2
while (m == 0):
    k = k + 1
    n = n // 2
    m = n % 2
print(k)
```

a) Describe qué hace el programa, es decir, qué significa k en relación a n.

b) Analiza los posibles resultados de k, y calcular cuántas veces sucede cada uno de ellos.

c) Calcula el número medio de operaciones "mod" que realiza el programa.

d) Reescribe dicho programa en forma recursiva.

38. Se elige un número n del 1 al 100.

a) Halla la probabilidad de que n no sea múltiplo de 2 ni de 3.

b) Halla la probabilidad de que n sea primo, sabiendo que no es múltiplo de 2 ni de 3.

39. Halla la función generatriz de las siguientes sucesiones finitas:

- 2, 2, 2, 2, 2, 2.
- 1, 4, 16, 64, 256.

40. Halla la función generatriz de las siguientes sucesiones:

a) $a_n = 3$ para todo $n \geq 0$.

b) $a_n = 2^n$ para $n \geq 0$.

c) $a_0 = a_1 = a_2 = 0$ y $a_n = 4$ para todo $n \geq 3$.

d) $a_n = 2n + 3$ para $n \geq 0$.

e) $a_n = -1$ para todo $n \geq 0$.

f) $a_0 = 0$ y $a_n = 2^n$ para $n \geq 1$.

g) $a_n = n - 1$ para $n \geq 0$.

h) $a_n = 1/(n+1)!$ para $n \geq 0$.

i) $a_n = \binom{10}{n}$ para $n \geq 0$.

j) $a_n = \binom{n+2}{n}$ para $n \geq 0$.

k) $a_n = \binom{n}{2}$ para $n \geq 0$.

l) $a_n = \binom{10}{n+1}$ para $n \geq 0$.

41. Halla la secuencia generadora de las siguientes funciones generatrices:

a) $(3x + 1)^3$

b) $(x^2 + 1)^2$

c) $1/(1 - 2x)$

d) $x^3/(1 + 5x)$

e) $x^2 + 3x + 5 + \dfrac{1}{1 - x^2}$

f) $\dfrac{x^4}{(1 - x)^4}$

g) $\dfrac{x^4}{1 - x^4}$

h) $\dfrac{x^4}{1 - x^4} - x^3 - x^2 - x - 1$

i) $\dfrac{x^2}{(1 - x)^2}$

j) $\dfrac{1}{1 - 2x^2}$

k) $x + 1 + \dfrac{1}{1 + x^3}$

l) $\dfrac{(1 + x^3)}{(1 + x)^3}$

m) $\dfrac{x}{(1 + x + x^2)}$

n) $2e^{2x}$

ñ) $e^{2x^2} - 2$

42. Halla la función generatriz del número de formas de obtener n céntimos de euro, usando cualquier número de monedas de 2, 5, 10 ó 20 céntimos.

43. Mediante funciones generatrices, halla el número de formas de seleccionar r objetos de entre n tipos diferentes, si se debe seleccionar al menos uno objeto de cada tipo.

44. Mediante funciones generatrices, halla el número de formas en que tres dados indistinguibles pueden sumar una cantidad estrictamente inferior a 12.

45. Encuentra una relación de recurrencia que sea verificada por cada una de las siguientes sucesiones (nótese que la solución no es única, pues cualquier sucesión verifica infinitas relaciones de recurrencia):

a) $a_n = 5$ para todo $n \geq 0$.

b) $a_n = 4n$ para $n \geq 0$.

c) $a_n = 2n + 1$ para $n \geq 0$.

d) $a_n = 3^n$ para $n \geq 0$.

e) $a_n = n^2$ para $n \geq 0$.

f) $a_n = n^2 + n$ para $n \geq 0$.

g) $a_n = n^2 + n + 1$ para $n \geq 0$.

h) $a_n = (-1)^n$ para $n \geq 0$.

i) $a_n = n + (-1)^n$ para $n \geq 0$.

j) $a_n = (n + 2)!$ para $n \geq 0$.

46. Resuelve las siguientes relaciones de recurrencia con las condiciones iniciales dadas:

a) $a_n = -a_{n-1}$, $a_0 = 5$.

b) $a_n = a_{n-1} + 3$, $a_0 = 1$.

c) $a_n = a_{n-1} - n$, $a_0 = 4$.

d) $a_n = 2a_{n-1} - 3$, $a_0 = -1$.

e) $a_n = (n + 1)a_{n-1}$, $a_0 = 2$.

f) $a_n = 2na_{n-1}$, $a_0 = 3$.

g) $a_n = -a_{n-1} + n - 1$, $a_0 = 7$.

h) $a_n = 3a_{n-1}$, $a_0 = 2$.

i) $a_n = a_{n-1} + 2$, $a_0 = 3$.

j) $a_n = a_{n-1} + n$, $a_0 = 1$.

k) $a_n = a_{n-1} + 2n + 3$, $a_0 = 4$.

l) $a_n = 2a_{n-1} - 1$, $a_0 = 1$.

m) $a_n = 3a_{n-1} + 1$, $a_0 = 1$.

n) $a_n = na_{n-1}$, $a_0 = 5$.

ñ) $a_n = 2na_{n-1}$, $a_0 = 1$.

o) $a_n = e^n a_{n-1}$, $a_0 = 0$.

47. Resuelve las siguientes relaciones de recurrencia con las condiciones iniciales dadas:

a) $a_n = a_{n-1} + 2a_{n-2}$ con $a_0 = 2$, $a_1 = 7$.

b) $a_n = 6a_{n-1} - 9a_{n-2}$ con $a_0 = 1$, $a_1 = 6$.

c) $a_n = 6a_{n-1} - 11a_{n-2} + 6a_{n-3}$ con $a_0 = 2$, $a_1 = 5$, $a_2 = 15$.

d) $a_n = -3a_{n-1} - 3a_{n-2} - a_{n-3}$ con $a_0 = 1$, $a_1 = -2$, $a_2 = -1$.

48. Encuentra una fórmula explícita para los números de Fibonacci.

49. Ensayando una solución particular de la forma

$$p_n := \alpha n + \beta$$

con α y β constantes, halla todas soluciones de la recurrencia lineal no homogénea

$$a_n = 3a_{n-1} + 2n, \quad \text{para } n \geq 1$$

¿Cuál de ellas tiene como condición inicial $a_1 = 1$?

50. Resuelve las siguientes relaciones de recurrencia con las condiciones iniciales dadas:

- $a_n = 2a_{n-1}$ con $a_0 = 3$.
- $a_n = a_{n-1}$ con $a_0 = 2$.
- $a_n = 5a_{n-1} - 6a_{n-2}$ con $a_0 = 1$, $a_1 = 0$.
- $a_n = 4a_{n-1} - 4a_{n-2}$ con $a_0 = 6$, $a_1 = 8$.
- $a_n = -4a_{n-1} - 4a_{n-2}$ con $a_0 = 0$, $a_1 = 1$.
- $a_n = 4a_{n-2}$ con $a_0 = 0$, $a_1 = 4$.
- $a_{n+1} = a_{n-1}/4$ con $a_0 = 1$, $a_1 = 0$.
- $a_n = 2a_{n-1} + a_{n-2} - 2a_{n-3}$ con $a_0 = 3$, $a_1 = 6$, $a_2 = 0$.
- $a_n = 7a_{n-2} + 6a_{n-3}$ con $a_0 = 9$, $a_1 = 10$, $a_2 = 32$.
- $a_n = 5a_{n-2} - 4a_{n-4}$ con $a_0 = 3$, $a_1 = 2$, $a_2 = 6$, $a_3 = 8$.
- $a_n = 2a_{n-1} + 5a_{n-2} - 6a_{n-3}$ con $a_0 = 7$, $a_1 = -4$, $a_2 = 8$.

51. Halla el término general de la sucesión dada por la relación de recurrencia

$$a_{n+1} = 2a_n + 4^n$$

con condición inicial $a_0 = 1$.

52. Calcula

$$\sum_{k=0}^{n} \binom{n-k}{k}$$

53. ¿Cuántos números de a lo más n cifras binarias existen que no contengan dos unos consecutivos?

54. Supongamos que cierta información se codifica en cadenas de n dígitos decimales (de 0 a 9), y que la codificación es válida si hay un número par de ceros. Denotemos por a_n el número de palabras códigos válidas de longitud n.

   a) Demuestra que la sucesión a_n verifica la relación de recurrencia

$$a_n = 8a_{n-1} + 10^{n-1}$$

   b) Resuelve la relación de recurrencia del problema anterior con condición inicial $a_0 = 1$ usando funciones generatrices.

55. Dada una sucesión a_n, se denominan (primeras) diferencias regresivas de dicha sucesión a

$$\nabla a_n := a_n - a_{n-1}$$

Iterativamente, si tenemos definida las k-ésimas diferencias regresivas $\nabla^k a_n$, se define

$$\nabla^{k+1} a_n := \nabla^k a_n - \nabla^k a_{n-1}$$

   a) Demuestra que $a_{n-1} = a_n - \nabla a_n$.
   b) Demuestra que $a_{n-2} = a_n - 2\nabla a_n + \nabla^2 a_n$.
   c) Demuestra, generalizando los dos apartados anteriores, que a_{n-k} se escribe en función de a_n y las diferencias regresivas $\nabla a_n, \ldots, \nabla^k a_n$.
   d) Deduce que toda sucesión de recurrencia puede expresarse en términos de diferencias regresivas (lo que se denominan "ecuaciones en diferencias").
   e) Como ejemplo particular, convierte la relación de recurrencia que definen los números de Fibonacci en una ecuación en diferencias.

56. Halla las diferencias regresivas ∇a_n y $\nabla^2 a_n$ de las siguientes sucesiones:

   a) $a_n = 4$.

   b) $a_n = 2n$.

   c) $a_n = n^2$.

   d) $a_n = 2^n$.

   e) Los números de Fibonacci f_n.

8.8. Prácticas con Python

Empezaremos por generar los conjuntos de combinaciones, variaciones y permutaciones, para así poder contar sus elementos.

Conjunto potencia: Recordemos en primer lugar cómo generar conjuntos y el conjunto de partes:

```
In: from sympy import FiniteSet, EmptySet
In: A = FiniteSet('a', 'b', 'c')
In: A
Out: {a, b, c}
In: PA = A.powerset()
In: PA
Out: {EmptySet(), {a}, {b}, {c}, {a, b}, {a, c}, {b, c}, {a, b, c}}
```

Combinaciones sin repetición: A partir del conjunto de las partes, se pueden generar combinaciones sin repetición, por ejemplo de 3 elementos tomados de 2 en 2, seleccionando los subconjuntos con cardinal 2 (para usar bucles y sentencias condicionales, nos remitimos al apéndice A):

```
C = EmptySet()
for x in PA:
    if len(x) == 2:
        C = C.union(FiniteSet(x))
```

Obtenemos pues

```
In: C
Out: {{a, b}, {a, c}, {b, c}}
```

Variaciones con repetición: Mediante el producto cartesiano podemos generar variaciones con repetición, por ejemplo tomados 3 elementos tomados de 2 en 2, o de 3 en 3:

```
In: from sympy import ProductSet
In: F = FiniteSet(1, 2, 3)
In: F2 = ProductSet(F, F)
In: set(F2)
Out: {(1, 1), (1, 2), (1, 3), (2, 1), (2, 2), (2, 3), (3, 1),  (3, 2), (3, 3)}
In: F3 = ProductSet(F2, F)
In: F3
Out: {1, 2, 3} x {1, 2, 3} x {1, 2, 3}
In: len(F3)
Out: 27
```

También se pueden hacer variaciones con repetición como listas:

```
In: list(F**2)
Out: [(1, 1), (1, 2), (1, 3), (2, 1), (2, 2), (2, 3), (3, 1), (3, 2), (3, 3)]
```

iterables: El subpaquete `iterables` nos da más posibilidades para generar objetos combinatorios:

```
from sympy.utilities.iterables import *
```

Por ejemplo, la función `cartes` nos genera el producto cartesiano de dos "iterables" cualesquiera:

```
In: list(cartes([1,2,3], 'ab'))
Out: [(1, 'a'), (1, 'b'), (2, 'a'), (2, 'b'), (3, 'a'), (3, 'b')]
In: set(cartes([1,2,3], 'ab'))
Out: {(1, 'a'), (1, 'b'), (2, 'a'), (2, 'b'), (3, 'a'), (3, 'b')}
```

Hay que tener cuidado, ya que el resultado tendrá elementos repetidos si alguno de los iterables los tenía:

```
In: list(cartes([1,2,3], 'hh'))
Out: [(1, 'h'), (1, 'h'), (2, 'h'), (2, 'h'), (3, 'h'), (3, 'h')]
```

Se pueden eliminar repeticiones con `set` (o `FiniteSet`):

```
In: set(list(cartes([1,2,3], 'hh')))
Out: {(1, 'h'), (2, 'h'), (3, 'h')}
In: FiniteSet(*list(cartes([1,2,3], 'hh')))
Out: {(1, h), (2, h), (3, h)}
```

Variaciones sin repetición: Para generar variaciones, con y sin repetición, se puede utilizar también la librería `iterables` que acabamos de importar:

```
In: list(variations([1,2,3], 2))  # variaciones sin repetición, de longitud 2
Out: [(1, 2), (1, 3), (2, 1), (2, 3), (3, 1), (3, 2)]
In: list(variations([1,2,3], 2, True))  # variaciones con repetición
Out: [(1, 1), (1, 2), (1, 3), (2, 1), (2, 2), (2, 3), (3, 1), (3, 2), (3, 3)]
```

Permutaciones: Para realizar permutaciones sin repetición, hay que hacer variaciones con la totalidad de los elementos:

```
In: list(variations([1,2,3], 3))
Out: [(1, 2, 3), (1, 3, 2), (2, 1, 3), (2, 3, 1), (3, 1, 2), (3, 2, 1)]
```

Para obtener permutaciones con repetición, hay que poner las repeticiones en el iterable inicial:

```
In:  list(set(list(variations([1,2,2,3], 4))))
Out:
[(1, 3, 2, 2), (1, 2, 3, 2), (2, 1, 3, 2), (3, 1, 2, 2),
(2, 3, 2, 1), (1, 2, 2, 3), (2, 2, 1, 3), (3, 2, 1, 2),
(3, 2, 2, 1), (2, 3, 1, 2), (2, 2, 3, 1), (2, 1, 2, 3)]
```

Combinaciones con repetición: Se puede trabajar también con multiconjuntos (multisets) con el comando `multiset`, que convierte un iterable con repeticiones en un conjunto con elementos repetidos. En un multiset se cuenta qué elementos pertenecen y cuántas veces, y se representan por diccionarios (ver apéndice A):

```
In: set('mississippi')
Out: {'i', 'm', 'p', 's'}
In: multiset('mississippi')
Out: {'i': 4, 'm': 1, 'p': 2, 's': 4}
```

La estructura de datos `multiset` (diccionario) se puede usar para representar combinaciones con repetición, pero lo dejamos como ejercicio avanzado.

Números combinatorios: Generando estos objetos combinatorios, se pueden contar los resultados obtenidos con la función `len`. No obstante, también se tienen los números combinatorios, que podemos importar de la librería `sympy`:

```
from sympy import factorial, binomial
In: factorial(4)
Out: 24
In: binomial(4, 2)
Out: 6
```

Ejercicio 45. *Resuelve los siguientes ejercicios con la ayuda de Python:*

1. *Define un procedimiento para calcular el triángulo de Pascal hasta nivel n dado, y que devuelva una lista de listas, de manera que los coeficientes binomiales se obtengan por indexación de dicha lista anidada.*

2. *Define un procedimiento para calcular los coeficientes multinomiales (permutaciones con repetición).*

3. *Define un procedimiento para encontrar todas las soluciones enteras no negativas de la ecuación*
$$x_1 + \cdots + x_n = m$$
   para m y n dados (combinaciones con repetición, que equivalen a las formas de distribuir m bolas indistinguibles en n urnas distinguibles), y comprueba que el número de soluciones es correcto (aplicando la fórmula de las combinaciones con repetición).

4. *Usando el ejercicio anterior, y representando las combinaciones con repetición mediante multisets, define un procedimiento para generar, a partir de un conjunto genérico F con n elementos, el conjunto de combinaciones con repetición de r elementos (r puede ser mayor que n), y que devuelva todas las soluciones en una lista.*

5. *Si representamos un multiconjunto con un diccionario, define procedimientos para calcular la unión, intersección, diferencia y diferencia simétrica de dos multisets dados (más detalles en el ejercicio 67).*

Capítulo 9

Principios de Algoritmia

En este capítulo estudiaremos un tema de gran actualidad, como son los algoritmos, que se usan mucho en estos tiempos en la Inteligencia Artificial y el Machine Learning.

9.1. Algoritmos

Definición 60. *Un* **algoritmo** *es una secuencia finita de instrucciones precisas y detalladas para resolver un problema o realizar un cálculo.*

Un ejemplo de algoritmo, para encontrar la página n en un libro de N páginas, podría ser el siguiente:

1. Se abre el libro por una página intermedia.

2. Nos quedamos con la mitad del libro donde se encuentre la página n, y abrimos esa parte del libro por una página intermedia.

3. Repetimos el paso anterior hasta que al abrir el libro encontremos la página buscada.

Las **propiedades** y elementos que deben especificarse en un algoritmo los las siguientes:

Entrada/Input: Los datos u objetos que se le pasan al algoritmo para operar con ellos.

Salida/Output: El resultado del procedimiento, que resuelve el problema planteado.

Definición: Los pasos del algoritmo deben estar definidos con claridad y precisión.

Terminación: El algoritmo debe terminar tras un número finito de pasos, aunque este pueda ser muy elevado.

Corrección: La salida del algoritmo debe ser una solución correcta al problema planteado.

Efectividad: Cada paso del algoritmo debe poder realizarse con exactitud y en un tiempo finito.

Generalidad: El algoritmo debe poder resolver todos los problemas del tipo propuesto, y no solamente algunos de ellos.

Eficiencia: Es deseable que el algoritmo termine en un tiempo razonable, en función del tamaño de los datos de entrada.

En el ejemplo anterior, el Input es el libro de N páginas, y el Output la n-ésima página.

- Algunos pasos son imprecisos, pero contando el número de páginas que tenemos que inspeccionar en cada paso, podríamos definir el algoritmo diciendo que se abre el libro, o la parte del libro considerado, exactamente por la mitad.

- Es obvio que el algoritmo termina como mucho en $N/2$ pasos (o en bastantes menos, pues si en cada paso se va abriendo el libro exactamente por la mitad, se realizan entorno a $\log_2(N)$ pasos).

- El algoritmo es correcto ya que tarde o temprano daremos con la página buscada.

- El algoritmo es general, ya que va a funcionar con cualquier libro que tomemos.

- El algoritmo es efectivo, ya que todos los pasos se pueden efectuar en un tiempo finito.

- En cuanto a la eficiencia, sería más rápido si abrimos el libro exactamente por la mitad. Si no es así, por ejemplo para buscar una página concreta en un libro de 400 páginas, podríamos tener que realizar, en el caso peor, hasta 200 pasos. En cambio, de la otra forma, por ejemplo si buscamos la página 177 el lector puede comprobar que basta con realizar unos 9 o 10 pasos como mucho, hasta encontrar la página buscada.

El algoritmo descrito, si lo transcribimos a lenguaje informático-matemático, es un ejemplo de *algoritmo de búsqueda*, que trataremos más adelante.

Los algoritmos pueden describirse formalmente en una lenguaje genérico, llamado **pseudocódigo**, cuya sintaxis puede encontrase en muchos libros de programación. Sin embargo, puesto que este libro trata de realizar prácticas en Python sobre los conceptos estudiados, usaremos este lenguaje en lo que sigue (ver el apéndice A para recordar los rudimentos básicos de este lenguaje, como bucles y sentencias condicionales).

9.2. Ejemplos de algoritmos

En esta sección veremos algunos ejemplos sencillos de algoritmos; comenzaremos por un algoritmo lineal para encontrar el máximo de un sucesión de números:

Listing 9.1: Buscar el máximo de una lista con Python

```python
# L: lista de numeros
maxi = L[0]
for n in L[1:]:
    if n > maxi:
        maxi = n
return(maxi)
```

Dejamos al lector, como ejercicio, probar que el algoritmo anterior halla el máximo de cualquier lista de números L en $N-1$ pasos, si N es el tamaño de la lista L, y que se verifican las propiedades estudiadas en la sección anterior (salvo la *eficiencia*, que no es tal si $N \gg 0$). Dejamos también como ejercicio para el lector el escribir un algoritmo similar que calcule el mínimo de una lista.

9.2.1. Algoritmos de búsqueda

Veamos ahora varios algoritmos de búsqueda clásicos. El primero es conocido como **búsqueda secuencial** (o búsqueda lineal), porque va comprobando todos los elementos de la lista de principio a fin. A continuación, supondremos que L es una lista de números que no está ordenada:

Listing 9.2: Búsqueda secuencial con Python

```python
# devuelve la primera posicion de x en L, o -1 si no esta
n = len(L)
pos = -1
i = 0
while (i < n) and (L[i] != x):
    i = i + 1
if i < n:
    pos = i
return(pos)
```

El algoritmo que hemos visto en la sección anterior, para buscar una página en un libro, es un caso particular de lo que se conoce como **búsqueda binaria**, y que funciona con listas ordenadas (por ejemplo en forma creciente), como es el caso de las páginas de un libro. Así, supongamos que L es una lista de números ordenada de forma creciente (no necesariamente es estrictamente creciente):

Listing 9.3: Búsqueda binaria con Python

```python
# devuelve una posicion de x en L, o -1 si no se encuentra
N = len(L)
pos = -1
if N > 0:
    a = 0
    b = N - 1
    while a < b:
        m = (a + b) // 2
        if x > L[m]:
            a = m + 1
        else:
            b = m
    if L[a] == x:
        pos = a
return(pos)
```

Ejercicio 46. *(a) Compruébese en Python, con una lista ordenada suficientemente grade, que el algoritmo de búsqueda binaria es más rápido (eficiente) que el algoritmo de búsqueda secuencial.*

(b) Búsquese un ejemplo en el que la búsqueda binaria no funcione si la lista no está ordenada (es decir, que el algoritmo no es correcto para este tipo de Input).

(c) Compruébese que el algoritmo de búsqueda binaria es correcto aunque x aparezca repetido en varias posiciones. En ese caso, demuestra si siempre devuelve la primera posición en la que se encuentra x, o muestra un contraejemplo en caso de no ser así.

(d) Adáptese el algoritmo de búsqueda binaria para una lista ordenada en forma decreciente.

9.2.2. Algoritmos de ordenación

En este apartado estudiaremos varios algoritmos clásicos para ordenar una lista de números. Supondremos que la lista debe terminar ordenada de forma creciente, dejamos al lector adaptar los algoritmos para el caso de querer obtener un orden descendente.

Ordenación de burbuja. Es un algoritmo simple pero poco eficiente, que consiste en ordenar todas las parejas de elementos adyacentes.

Listing 9.4: Ordenación de burbuja con Python

```python
n = len(L)
A = L.copy()
for i in range(n-1):
    for j in range(n-i-1):
        if A[j] > A[j+1]:
            A[j], A[j+1] = A[j+1], A[j]
return(A)
```

Ordenación por inserción. Es otro algoritmo simple, que tampoco es muy eficiente, y que consiste en ordenar los dos primeros elementos, insertar el tercer elemento en el lugar adecuado con respecto a los dos primeros, insertar el cuarto elemento en la lista ordenada de los tres primeros, y así sucesivamente.

Listing 9.5: Ordenación por inserción con Python

```python
n = len(L)
A = L.copy()
for j in range(1, n):
    i = 0
    while A[j] > A[i]:
        i = i + 1
    m = A[j]
    del(A[j])
    A.insert(i, m)
return(A)
```

Ordenación por selección. Es otro algoritmo simple, que consiste en mover el elemento mínimo de la lista a la primera posición, hacer lo mismo con la lista que comienza en el segundo elemento de la lista resultante, y se itera el proceso. De manera equivalente, se podría mover el elemento máximo a la última posición.

Listing 9.6: Ordenación por selección con Python

```python
n = len(L)
Li = L.copy()
A = []
for i in range(n-1):
    m = min(Li)
    A.append(m)
    k = Li.index(m)
    del(Li[k])
A.append(Li[0])
```

```
return(A)
```

9.3. Tipos de algoritmos

En esta sección veremos varias estrategias típicas para plantear algoritmos, dependiendo de la naturaleza del problema que haya que resolver.

9.3.1. Algoritmos voraces

Esta es una estrategia típica para algoritmos de optimización, en los que el objetivo es maximizar (o minimizar) un cierto parámetro, de entre todas las soluciones posibles. Los algoritmos voraces (del inglés *greedy*) buscan, en cada paso del algoritmo, la mejor solución posible, con la esperanza de que la solución final que aporta el algoritmo sea verdaderamente la solución óptima global del problema.

Un ejemplo sería, dada una cantidad de dinero c, y un sistema de monedas (o billetes y monedas) $m_1 > \cdots > m_r$, efectuar el pago c con la mínima cantidad posible de monedas. Un algoritmo voraz en este caso sería usar las monedas de mayor valor posible, cuando no podamos usar más monedas de este valor usar la siguiente moneda de menor valor, y así sucesivamente. Por ejemplo, para pagar 77 euros con el sistema de monedas y billetes vigente, habría que usar 1 billete de 50€, 1 billete de 20€, 1 billete de 5€, y 1 moneda de 2€.

Para una cantidad genérica, el algoritmo en Python sería así:

Listing 9.7: Algoritmo voraz en Python para el pago con monedas

```python
# devuelve lista N con los coeficientes (monedas usadas)
Monedas.sort(reverse=True)
N = []
for m in Monedas:
    n = 0
    while c >= m:
        n = n + 1
        c = c - m
    N.append(n)
return(N)
```

Nótese, en primer lugar, que no siempre este algoritmo da el precio exacto: esto depende del sistema de monedas. Por ejemplo, si no hubiera monedas de 1 euro en el sistema anteriormente descrito, no se podría pagar exactamente un precio de 78 euros con el algoritmo voraz. Una solución en este caso sería usar 1 billete de 50€, 1 billete de 20€, y 4 monedas de 2€, pero esta solución no se obtiene mediante el algoritmo anterior.

Por otra parte, aunque el precio devuelto sea exacto, no siempre es la solución óptima; esto también depende del sistema de monedas que se esté usando. Por ejemplo, si solo hubiera monedas de 10€, 7€ y 1€, para pagar un precio de 34 euros el algoritmo voraz nos propone 3 monedas de 10€ y 4 monedas de 1€, mientras que la solución óptima consistiría en usar 2 monedas de 10€ y 2 monedas de 7€.

Se puede demostrar que con el sistema vigente de monedas y billetes de euros y céntimos, el algoritmo voraz nos proporciona siempre la solución óptima, es decir, usando el menor número posible de monedas y billetes (suponiendo, claro, que se dispone de una cantidad ilimitada de monedas de cada tipo).

Otros ejemplos típicos de algoritmos voraces son los algoritmos de Kruskal y Prim para encontrar árboles de expansión minimales (ver la sección 10.8 del capítulo 10), o el algoritmo del Simplex en Investigación Operativa.

9.3.2. Algoritmos de tipo "divide y vencerás"

Este tipo de algoritmos se aplica cuando la solución del problema puede encontrarse dividiendo sucesivamente el problema en problemas más pequeños, en los que la dificultad del problema es cada vez menor. Un ejemplo característico es la búsqueda binaria en listas ordenadas, que hemos visto anteriormente en este capítulo, o la exponenciación modular que vimos en el capítulo 6.

Otros ejemplos de algoritmos *divide y vencerás* son el algoritmo de ordenación por fusión (merge sort), y el algoritmo de ordenación rápida (quick sort). Veamos cómo funcionan estos algoritmos:

Ordenación por fusión: El algoritmo consiste en dividir la lista en dos partes de tamaño similar, ordenar las dos sublistas por separado, y finalmente fusionar ambas sublistas, insertando los elementos de una en la otra. Esta idea se puede iterar, aplicando la idea a ambas sublistas, y así sucesivamente, hasta que el tamaño de las sublistas sea suficientemente pequeño para ordenarlas con alguno de los métodos simples que ya hemos visto. Por ejemplo, si queremos ordenar esta lista de tamaño 8

$$[3, 1, 5, 9, 7, 6, 2, 8]$$

ordenamos los cuatro primeros elementos $[1, 3, 5, 9]$ y los cuatro últimos $[2, 6, 7, 8]$, y finalmente fusionamos ambas listas insertando los elementos 2, 6, 8, 9 en la primera lista, cada uno en la posición adecuada (el 2 entre el 1 y el 3, y así sucesivamente).

Una implementación en Python sería la siguiente, en función de un procedimiento *merge* para fusionar listas; la implementación es *recursiva*, por simplicidad:

Listing 9.8: Algoritmo de ordenación por fusión con Python

```python
    if len(lista) < 2:
        resultado = lista   # la lista ya esta ordenada
    else:
        mitad = len(lista) // 2
        derecha = mergesort(lista[:mitad])
        izquierda = mergesort(lista[mitad:])
        resultado = merge(derecha, izquierda)
    return(resultado)

def merge(lista1, lista2):
    i, j = 0, 0
    n, m = len(lista1), len(lista2)
    mezcla = []
    while (i < n) and (j < m):
        if (lista1[i] < lista2[j]):
            mezcla.append(lista1[i])
            i = i + 1
        else:
```

```
            mezcla.append(lista2[j])
            j = j + 1
    mezcla = mezcla + lista1[i:]
    mezcla = mezcla + lista2[j:]
    return(mezcla)
```

Ordenación rápida: Este algoritmo consiste en elegir una elemento de la lista, al que llamaremos **pivote**, tras lo cual colocaremos todos los elementos que sean menores que el pivote a su izquierda, y los que sean mayores a su derecha. Si este procedimiento se itera con la parte a la derecha del pivote y la parte de la izquierda, al final la lista quedará automáticamente ordenada sin necesidad de fusionar sublistas.

El elemento óptimo para hacer de pivote sería la **mediana** estadística, pero como ese valor es muy difícil de hallar en una lista no ordenada, se hará una elección aleatoria del pivote, con la esperanza de que tengamos suerte y su valor sea un valor central, próximo a la mediana. Una implementación recursiva en Python podría ser la siguiente:

Listing 9.9: Algoritmo de ordenación rápida con Python

```python
# busca un pivote y genera las listas izquierda y derecha
from random import randint
N = len(lista)
pi = randint(0, N-1)
pivote = lista[pi]
izquierda = []
derecha = []
for x in lista:
    if x >= pivote:
        derecha.append(x)
    else:
        izquierda.append(x)
derecha.remove(pivote)
return(izquierda, pivote, derecha)


def quicksort(lista):
    if len(lista) < 2:
        resultado = lista
    else:
        L, p, R = particion(lista)
        resultado = quicksort(L) + [p] + quicksort(R)
    return(resultado)
```

9.3.3. Otros tipos de algoritmos

Veremos ahora de forma rápida otras posibles estrategias algorítmicas; para más detalles aconsejamos ver [8].

Programación dinámica: Es una técnica mediante la cual vamos construyendo soluciones óptimas de problemas pequeños para ir obteniendo soluciones óptimas en problemas cada vez más grandes, desechando las soluciones que no eran óptimas en etapas anteriores. Un ejemplo clásico es el problema de hallar el camino más corto entre dos nodos de un grafo: en primer lugar hallamos la distancia del nodo inicial a los nodos adyacentes, para después hallar el camino más corto a los nodos adyacentes a estos, y así sucesivamente hasta alcanzar el nodo de destino. Por ejemplo, si queremos ir del nodo A al nodo B, y C es adyacente a A, si el camino más corto de A a B pasa por C, este camino se puede reconstruir concatenando el camino de A a C con el camino de C a B. De esta forma funciona el algoritmo de Dijkstra (ver por ejemplo [27]).

Algoritmos probabilísticos: Estos algoritmos tienen una cierta probabilidad de error, es decir, de devolver un resultado incorrecto, y la clave es que la probabilidad de error esté tasada y se pueda hacer tan pequeña como queramos. Un ejemplo característico son los tests probabilísticos de primalidad, como se vio en el capítulo 6.

En este grupo de algoritmos están también los que en algún paso hacen uso de una elección aleatoria, y en los que puede darse el caso de que el elemento elegido no sea apropiado para continuar con el siguiente paso del algoritmo, con lo que este fracasaría. Por ejemplo, imaginemos que dada una recta r en el espacio haya que generar aleatoriamente otra recta que no sea paralela a r, y en esa elección aleatoria pudiera darse el caso (improbable, pero no imposible) de que la recta elegida resulte ser paralela a r. En ese caso, es posible que en los siguientes pasos del algoritmo en cuestión se produzca un error, o que al final del algoritmo la solución no sea correcta. Tal sería el caso, por ejemplo, si el algoritmo busca hallar un plano que contenga a r, para lo cual generase aleatoriamente otra recta s, y generar el plano buscado mediante un punto de r y los vectores directores de ambas rectas.

Computación paralela: Un algoritmo es paralelizable cuando se pueden dividir los cálculos en varios ordenadores (o procesadores) que hagan cálculos simultáneamente, de manera que al final estos ordenadores comparten sus resultados para elaborar el resultado final. Por ejemplo, supongamos que hay que hallar el máximo de una lista inmensa de datos, y que ese cálculo tarda 4 días en terminar; en ese caso, podemos dividir la lista en cuatro sublistas de tamaño similar, y cuatro ordenadores calculan simultáneamente los máximos de cada uno de dichas sublistas, de manera que al cabo de un solo día pueden comparar los 4 resultados obtenidos y devolver el mayor valor de los cuatro valores obtenidos. Este ejemplo no es significativo en la práctica, pero sirve para entender la idea.

No todos los algoritmos son paralelizables, pues es posible que cada cálculo dependa sin remedio de los anteriores, y no se pueda separar la secuencia de cálculos en varias secuencias independientes. Tal sería le caso de la eliminación Gaussiana [52] en una matriz de números, ya que hasta que no se hayan hecho ceros en la primera columna no se puede comenzar a hacer ceros en la segunda columna, y así sucesivamente.

Algoritmos heurísticos y aproximados: Cuando encontrar una solución óptima es muy difícil, a veces nos contentamos con una solución que esté muy cerca de ser óptima, siempre que seamos capaces de acotar la diferencia existente entre nuestra solución y una solución verdaderamente óptima. En este caso, tendríamos un *algoritmo aproximado*, en los que a veces, con suerte, la solución encontrada resulta ser óptima.

En este contexto, un algoritmo *heurístico* es un algoritmo que no siempre encuentra un solución, y que si la encuentra es aproximada (o con suerte óptima). Este es el caso de algunos algoritmos para resolver el problema del viajante, o para encontrar una coloración óptima de un grafo; ambos problemas están descritos en el capítulo 10.

Algoritmos recursivos: Un algoritmo recursivo, como ya hemos visto, resuelve un problema reduciéndolo a un caso del mismo tipo pero con datos de menor tamaño; de alguna forma, es un algoritmo que *se llama a sí mismo*, de ahí el término *recursivo*. Ya hemos visto varios ejemplos en este capítulo (ordenación por fusión, ordenación rápida, etc.), además de los vistos en la sección 3.3. Estos algoritmos, al ser programados en un lenguaje de programación, suelen producir problemas de espacio en la memoria del ordenador, y si los datos son muy grandes enseguida estos se quedan "colgados". Por tanto, no conviene abusar de este tipo de algoritmos, y siempre que sea posible es mejor programarlos de forma iterativa (con bucles), tal y como se vio también en la sección 3.3.

9.4. Notación asintótica

Para describir el crecimiento de una función en términos del crecimiento de sus variables, se utiliza la notación asintótica que vamos a introducir a continuación. Esta notación servirá para estudiar el tiempo de ejecución de un algoritmo en función del tamaño de los parámetros de entrada.

Definición 61. *O grande de Landau*

Dadas dos funciones f, g en las mismas variables $\mathbf{x} = (x_1, \ldots, x_s)$ no negativas, se dice que f es una **O grande** *de g, y se denota*

$$f(\mathbf{x}) = \mathcal{O}(g(\mathbf{x}))$$

si existen constantes reales positivas t, C tales que

$$|f(x_1, \ldots, x_s)| \leq C \cdot |g(x_1, \ldots, x_s)|$$

para $x_i \geq t$, y para todo i.

Casi siempre vamos a considerar funciones de una variable real y con valores positivos, con lo que esta desigualdad viene a ser

$$f(x) \leq C \cdot g(x)$$

para $x \geq t$. Veamos un ejemplo:

Ejemplo 71. *Veamos que $f(x) = x^3 + x + 1 = \mathcal{O}(x^n)$, para todo $n \geq 3$. Efectivamente, si $x > 0$ entonces*

$$f(x) = f(x) = x^3(1 + \frac{1}{x^2} + \frac{1}{x^3}) \leq 3x^3 \leq 3x^n$$

para $x \geq 1$ y $n \geq 3$, luego se puede tomar $C = 3$ y $t = 1$.

Este ejemplo puede generalizarse en el siguiente resultado:

Teorema 9.1. *Si $f(x)$ es un polinomio de grado $n \geq 0$ en una variable no negativa y con coeficientes reales, entonces $f(x) = \mathcal{O}(x^n)$.*

Demostración. Sea $f(x) = a_n x^n + \cdots + a_1 x + a_0$. Aplicando la desigualdad triangular se obtiene

$$|f(x)| \leq |a_n| x^n + \cdots + |a_1| x + |a_0| = x^n(|a_n| + \frac{|a_{n-1}|}{x} + \cdots + \frac{|a_1|}{x^{n-1}} + \frac{|a_0|}{x^n})$$

Por tanto, para $x \geq 1$ se toma $C = |a_n| + |a_{n-1}| + \cdots + |a_1| + |a_0|$ y se obtiene

$$|f(x)| \leq C|x^n|$$

para $x \geq t = 1$. $\qquad\qquad\qquad\square$

J. I. Farrán 301

Veamos algunos resultados relativos a combinaciones de funciones, cuya demostración es inmediata a partir de las definiciones, y que su demostración se deja al lector como ejercicio.

Proposición 4. *(1) Si $f_1(\mathbf{x}) = \mathcal{O}(g_1(\mathbf{x}))$ y $f_2(\mathbf{x}) = \mathcal{O}(g_2(\mathbf{x}))$, entonces*

$$(f_1 + f_2)(\mathbf{x}) = \mathcal{O}(\text{máx}\{|g_1(\mathbf{x})|, |g_2(\mathbf{x})|\})$$

(2) En particular, si $f_1(\mathbf{x}) = \mathcal{O}(g(\mathbf{x}))$ y $f_2(\mathbf{x}) = \mathcal{O}(g(\mathbf{x}))$, entonces

$$(f_1 + f_2)(\mathbf{x}) = \mathcal{O}(g(\mathbf{x}))$$

(3) Finalmente, si $f_1(\mathbf{x}) = \mathcal{O}(g_1(\mathbf{x}))$ y $f_2(\mathbf{x}) = \mathcal{O}(g_2(\mathbf{x}))$, entonces

$$(f_1 \cdot f_2)(\mathbf{x}) = \mathcal{O}(g_1(\mathbf{x}) \cdot g_2(\mathbf{x}))$$

La notación anterior sirve para acotar superiormente el número de operaciones de un algoritmo, es decir, para estimar el *caso peor*. Veamos ahora otra notación para acotar inferiormente dicho número, es decir, para estimar el *caso mejor*.

Definición 62. *Dadas dos funciones f, g en las mismas variables $\mathbf{x} = (x_1, \ldots, x_s)$ no negativas, se dice que f es una **Omega grande** de g, y se denota*

$$f(\mathbf{x}) = \Omega(g(\mathbf{x}))$$

si existen constantes reales positivas t, C tales que

$$|f(x_1, \ldots, x_s)| \geq C \cdot |g(x_1, \ldots, x_s)|$$

para $x_i \geq t$ $(\forall i)$.

Combinando las dos definiciones anteriores, se tiene la siguiente:

Definición 63. *Dadas dos funciones f, g en las mismas variables $\mathbf{x} = (x_1, \ldots, x_s)$ no negativas, se dice que f es una **Zeta grande** de g, y se denota*

$$f(\mathbf{x}) = \Theta(g(\mathbf{x}))$$

si se verifica simultáneamente $f(\mathbf{x}) = \mathcal{O}(g(\mathbf{x}))$ y $f(\mathbf{x}) = \Omega(g(\mathbf{x}))$.

Es inmediato demostrar que la definición anterior es equivalente a decir que $f(\mathbf{x}) = \mathcal{O}(g(\mathbf{x}))$ y $g(\mathbf{x}) = \mathcal{O}(f(\mathbf{x}))$. El siguiente resultado requiere del uso de técnicas de Cálculo Infinitesimal:

Teorema 9.2. *Si $p(x)$ es un polinomio de grado n en una variable no negativa, entonces $p(x) = \Theta(x^n)$.*

Demostración. Como $p(x) = x^n[a_n + (\frac{a_{n-1}}{x} + \cdots + \frac{a_1}{x^{n-1}} + \frac{a_0}{x^n})]$ y

$$\lim_{x \to \infty} (\frac{a_{n-1}}{x} + \cdots + \frac{a_1}{x^{n-1}} + \frac{a_0}{x^n}) = 0$$

se tiene que para $x \geq t$ existe $0 < \varepsilon < |a_n|$ tal que

$$|\frac{a_{n-1}}{x} + \cdots + \frac{a_1}{x^{n-1}} + \frac{a_0}{x^n}| \leq \varepsilon$$

Por tanto, aplicando la segunda desigualdad triangular, para $x \geq t$ se tiene

$$|p(x)| \geq x^n \cdot ||a_n| - |\frac{a_{n-1}}{x} + \cdots + \frac{a_1}{x^{n-1}} + \frac{a_0}{x^n}|| \geq x^n \cdot (|a_n| - \varepsilon)$$

con lo que tomando $C = |a_n| - \varepsilon$ se verifica que $p(x) = \Omega(x^n)$. La demostración se completa aplicando el teorema 9.1. $\qquad\square$

9.5. Complejidad algorítmica

La teoría de la complejidad algorítmica intenta estimar el tiempo de ejecución de un algoritmo mediante la estimación del número de operaciones elementales que realiza dicho algoritmo, así como el espacio (en bits o bytes) que necesita el algoritmo para almacenar los datos intermedios que resultan en el mismo. Lo primero se denomina complejidad en tiempo (que en la mayoría de los casos es lo que más interesa, si el espacio de memoria no es relevante), y lo segundo se llama complejidad en espacio.

Asimismo, en cualquiera de los dos casos (aunque en adelante nos referiremos al tiempo por simplicidad), se puede estimar el **caso peor**, estimando una cota superior para todos los casos posibles en función del caso que más operaciones necesite (en el caso del espacio, del caso que más espacio necesite), el **caso mejor**, estimando una cota inferior del caso que menos operaciones (o espacio) necesite, o el **caso medio**, estimando la media aritmética de todos los casos posibles. Obviamente, el caso medio es el más difícil de estimar en general, aunque suele ser el más significativo en la práctica, ya que si para un algoritmo el caso peor dista mucho del caso medio, este último es una referencia mejor para saber cómo de eficiente es el algoritmo en la práctica la mayoría de las veces.

Por otra parte, la complejidad se estima en función del tamaño de los datos de entrada, es decir, el número de operaciones es una función desconocida $f(n)$ del tamaño n de los datos de entrada; aquí es donde intervienen las notaciones asintóticas estudiadas en la sección anterior.

Si el algoritmo tiene varios parámetros de diferentes tamaños, la función f es una función de varias variables; sin embargo, casi siempre se suele acotar la función (en el caso peor) por el tamaño n del parámetros más grande.

Definición 64. *Un algoritmo con datos de entrada $n_1, \ldots, n_s$ de longitudes $k_1, \ldots, k_s$, se dice que tiene complejidad del orden de g (a lo más) si el número de operaciones $f(\mathbf{k})$ del algoritmo verifica que $f(\mathbf{k}) = \mathcal{O}(g(\mathbf{k}))$.*

En particular, el algoritmo tiene **complejidad polinómica** *(o que es de tiempo polinomial) si existe un polinomio $p(x_1, \ldots, x_s)$ tal que la complejidad del algoritmo (en operaciones bit) es del orden de p (a lo más).*

Nota 59. *En el caso de un algoritmo probabilístico, el tiempo de ejecución es una variable aleatoria, y se dice que dicho algoritmo tiene complejidad polinómica si el tiempo esperado es de orden polinomial.*

Los algoritmos se consideran **eficientes** si tienen complejidad polinomial, y tanto mayor es la eficiencia cuanto menor sea el grado del polinomio p. En caso contrario, los algoritmos se consideran ineficientes, sobre todo si el número de operaciones a realizar es *exponencial* con respecto a la longitud de los datos.

Definición 65. *Un algoritmo (determinista) con dato de entrada x es de orden* **subexponencial** *si existen constantes c y $0 < \alpha < 1$ tales que la complejidad es de orden*

$$\mathcal{O}(exp((c + \varepsilon)(\log x)^\alpha (\log \log x)^{1-\alpha}))$$

para todo $\varepsilon > 0$.

Nota 60. *Nótese que, en la definición anterior, si $\alpha = 0$ el tiempo es polinómico, y si $\alpha = 1$ el tiempo es exponencial; de ahí el nombre de "subexponencial".*

En cuanto al conteo de operaciones, si el algoritmo actúa a nivel de bits, se cuenta el número de operaciones lógicas a ese nivel (XOR, AND, etc.), mientras que si el algoritmo actúa a alto nivel (números enteros o reales), se cuentan sumas y multiplicaciones. En este último caso, como el tiempo de ejecución de sumas y restas es despreciable frente al tiempo de ejecución de productos y divisiones, se suelen contar únicamente, con el fin de estimar la complejidad, multiplicaciones y divisiones. Para el caso de las potencias con exponente entero, usando una técnica similar a la exponenciación modular del capítulo 6, cada potencia se reduce a una cantidad pequeña de productos, según el tamaño del exponente en bits.

Si los datos de entrada son números enteros, se cuentan *operaciones bit* en función de la longitud binaria de dichos números enteros. Nótese que un número entero N se representa con n bits, donde

$$n = \lfloor \log_2 N \rfloor + 1$$

es decir, el tamaño de N es *del orden* del logaritmo de N. En este caso, hay autores que la complejidad la expresan en función de n, y otros en función de N. Por ejemplo, una complejidad de orden $\mathcal{O}(n)$ se podría representar como $\mathcal{O}(\log(N))$, mientras que una complejidad de orden $\mathcal{O}(N)$ es en realidad de orden exponencial $\mathcal{O}(e^n)$, ya que $N \approx e^n$ y la diferencia entre el logaritmo binario y el logaritmo natural es una constante mutiplicativa.

Por ejemplo, la *suma de dos enteros* de longitud k puede realizarse con k operaciones bit (estas incluyen la realización de la correspondiente "llevada"), es decir, la complejidad es $\mathcal{O}(k)$. En el caso del *producto de dos enteros* de longitudes $l \leq k$, este puede realizarse con $l(k+l)$ operaciones bit, es decir, con complejidad

$$\mathcal{O}(l(k+l)) = \mathcal{O}(2kl) \approx \mathcal{O}(2k^2) = \mathcal{O}(k^2)$$

Por otra parte, si por ejemplo los datos son matrices de números, se cuentan las *multiplicaciones* de números (despreciando las sumas), en función del tamaño de las matrices (número de filas y columnas). Por ejemplo, para calcular la matriz escalonada por filas de una matriz cuadrada $n \times n$, el número de operaciones que se realizan en la eliminación Gaussiana es como mucho

$$(n-1)^2 + (n-2)^2 + \cdots + 2^2 + 1^2 = \frac{n(n-1)(2n-1)}{6}$$

(demuéstrese por inducción). Por tanto la complejidad del caso peor es $\mathcal{O}(n^3)$.

Asimismo, el cálculo de $n!$ es de complejidad *exponencial*, ya que requiere un número de operaciones del orden $\mathcal{O}(n^2 \log^2 n)$, que es exponencial respecto de la longitud de n, tal y como se vio anteriormente.

Nota 61. *Nótese que, si se cambia la la unidad de medida para contar operaciones, y la operación unidad es polinomial en términos de operaciones bit, entonces la eficiencia es equivalente, es decir, si f es polinomial en m, y m es polinomial en n, entonces f es polinomial en n. Así, la eliminación Gaussiana también es un algoritmo de complejidad polinomial con respecto de las operaciones bit, a partir de los resultados anteriores.*

Ya hemos visto algunos ejemplos de cálculo de la complejidad del caso peor; veamos ahora algún ejemplo para la complejidad del caso mejor y del caso medio.

Ejemplo 72. *El algoritmo de búsqueda secuencial 9.2 realiza, en el caso peor, $2n+1$ comprobaciones, que es el caso en que la lista tenga longitud n y el elemento buscado se encuentre en la última posición.*

El caso mejor sería que el elemento buscado estuviera en la primera posición, en cuyo caso se realizan 3 comparaciones. En este caso la complejidad (del caso mejor) es constante, y se representa por $\mathcal{O}(1)$.

En el caso medio habría que hacer la media aritmética de todos los casos posibles (suponiendo siempre que el elemento buscado está efectivamente en la lista), es decir, cuando está en la primera posición, en la segunda, etc. Es fácil ver que el número de operaciones es

$$\frac{3+5+7+\cdots+(2n-1)}{n} = \frac{2(1+2+\cdots+n)+n}{n} = \frac{n(n+1))}{n}+1 = n+2$$

9.5.1. Clases de complejidad

La teoría de la **complejidad computacional** clasifica los problemas y los algoritmos de acuerdo con su grado de dificultad, es decir, el tiempo que se necesita para su resolución.

En primer lugar, los problemas se dividen en **decidibles** (o tratables) e indecidibles (o intratables), según pueda existir o no un algoritmo que los resuelva. Un ejemplo de problema **indecidible** es el siguiente problema de decisión: ¿Existe alguna solución entera de una ecuación polinómica cualquiera dada, con un número arbitrario de variables?

Una vez que un problema sea decidible, la *complejidad del problema* se refiere siempre al mejor algoritmo conocido que lo resuelva, y por lo tanto esta complejidad puede variar en función de que se mejoren los algoritmos conocidos o aparezcan nuevos algoritmos.

Definición 66. *Se denomina* **clase P** *al conjunto de problemas matemáticos para los que existe algún algoritmo con complejidad polinómica que los resuelve.*

Nótese que las operaciones aritméticas elementales (incluidas la diferencia y la división con resto) son de clase P.

Un problema puede entrar en esta clase en cuanto se encuentre un algoritmo eficiente que lo resuelva, por lo tanto el contenido de esta clase es dinámico y puede cambiar con el tiempo. Por ejemplo, el problema de comprobar con un algoritmo determinista si un número entero es o no primo, paso a pertenecer a la clase P en el año 2004 en que se publicó el artículo

M. Agrawal, N. Kayal, N. Saxena: "Primes is in P", Annals of Mathematics, vol. 160, pp. 781-793 (2004).

Anteriormente, no se conocía ningún algoritmo determinista con tiempo polinomial para resolver este problema.

Los problemas que no pueden ser resueltos en tiempo polinomial pertenecen a la clase NP. No pretendemos profundizar demasiado en este capítulo por su dificultad conceptual, pero al menos daremos las definiciones básicas, y remitimos al lector a bibliografía más especializada.

Definición 67. NP: *son problemas en los que se puede comprobar en tiempo polinomial si una posible solución del problema lo es realmente. Obviamente todo los problemas de la clase P están en la clase NP.*

NP completo: *son problemas NP para los que, si se encontrase un algoritmo polinomial que los resuelve, automáticamente todos los problemas NP se podrían resolver en tiempo polinomial. La clase se denota NPC.*

NP duro: *un problema está en esta clase si todo problema NP completo podría reducirse, en tiempo polinomial, a este problema. Obviamente, todo problema NP completo es NP duro. La clase se denota NPH (del inglés NP Hard).*

Nota 62. *P/NP*

Uno de los llamados **problemas del milenio**, *y que permanece aún sin ser resuelto, es saber si*

$$P \neq NP$$

es decir, si existen problemas NPque no puedan resolverse en tiempo polinomial.

La mayoría de los problemas NP pueden ser expresados en terminos de grafos (ver capítulo 10); otros son la base de sofisticados sistemas de cifrado de datos en Criptografía (ver [41]):

- Problema del viajante.

- Decidir si puede colorearse un mapa de n países con m colores.

- Factorizar un número entero.

- Dados un retículo Euclídeo (ver ejemplo 33) y un vector arbitrario, ambos en $\mathbb{R}^n$, hallar el vector del retículo *más próximo* (con respecto a la norma Euclídea) al vector dado.

9.6. Problemas de Algoritmia

1. Se considera el siguiente procedimiento de Python:

```
def fun():
    P = []
    for n in range(2, 101):
        if n % 2 != 0:
            if n % 3 != 0:
                if n % 5 != 0:
                    if n % 7 != 0:
                        P.append(n)
    return(P)
```

Calcula, en los casos peor, mejor y medio, el número de operaciones (divisiones y comparaciones) que realiza este procedimiento. ¿Sabes qué es la lista P que devuelve el programa anterior? ¿Por qué?

2. Para contar operaciones en un programa que involucra bucles for, si los bucles están *anidados* se aplica el principio del producto, mientras que si no lo están se aplica el principio de la suma. Calcula pues el número de operaciones que realizan los siguientes programas de Python:

(a)

```
n = int(input)
m = int(input)
a = 0
for i in range(n):
    a = a + 1
for i in range(m):
    a = a + 1
```

(b)

```
n = int(input)
m = int(input)
a = 0
for i in range(n):
    for i in range(m):
        a = a + 1
```

3. Se considera el *problema de la mochila*, consistente en seleccionar objetos de una lista de manera que se maximice el valor de los objetos seleccionados, sin sobrepasar una cota del peso prefijada. Sea pues una lista de objetos $x_1, \ldots, x_n$ con valores $v_1, \ldots, v_n$ y pesos $p_1, \ldots, p_n$, y supongamos que el peso máximo permitido es M. Se consideran los dos algoritmos voraces siguientes:

(a) Elegir los objetos por orden creciente de peso, hasta que la suma de pesos exceda la cota M.

(b) Elegir los objetos por orden decreciente de valor, es decir, en cada paso elegir que objeto de más valor que no haga que el peso total exceda de M.

Hállese, en ambos casos, un contraejemplo que muestre que no siempre la solución hallada es óptima.

4. Describe un algoritmo de tipo *divide y vencerás* para insertar un número real en una lista ordenada de números.

5. Calcula el número de operaciones que realizan los algoritmos de ordenación de burbuja y por inserción, para una lista de longitud n. ¿Cuál de los dos realiza menos operaciones?

6. Calcula el número de operaciones que realiza el algoritmo de búsqueda binaria, suponiendo que la lista tiene longitud $n = 2^k$. Deduce cuál es la complejidad del algoritmo, y compárala con la del algoritmo de búsqueda secuencial.

7. Escribe un programa en Python para calcular el n-ésimo número de Fibonacci con un algoritmo iterativo (no recursivo), utilizando la menor cantidad posible de variables para ahorrar espacio de memoria. ¿Cuántas operaciones (sumas) se realizan, y cuál es la complejidad del algoritmo?

8. Escribe de nuevo un programa en Python para calcular el n-ésimo número de Fibonacci, pero esta vez de manera recursiva. Calcula el espacio de memoria requerido por el algoritmo, es decir, el número de variables que va a definir Python en función de n.

9. Escribe un procedimiento de Python para calcular el número combinatorio $\binom{n}{k}$ mediante la definición, y calcula el número de multiplicaciones y divisiones requeridas.

   De forma alternativa, escribe otro procedimiento para calcular $\binom{n}{k}$ mediante el triángulo de Pascal, y calcula el número de sumas requeridas. ¿Cuál de los dos algoritmos crees que es más eficiente, en términos de tiempo y espacio, y por qué?

10. Describe un algoritmo para calcular x^n donde $x \in \mathbb{R}$ y $n \geq 0$ es un entero no negativo, similar al algoritmo de exponenciación modular descrito en el capítulo 6. Llamaremos a este algoritmo **exponenciación rápida**. ¿Cuántas multiplicaciones realiza el algoritmo, en función del exponente n, y cuántas realizaría con el método tradicional de multiplicar x consigo mismo n veces?

11. Sea $p(x) = a_0 + a_1 x + \cdots + a_n x^n$ de grado n, es decir $a_n \neq 0$, y sea $a \in \mathbb{R}$.

    (a) Describe un algoritmo para evaluar el polinomio $p(x)$ en el punto a, sustituyendo y calculando las potencias correspondientes. ¿Cuántas operaciones (sumas y productos) se realizan?

    (b) Repite el apartado anterior, pero calculando las potencias con el método de exponenciación rápida del problema anterior. ¿Cuántas operaciones se pueden ahorrar?

    (c) Cuenta el número de operaciones que se realizan para evaluar $p(a)$ mediante el llamado *método de Horner*:

       - Se empieza con $y = a_n$.
       - Para $i = 1, \ldots, n$ se calcula $y = a \cdot y + a_{n-i}$.

       Compara la eficiencia de este algoritmo con la de los dos apartados anteriores.

12. Sean a, b, c tres enteros no negativos tales que $mcd(a, b, c) = 1$. Describe un algoritmo para, dado n un entero no negativo cualquiera, hallar una combinación lineal con coeficientes enteros no negativos α, β, γ de la forma

$$n = \alpha a + \beta b + \gamma c$$

9.7. Prácticas con Python

Proponemos a continuación implementar varios algoritmos en Python. Para recordar cuestiones generales sobre bucles, procedimientos, y condicionales, recomendamos leer previamente el apéndice A.

1. Calcular la media, la varianza y la desviación típica de un lista de datos numéricos.

2. Calcula la moda (o modas) de una lista de datos homogéneos (numéricos o no).

3. Calcular la mediana de una lista numérica (tras ordenar la lista, se sobreentiende), así como los cuartiles y percentiles.

4. Calcular los extremos relativos de una lista de números, es decir, elementos que son mayores (o menores) que los elementos adyacentes.

5. Dada una lista de números estrictamente creciente, hallar la mayor diferencia entre dos elementos consecutivos.

6. Dada una lista de enteros, contar cuántos pares hay en dicha lista. Con más generalidad, contar cuántos elementos son múltiplos de un entero fijado.

7. Dada una lista de números, eliminar aquellos que sean negativos.

8. Generar la lista de todos los números primos hasta una cota N dada.

9. Dada una cadena de caracteres, detectar las subcadenas que son **palíndromos**, es decir, que se leen igual de derecha a izquierda que de izquierda a derecha, y devolver una lista con todos ellos, si se encuentran.

10. Leer un archivo de texto y devolver la palabra (o palabras) más largas de entre las palabras encontradas.
    Indicación: Para saber si una cadena s solo contiene letras se puede usar la función Booleana `s.isalpha()`, para poder detectar separaciones entre palabras.

11. Comprobar la conjetura de Goldbach, que dice que todo número par $n \geq 4$ es suma de dos números primos, hasta una cota dada N.

12. Buscar todas las parejas de primos gemelos (p y $p+2$) que se encuentran hasta una cota dada N, y devolver una lista con dichas parejas.

13. La conjetura de Collatz, también conocida como el *problema de Siracusa*, dice que si comenzamos por un número entero positivo n cualquiera, y aplicamos iterativamente la función

$$F(n) = \begin{cases} n/2 & \text{si } n \text{ es par} \\ 3n+1 & \text{si } n \text{ es impar} \end{cases}$$

tras un número finito de pasos siempre obtenemos $n = 1$ como resultado.

    (a) Comprobar que la conjetura es cierta para todo número natural hasta un cota dada N.

    (b) Calcular el período más largo hasta cierta cota N, es decir, hallar el número n que necesita un mayor número de iteraciones para obtener $n = 1$ como resultado.

14. Escribir un procedimiento que calcule los símbolos de Legendre (ver capítulo 6).

15. Implementar el cifrado RSA explicado en el capítulo 6, para generar claves públicas y privadas, cifrar y descifrar mensajes (suponiendo que estos son números del tamaño adecuado).

16. Simular una partida de **Dominó** para dos, tres o cuatro jugadores.

- Generar las 28 fichas del Dominó, con parejas no ordenadas (conjuntos) de números del 0 al 7.

- Generar partidas (conjuntos) aleatorias de 7 fichas para cada jugador.

- Establecer un orden aleatorio para los jugadores.

- En cada jugada, elegir una ficha que se pueda poner en el tablero (lista), e insertarla en el sitio adecuado y la orientación correcta (por ejemplo, una ficha $\{3, 4\}$ se puede colocar como $[3, 4]$ o como $[4, 3]$, según convenga). La primera ficha se puede orientar de manera aleatoria.

- En caso de no poder poner una ficha, y hay menos de 4 jugadores, asignar al jugador actual una ficha restante (si existe), hasta que pueda colocar una ficha en el tablero.

- Si no se puede poner ninguna ficha, pasar el turno al siguiente jugador.

- Gana el jugador que primero se queda sin fichas.

A la hora de elegir una ficha para poner en el tablero, se puede implementar alguna estrategia adicional, por ejemplo:

+ Dar prioridad, si se puede, a poner una ficha doble (con dos números iguales).

+ Dar prioridad a fichas con números más frecuentes, de entre las que tenga el jugador que le toca jugar.

Para dar más realismo a la partida, se puede imprimir por pantalla las fichas que se van poniendo, los turnos de los jugadores, o las fichas que tiene cada jugador; para dejar 1 segundo entre jugada y jugada, se puede usar la función `sleep` de la librería `time`. Otra opción sería imprimir toda la partida, paso a paso, en un fichero de texto.

Capítulo 10

Grafos y árboles

Los grafos son estructuras discretas compuestas por vértices (también llamados nodos) y aristas (a veces llamados arcos). En estas estructuras se puede almacenar, opcionalmente, cierto tipo de información, como etiquetas o nombres en nodos o aristas, datos numéricos (pesos, distancias, tiempos, costes, etc.), o cualitativos (como colores o fechas), que sirven para representar muchas situaciones de la vida real en las que se pueden distinguir varias componentes con relaciones entre las mismas. He aquí un ejemplo de grafo con aristas dirigidas, etiquetas en los nodos, y pesos en las aristas:

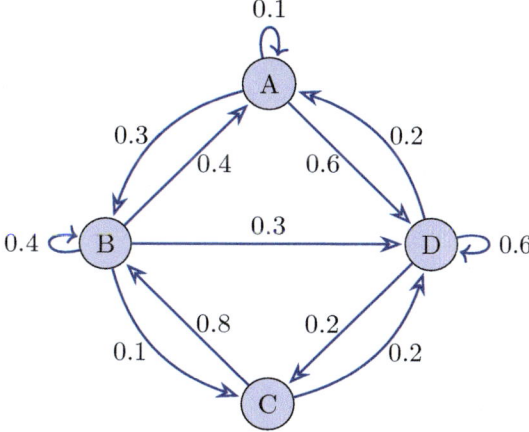

10.1. Definiciones generales

Comenzaremos definiendo lo que es un grafo, y los distintos tipos de grafos que existen según la naturaleza de sus aristas.

Definición 68. *Un **grafo simple** es un par $G = (V, E)$, donde V es un conjunto no vacío (de vértices) y E es un conjunto de pares no ordenados de vértices distintos de V, llamados aristas.*

En este caso, las aristas no están orientadas, no existen bucles (también llamados lazos, que unen un vértice consigo mismo), y no puede haber más de una arista uniendo dos vértices fijados. He aquí un ejemplo:

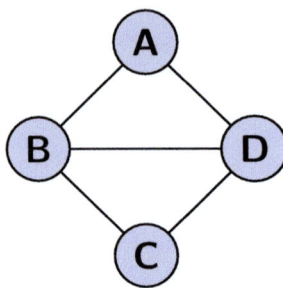

Definición 69. *Un* **multigrafo** *es un par* $G = (V, E)$, *donde* V *es un conjunto no vacío (de vértices) y* E *es un* **multi-conjunto** *de aristas, es decir, que cada arista tiene una multiplicidad.*

En un multigrafo puede haber varias aristas paralelas, es decir, varias aristas uniendo el mismo par de vértices, por ejemplo:

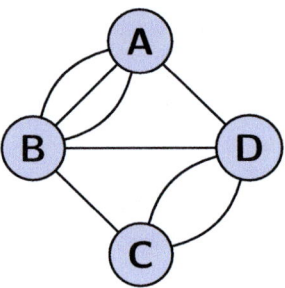

Definición 70. *Un* **pseudografo** *es un multigrafo con bucles o lazos, es decir, aristas del tipo* $\{v\}$ *donde* v *es un vértice, y que por tanto unen un vértice consigo mismo.*

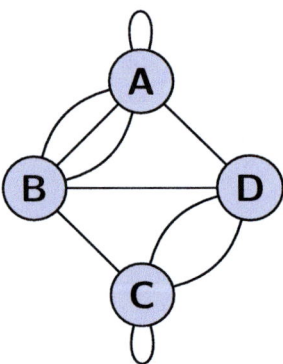

En un pseudografo podría haber más de un bucle por vértice. Vemos ahora los posibles tipos de grafos dirigidos.

Definición 71. *Un* **digrafo** *(o grafo dirigido) es un par* $G = (V, E)$ *donde* V *es un conjunto no vacío (de vértices) y* E *es un conjunto de pares ordenados de vértices (distintos o no) de* V *(llamados aristas o* **arcos**, *y representados por flechas).*

En un digrafo se permite un arco en cada sentido, para cada par de vértices, así como bucles, en los que no importa el sentido de recorrido. He aquí un ejemplo de digrafo:

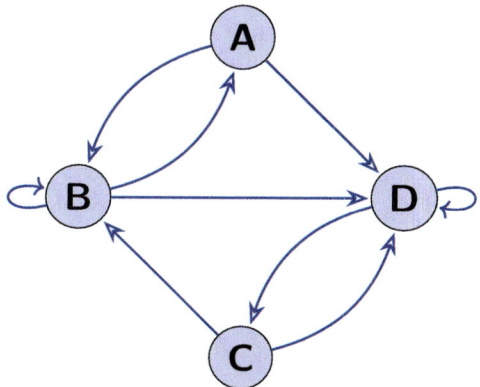

Definición 72. *Un **multidigrafo** (o multigrafo dirigido) es un digrafo en donde se permiten arcos múltiples, es decir, varios arcos paralelos entre dos mismos vértices y en el mismo sentido.*

He aquí un ejemplo de multidigrafo:

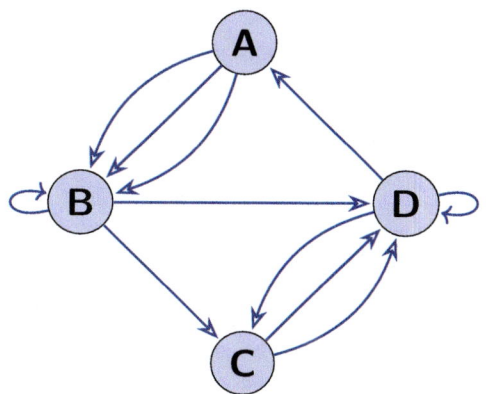

A modo de resumen, en la tabla 10.1 se pueden ver las características de los distintos tipos de grafos.

Tipo	Aristas orientadas	Aristas múltiples	Bucles
Grafo simple	No	No	No
Multigrafo	No	Sí	No
Pseudografo	No	Sí	Sí
Digrafo	Sí	No	Sí
Multidigrafo	Sí	Sí	Sí

Tabla 10.1: Tipos de grafos según sus aristas.

Hemos comentado que los grafos se usan en diversidad de contextos de la vida real, cuyo modelo matemático se corresponde con un grafo; veamos algunos ejemplos:

Grafos sociales: son grafos en los que los nodos representan a personas, y las aristas o arcos representan relaciones sociales entre ellas. Se han usado tradicionalmente por sociólogos y psicólogos para detectar problemas sociales en comunidades reducidas (familias, colegios, empresas, etc.), y en la actualidad, debido al auge de los ordenadores y las llamadas *redes sociales* (Facebook o Twitter, por ejemplo), se ha aumentado considerablemente la escala de los grupos en estudio. En el caso de Facebook el grafo es no dirigido, ya que las relaciones de amistad son *simétricas*, mientras que en Twitter el grafo es dirigido, ya que una persona puede "seguir" a otra, pero puede no darse la relación recíproca. Los grafos involucrados en las redes sociales los estudiaremos con más detalle en la sección 10.9.

Digrafos de influencia: es una variante de los grafos sociales, en los que una flecha de A a B significa que la persona A tiene influencia sobre la persona B.

Grafos de colaboración: es otra variante de grafo social, en la que dos personas se relacionan si han realizado alguna vez un trabajo conjunto; por ejemplo científicos que han publicado algún artículo en común, actores que han coincidido en la misma película, o deportistas que han jugado juntos en el mismo equipo.

Llamadas de teléfono: las compañías telefónicas pueden hacer un digrafo con el historial de llamadas de los usuarios; de esta manera se pueden optimizar las tarifas de los usuarios, dependiendo que solo reciban llamadas, o que siempre hagan llamadas a las mismas personas, etc., realizando las ofertas oportunas a sus clientes.

Redes de ordenadores: en estos grafos los nodos representan ordenadores, y las aristas representan conexiones entre ellos, por ejemplo con cable de red o fibra óptica.

Organización de proyectos: en estos digrafos se plantean las relaciones de precedencia en las tareas de un proyecto; los nodos representan las tareas, y las flechas indican qué tareas tienen precedencia sobre otras, de manera que se pueda organizar temporalmente la ejecución del proyecto.

Mapa de carreteras: en estos grafos los nodos son puntos geográficos y las aristas son carreteras que los unen. En este caso se suelen añadir a las aristas (no dirigidas) información adicional sobre la distancia, el tiempo, o el coste de recorrer el tramo correspondiente, de manera que un problema típico que hay que resolver es hallar la ruta más corta (o también la más rápida o la más económica) entre dos puntos del mapa. De hecho, las aplicaciones existentes en el mercado que resuelven este tipo de problemas representan la red de carreteras mediante un grafo no dirigido.

Tráfico urbano: para organizar el sentido de circulación de las calles de una ciudad se puede usar un grafo dirigido, en el que las flechas indican el sentido de circulación en las calles de la ciudad; tendría sentido incluso un multidigrafo, ya que en algunas calles puede haber varios carriles en el mismo sentido de circulación.

Autómatas: los grafos dirigidos se usan también para modelar las llamadas *máquinas de estados finitos*, que son un modelo teórico de computación en los que, a partir de unos datos de entrada, se describe cuál es es resultado de una computación mediante un digrafo. Por otra parte, los compiladores traducen las sentencias de un lenguaje de programación de alto nivel (C, Java, etc.) al lenguaje de los procesadores; para ello, es necesario analizar la sintaxis de dichas sentencias, en donde se usan los llamados *árboles de derivación*. Para información sobre la teoría de *autómatas y lenguajes formales*, recomendamos [46, 55, 56].

Hay muchas otras aplicaciones de los grafos, que iremos viendo a lo largo del presente capítulo. Proseguimos a continuación con una definición fundamental en la teoría de grafos:

Definición 73. *Adyacencia*

- *Dos vértices u, v de un grafo simple G (o de un grafo no dirigido, en general) se dicen* **adyacentes** *si existe una arista e que los une, es decir $e = \{u, v\}$.*

- *En tal caso, se dice que e es* **incidente** *con u (y con v), que e conecta u y v, o que u y v son los extremos de la arista e.*

- *El* **grado** *de un vértice u se define como el número $\delta(u)$ de aristas de G que son incidentes con u, con la excepción de los bucles, que se cuentan dos veces.*

- *En el caso de grafos dirigidos, si $(u,v) \in E$ (es decir, hay una flecha desde u hasta v), se dice que u es adyacente a v, y que v es adyacente desde u.*

- *En el caso dirigido, hay que distinguir entre* **grado de entrante** $\delta^-(u)$ *(número de arcos que tienen a u como vértice final o extremo), y* **grado saliente** $\delta^+(u)$ *(número de arcos que tienen a u como vértice inicial u origen). En este caso, cada bucle solo se cuenta una vez en el grado entrante, y otra vez en el grado saliente.*

El siguiente resultado, que se podría traducir del inglés como el *teorema del apretón de manos*, a pesar de su sencillez tiene consecuencias importantes:

Teorema 10.1. *Handshaking*

Sea $G = (V, E)$ un grafo no dirigido, con $e = \sharp(E)$ aristas. Entonces:

$$\sum_{v \in V} \delta(v) = 2e$$

Es decir: la suma de los grados de todos los vértices es igual al doble del número de artistas.

Demostración. El resultado es consecuencia inmediata de que toda arista es incidente a dos vértices. $\square$

Nótese que la fórmula es válida incluso con aristas múltiples y lazos, debido precisamente a que en el grado los lazos están contados dos veces. Este teorema tiene una consecuencia obvia:

Corolario 3. *En un grafo no dirigido siempre hay un número par de vértices de grado impar.*

Este último corolario puede ser útil para contar las aristas de un grafo, en los casos en los que hay muchas aristas; bastaria con sumar los grados nodo a nodo y dividir por 2:

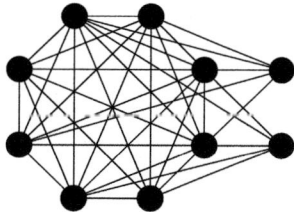

El resultado análogo al teorema 10.1, para el caso de digrafos, es el siguiente:

Teorema 10.2. *Si V es el conjunto de nodos de un digrafo entonces*

$$\sum_{v \in V} \delta^-(v) = \sum_{v \in V} \delta^+(v) = e$$

Demostración. Todo arco contribuye en una unidad en el grafo saliente de un nodo, y en otra unidad en el grado entrante de otro nodo, siendo esto válido también para el caso de los bucles. $\square$

10.2. Tipos especiales de grafos

En esta sección veremos algunos grafos simples especiales, que tienen un nombre específico, con su notación estándar.

Cadenas: Las cadenas L_n constan de $n \geq 1$ nodos $v_1, \ldots, v_n$ y $n - 1$ aristas $\{v_i, v_{i+1}\}$, para $i = 1, \ldots, n - 1$.

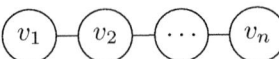

Ciclos: Los ciclos C_n constan de $n \geq 3$ nodos $v_1, \ldots, v_n$ y n aristas $\{v_i; v_{i+1}\}$, para $i = 1, \ldots, n - 1$, junto con la arista $\{v_n, v_1\}$.

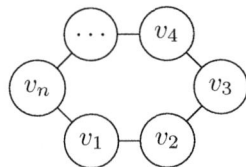

Estrellas: Las estrellas S_n constan de $n+1$ nodos $v_0, v_1, \ldots, v_n$ $(n \geq 3)$ y n aristas $\{v_0, v_i\}$ para $i = 1, \ldots, n$.

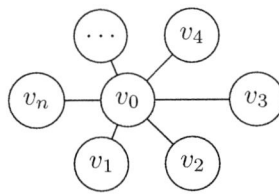

Ruedas: Ruedas W_n constan de $n + 1$ nodos $v_0, v_1, \ldots, v_n$ $(n \geq 3)$ y $2n$ aristas: $\{v_0, v_i\}$ para $i = 1, \ldots, n$, $\{v_i, v_{i+1}\}$ para $i = 1, \ldots, n - 1$, y $\{v_n, v_1\}$.

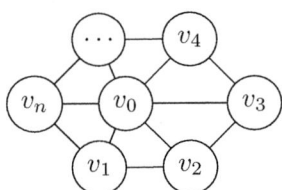

En otras palabras, son la unión de un ciclo C_n y una estrella S_n.

Grafos Completos: Los grafos completos K_n constan de $n \geq 1$ nodos $v_1, \ldots, v_n$ y todas las $\binom{n}{2}$ aristas posibles entre ellos.

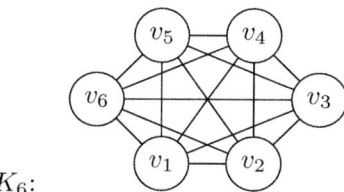

K_6:

Mallas: Las mallas $G_{m,n}$ constan de $m \times n$ nodos dispuestos en m filas y n columnas, y todas las posibles aristas horizontales y verticales.

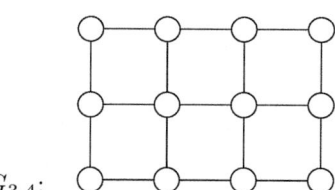

$G_{3,4}$:

De alguna manera, es como si fuera un producto cartesiano de dos cadenas, L_m y L_n.

Hipercubos: Los hipercubos Q_n de dimensión n, para $n \geq 0$, se definen de manera inductiva:

- Q_0 es un punto (sin aristas).

- Una vez definido Q_n, se hace una copia exacta Q'_n y se unen, uno a uno, los nodos equivalentes de ambos grafos.

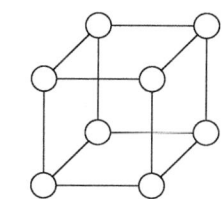

Q_3:

Símplices: Los símplices T_n de dimensión n, para $n \geq 0$, se definen también inductivamente:

- T_0 es un punto (sin aristas).

- Una vez definido T_n, se añade un nodo extra, y se une el nuevo vértice con todos los nodos del grafo anterior.

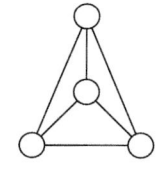

T_3 (Tetraedro):

Ejercicio 47. *Demuestra por inducción que el símplice T_n coincide exactamente con el grafo completo K_n.*

Grafos bipartitos: Un grafo *bipartito* es aquel en el que $V = A \cup B$ con $A \cap B = \emptyset$, de manera que todas sus aristas conectan un nodo de A con otro de B, y nunca nodos del mismo conjunto. Este tipo de grafos se usa en problemas de asignación y de emparejamiento, entre otros.

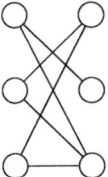

Un caso particular de grafo bipartito son los grafos **bipartitos completos** $K_{m,n}$, donde $\sharp(A) = m$, $\sharp(B) = n$, y se toman todas las aristas posibles entre A y B, es decir $m \cdot n$ aristas.

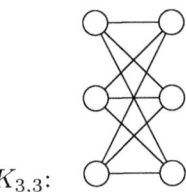

$K_{3,3}$:

10.3. Representación de grafos

En esta sección vamos a ver varias formas de representar un grafo de manera intrínseca, sin recurrir a un dibujo. Estos métodos tienen su traducción en la manera en la que un ordenador representaría un grafo $G = (V, E)$ con n nodos y e aristas, para su análisis y la posible ejecución de algoritmos sobre dicho grafo.

10.3.1. Matriz de adyacencia

La primera forma sería mediante una matriz de adyacencia, que sería una matriz cuadrada $n \times n$ con entradas Booleanas (True=1, False=0), en la que la fila i (respectivamente, la columna j) corresponde al nodo i-ésimo v_i (respectivamente, al nodo j-ésimo v_j), y en la que el elemento $a_{i,j}$ de la matriz es $a_{i,j} = 1$ si v_i es adyacente a v_j, y $a_{i,j} = 0$ en caso contrario. Veamos un ejemplo con el grafo $K_{3,3}$:

$$\longrightarrow \quad A = \begin{bmatrix} 0 & 0 & 0 & 1 & 1 & 1 \\ 0 & 0 & 0 & 1 & 1 & 1 \\ 0 & 0 & 0 & 1 & 1 & 1 \\ 1 & 1 & 1 & 0 & 0 & 0 \\ 1 & 1 & 1 & 0 & 0 & 0 \\ 1 & 1 & 1 & 0 & 0 & 0 \end{bmatrix}$$

En otras palabras, si $\sharp V = n$ consideramos la matriz $n \times n$ cuyo elemento genérico es

$$a_{ij} = \begin{cases} 1 & \text{si } \{v_i, v_j\} \text{ es una arista de } G \\ 0 & \text{en caso contrario} \end{cases}$$

Nótese que si el grafo es simple, esta matriz es simétrica, y en la diagonal siempre hay un cero, ya que no existen lazos. Según el tipo de grafo, la matriz de adyacencia sufre distintas variantes:

- En el caso de multigrafos, la matriz tendría entradas enteras, y $a_{i,j}$ sería el número de aristas que conectan v_i y v_j (eventualmente 0, si no son adyacentes). Si además se trata de un pseudografo, en la diagonal podrían aparecer enteros positivos, contando el número de lazos. En todo caso, la matriz de adyacencia sigue siendo simétrica.

- En el caso de grafos dirigidos, la matriz no es simétrica, en general. En este caso, $a_{i,j} = 1$ si existe un arco desde v_i a v_j, pero no tiene porqué haber un arco en sentido contrario (es decir, podría ser $a_{j,i} = 0$). En la diagonal puede haber cero o uno, según haya o no un lazo en el nodo correspondiente.

- Por último, si se trata de un multidigrafo, de nuevo la matriz es entera, y no es simétrica en general, y las entradas de la matriz cuentan el número de arcos entre dos nodos, en el sentido correspondiente (entrantes o salientes).

He aquí un ejemplo de matriz de adyacencia de un multidigrafo:

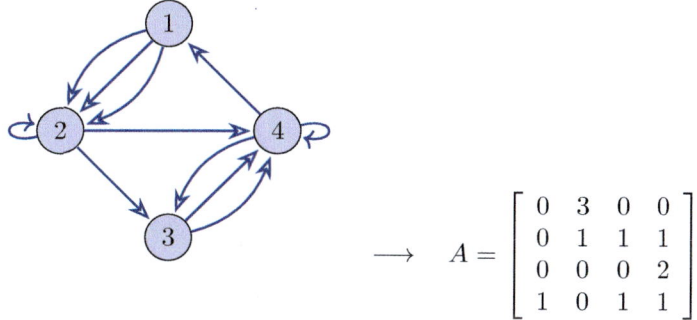

$$\longrightarrow \quad A = \begin{bmatrix} 0 & 3 & 0 & 0 \\ 0 & 1 & 1 & 1 \\ 0 & 0 & 0 & 2 \\ 1 & 0 & 1 & 1 \end{bmatrix}$$

Nótese que, a la vista de la matriz de adyacencia, el grado saliente de un vértice es la suma de los elementos correspondientes a su fila en dicha matriz, y el grado entrante es la suma de los elementos de su columna correspondiente. En el caso de un grafo no dirigido, el grado entrante y saliente coincide, y lo único a tener en cuenta es la contabilidad de los lazos (recordemos que cuentan dos veces en el grado correspondiente).

Nota 63. *Grafos y relaciones binarias*

Vemos una clara analogía entre la representación matricial de una relación binaria y la representación de un digrafo mediante su matriz de adyacencia. En consecuencia, es obvio que se puede representar una relación binaria en un conjunto V mediante un digrafo con V como vértices. En este sentido, la relación binaria sería simétrica si el grafo es no dirigido (con posibles lazos), y la relación es reflexiva si todos los vértices tienen un lazo asociado en el grafo correspondiente. Dejamos al lector pensar cómo se traducen las propiedades de una relación binaria en el digrafo correspondiente.

10.3.2. Matriz de incidencia

Otra forma de representar un grafo es mediante una matriz que refleje las relaciones de incidencia entre nodos y aristas. Supongamos de nuevo que tenemos un grafo simple $G = (V, E)$ con n nodos y e aristas. La matriz de incidencia va a tener n filas, correspondiendo a los nodos de G, y e columnas, correspondiendo a sus aristas. Así pues, en la posición (i, j)

esta matriz tiene el valor Booleano

$$m_{ij} = \begin{cases} 1 & \text{si la arista } e_j \text{ es incidente con el nodo } v_i \\ 0 & \text{en caso contrario} \end{cases}$$

Nótese que en cada columna solo hay dos unos, correspondiendo a los nodos de sus extremos, y el resto ceros. En caso de haber un lazo, en su columna correspondiente solo habría un 1, correspondiendo al nodo en donde se encuentra el lazo. Si además se tratase de un multigrafo, habría varias columnas repetidas idénticas, correspondiendo a las aristas múltiples.

Por otra parte, en el caso de grafos dirigidos, para reflejar el nodo saliente y el entrante, en la columna correspondiente se pone un $+1$ en el primero, y un -1 en el segundo. En el caso de un bucle es indiferente el signo, así que se puede poner un 1 simplemente. La misma observación de antes es válida para el caso de aristas múltiples en un multidigrafo.

Mostramos a continuación un ejemplo de matriz de incidencia de un grafo simple (las aristas salientes del lado izquierdo se numeran, en este ejemplo, de arriba hacia abajo):

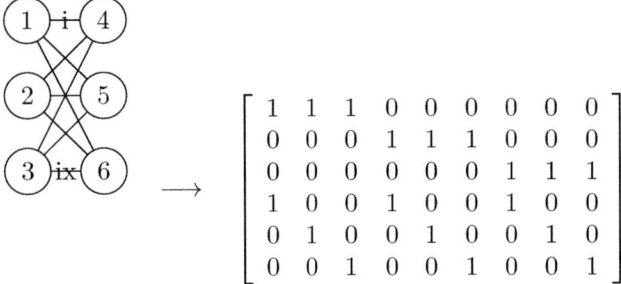

$$\longrightarrow \begin{bmatrix} 1 & 1 & 1 & 0 & 0 & 0 & 0 & 0 & 0 \\ 0 & 0 & 0 & 1 & 1 & 1 & 0 & 0 & 0 \\ 0 & 0 & 0 & 0 & 0 & 0 & 1 & 1 & 1 \\ 1 & 0 & 0 & 1 & 0 & 0 & 1 & 0 & 0 \\ 0 & 1 & 0 & 0 & 1 & 0 & 0 & 1 & 0 \\ 0 & 0 & 1 & 0 & 0 & 1 & 0 & 0 & 1 \end{bmatrix}$$

10.3.3. Listas de adyacencia

Las representaciones matriciales que acabamos de ver son representaciones *densas*, en el sentido de que, en el caso de la matriz de adyacencia, la matriz ocupa el mismo espacio con independencia de que haya muchas o pocas aristas, o en el caso de la matriz de incidencia, la mayoría de las entradas de la matriz son ceros, mientras que la información relevante del grafo está en los unos. Una representación alternativa, de carácter más *disperso*, serían las listas de adyacencia, en las que para cada nodo del grafo se codifica la lista de sus nodos adyacentes.

En el caso de grafos no dirigidos, si dos nodos v y w son adyacentes, ocurre que w está en la lista de adyacencia de v, y también v está en la lista de adyacencia de w. En caso de digrafos esta simetría no tiene por qué darse. En el caso de un nodo aislado (sin aristas), su lista de adyacencia sería vacía. He aquí un ejemplo de grafo simple con su lista de adyacencia:

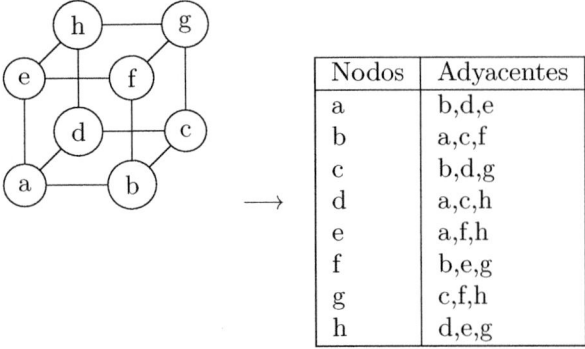

$$\longrightarrow$$

Nodos	Adyacentes
a	b,d,e
b	a,c,f
c	b,d,g
d	a,c,h
e	a,f,h
f	b,e,g
g	c,f,h
h	d,e,g

Estamos hablando de listas, como viene en la literatura, pero en realidad son *conjuntos*, ya que no importa el orden en el que se listen los nodos adyacentes. En este sentido, en el caso de multigrafos (o multidigrafos), usaríamos multiconjuntos en lugar de conjuntos, para que cada arista se cuente con una cierta multiplicidad. Obviamente, si existe un lazo (simple o múltiple) en un nodo v, se añade al propio vértice v a la lista de adyacencia del nodo v (con su multiplicidad, en el caso de que el lazo sea múltiple).

10.4. Operaciones con grafos

Veamos a continuación algunas operaciones elementales que pueden hacerse con grafos simples. Algunas de ellas pueden generalizarse, definiendo las cosas con cuidado, a digrafos y multigrafos.

Definición 74. *Se dice que el grafo $G' = (V', E')$ es un* **subgrafo** *de $G = (V, E)$ si:*

1. *$V' \subseteq V$.*

2. *$E' \subseteq E$.*

3. *Las aristas de E' solo son incidentes con vértices de V'.*

Definición 75. *Dados los grafos $G_1 = (V_1, E_1)$ y $G_2 = (V_2, E_2)$, se define el* **grafo unión** *dado por:*

1. *$V = V_1 \cup V_2$.*

2. *$E = E_1 \cup E_2$.*

Definición 76. *Dado $G = (V, E)$, una* **subdivisión elemental** *se obtiene:*

1. *Añadiendo un nuevo vértice $w \notin V$*

2. *Eliminando una arista $\{u, v\} \in E$*

3. *Añadiendo dos nuevas aristas $\{u, w\}$ y $\{w, v\}$*

Definición 77. *Dos grafos $G_1 = (V_1, E_1)$ y $G_2 = (V_2, E_2)$ son* **isomorfos** *si existe una biyección (permutación de nodos)*

$$\Phi \; : \; V_1 \to V_2$$

llamada **isomorfismo***, tal que $u, v \in V_1$ son adyacentes si y solo si $\Phi(u), \Phi(v) \in V_2$ son adyacentes.*

Nótese, en particular, que si G_1 y G_2 son isomorfos, necesariamente tienen el mismo número de nodos y de aristas, los mismos grados, y contienen los mismos ciclos (subgrafos isomorfos a C_k). Estas condiciones necesarias nos proporcionan argumentos negativos para demostrar que dos grafos no son isomorfos, si en alguno de estos datos no coinciden.

Definición 78. *Dos grafos G_1 y G_2 son* **homeomorfos** *si existen sucesiones de subdivisiones elementales en ambos grafos, que dan lugar a dos nuevos grafos G_1' y G_2' que son isomorfos (es decir, G_1' y G_2' son el mismo grafo salvo permutación de vértices).*

Esta definición tiene relación con la *estructura topológica* del grafo como figura geométrica, y de ahí viene el nombre de **homeomorfismo**, pero no entraremos en detalles, y remitimos este concepto a literatura especializada (por ejemplo [53]).

Nota 64. *La definición anterior es equivalente a decir que si en G_1 y G_2 se eliminan todos los nodos de grado 2, y se sustituyen las dos aristas incidentes por una sola arista que conecte los otros dos extremos de las aristas eliminadas (es decir, "se contraen" las aristas), los dos grafos resultantes son isomorfos (se deja al lector como ejercicio). En el caso de que en este proceso se genere un lazo, este se puede eliminar directamente.*

10.5. Conectividad en grafos

En esta sección vamos a estudiar una de las principales aplicaciones de los grafos, como son los recorridos por los vértices y las aristas de un grafo.

Definición 79. *Sea $G = (V, E)$ un grafo, dos nodos $u, v \in V$, y n un entero no negativo.*

- *Un **camino** de longitud n de u (origen) a v (destino) es una sucesión*

$$x_0,\ a_1,\ x_1,\ a_2,\ x_2,\ \ldots\ x_{n-1},\ a_n,\ x_n$$

  donde $x_i \in V$, $a_j \in E$, $x_0 = u$, $x_n = v$, y cada arista a_k tiene extremos x_{k-1} y x_k.

  Si G es un grafo simple, bastaría con dar la sucesión de vértices por los que pasa, siempre que dos vértices consecutivos en la sucesión sean adyacentes, puesto que las aristas a recorrer están unívocamente determinadas.

- *El camino es un **circuito** si $x_0 = x_n$ y $n \geq 3$, es decir, si se trata de un camino cerrado.*

- *Un camino es **simple** si en el camino no repite ninguna arista.*

- *Un camino es **elemental** si no se repite ningún vértice, salvo el caso en que sea cerrado, en cuyo caso solo se repiten los extremos del camino. Un camino elemental cerrado se denomina **ciclo**.*

  Nótese que todo camino elemental es simple, ya que si se repite una arista automáticamente se repiten vértices, pero el recíproco no es cierto, ya que es posible repetir vértices sin repetir ninguna arista (se recomienda al lector buscar un contraejemplo, aunque más adelante saldrá algún ejemplo en este capítulo).

- *En el caso de un digrafo, en la definición anterior las aristas deben ser orientadas, es decir $a_k = (x_{k-1}, x_k)$.*

  En otras palabras, no se puede recorrer una arista en sentido contrario a la orientación fijada.

Ejemplo 73. *(a) Un ejemplo, en el caso no orientado, podría ser un grafo en el que se representa un mapa de carreteras; en este caso, los caminos se corresponden con las rutas que unen dos ciudades. De hecho, los programas que tratan de calcular el camino más corto entre dos ciudades en un mapa de carreteras, con longitudes de aristas asignadas (o pesos según la distancia, el consumo o el tiempo estimado, etc.) buscan, precisamente, entre todos los caminos que unen los dos vértices en cuestión, aquel que minimiza la suma de los pesos de las aristas.*

(b) Un ejemplo, en el caso orientado, podría ser un grafo en el que las aristas sean calles, con su sentido de circulación, y los nodos sus intersecciones, es decir, el modelo gráfico del tráfico urbano de una ciudad. En este caso, para hallar el camino más corto entre dos puntos de la ciudad, viajando en coche, a partir del plano de una ciudad, se deben respetar las direcciones prohibidas, es decir, hay que respetar los sentidos de las aristas.

Definición 80. *Un grafo G no dirigido se dice* **conexo** *si entre dos vértices u y v cualesquiera de G existe siempre al menos un camino de u a v.*

- *De hecho, si G es conexo siempre existirá un camino elemental que una dos vértices cualesquiera, pues siempre que se repita un nodo $x_i = x_j$ se pueden suprimir todas las aristas intermedias $a_{i+1}, \ldots, a_j$.*

- *Si G no es conexo, se puede dividir en* **componentes conexas**, *que son los subgrafos conexos maximales de G. Maximal quiere decir que no se le puede añadir ninguna arista ni vértice más de G de manera que el subgrafo siga siendo conexo.*

En caso de un digrafo, se suele distinguir entre **digrafos fuertemente conexos**, *cuando se puede ir de cualquier nodo u a cualquier nodo v respetando las orientaciones de las aristas, y* **débilmente conexos**, *cuando no siempre se puede respetar dichas orientaciones, pero el grafo subyacente, eliminando las orientaciones, es conexo.*

Nótese que el digrafo del tráfico de una ciudad, considerando los sentidos de circulación de las calles, debería ser fuertemente conexo, pues en caso contrario habría trayectos urbanos que no se podrían efectuar sin saltarse alguna señal de dirección prohibida.

La existencia o no de ciertos caminos pueden distinguir dos grafos no isomorfos, aunque tengan los mismos grados en los vértices. Para entenderlo de forma práctica, consideremos los siguientes ejemplos:

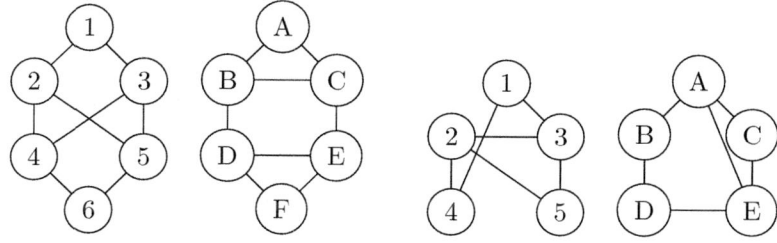

Los dos primeros grafos no pueden ser isomorfos, a pesar de que ambos grafos tienen el mismo número de nodos y de aristas. La razón es que en el segundo grafo existen subgrafos que son ciclos de orden 3 (triángulos), mientras que en el primer grafo no es posible encontrar ningún subgrafo que sea un ciclo de orden 3.

En cambio, los dos últimos grafos consisten en un ciclo de orden 5 junto con una arista que conecta dos nodos no adyacentes; para completar la prueba, se puede explicitar el isomorfismo entre ambos grafos:

$$
\begin{array}{ccc}
1 & \mapsto & B \\
2 & \mapsto & E \\
3 & \mapsto & A \\
4 & \mapsto & D \\
5 & \mapsto & C
\end{array}
$$

10.5.1. Conectividad

Veamos ahora como evaluar el grado de conectividad de un grafo conexo, según sea más o menos vulnerable a la pérdida de nodos o aristas. Así, supongamos que G es un grafo simple conexo.

Definición 81. *1. Se llama* **articulación** *a todo nodo tal que, si se suprime junto con todas las aristas incidentes con él, da lugar a un subgrafo inconexo.*

2. *En general, se denomina* **conectividad por nodos** *al número mínimo de vértices que hay que suprimir, junto con las aristas correspondientes, para que el subgrafo resultante quede inconexo.*

3. *Análogamente, se llama* **puente** *a toda arista que, al suprimirse, da lugar a un subgrafo inconexo.*

4. *Asimismo, se denomina* **conectividad por aristas** *al número mínimo de aristas que hay que suprimir para que el subgrafo resultante no sea conexo.*

Nótese que si el grafo es no conexo, ambas conectividades (por nodos y por aristas) son iguales a cero. Estos conceptos tienen aplicación en el diseño de *redes de ordenadores*, en las que un ordenador o una línea de red pueden "caerse", por ejemplo por un ataque informático, y nos interesa que no afecte al resto de la red. En Informática esto se denomina *topología de redes* de área local, y se refiere a la forma de interconectar los ordenadores de la red. Las topologías más usuales son la lineal (punto a punto), de anillo, de estrella, de rueda, o en árbol (red jerárquica). Veamos algunas de ellas:

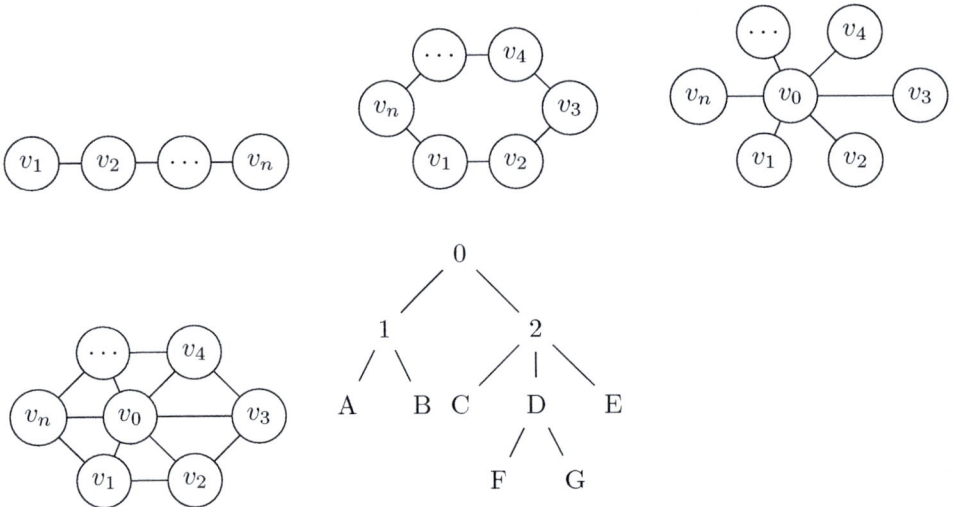

Analicemos la conectividad para estos ejemplos:

1. Para el grafo lineal L_n tanto la conectividad por nodos y por aristas son obviamente iguales a 1.

2. Para los ciclos C_n ambas conectividades valen ahora 2.

3. Para una topología en estrella, la conectividad por nodos es igual 1, siempre que sea el nodo central el que se elimine (que en la práctica suele ser un *servidor* y suele estar muy protegido), pero en caso contrario el resto de la red sigue conectada. Por otra parte, la conectividad es también igual a 1, pero el resultado (por parte de un hipotético hacker) es muy pobre, ya que solo lograría desconectar a uno de los ordenadores con respecto al resto de la red.

4. Una topología en forma de rueda W_n es mucho más segura, a costa de ser más cara de implementar. En efecto, para dejar desconectada la red eliminando nodos hace falta eliminar 3 nodos, y uno de ellos debe ser el nodo central, en caso contrario el resto de la red sigue siendo conexa, por muchos nodos que se eliminen. Por otra parte, eliminar solamente aristas conectadas con el nodo central no afecta a la conexión de la red; para

poder dividir la red en dos componentes, por ejemplo para dejar a k nodos consecutivos desconectados del resto, haría falta eliminar $k + 2$ aristas, las k aristas que los unen al nodo central más 2 aristas que unen a estos k nodos con el resto del ciclo exterior. Además, si los k nodos que se desconectan del resto no son adyacentes entre sí, cada nodo necesita eliminar 3 aristas, que es aún más costoso para un hipotético hacker. Obviamente la conectividad por aristas es solamente 3, pero solo se conseguiría una recompensa muy pobre (aislar a un único nodo del resto de la red).

5. Por último, para el caso de una red jerárquica, en forma de árbol, al eliminar un nodo el árbol queda siempre inconexo, salvo que se elimine un nodo terminal (sin descendientes); el "daño" producido va a depender mucho de donde esté el nodo eliminado, puesto que la desaparición de un nodo va a dejar sin conexión los subárboles inferiores con respecto al resto, y a los subárboles entre sí. Por otra parte, cualquier arista que se elimine del árbol va a derivar en un grafo inconexo (por definición de árbol, como veremos más adelante); en este caso, cuanto más arriba se encuentre la arista eliminada, mayor será (a priori) el daño producido en la conectividad del grafo.

10.5.2. Caminos Eulerianos

El origen de la teoría de grafos se encuentra en un problema propuesto al matemático Euler en 1836, relativo al problema de los 7 puentes de Königsberg, en Prusia (hoy Kaliningrado, en Rusia). El problema consistía en saber si es posible dar un paseo por la ciudad en el que se crucen todos los puentes una vez, y una sola vez, regresando al punto de partida.

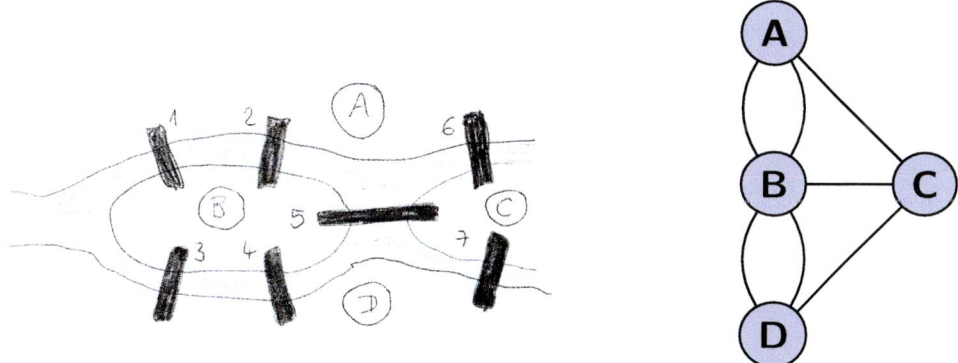

Euler resolvió el problema transformando la pregunta en un problema de grafos: cada región en las que el río divide la ciudad se representa mediante un nodo, y cada puente mediante una arista. De esta manera, el problema se reduce a encontrar un camino en el grafo que recorra todas las aristas una vez, y solo una vez. Esta idea da lugar a la siguiente definición.

Definición 82. *Un* **camino Euleriano** *en un grafo no dirigido G es un camino simple que recorre todas aristas de G. Análogamente, un* **circuito Euleriano** *en un grafo G es un circuito simple que recorre todas aristas de G.*

Nótese que es necesario que el grafo sea conexo; en caso contrario un camino Euleriano no puede existir (y menos aún un circuito Euleriano). Nótese además que no se pueden repetir aristas, pero sí se podrían repetir vértices. Este problema equivale a hacer un dibujo (grafo) sin levantar el lapicero del papel (conexo), y sin pasar dos veces por el mismo trazo (simple). Si además es un circuito Euleriano, el dibujo debe comenzar y terminar en el mismo punto.

Ejercicio 48. *Comprobar si se puede encontrar en los siguientes grafos un camino o un circuito Eulerianos:*

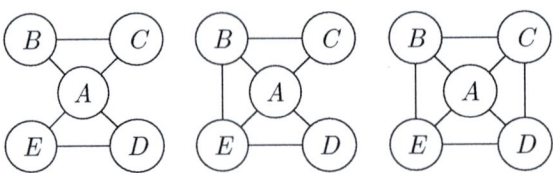

En realidad, la existencia de un circuito Euleriano se puede caracterizar mediante los grados de los vértices del mismo:

Teorema 10.3. *Un multigrafo conexo (no dirigido) G admite un circuito Euleriano si y solo si todos los vértices de G tienen grado par.*

Demostración. En caso contrario, en algún vértice de grado impar pasaremos una o varias veces, pero alguna de las aristas se usará más de una vez, o no se usará, ya que cada vez que entremos en un nodo por una arista deberemos salir por otra arista incidente a dicho nodo. □

Este resultado nos permite de hecho resolver el problema mediante un algoritmo, que consiste en partir de un circuito simple en el grafo, e ir insertando en él ciclos simples con las aristas sin usar, hasta gastar todas las aristas:

Algoritmo 7. *Fleury*

```
Input: grafo G conexo con nodos de grado par

C := circuito simple en G
H := G - C  # se eliminan las aristas usadas

while H tenga aristas
  S := circuito en H a partir de un nodo v en C
  C:= C + S  # insertar S en el nodo v
  H := H - S
Output: circuito Euleriano C
```

Ejemplo 74. *Se considera el siguiente grafo:*

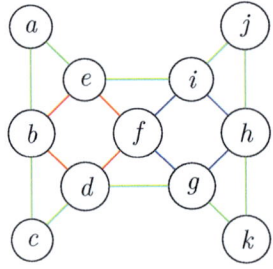

Aplicando el algoritmo de Fleury en varias iteraciones obtenemos:

- $C := bdfeb$

- $S := \mathbf{fihgf}$

- $C := bdf\mathbf{fihgf}eb$

- $S := \mathbf{eijhkgdcbae}$

- $C := bdffihgf\mathbf{eijhkgdcbae}b$

Estos resultados pueden generalizarse a caminos Eulerianos no cerrados:

Teorema 10.4. *Un multigrafo conexo G admite un camino Euleriano no cerrado si y solo si tiene exactamente dos vértices de grado impar. En este caso, un tal camino Euleriano tiene como extremos necesariamente los dos vértices de grado impar.*

Demostración. Si se elimina una arista en cada uno de los dos vértices de grado impar, el grafo resultante admite un circuito Euleriano; por tanto, insertando estas dos aristas en el circuito Euleriano de forma adecuada, obtendríamos un camino Euleriano que une ambos nodos de grado impar. $\square$

El algoritmo de Fleury puede adaptarse a este caso, partiendo inicialmente de un camino simple que una los dos vértices de grado impar:

Algoritmo 8. *Fleury*

```
Input: grafo G conexo con 2 nodos a,b de grado impar

C := camino simple entre a y b
H := G - C  # se eliminan las aristas usadas

while H tenga aristas
  S := circuito en H a partir de un nodo v en C
  C:= C + S  # insertar S en el nodo v
  H := H - S
Output: camino Euleriano C entre a y b
```

Ejemplo 75. *El siguiente dibujo puede realizarse sin levantar el lápiz del papel ni pasando dos veces por la misma arista, aunque es imposible empezar y terminar en el mismo punto:*

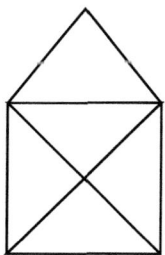
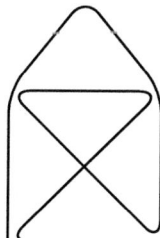

10.5.3. Caminos Hamiltonianos

Al igual que nos hemos planteado recorrer todas las aristas de un grafo sin repetir, podemos plantearnos análogamente recorrer todos los nodos sin repetir ninguno; esto nos lleva a la siguiente definición:

Definición 83. *Un* **camino Hamiltoniano** *de un grafo G es un camino elemental que pasa por todos los nodos de G. Análogamente, un* **circuito Hamiltoniano** *de un grafo G es un ciclo que contiene a todos los nodos de G.*

Esta definición está relacionada con el llamado **problema del viajante**, en que se trata de visitar, una sola vez, una serie de ciudades, terminado (normalmente) en la ciudad de partida.

Nótese que en este caso es imposible repetir aristas, y que por otra parte no es necesario usar todas las aristas del grafo. A continuación veremos que, a pesar de las apariencias, este problema es más complicado que el caso de caminos Eulerianos. De hecho, no hay una caracterización completa (si y solo si), sino solamente condiciones suficientes, que además no dan ninguna idea constructiva de cómo encontrar dichos caminos o circuitos. Las dos condiciones suficientes (no necesarias) más generales son las siguientes:

Teorema 10.5. *Dirac Si G es un grafo simple con $n \geq 3$ vértices, de manera que todos los nodos tengan grado mayor o igual que $n/2$, entonces G admite un circuito Hamiltoniano.*

Teorema 10.6. *Ore Si G es un grafo simple con $n \geq 3$ vértices, de manera que para todo par de nodos u, v verifica que la suma de los grados es*

$$\delta(u) + \delta(v) \geq n$$

entonces G contiene un circuito Hamiltoniano.

En otras palabras, la existencia de un circuito Hamiltoniano se puede garantizar habiendo un número suficientemente grande de aristas, pero la demostración (que omitimos por su complejidad) no es constructiva. Además, aunque un grafo no verifique ninguna de estas condiciones, aun así puede admitir un ciclo Hamiltoniano, como veremos en el siguiente ejemplo:

Ejemplo 76. *Dodecaedro*

El siguiente grafo es equivalente a los vértices y aristas de un dodecaedro, en el que resaltamos en rojo un circuito Hamiltoniano:

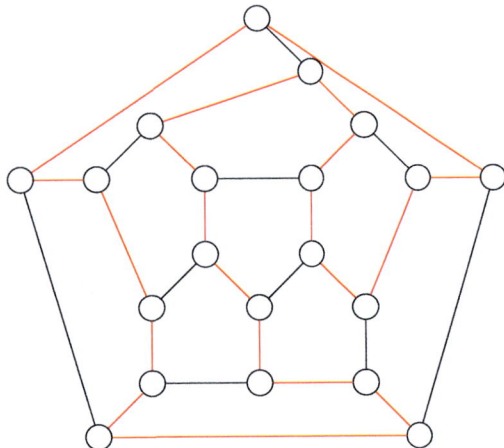

10.6. Grafos planos

Definición 84. *Un grafo G es* **plano** *si puede dibujarse (en el plano) sin cruces de aristas. Un tal dibujo se denomina representación plana de G. Si además en la representación plana las aristas son rectas, el grafo se dice* **geométrico**.

Ejemplo 77. *Consideremos los grafos $K_4, Q_3, K_5, K_{3,3}$:*

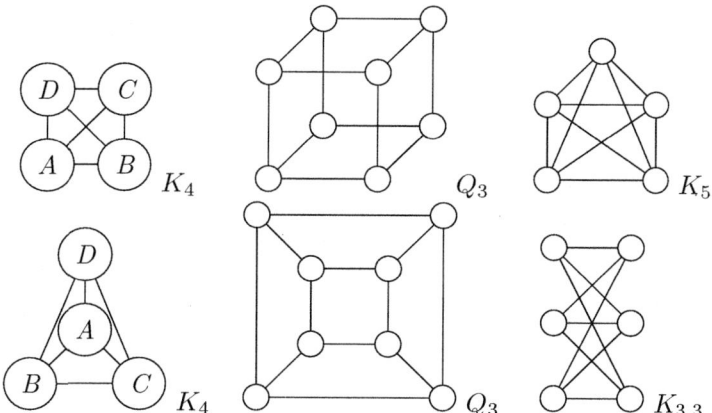

En el caso de K_4 y Q_3 vemos que podemos dibujarlos sin cruces de aristas, luego ambos grafos son planos; de hecho, ambos grafos son geométricos, puesto que se pueden dibujar con aristas rectas.

En cambio, con K_5 y $K_{3,3}$ es imposible dibujarlos en el plano sin cruces de aristas (proponemos al lector que lo intente).

Existe una relación entre los grafos planos y los poliedros tridimensionales. Así, si nos situásemos mentalmente en una de las caras de un poliedro y dibujásemos las aristas y vértices que vemos, obtendríamos una representación plana del grafo, y con aristas rectas. En este caso, hay una correspondencia entre las caras de un poliedro y las regiones en las que el grafo divide al plano, si identificamos la (única) región no acotada con la cara desde la que hacemos el dibujo del poliedro. En este sentido se tiene el siguiente resultado, que es equivalente a un clásico resultado sobre poliedros:

Teorema 10.7. *Fórmula de Euler*

Si G es un grafo plano simple y conexo, y r es el número de regiones en que una representación plana de G divide al plano, entonces:

$$r = e - v + 2$$

donde e es el número de aristas de G y v el número de vértices.

Por ejemplo, si G es el grafo un poliedro, tal y como hemos señalado antes, y consideramos la representación plana que resulta de ver el grafo desde una de las caras, la fórmula anterior de corresponde con la clásica fórmula

$$\text{caras} + \text{vértices} = \text{aristas} + 2$$

donde la cara fijada se corresponde con la única región no acotada. De esta fórmula se obtienen varias consecuencias:

Corolario 4. *Si G es plano, simple y conexo, con $v \geq 3$ vértices, entonces*

$$e \leq 3v - 6$$

Corolario 5. *Si G es plano, simple y conexo, entonces G tiene al menos un vértice de grado menor o igual que 5.*

Corolario 6. *Si G es plano, simple y conexo, con $v \geq 3$ vértices, y no contiene ciclos de longitud 3, entonces*

$$e \leq 2v - 4$$

Los corolarios anteriores pueden usarse como criterio negativo: si no se verifica alguno de los corolarios, es que G no es plano. Por ejemplo, si el grafo tiene todos su nodos con grado mayor o igual que 6, entonces no es plano, o también sería el caso si tiene *demasiadas* aristas en relación a su número de vértices.

Antes hemos visto que los grafos K_5 y $K_{3,3}$ no son planos, y por tanto un grafo que los contenga como subgrafos tampoco lo sería; de hecho, existe una especie de resultado recíproco (salvo homeomorfismo) que caracteriza los grafos planos:

Teorema 10.8. *Kuratowski Un grafo es plano si y solo si no contiene ningún subgrafo homeomorfo ni a K_5 ni a $K_{3,3}$.*

Ejercicio 49. *Demuéstrese que el **grafo de Petersen** dado a continuación no es plano, al contener un subgrafo homeomorfo a $K_{3,3}$:*

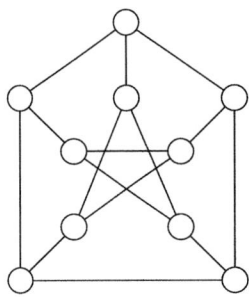

Para terminar esta sección, definiremos el grafo dual de un grafo plano:

Definición 85. *Dado un grafo plano G con v vértices y e aristas, cuya representación plana divide al plano en r regiones conexas, se denomina **grafo dual** G^* de G al grafo que tiene un nodo por cada región, y dos nodos del grafo dual se unen con una arista si existe una arista de G que hace de frontera entre ambas regiones.*

Nótese que esta construcción es muy similar a la que hizo Euler en el problema de los 7 puentes de Koenigsberg para transformar el mapa con el río y los puentes en un grafo. Esta construcción volverá a salir en la siguiente sección cuando veamos el grafo asociado a un mapa plano.

Es obvio que G y G^* tienen el mismo número de aristas, pero que G^* tiene r vértices y divide al plano en v regiones. Además G^* siempre es conexo (con posibles lazos), incluso aunque G no lo sea; en este caso G^* resulta ser un pseudografo, con posibles aristas múltiples y lazos (considérese por ejemplo G la unión disjunta de un triángulo y un segmento).

De hecho, si G es conexo entonces $(G^*)^*$ es isomorfo a G. Por ejemplo, si G consiste en dos vértices unidos por una arista, G^* consiste en un solo vértice con un lazo, y al hacer el dual del dual, obtenemos de nuevo dos vértices unidos por una arista.

El grafo dual es útil, aparte de para el coloreado de mapas que veremos en la siguiente sección, para detectar algunas propiedades que quizás sean más fáciles de detectar en G^* que en G; por ejemplo, se sabe que si G es conexo, entonces G es bipartito si y solo si G^* admite un circuito Euleriano (que como vimos anteriormente en muy fácil de comprobar).

10.7. Grafos coloreados

En esta sección veremos formas de asignar colores a nodos y aristas de un grafo no dirigido, y sus aplicaciones prácticas. Comenzaremos con la coloración de vértices, que suele ser la más usual.

Definición 86. *Se llama* **coloración** *(o coloreado) de un grafo G a una asignación de colores a los vértices, de manera que nodos adyacentes no tengan el mismo color. Un grafo con una coloración de los vértices se denomina* **grafo coloreado**.

El color es un concepto clásico en la teoría de grafos, pero puede ser cambiado por el de *etiqueta*, de manera que podríamos hablar de etiquetado de grafos, y de *grafos etiquetados*.

La coloración de grafos está estrechamente relacionada con el coloreado de mapas, donde las regiones se colorean de manera que regiones con frontera común tengan distinto color, para que se distinga fácilmente la frontera. En realidad, en un mapa plano se puede considerar el conjunto de trazos de las fronteras en el mapa como un grafo plano, donde las intersecciones de las fronteras serían los nodos, y los trozos de frontera serían las aristas. Este grafo lo podríamos denominar *grafo frontera*. En este caso, al mapa le podemos asociar un grafo plano, que es precisamente el grafo dual del grafo frontera, y el coloreado de este grafo se corresponde con el coloreado del mapa.

Obviamente siempre se puede colorear correctamente un grafo, sin más que usar una cantidad suficientemente grande de colores distintos (en el caso extremo, tantos colores como vértices). El problema interesante consiste principalmente en usar el número mínimo posible de colores.

Definición 87. *Se llama* **número cromático** $\chi(G)$ *de G al número mínimo de colores que se necesitan para colorear G.*

El siguiente resultado fue el primero que, a lo largo de la historia, se demostró con la ayuda del ordenador, para comprobar una gran cantidad de casos particulares, y debido a eso fue muy controvertido en su día:

Teorema 10.9. *Teorema de los cuatro colores Todo mapa plano puede colorearse con a lo sumo 4 colores.*

Por lo visto anteriormente, en términos de grafos este teorema se puede enunciar así:

> El número cromático de un grafo plano es menor o igual que 4.

Ejemplo 78. *Coloreado de mapas*

Se considera el siguiente mapa y su correspondiente mapa asociado:

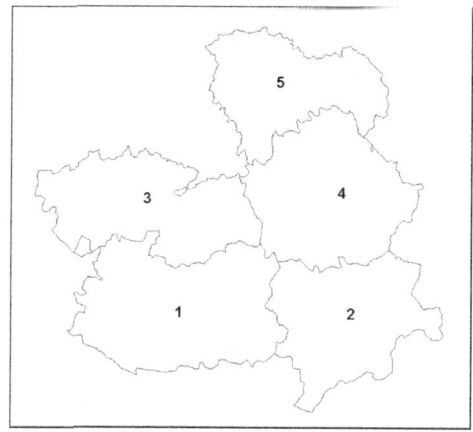

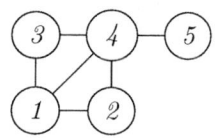

Se puede ver que existe una coloración con tres colores: el nodo 1 se colorea de azul, el nodo 4 de verde, y el resto de rojo. Además, es imposible usar menos de 3 colores, ya que al contener el grafo un triángulo K_3, necesariamente hay que usar 3 colores distintos para los tres vértices del triángulo.

Ejercicio 50. *Encuentra un mapa que no se pueda colorear con menos de 4 colores.*
Indicación: *considera un mapa cuyo grafo asociado sea el grafo completo K_4.*

Un grafo simple puede colorearse con el siguiente algoritmo de coloración:

Algoritmo 9. *Welsh–Powell*

1. *Se ordenan los nodos por orden decreciente de grado*

$$\delta(v_1) \geq \delta(v_2) \geq \cdots \geq \delta(v_n)$$

2. *Se asigna el color 1 a v_1, al primer vértice v_i de la lista que no sea adyacente a v_1 (si existe), al primer vértice que no sea adyacente ni a v_1 ni a v_i, y así sucesivamente hasta que recorramos la lista de vértices completa.*

3. *Se asigna el color 2 al primer vértice de la lista sin colorear (si existe), y se procede de la misma manera que con el color 1.*

4. *Se sigue así con nuevos colores, hasta que todos los vértices queden coloreados.*

Este algoritmo voraz, en realidad, puede emplear en algún caso más colores de los que son estrictamente necesarios. El número de colores que se usan finalmente depende de cómo se ordenen inicialmente los nodos (se pueden ordenar por orden creciente de grado, en un orden aleatorio, etc.). Se puede probar con diferentes ordenaciones de los nodos, y quedarse con la que nos dé un número menor de colores; sin embargo, no está garantizado que obtengamos el número mínimo de colores, salvo que probásemos con todas las ordenaciones posibles, lo cual es prohibitivo, al existir $n!$ ordenaciones posibles, si n es el número de nodos.

Con el mapa del ejemplo 78, los nodos ordenados por orden decreciente de grado serían por ejemplo

1, 4, 2, 3, 5

En este caso, podemos asignar el color azul a los nodos 1 y 5, el color rojo al nodo 4, y el color verde a los nodos 2 y 3. En este caso, es fácil ver que siempre nos salen 3 colores, con independencia de la ordenación inicial de los vértices.

Hay otros algoritmos de coloreado, con distintas estrategias, pero ninguno de ellos es eficiente, ni garantiza obtener el número mínimo posible de colores.

Ejercicio 51. *Se considera el grafo simple con 7 nodos definido por las siguientes listas de adyacencia:*

a: b,c,f,g
b: a,c,e
c: a,b,d
d: c,e,f
e: b,d,f
f: a,d,e,g
g: a,f

Comprueba que si se parte de la ordenación inicial a, f, b, c, d, e, g, solo hace falta usar 3 colores, mientras que si se usa la ordenación inversa g, e, d, c, b, f, a, entonces es necesario usar 4 colores.

Nótese que, puesto que el número cromático del grafo completo K_n es n, se deduce que si un grafo G lo contiene, su número cromático es mayor o igual que n. Por tanto, el número cromático de un grafo G es siempre mayor o igual que el máximo n tal que G contiene un grafo isomorfo a K_n.

Por otra parte, también existen cotas superiores para el número cromático; a modo de ejemplo enunciamos dos resultados:

Teorema 10.10. *Brooks Si G es un grafo conexo que no sea completo ni un ciclo de longitud impar, entonces $\chi(G) \leq \Delta(G)$, donde $\Delta(G)$ es el mayor grado posible de un vértice de G.*

Por ejemplo, el número cromático del grafo de Petersen es menor o igual que 3. El siguiente resultado acota el número cromático en función del número total de aristas del grafo:

Teorema 10.11. *Si G es un grafo simple con m aristas, entonces*

$$\chi(G) \leq \frac{1}{2} + \sqrt{\frac{1}{4} + 2m}$$

Por ejemplo, como el grafo de Petersen G tiene 15 aristas, aplicando la fórmula anterior se obtiene

$$\chi(G) \leq \frac{1}{2} + \sqrt{\frac{1}{4} + 30} = 6$$

Obviamente, nos quedaremos con la mejor de las cotas; de hecho el número cromático del grafo de Petersen es exactamente igual a 3, ya que contiene un subgrafo isomorfo a C_5 (ver ejercicio 52 en lo que sigue).

Ejercicio 52. *1. ¿Cuál es el número cromático de un grafo bipartito?*

2. Analiza, en función de n, cuál es el número cromático de una cadena L_n, un ciclo C_n, una estrella S_n, una rueda W_n, una malla $G_{m,n}$, y un hipercubo Q_n.

Ejercicio 53. *Hallar el número cromático, y la coloración correspondiente, de los siguientes grafos:*

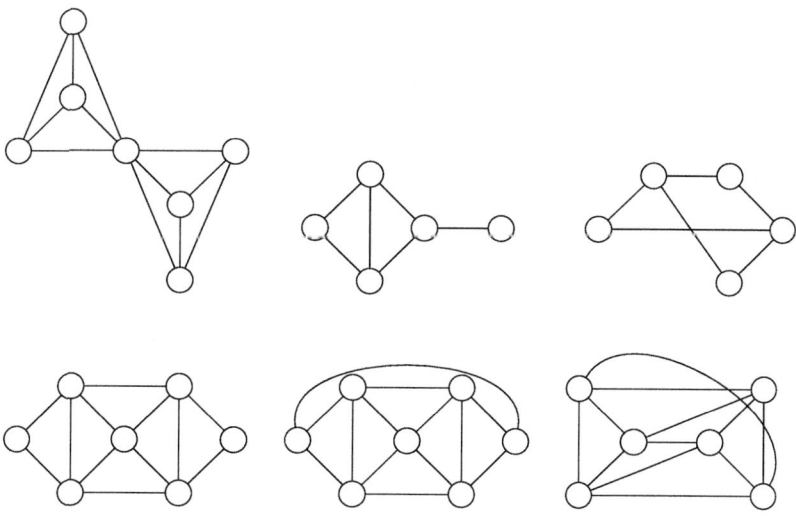

10.7.1. Coloreado de aristas

Aunque es menos usado, también se pueden colorear las aristas de un grafo no dirigido:

Definición 88. *Una coloración de aristas de un grafo no dirigido G es una asignación de colores a las aristas de manera que aristas incidentes con el mismo vértice no pueden tener el mismo color. De manera análoga, el número cromático por aristas $i(G)$ (llamado* **índice cromático***) de G sería el número mínimo de colores que se necesitan para colorear las aristas de un grafo.*

Si $\Delta(G)$ es mayor grado posible de un nodo de G, de la definición se deduce obviamente que

$$i(G) \geq \Delta(G)$$

De hecho, obviamente se da la igualdad si el grafo G es bipartito. En general se tiene el siguiente resultado, que no es válido para multigrafos:

Teorema 10.12. *Vizing Si G es un grafo simple entonces $i(G) \leq \Delta(G) + 1$.*

En consecuencia, en relación con la coloración de aristas, hay dos tipos de grafos simples:

Clase 1: si $i(G) = \Delta(G)$.

Clase 2: si $i(G) = \Delta(G) + 1$.

Desafortunadamente, no existe ningún algoritmo eficiente para decidir si un grafo es de clase 1 o de clase 2. Tampoco existe ningún algoritmo eficiente para colorear las aristas de un grafo.

Ejercicio 54.   *1. ¿Cuál es el índice cromático del grafo de Petersen?*

   2. Analiza, en función de n, cuál es el número cromático de una cadena L_n, un ciclo C_n, una estrella S_n, una rueda W_n, una malla $G_{m,n}$, y un hipercubo Q_n.

Nota 65. *Aplicaciones de los grafos coloreados*

El coloreado de grafos tiene una gran variedad de aplicaciones en problemas relacionados con planificación y asignación. *A modo de ejemplo:*

- *Programación de* **calendarios de eventos** *de manera que se eviten coincidencias no deseadas. Por ejemplo, programar exámenes de manera que asignaturas con alumnos en común no coincidan en la misma fecha, planificación de horarios de manera que a una persona no le coincidan dos clases a la misma hora, etc.*

- **Asignación de frecuencias** *de radio o canales de televisión, de manera que dos emisoras dentro de un radio de seguridad (por ejemplo 100km) no puedan operar con la misma frecuencia, para evitar interferencias.*

- *La coloración de aristas pueden aplicarse en la planificación de partidos en una liga deportiva; por ejemplo, los nodos serían equipos (de fútbol, por ejemplo), y las aristas serían los partidos que se tienen que jugar. Cada color de las aristas sería una fecha para celebrar los partidos (jornadas), de manera que un equipo no tenga que jugar más de un partido en cada jornada, y obviamente que jueguen todos contra todos (en ese caso, el grafo sería el grafo completo K_n con n nodos, si n es el número de equipos participantes).*

10.8. Árboles

En esta última sección estudiaremos un tipo especial de grafos de gran utilidad, y que se emplean muchos contextos de la vida real.

Definición 89. *Un* **árbol** *es un grafo simple, no dirigido, conexo y acíclico.*

En la definición anterior, si eliminamos la condición de ser conexo, obtendríamos una unión finita de componentes conexas que son árboles; en este caso el grafo se denomina **bosque**. Esta definición intrínseca de árbol puede caracterizarse de la siguiente manera:

Teorema 10.13. *Un grafo simple es un árbol si y solo si para cada par de nodos existe un único camino simple que los une.*

Veamos algunos ejemplos de árboles:

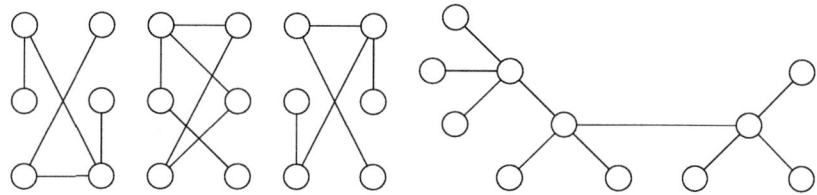

Un resultado interesante respecto de los árboles es el siguiente, que relaciona el número de nodos y de aristas.

Teorema 10.14. *Un árbol con n nodos tiene $n-1$ aristas.*

Nota 66. *Si un grafo simple tiene n nodos con menos de $n-1$ aristas no puede ser conexo, y con n aristas o más, necesariamente contiene algún ciclo.*

Los árboles suelen usarse para representar una estructura jerárquica: árbol de directorios, mandos de una empresa, árboles genealógicos, árboles de decisión ...

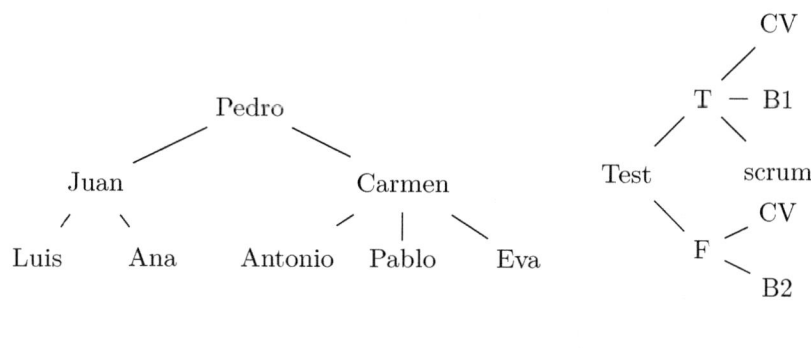

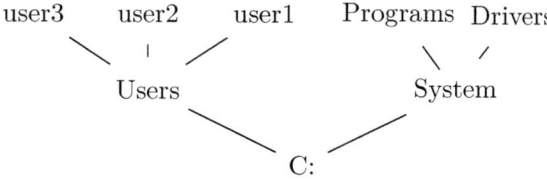

La definición siguiente es la forma de introducir una jerarquía entre los nodos de un árbol:

Definición 90. *Un* **árbol con raíz** *es un árbol en el que uno de los nodos se ha etiquetado como raíz (**root**), de modo que todas las aristas se orientan alejándose de la raíz.*

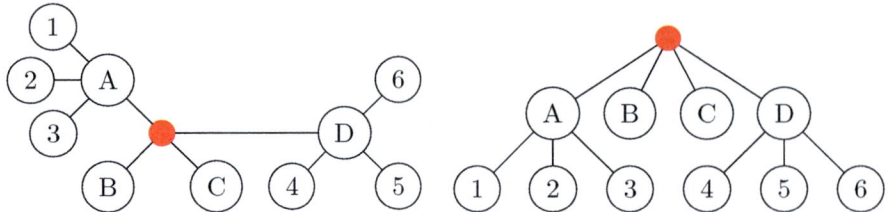

Para evitar la orientación de las aristas, se suelen disponer los nodos por **niveles**, de manera que a nivel cero está la raíz, a nivel 1 los nodos adyacentes a la raíz, y así sucesivamente. El número de niveles (excluido el nivel cero) se denomina **altura** del árbol.

La terminología que se usa en los árboles tiene su origen en la Biología:

- Para un nodo v distinto de la raíz, el **padre** es el único nodo u adyacente a v en dirección a la raíz (es decir, tal que exista una arista orientada de u a v).

- Cuando u es el padre de v, se dice que v es **hijo** de u.

- Los **antecesores** de un nodo v son todos los vértices que aparecen en el (único) camino desde la raíz hasta v (incluyendo la raíz y excluyendo v).

- Los **descendientes** de v son todos aquellos nodos para los que v es antecesor.

- Para cada nodo v, se llama **subárbol** con raíz v al árbol con raíz v que contiene a todos los descendientes de v y las correspondientes aristas incidentes.

- Se llama **hoja** (también rama, o nodo terminal) a todo nodo que no tenga hijos; en caso contrario, se denomina **nodo interno** (incluida la raíz, excepto el caso extremo en que haya un solo vértice, que sería una hoja).

La altura del árbol se puede definir alternativamente como la longitud máxima de un camino desde la raíz hasta una hoja. Veamos algunas definiciones relativas a árboles con raíz.

Definición 91.   ■ *Un árbol con raíz se llama m-**ario** si todos los nodos internos tienen a lo sumo m hijos.*

   (a) Si todo nodo interno tiene exactamente m hijos, se trata de un árbol m-ario completo.

   (b) Si m = 2, se denomina **árbol binario***.*

■ *Un* **árbol ordenado** *con raíz es un árbol con raíz en que se establece un orden en los hijos de cada nodo interno.*

   • *En el caso de un árbol ordenado binario, el primer hijo se denomina hijo izquierdo, y el segundo se denomina hijo derecho. Análogamente se puede hablar del subárbol izquierdo y el subárbol derecho.*

■ *Un árbol con raíz de altura h es* **balanceado** *(o equilibrado) si todas sus hojas están a nivel h ó h − 1.*

Existen muchos resultados combinatorios sobre los árboles con raíz, por ejemplo:

Proposición 5.   ■ *Un árbol m-ario de altura h tiene como mucho m^h hojas. En particular, un árbol binario de altura h tiene a lo más 2^h hojas. En ambos casos, se da la igualdad si y solo si el árbol es completo.*

MATEMÁTICA DISCRETA

- *Un árbol m-ario completo con k nodos internos tiene exactamente $n = km + 1$ nodos. En el caso binario, el número de nodos es exactamente $n = 2k + 1$.*

Nota 67. *Entre las aplicaciones más importantes de los árboles, se encuentran varios algoritmos de ordenación de listas, y de búsqueda de un elemento en una lista ordenada. Para ello se usan árboles binarios de búsqueda.*

*Los árboles con raíz pueden usarse para modelar problemas en los que una serie de decisiones llevan a la solución (**árboles de decisión**, binarios o no).*

- **Ejemplo:** *En un conjunto de 7 monedas, todas pesan igual menos una moneda falsa, que pesa menos que las demás; queremos dar un algoritmo que encuentre la moneda falsa con el mínimo número posible de pesadas. Para ello se va a usar un árbol ternario; el proceso es el siguiente: se separa una moneda y se pesan en la balanza dos grupos de tres monedas. En esta primera pesada hay 3 posibles resultados:*

  (A) El primer grupo de monedas pesa más, en cuyo caso la moneda falsa está en el segundo grupo, y hace falta una segunda pesada.

  (B) Los dos grupos pesan igual, en cuyo caso la moneda que no se ha puesto en la balanza es la falsa, y se termina el proceso.

  (C) El segundo grupo de monedas pesa más, en cuyo caso la moneda falsa está en el primer grupo, y hace falta también una segunda pesada.

  Si hace falta una segunda pesada, una vez que sabemos en qué grupo de tres monedas está la falsa, separamos una de ellas y comparamos las otras dos en la balanza, dando lugar a tres casos similares a los anteriores. Dejamos al lector como ejercicio dibujar el árbol con el proceso que hemos seguido.

El desarrollo de cierto tipo de juegos puede modelarse también mediante una estructura de árbol.

- **Ejemplo:** *un jugador lanza tres monedas de forma consecutiva, y gana la partida en cuando dos de los resultados son **cara**, y pierde en cuanto dos de los resultados sean **cruz**. Dejamos también al lector como ejercicio dibujar el árbol (binario) con los posibles desarrollos del juego.*

10.8.1. Algoritmos transversales

Los árboles ordenados con raíz se usan con frecuencia para almacenar información (tal es el caso del árbol de directorios de un ordenador). En consecuencia, se necesitan algoritmos (llamados transversales) para recorrer los nodos de un tal árbol, por ejemplo para buscar un elemento determinado (en el ejemplo de un ordenador, para buscar un fichero en el disco duro).

Existen básicamente 3 algoritmos de recorrido en un árbol con raíz, definidos de forma recursiva; así sea un árbol T con raíz r, y sean $T_1, \ldots, T_k$ los subárboles de dicha raíz:

Preorden: Primero se visita r, y luego $T_1, \ldots, T_k$ en preorden.

Inorden: Primero se visita T_1 en inorden, luego r, y luego $T_2, \ldots, T_k$ en inorden.

Postorden: Primero se visitan $T_1, \ldots, T_k$ en postorden, y finalmente se visita r.

Nótese que si solo hay un nodo, el recorrido es trivial en cualquier caso, con lo que el proceso recursivo termina.

Ejemplo 79. *Se considera el siguiente árbol con raíz:*

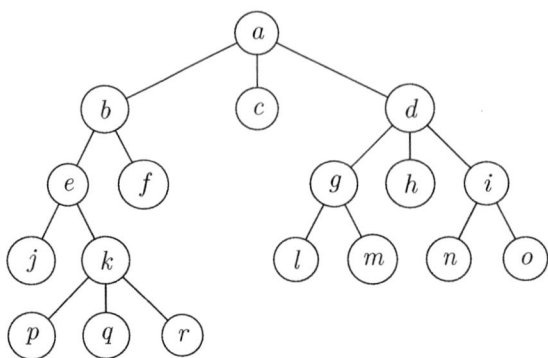

- *Recorrido en* **preorden***: a b e j k p q r f c d g l m h i n o*

- *Recorrido en* **inorden***: j e p k q r b f a c l g m d h n i o*

- *Recorrido en* **postorden***: j p q r k e f b c l m g h n o i d a*

10.8.2. Árboles de expansión

Definición 92. *Dado un grafo simple G, se llama* **árbol de expansión** *de G (también llamado generador o recubridor) a todo subgrafo de G que sea un árbol y contenga a todos los nodos de G.*

Teorema 10.15. *Un grafo simple es conexo si y solo si admite un árbol recubridor.*

Una posible aplicación consiste en conectar n nodos con el mínimo número posible de aristas, a elegir entre un conjunto de posibles aristas dado. Hay dos tipos de algoritmos para hallar un árbol generador, partiendo de un nodo cualquiera v como raíz:

- **Búsqueda en profundidad:** a partir de v se intenta incluir todos los nodos en una cadena; si no es posible, a partir del nodo final se hace vuelta atrás y se intenta seguir a partir de un nodo anterior.

- **Búsqueda en anchura:** se toman todas las aristas incidentes con v, y así sucesivamente con los nodos adyacentes hasta incluir a todos los nodos de G.

Ejemplo 80. *En el ejemplo siguiente, vamos a buscar un árbol recubridor a partir del nodo en color rojo. En el primer caso se ha encontrado mediante un algoritmo de búsqueda en profundidad, mientras que en el segundo se ha usado un algoritmo de búsqueda en anchura.*

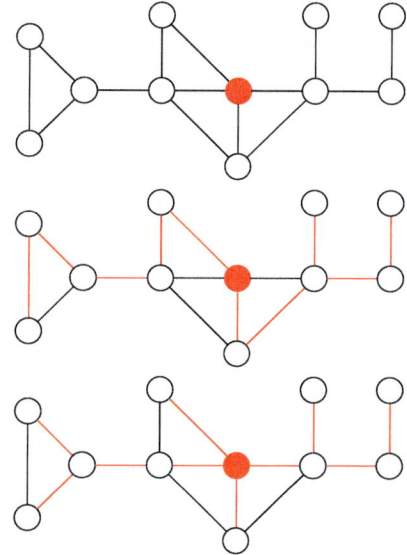

En el caso de un **grafo ponderado**, en el que las aristas tienen asignados unos pesos (longitudes, costes, etc.), nos puede interesar el árbol de exansión con peso mínimo, de entre todos los posibles árboles recubridores. Un tal árbol se denomina **árbol de expansión minimal**.

Hay dos algoritmos clásicos para encontrar un árbol de expansión minimal, a partir de un grafo simple ponderado:

Algoritmo de Prim:

```
T := arista de peso minimal
for i from 1 to n-2 do
    buscar arista con peso minimal e
        incidente con T y que no forme ciclo con T
    T := T + e
```

Algoritmo de Kruskal:

```
T := grafo sin nodos
for i from 1 to n-1 do
    buscar arista con peso minimal e
        que no forme ciclo con T
    T := T + e
```

Ejemplo 81. *Vamos a buscar un árbol de expansión minimal en el siguiente grafo ponderado:*

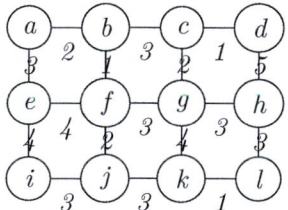

Aplicaremos en primer lugar el algoritmo de Prim, añadiendo las aristas en este orden:
ae-ab-bf-fj-bc-cd-dh-hg-gk-kl-ei

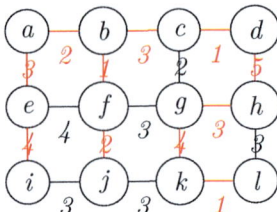

Peso TOTAL: *20*

Aplicamos ahora el algoritmo de Kruskal, eligiendo las aristas en este orden:
ae-fj-cd-gh-ab-bc-bf-dh-kl-ij-jk

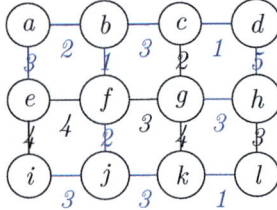

Peso TOTAL: *20*

Vemos que el árbol recubridor puede no ser único, dependiendo además de elecciones aleatorias, aunque todos ellos tienen finalmente el mismo peso, de ahí el término minimal.

10.9. Grafos y redes sociales

En esta sección estudiaremos los grafos que modelas las llamadas redes sociales, de enorme actualidad. Algunos autores llaman *redes complejas* a estos grafos, por su gran tamaño, y nos centraremos en los parámetros y algoritmos que son de interés en este tipo de modelos. En este modelo, los nodos representan a personas pertenecientes a la red social en cuestión (Facebook, Twitter, Instagram, Linkedin, ReseachGate, etc.), y las aristas representan relaciones entre ellos (amistad, colaboración, seguimiento, etc.).

En lo que sigue, supondremos que tenemos un grafo $G = (V, E)$ que representa una red social con n nodos y e aristas. En principio G será un grafo simple, aunque muchas de las definiciones pueden adaptarse a grafos dirigidos. Supondremos también por simplicidad que el grafo es conexo, es decir, que siempre hay un camino entre dos nodos cualesquiera del grafo en estudio. En caso contrario, a las componentes conexas de la red social se las denomina *islas*.

10.9.1. Centralidad por grado

Nos interesa en primer lugar buscar los nodos más influyentes (influencers) dentro de la red. Para ello, lo primero que se nos ocurre es estudiar el grado de los nodos, es decir, el número de aristas que inciden en un nodo particular, lo que indica qué nodos están más conectados con el resto de la red:

- Los nodos más influyentes son los que tienen grados más altos; en particular, nos interesa el **grado máximo** de la red, así como localizar los nodos con grados más altos.

- El **grado medio**, es decir, la media de los grados de los nodos, nos mide el grado de cohesión de la red. Nótese que, aplicando el teorema del **handshaking**, el grado medio es $2e/n$.

Nota 68. *En el caso de digrafos, estos conceptos se aplican a los grafos salientes y entrantes, pero de cara a localizar influencers, nos interesa más el caso del grado entrante, es decir, se trata de localizar los nodos con más seguidores.*

10.9.2. Excentricidad

Se denomina camino geodésico o **geodésica** a todo camino de longitud mínima entre dos nodos, siendo la longitud simplemente el número de aristas del camino. Nótese que entre dos nodos puede haber más de un camino geodésico, pero todos tienen la misma longitud.

Se denomina **distancia** entre dos nodos $d(P, Q)$ a la longitud de cualquiera de las geodésicas que conectan P y Q.

Llamamos **excentricidad** de un nodo P a la mayor distancia entre P y otro nodo cualquiera del grafo.

La mayor excentricidad de un grafo se denomina **diámetro**; en otras palabras, es la longitud del camino geodésico más largo posible en el grafo. Los nodos con mayor excentricidad se pueden considerar en la **periferia** del grafo, mientras que los de menor excentricidad se pueden considerar el centro o núcleo del mismo; estos últimos son los que en menos pasos pueden llegar a la totalidad de los nodos del grafo, por ejemplo si nos interesa difundir una información.

Por último, se denomina **camino característico** (en Inglés *average path length*) a la longitud media de un camino geodésico. Las medias se calculan sobre el número total de parejas del grafo. En caso de que el grafo no fuese conexo, la distancia entre dos nodos que no se pueden conectar con un camino están a distancia infinita (∞), y esta media se haría sobre todas las parejas a distancia finita.

Nota 69. *En el caso de digrafos, los caminos que interesan son los caminos entrantes en cada nodo. Nótese que, en este caso, los caminos deben respetar el sentido de las aristas o arcos.*

10.9.3. Densidad

Se supone que los grafos con más cantidad de aristas son las más cohesionados. Esto tendrá interés en la detección de comunidades, que veremos más adelante.

En primer lugar, si un grafo tiene n nodos, el número total de aristas posibles es el número combinatorio

$$\binom{n}{2} := \frac{n(n-1)}{2}$$

es decir, el número de parejas posibles con n elementos (combinaciones sin repetición). Recuérdese que, si un grafo tiene todas las aristas posibles, se trata de un grafo completo (también llamado *clique*).

Dado un grafo G con n nodos y e aristas, la **densidad** de G se define como

$$\delta(G) := \frac{2e}{n(n-1)}$$

Se dice que un grafo es **disperso** (en inglés *sparse*) si existe una constante $c \leq 10$ tal que

$e \leq c \cdot n$. En caso contrario el grafo se considera *denso*, más o menos según su densidad sea o no próxima a 1.

Este concepto de densidad es global, y se puede aplicar también a los digrafos, con la única diferencia de que el número total posible de aristas orientadas es $n(n-1)$, y por tanto se tendría que $\delta(G) := \dfrac{e}{n(n-1)}$.

Esta definición puede aplicarse también a un subgrafo S de G, formado por un subconjunto de nodos y las aristas internas inducidas en ese subconjunto. Típicamente, estos subgrafos son o bien el conjunto de vecinos de un nodo dado, o una comunidad de usuarios con intereses comunes.

Por ejemplo, dado un nodo P del grafo, se considera el subgrafo S formado por P y sus nodos adyacentes (vecinos). Entonces, se denomina **coeficiente de agrupamiento** (clustering coefficient) de P a la densidad del subgrafo S. Se denota por $C(P)$, y mide cuánto de cohesionada está la red en el entorno de este nodo.

Se puede demostrar que, en el caso de grafos simples, esta cantidad coincide con la densidad de los triángulos en S, es decir, la ratio entre el número de triángulos existentes en S con P en uno de los vértices y el número total posible de triángulos en S con P en uno de los vértices (es decir, $\delta(P)(\delta(P)-1)/2$, donde $\delta(P)$ en este caso es el grado de P).

Si hacemos la media de los coeficientes de agrupamiento de todos los nodos de G, obtendríamos el llamado *coeficiente de agrupamiento del grafo*:

$$C(G) = \frac{1}{n} \cdot \sum_{P \in V} C(P)$$

Nota 70. *Hay un fenómeno conocido como "fenómeno del pequeño mundo", que ocurre cuando entre dos nodos cualesquiera existe siempre (o casi siempre) un camino "corto" entre ellos. Esto suele ser consecuencia de una combinación entre alta densidad, camino característico corto, y alto coeficiente de agrupamiento. A modo de ejemplo, un estudio [35] sobre 700 millones de usuarios de Facebook muestra que la distancia media entre dos usuarios es 4, 74, es decir, que entre ellos solo hay 4 nodos intermedios, en media estadística.*

Por otra parte, se conjetura que entre dos personas cualesquiera en un país existen como mucho 6 grados de separación, es decir, que se puede establecer una cadena de "conocidos" de manera que en un número reducido de pasos ambas personas están conectadas. Esta conjetura surgió en 1967 tras una experimento sociológico que se realizó en Estados Unidos.

10.9.4. Medidas de centralidad

Hay tres medidas para un nodo que miden cómo de central es el nodo: por cercanía, por intermediación y por vector propio (en Inglés, *closeness*, *betweeness centrality*, y *eigenvector centrality*, respectivamente). Sea un nodo $P = p_k$:

Closeness: Se define $C_C(p_k)$ mediante la fórmula

$$1/C_C(p_k) := \sum_{i=1}^{n} d(p_i, p_k)$$

Es decir, el inverso de la suma de las distancias geodésicas al resto de nodos.

Betweeness: Se define como $C_B(p_k) := \displaystyle\sum_{i<j}^{n} I_{i,j}(p_k)$, donde

$$I_{i,j}(p_k) := \frac{g_{i,j}(p_k)}{g_{i,j}}$$

y $g_{i,j}(p_k)$ es el número de caminos geodésicos entre p_i y p_j que pasan por p_k, mientras que $g_{i,j}$ es el número total de geodésicas entre p_i y p_j.

En otras palabras, esta centralidad mide cuánto de probable es que las geodésicas pasen por el nodo p_k. De ahí el término *intermediación*.

Eigenvector: El vector de centralidades $\mathbf{p} = (C_{VP}(p_1), \ldots, C_{VP}(p_n))$ se calcula como una solución del sistema lineal de ecuaciones

$$(A' - I_n) \cdot \mathbf{p} = 0$$

donde A' es la traspuesta de la matriz de adyacencia del grafo, e I_n es la matriz identidad $n \times n$. En términos de álgebra lineal, $\mathbf{p}$ es un vector propio de A' asociado al valor propio $\lambda = 1$.

Recordemos que la matriz de adyacencia del grafo en la posición (i, j) vale 1 si existe una arista de p_i a p_j y 0 en caso contrario. Nótese que si el grafo es no dirigido, la matriz es simétrica, en cuyo caso A' coincide con la matriz de adyacencia.

Nota 71. *En el caso de digrafos, solo nos interesan en la closeness centrallity (para cada nodo) los caminos entrantes. Además, por simplicidad se supone que el digrafo es fuertemente conexo, pues en caso contrario solo deben considerarse las parejas de nodos a distancia finita. Para la* betweeness centrality *habría que hacer la suma, para todo par de índices i, j, sin la restricción $i < j$.*

10.9.5. Algoritmo de Floyd–Warshall

Este algoritmo lo haremos a partir de la matriz de pesos $D = (d_{ij})$, donde $d_{ii} = 0$, y si $i \neq j$, $d_{ij} = 1$ cuando los nodos i, j son adyacentes, y $d_{ij} = \infty$ en caso contrario. En otros contextos, con multigrafos, se podría realizar con la matriz D análoga, en la que d_{ij} es el peso de la arista correspondiente, o bien $d_{ij} = \infty$ si no hay arista. El objetivo del algoritmo es encontrar las distancias geodésicas entre todos los pares de nodos, junto con una matriz que nos permita hallar uno de los caminos geodésicos correspondientes.

Aparte de la matriz D incializamos otra matriz C donde $c_{ij} = i$, en la cual, cuando terminemos el algoritmo, tendremos el penúltimo nodo de un camino óptimo que une los nodos i y j, salvo $c_{ii} = i$. La matriz C final nos permitirá reconstruir de forma recursiva un camino óptimo (geodésico) para ir conectar dos nodos cualesquiera.

Los pasos del algoritmo de Floyd–Warshall son los siguientes:

- Para $1 \leq k \leq n$, $1 \leq i \leq n$ y $1 \leq j \leq n$:
    - Si $d_{ik} + d_{kj} < d_{ij}$ entonces $d_{ij} = d_{ik} + d_{kj}$ y $c_{ij} = c_{kj}$.
    - En caso contrario, dejamos las matrices como están.

Ejemplo 82. *Se considera la matriz de pesos*

$$D = \begin{pmatrix} 0 & 1 & \infty & \infty \\ 1 & 0 & 1 & \infty \\ \infty & 1 & 0 & 1 \\ \infty & \infty & 1 & 0 \end{pmatrix}$$

Al finalizar el algoritmo tenemos la matriz de distancias

$$D = \begin{pmatrix} 0 & 1 & 2 & 3 \\ 1 & 0 & 1 & 2 \\ 2 & 1 & 0 & 1 \\ 3 & 2 & 1 & 0 \end{pmatrix}$$

y la matriz de nodos intermedios

$$C = \begin{pmatrix} 1 & 1 & 2 & 3 \\ 2 & 2 & 2 & 3 \\ 2 & 3 & 3 & 3 \\ 2 & 3 & 4 & 4 \end{pmatrix}$$

Por ejemplo, si queremos ir del nodo 1 al 4, vemos en D que la distancia es 3, y que se llega al nodo 4 desde el nodo 3. Siguiendo el hilo, del 1 al 3 se llega desde el 2, y del 1 al 2 se llega directamente mediante una arista desde el 1, reconstruyendo el camino geodésico $1, 2, 3, 4$.

10.9.6. Detección de comunidades

De una manera imprecisa, definiremos una comunidad dentro de una red a un conjunto de nodos cuya densidad de las relaciones internas es alta. Depende del umbral utilizado para considerar esta densidad "alta", obtendremos un mayor o menor número de comunidades.

Este tema es complejo, y además los autores no se ponen de acuerdo en si las comunidades son disjuntas o pueden tener solapamientos, es decir, si algunos nodos pueden pertenecer simultáneamente a varias comunidades. En este apartado, y por simplicidad, consideraremos particiones de redes en comunidades disjuntas. También para simplificar la nomenclatura, a un subgrafo completo lo llamaremos *clique*.

Para una partición dada, hay dos números que miden lo buena que es la partición:

- **Modularidad:** dada una partición se calcula

$$Q = \frac{1}{2m} \sum_{i=1}^{n} \sum_{j=1}^{n} (A_{ij} - \frac{k_i k_j}{2m}) \cdot \delta(p_i, p_j)$$

  donde A es la matriz de adyacencia, k_* representa el grado del nodo p_*, m es el número de aristas del grafo, n es el número de nodos del grafo, y la función δ vale 1 si ambos nodos están en la misma comunidad, y vale 0 en caso contrario.

- **Índice H (Surprise):** en este caso se calcula

$$H = -\log \sum_{j=p}^{\min(M,m)} \frac{\binom{M}{j}\binom{F-M}{m-j}}{\binom{F}{m}}$$

  donde F es el número máximo posible de aristas en el grafo, es decir $\binom{n}{2}$, m es (como antes) el número real de aristas del grafo, M es el número máximo posible de aristas "intracomunitarias" para esa partición, y p es el número real de aristas intracomunitarias.

Debido al signo menos del logaritmo, cuanto mayor sea H mejor será la partición de la red. Por defecto el logaritmo es neperiano, pero esto solo influye en una constante de proporcionalidad.

Existe muchos algoritmos para dividir una red en comunidades (o *clusters*); los más sencillos son los siguientes:

UVCluster: Se selecciona un nodo al azar, y se elige un nodo adyacente; si no existe, este nodo es aislado, forma una comunidad y se retira de la red, para proseguir de la misma forma con el resto de nodos.

Un nodo y su adyacente forman un clique; buscamos ahora un nodo que sea adyacente a ambos nodos, y se añade, buscando entonces un nodo que sea adyacente a estos tres, y así sucesivamente hasta que tengamos que parar; en ese caso, tenemos otra comunidad, que se retira de la red junto con las aristas que sean incidentes a alguno de los nodos eliminados, y continuamos con el resto de nodos.

El algoritmo termina cuando la red quede vacía, al haber retirado todas las comunidades posibles.

Nótese que para este algoritmo todas las comunidades obtenidas son cliques. Se puede cambiar la condición de clique con la de tener una densidad por encima de un cierto umbral $0 < \varepsilon < 1$, que se fija al principio del algoritmo.

SCluster: Se selecciona un nodo al azar y se forma un cluster con este nodo y todos sus adyacentes, retirándose de la red y procediendo de igual forma con el resto de nodos de la red.

En este caso, los clusters no necesariamente son cliques y el algoritmo es más rápido.

En lugar de elegir los nodos al azar, se podrían elegir mediante algún criterio, por ejemplo los de grado mayor, que se supone que tienen más influencia.

Algoritmo de Blondel: Este algoritmo tiene como objetivo maximizar la modularidad Q. Análogamente podríamos intentar optimizar el índice H.

Inicialmente cada nodo constituye una comunidad, y en cada iteración se recorren (en principio al azar) todos los nodos, comprobándose si al cambiar de comunidad el nodo correspondiente por la comunidad de alguno de sus vecinos, la modularidad de la partición aumenta; si es así, el nodo se mueve a la comunidad en la que la modularidad aumenta más, y en caso contrario se deja al nodo en la comunidad en donde está.

Este algoritmo voraz termina si en una iteración ningún nodo cambia de comunidad.

Nota 72. *Estos algoritmos se pueden iterar varias veces, ya que tienen una componenente aleatoria, y quedarse con la partición que obtenga una mejor puntuación, respecto de Q o H.*

Incluso estos algoritmos podrían ejecutarse en paralelo, y quedarse con el algoritmo que obtenga una mejor puntuación.

10.10. Aplicaciones de los grafos

En esta última sección profundizaremos un poco, a modo meramente ilustrativo, en algunas de las aplicaciones más significativas de los grafos. En caso de interés por parte del lector, le remitimos a bibliografía más especializada.

Camino más corto

Una de las típicas aplicaciones de los grafos es la búsqueda de un camino de longitud mínima entre dos puntos, por ejemplo, buscar el itinerario más corto, por carretera, entre dos ciudades. En este caso, el grafo identifica aristas con tramos de carretera, y los nodos con ciudades e intersecciones de carreteras. Para hallar el camino más corto, se asigna un número o peso a cada arista (la longitud del tramo de carretera), obteniendo un *grafo ponderado*. De esta manera, la longitud de un camino es la suma de los pesos de sus aristas, que es la cantidad que hay que minimizar.

En el caso de un mapa de carreteras, podemos asignar distintos pesos a los tramos de carretera: la longitud del tramo (en kilómetros) es lo más usual, pero también se puede asignar el coste estimado del tramo (en euros, según la longitud, la velocidad media, el coste de combustible, y la tasa de la autopista, en su caso), o el tiempo estimado para recorrerlo (en unidades de tiempo, dependiendo de la distancia y la velocidad media estimada). Respectivamente buscaríamos el camino más corto, el más económico, o el más rápido. Este problema de grafos se resuelve con el llamado **algoritmo de Dijkstra** (ver [27]).

Problema del viajante / Problema del cartero

El *problema del viajante* se plantea en un grafo ponderado, que normalmente corresponde a un mapa de carreteras, y consiste en encontrar un ciclo Hamiltoniano de longitud mínima, cuya interpretación es un viaje circular de longitud mínima que debe realizar un viajante para visitar todas y cada una de un conjunto de ciudades.

Este problema es muy complejo, y ningún algoritmo lo resuelve en tiempo razonable (polinomial), pues básicamente consiste en hacer una búsqueda exhaustiva entre todos los posibles caminos Hamiltonianos y quedarse con el más corto. En la práctica, se suelen usar *algoritmos aproximados*, que no siempre funcionan, y que no dan (en teoría) la solución óptima exacta, pero sí una que normalmente está cerca de ser óptima.

El *problema del cartero* consiste en hacer un recorrido óptimo por aristas, en vez de nodos, cuya interpretación es el recorrido que debe realizar un cartero para repartir cartas a lo largo de una serie de aristas (calles), ya que se supone que el cartero ha de visitar todos y cada uno de los portales de todas las calles asignadas. Este problema es aún más complejo de resolver que el problema del viajante.

Redes de transporte

Este problema trabaja con *redes dirigidas acíclicas*, es decir, digrafos conexos y sin ciclos tales que:

- Existe un único nodo, llamado **fuente**, cuyo grado de entrada es 0.

- Existe un único nodo, llamado **sumidero**, cuyo grado de salida es 0.

- El grafo es ponderado, con unos pesos enteros no negativos en las aristas $c(e)$, llamados **capacidades**.

En una tal red, el problema consiste en transportar una cantidad de datos (si es una red de datos), de manera que no se desborde en ningún tramo la capacidad de la red, y que no se pierda información en nigún nodo. La aplicación en redes de comunicaciones es obvia, pero también se puede aplicar en redes eléctricas, redes hidráulicas, etc.

Para ello se asigna a cada arista una cantidad $f(e)$ menor o igual que la capacidad (flujo), de manera que en todo nodo intermedio la suma de los flujos entrantes coincida con la suma de los flujos salientes. El problema es pues optimizar el *flujo máximo f* que puede transmitirse por dicha red.

Gestión de proyectos

Se trata de describir la ejecución de un proyecto mediante una serie de tareas (nodos), y unas relaciones de precedencia entre dichas tareas (aristas orientadas), que indican (por ejemplo) que la tarea B necesita ser realizada antes de comenzar la tarea A, con una arista orientada de A a B, etc.

En este caso, las duraciones de las tareas se indican con unos pesos en los nodos (tiempos de ejecución). El grafo no debería tener ciclos, por razones obvias, y se incluyen las tareas de inicio de proyecto (fuente) y final de proyecto (sumidero), de manera que tendríamos una red acíclica, pero con pesos en los nodos en vez de las aristas. En realidad, el grafo se puede simplificar eliminando las relaciones que se deducen por transitividad.

La clave del problema consiste en hallar lo que se conoce como la *ruta crítica* (CPM, del inglés *Critical Path Method*), que identifica las tareas que son "cuellos de botella" (críticas), que duran más, y que hacen esperar al resto de tareas. La versión probabilística de este método, que juega con holguras y posibles incertidumbres en los tiempos de ejecución, se denomina PERT (del inglés *Program Evaluation and Review Technique*).

Emparejamiento

Es un caso particular de problema de *asignación*, en el cual la asignación es unívoca, y además ningún elemento es asignado más de una vez (por ejemplo, en una agencia matrimonial, o en la asignación de puestos de trabajo dentro de una empresa).

En el caso más simple, tenemos un grafo bipartito, cuyas aristas marcan unas preferencias, y se trata de elegir un subconjunto de aristas tales que ningún par de aristas compartan nodo con ninguna de las dos partes del grafo. Si además todo nodo de la parte de "electores" pertenece a una arista, es decir, tiene efectivamente un nodo asignado, tendríamos lo que se denomina un *emparejamiento completo*.

El problema se complica si permitimos un orden de prioridad en la elección (por ejemplo, al elegir plaza en una oposición), o si los "objetos elegibles" también tienen una capacidad de establecer preferencias (por ejemplo en una agencia matrimonial, en cuyo caso se trataría de un digrafo), o también si el orden de prioridad (que es un número entero) se sustituye por una función de satisfacción (con valores reales).

10.11. Problemas sobre grafos

1. Contar el número de aristas de los siguientes grafos:

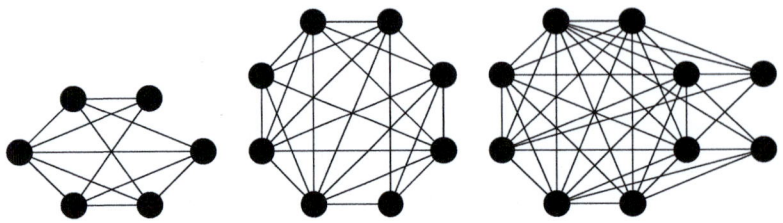

2. Determinar si los siguientes grafos son o no bipartitos:

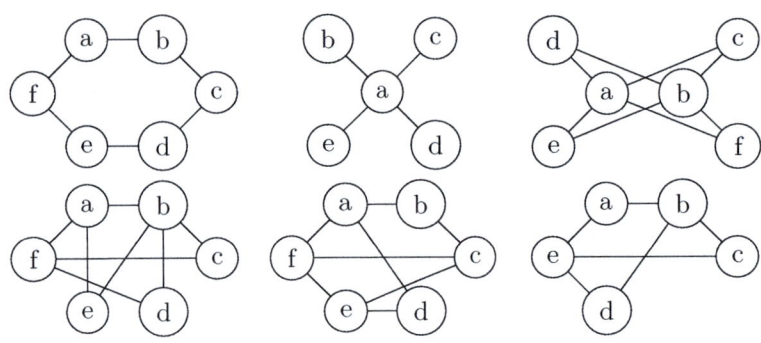

3. Representar los grafos del problema anterior mediante listas de adyacencia, matrices de adyacencia y matrices de incidencia.

4. Dibujar los grafos correspondientes a las siguientes matrices de adyacencia:

$$
\begin{bmatrix}
0 & 1 & 0 & 1 & 0 \\
1 & 0 & 1 & 0 & 1 \\
0 & 1 & 0 & 0 & 1 \\
1 & 0 & 0 & 0 & 1 \\
0 & 1 & 1 & 1 & 0
\end{bmatrix}
\qquad
\begin{bmatrix}
0 & 1 & 0 & 0 & 0 \\
1 & 0 & 1 & 1 & 1 \\
0 & 1 & 0 & 0 & 1 \\
0 & 1 & 0 & 0 & 0 \\
0 & 1 & 1 & 0 & 0
\end{bmatrix}
\qquad
\begin{bmatrix}
0 & 1 & 1 & 1 & 1 \\
1 & 0 & 0 & 0 & 0 \\
1 & 0 & 0 & 0 & 0 \\
1 & 0 & 0 & 0 & 0 \\
1 & 0 & 0 & 0 & 0
\end{bmatrix}
$$

5. Identificar en esta lista de grafos, de forma justificada, todas las parejas de grafos isomorfos:

6. Determinar qué grafos admiten un circuito o camino Euleriano, y hallarlo en su caso con el algoritmo de Fleury:

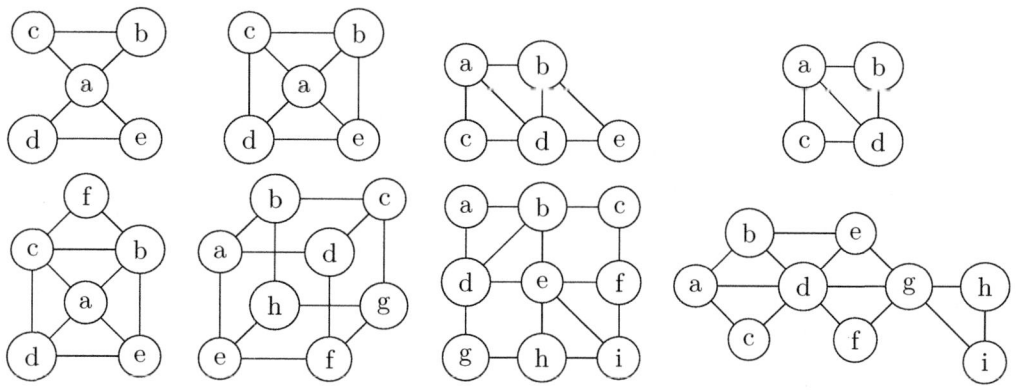

7. Determinar si los siguientes grafos admiten o no circuitos o caminos Hamiltonianos, y hallar tales caminos en caso de existir:

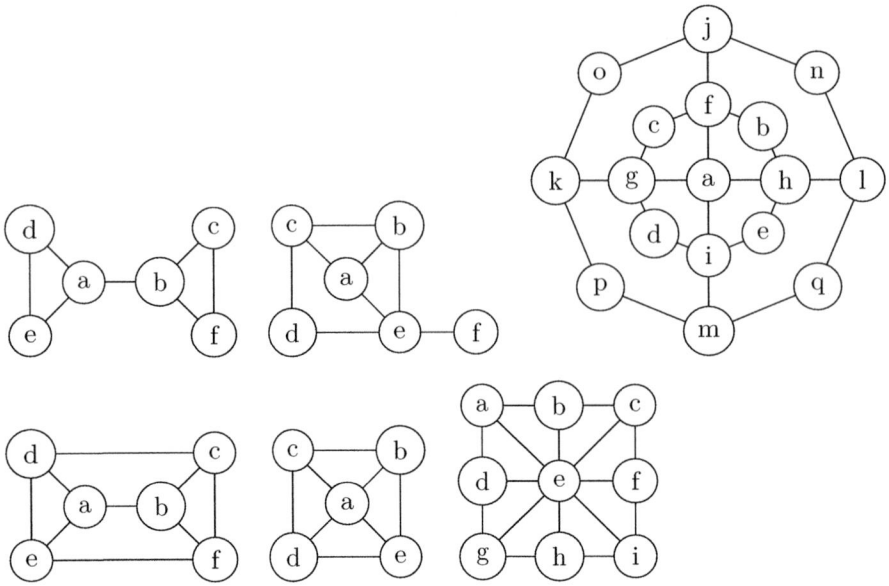

8. Haz los siguientes dibujos, si es posible, sin levantar el lápiz del papel ni pasar dos veces por el mismo trazo:

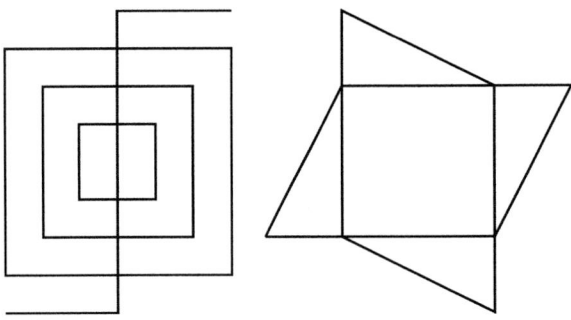

9. En el juego del **Ajedrez**, un *caballo* puede moverse en forma de L en cualquier dirección, es decir, 2 casillas en horizontal y 1 en vertical, o viceversa. Una **ronda de caballo** es una secuencia de movimientos válidos de un caballo visitando todas las casillas de un tablero sin repetir ninguna; si además acabamos en la casilla de partida, se dice que la ronda es cíclica.

La existencia de tales rondas depende del tamaño del tablero. Para una tablero $m \times n$ determinado, se le asocia un grafo donde los nodos se corresponden con las casillas, y las aristas con los movimientos válidos de un caballo. Obviamente, una ronda de caballo se corresponde con un circuito Hamiltoniano en dicho grafo, y con un circuito Hamiltoniano si la ronda es cíclica.

   a) Demostrar que no existe ninguna ronda de caballo en un tablero 3×3.

   b) Demostrar que existe una ronda de caballo en un tablero 3×4.

   c) Demostrar que no existe ninguna ronda de caballo en un tablero 4×4.

   d) Demostrar que para m y n positivos cualesquiera, el grafo asociado a un tablero $m \times n$ es bipartito.

   e) Demostrar que para m y n impares es imposible realizar una ronda cíclica de caballo en un tablero $m \times n$.

f) Demostrar que existe una ronda de caballo en un tablero 8×8.
Indicación: intentar, partiendo de cualquier casilla, moverse siempre a una casilla "libre" conectada con el mayor número posible de casillas sin usar.

10. Determinar de forma justificada cuáles de los siguientes grafos son planos, y redibujarlos sin cruces de aristas, a ser posible:

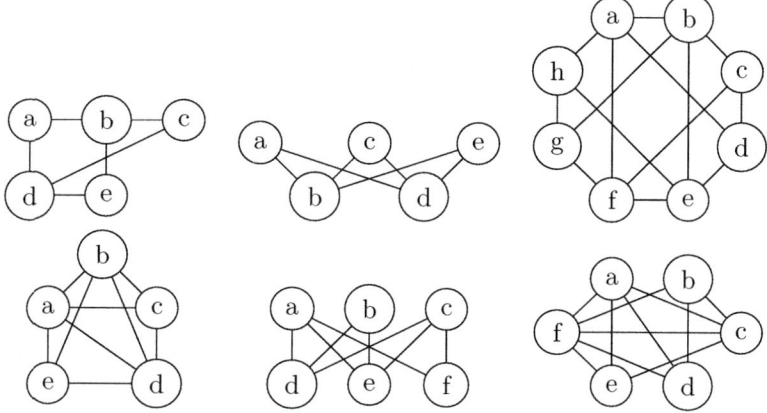

11. Hallar el número cromático del siguiente grafo, y colorearlo con el menor número posible de colores:

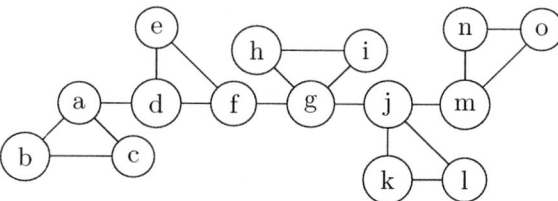

Dibujar un mapa cuyo grafo asociado sea el anterior, y colorearlo consecuentemente.

12. Dibujar un mapa con número cromático 2, otro con número cromático 3, y otro con número cromático 4, y colorearlo con el menor número posible de colores. Dibujar los grafos asociados, sin cruces de aristas.

13. Determinar cuáles de los siguientes grafos son árboles:

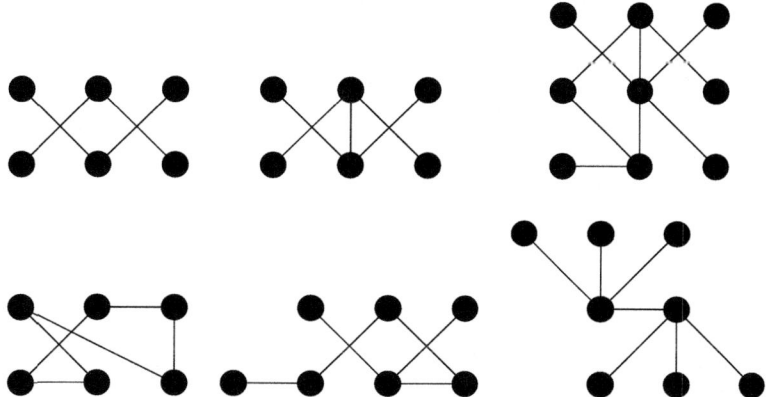

En los casos en que se trate de un árbol, fijar dos raíces diferentes, de manera que la altura del mismo sea máxima y mínima.

14. ¿Cuántas pesadas en una balanza se necesitan para encontrar una moneda más ligera de entre cuatro? Describe el grafo de un algoritmo para hallar dicha moneda con el número mínimo de pesadas.

15. Resolver el problema anterior si la moneda falsa puede ser más ligera o más pesada que el resto.

16. Resolver los problemas anteriores con un grupo de 8 monedas.

17. Recorrer los siguientes árboles en preorden, inorden y postorden:

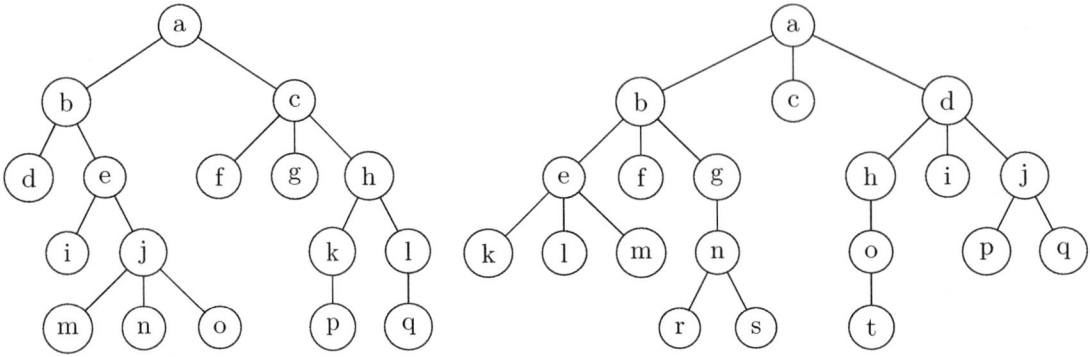

18. Hallar un árbol de expansión de los siguientes grafos conexos, tanto por búsqueda en profundidad como en anchura:

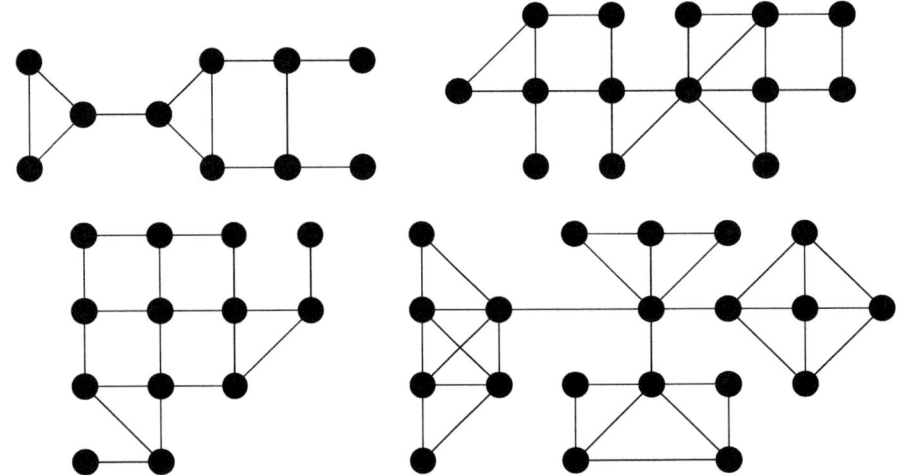

19. Hallar el grafo ponderado de las ciudades de Castilla y León, con sus conexiones directas por carretera, y la longitud de cada tramo. Determinar un árbol de expansión mínimo.
    Nota: incluir como nodo Tordesillas, intermedio a Valladolid, Zamora y Salamanca, y Aranda de Duero como nodo intermedio entre Segovia, Soria y Valladolid, para que la solución sea un poco más realista.

20. Repetir el problema anterior con el mapa de carreteras de Andalucía, buscando la solución más realista posible.

10.12. Prácticas con Python

En esta última sección veremos varios ejemplos de manejo de grafos con Python. Para ello necesitaremos importar el módulo `networkx`, así como `pyplot` para poder dibujar los grafos que se construyan:

```
import networkx as nx
import matplotlib.pyplot as plt
plt.axis('off')
```

La última línea es para que no aparezcan los ejes de coordenadas en los gráficos.

A continuación inicializamos un grafo (no dirigido) vacío con `Graph`, para a continuación añadir nodos y aristas:

```
A = nx.Graph()
A.add_node('A')
A.add_node('I')
A.add_node('B')
A.add_node('C')
A.add_edge('A','I')
A.add_edge('I','B')
A.add_edge('A','C')
A.add_edge('I','C')
A.add_edge('B','C')
```

Para dibujar el grafo construido, se usa la función `draw`, en la cual se puede jugar con las opciones y parámetros de los gráficos: colores y tamaños de nodos, colores de las aristas, la posición en que se colocan los nodos en el plano, si se imprimen etiquetas, etc. Por ejemplo, en el siguiente gráfico los nodos se disponen en posición circular:

```
nx.draw(A, node_color='cyan', node_size=1000, edge_color = 'red',
        pos = nx.circular_layout(A), with_labels = True)
```

En vez de dibujar los nodos en posición circular hay otras opciones como bipartite_layout (nodos en dos líneas), planar_layout (evita cruces de aristas, si es posible), random_layout (posiciones uniformemente aleatorias), shell_layout (nodos en círculos concéntricos), etc. Recomendamos ver la documentación de NetworkX [70] para personalizar las opciones de colores y otros parámetros.

El gráfico creado a partir de los comandos anteriores es el siguiente (se puede guardar la imagen en el ordenador con el botón derecho del ratón, o también ejecutar el comando `plt.savefig("path.png")`): Figura 10.1.

Veamos cómo acceder a las propiedades básicas de un grafo, como el número de nodos

```
>>> A.order()
4
```

el número de aristas

```
>>> A.size()
5
```

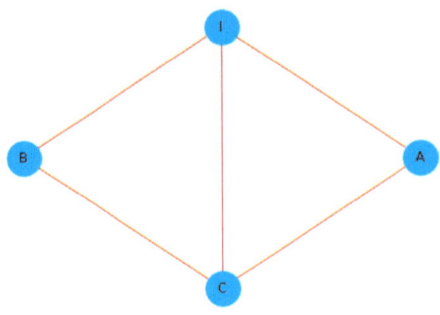

Figura 10.1: Grafo A.

las listas de nodos y aristas

```
>>> A.nodes()
['A', 'I', 'B', 'C']
>>> A.edges()
[('A', 'I'), ('A', 'C'), ('I', 'B'), ('I', 'C'), ('B', 'C')]
```

o la lista de los nodos adyacentes a un nodo dado

```
>>> A.neighbors('A')
['I', 'C']
```

En vez de **add** se puede escribir **remove** para eliminar nodos o aristas.

Podemos calcular la lista de grados de todos los nodos, en forma de diccionario, así como el grado de un nodo concreto:

```
>>> A.degree()
{'A': 2, 'B': 2, 'C': 3, 'I': 3}
>>> A.degree('I')
3
```

Digrafos: Podemos crear un grafo dirigido (digrafo) a partir del grafo simple anterior, creando dos arcos, uno en cada sentido, por cada arista inicial:

```
>>> H=nx.DiGraph(A)
>>> H.edges()
[('A', 'I'),
 ('A', 'C'),
 ('I', 'A'),
 ('I', 'B'),
 ('I', 'C'),
 ('B', 'I'),
 ('B', 'C'),
 ('C', 'A'),
 ('C', 'I'),
 ('C', 'B')]
```

Ahora podemos calcular el grado entrante (número de arcos que entran) y grado saliente (número de arcos que salen), para cada nodo fijado:

```
>>> H.out_degree()
{'A': 2, 'B': 2, 'C': 3, 'I': 3}
>>> H.in_degree()
{'A': 2, 'B': 2, 'C': 3, 'I': 3}
>>> H.out_degree('A')
2
>>> H.out_degree('C')
3
```

Aparte de los adyacentes, podemos acceder a los sucesores y predecesores de cada nodo:

```
>>> H.neighbors('A')
['I', 'C']
>>> H.successors('A')
['I', 'C']
>>> H.predecessors('A')
['I', 'C']
```

En este caso coinciden, ya que siempre hay aristas en los dos sentidos, pero para un digrafo genérico no tienen por qué coincidir. Construyamos ahora un digrafo a partir de uno vacío:

```
D = nx.DiGraph()
D.add_node(1)
D.add_nodes_from([2, 3])
D.add_nodes_from(range(4, 6))
D.add_edge(2, 1)
D.add_edges_from([(1, 2), (1, 3), (1, 4), (1, 5)])
```

Se deja al lector que calcule el grado de entrada y salida, así como los vecinos, predecesores y sucesores, de cada uno de los cinco nodos del digrafo D.

También se puede usar MultiGraph y MultiDiGraph para definir respectivamente multigrafos y multidigrafos (nos remitimos de nuevo a la documentación de NetworkX).

Nota 73. *La librería* `pyplot` *no dibuja muy bien digrafos ni multigrafos; para ello haría falta instalar la librería* `nxpd`, *que no viene de serie con la distribución anaconda, y que habría que instalar aparte con el comando* `pip`.

Veamos ahora cómo construir una serie de grafos especiales, que tienen sus propios constructores, como grafos completos, ciclos, parrillas (o mallas), hipercubos, líneas, estrellas o ruedas.

Grafos completos: Figura 10.2.

```
>>> K5=nx.complete_graph(5)
>>> K5.nodes()
[0, 1, 2, 3, 4]
>>> K5.edges()
[(0, 1),
```

```
   (0, 2),
   (0, 3),
   (0, 4),
   (1, 2),
   (1, 3),
   (1, 4),
   (2, 3),
   (2, 4),
   (3, 4)]
>>> nx.draw(K5, pos = nx.circular_layout(K5))
```

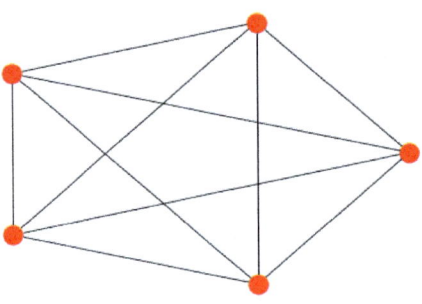

Figura 10.2: Grafo K5.

Ciclos: Figura 10.3.

```
>>> C5= nx.cycle_graph(5)
>>> C5.nodes()
[0, 1, 2, 3, 4]
>>> C5.edges()
[(0, 1), (0, 4), (1, 2), (2, 3), (3, 4)]
>>> nx.draw(C5, pos = nx.circular_layout(C5))
```

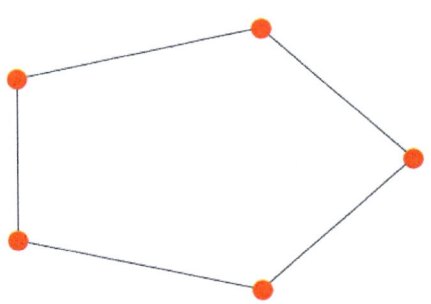

Figura 10.3: Grafo C5.

Mallas: Figura 10.4.

```
>>> R43= nx.grid_2d_graph(4,3)
>>> R43.nodes()
[(0, 0),
 (0, 1),
 (0, 2),
 (1, 0),
 (1, 1),
 (1, 2),
 (2, 0),
 (2, 1),
 (2, 2),
 (3, 0),
 (3, 1),
 (3, 2)]
>>> R43.edges()
[((0, 0), (1, 0)),
 ((0, 0), (0, 1)),
 ((0, 1), (1, 1)),
 ((0, 1), (0, 2)),
 ((0, 2), (1, 2)),
 ((1, 0), (2, 0)),
 ((1, 0), (1, 1)),
 ((1, 1), (2, 1)),
 ((1, 1), (1, 2)),
 ((1, 2), (2, 2)),
 ((2, 0), (3, 0)),
 ((2, 0), (2, 1)),
 ((2, 1), (3, 1)),
 ((2, 1), (2, 2)),
 ((2, 2), (3, 2)),
 ((3, 0), (3, 1)),
 ((3, 1), (3, 2))]
>>> nx.draw(R43, pos = nx.spectral_layout(R43))
```

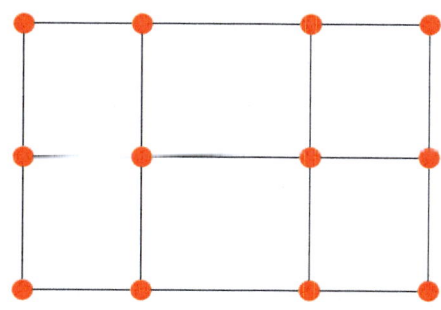

Figura 10.4: Grafo R43.

Hipercubos: Figura 10.5.

```
>>> Q3=nx.hypercube_graph(3)
```

```
>>> Q3.nodes()
[(0, 0, 0),
 (1, 0, 0),
 (0, 1, 0),
 (0, 0, 1),
 (1, 0, 1),
 (0, 1, 1),
 (1, 1, 0),
 (1, 1, 1)]
>>> Q3.edges()
[((0, 0, 0), (1, 0, 0)),
 ((0, 0, 0), (0, 1, 0)),
 ((0, 0, 0), (0, 0, 1)),
 ((1, 0, 0), (1, 1, 0)),
 ((1, 0, 0), (1, 0, 1)),
 ((0, 1, 0), (1, 1, 0)),
 ((0, 1, 0), (0, 1, 1)),
 ((0, 0, 1), (1, 0, 1)),
 ((0, 0, 1), (0, 1, 1)),
 ((1, 0, 1), (1, 1, 1)),
 ((0, 1, 1), (1, 1, 1)),
 ((1, 1, 0), (1, 1, 1))]
>>> nx.draw(Q3)
```

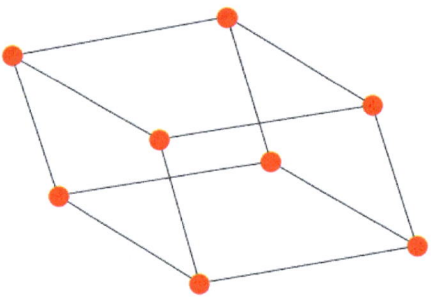

Figura 10.5: Grafo Q3.

Grafos lineales: Figura 10.6.

```
>>> L6=nx.path_graph(6)
>>> L6.nodes()
[0, 1, 2, 3, 4, 5]
>>> L6.edges()
[(0, 1), (1, 2), (2, 3), (3, 4), (4, 5)]
>>> nx.draw(L6, pos = nx.shell_layout(L6))
```

Estrellas: Figura 10.7.

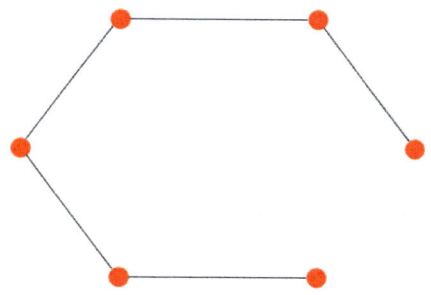

Figura 10.6: Grafo L6.

```
>>> S5=nx.star_graph(5)
>>> S5.nodes()
[0, 1, 2, 3, 4, 5]
>>> S5.edges()
[(0, 1), (0, 2), (0, 3), (0, 4), (0, 5)]
>>> nx.draw(S5)
```

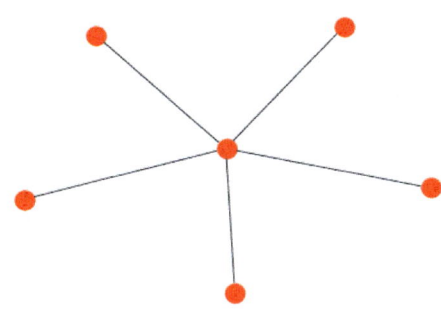

Figura 10.7: Grafo S5.

Ruedas: Figura 10.8.

```
>>> W6=nx.wheel_graph(6)
>>> W6.nodes()
[0, 1, 2, 3, 4, 5]
>>> W6.edges()
[(0, 1),
 (0, 2),
 (0, 3),
 (0, 4),
 (0, 5),
 (1, 2),
 (1, 5),
 (2, 3),
 (3, 4),
```

J. I. Farrán

```
(4, 5)]
>>> nx.draw(W6, pos=nx.bipartite_layout(W6))
```

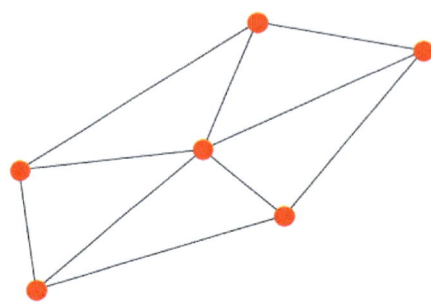

Figura 10.8: Grafo W6.

Representación matricial: Veamos ahora cómo representar un grafo por su matriz de adyacencia:

```
>>> M = nx.adjacency_matrix(A)
>>> print(M)
(0, 1)        1
  (0, 3)        1
  (1, 0)        1
  (1, 2)        1
  (1, 3)        1
  (2, 1)        1
  (2, 3)        1
  (3, 0)        1
  (3, 1)        1
  (3, 2)        1
```

La matriz de adyacencia es de tipo *sparse* (dispersa), es decir, solo se especifican las posiciones que no son nulas. Para convertirla en una matriz normal (densa), se escribe

```
>>> M.todense()
matrix([[0, 1, 0, 1],
        [1, 0, 1, 1],
        [0, 1, 0, 1],
        [1, 1, 1, 0]], dtype=int64)
```

Lo mismo sucede con la matriz de incidencia entre nodos y aristas:

```
>>> N = nx.incidence_matrix(A)
>>> print(N)
(0, 0)        1.0
  (1, 0)        1.0
  (0, 1)        1.0
  (3, 1)        1.0
```

```
(1, 2)        1.0
(2, 2)        1.0
(1, 3)        1.0
(3, 3)        1.0
(2, 4)        1.0
(3, 4)        1.0
>>> N.todense()
matrix([[ 1.,   1.,   0.,   0.,   0.],
        [ 1.,   0.,   1.,   1.,   0.],
        [ 0.,   0.,   1.,   0.,   1.],
        [ 0.,   1.,   0.,   1.,   1.]])
```

Listas de adyacencia: También podemos generar una lista de adyacencia, cuyas líneas podemos leer con un bucle:

```
GH = nx.lollipop_graph(4, 3)
for line in nx.generate_adjlist(GH):
    print(line)

0 1 2 3
1 2 3
2 3
3 4
4 5
5 6
6
```

El grafo anterior corresponden a la Figura 10.9.

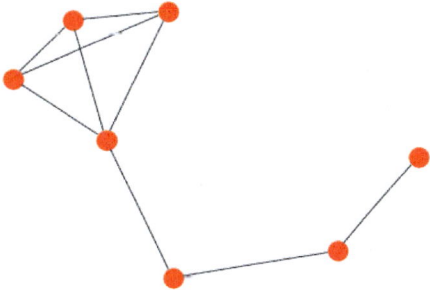

Figura 10.9: Grafo Lollipop (4,3).

Caminos: Veamos a continuación como trabajar con caminos simples, ciclos Eulerianos y Hamiltonianos, etc. En primer lugar, con esta función podemos hallar todos los caminos simples entre dos nodos fijados:

```
list(nx.all_simple_paths(A, 'A', 'B'))
[['A', 'I', 'B'], ['A', 'I', 'C', 'B'], ['A', 'C', 'I', 'B'],
 ['A', 'C', 'B']]
```

Podemos ahora preguntarnos si un grafo es conexo, o si admite un ciclo Euleriano:

```
>>> nx.is_connected(A)
True
>>> nx.is_eulerian(A)
False
>>> nx.is_eulerian(K5)
True
```

En caso de que lo sea, podemos hacer una lista con las aristas que forman un ciclo Euleriano:

```
>>> list(nx.eulerian_circuit(K5))
[(0, 4),
 (4, 3),
 (3, 2),
 (2, 4),
 (4, 1),
 (1, 3),
 (3, 0),
 (0, 2),
 (2, 1),
 (1, 0)]
```

Los caminos y ciclos Hamiltonianos no está implementados en la librería **networkx**, pero se pueden programar fácilmente:

```
def hamilton_cycles(G):
    """Procedimiento para hallar todos los
    circuitos Hamiltonianos."""
    H=G.to_directed()
    L=nx.simple_cycles(H)
    C=[i for i in L if len(i) == len(G)]
    for i in C:
        i.append(G.nodes()[0])
    return C
```

```
def hamilton_paths(G, source, target):
    """Procedimiento para hallar los caminos Hamiltonianos
    entre dos nodos fijados."""
    L=nx.all_simple_paths(G, source, target)
    C=[i for i in L if len(i) == len(G)]
    return C
```

Veamos cómo funcionan con el Dodecaedro (Figura 10.10):

```
>>> DC = nx.dodecahedral_graph()
>>> DC.nodes()
[0, 1, 2, 3, 4, 5, 6, 7, 8, 9, 10, 11, 12, 13, 14, 15, 16, 17, 18, 19]
>>> len(hamilton_cycles(DC))  # 60 ciclos Hamiltonianos
60
>>> hamilton_paths(DC, 1, 7)
[]
>>> hamilton_paths(DC, 1, 8)
```

```
[[1, 0, 19, 18, 17, 16, 15, 5, 4, 3, 2, 6, 7, 14, 13, 12, 11, 10, 9, 8],
 [1, 0, 19, 18, 17, 16, 12, 11, 10, 9, 13, 14, 15, 5, 4, 3, 2, 6, 7, 8],
 [1, 0, 19, 18, 17, 4, 3, 2, 6, 5, 15, 16, 12, 11, 10, 9, 13, 14, 7, 8],
 [1, 0, 19, 18, 11, 10, 9, 13, 12, 16, 17, 4, 3, 2, 6, 5, 15, 14, 7, 8],
 [1, 0, 19, 3, 2, 6, 5, 4, 17, 18, 11, 10, 9, 13, 12, 16, 15, 14, 7, 8],
 [1, 0, 19, 3, 2, 6, 7, 14, 13, 12, 16, 15, 5, 4, 17, 18, 11, 10, 9, 8],
 [1, 0, 10, 9, 13, 12, 11, 18, 19, 3, 2, 6, 5, 4, 17, 16, 15, 14, 7, 8],
 [1, 0, 10, 9, 13, 14, 15, 5, 4, 17, 16, 12, 11, 18, 19, 3, 2, 6, 7, 8],
 [1, 0, 10, 11, 12, 16, 15, 5, 4, 17, 18, 19, 3, 2, 6, 7, 14, 13, 9, 8],
 [1, 0, 10, 11, 18, 19, 3, 2, 6, 7, 14, 15, 5, 4, 17, 16, 12, 13, 9, 8],
 [1, 2, 3, 4, 5, 6, 7, 14, 15, 16, 17, 18, 19, 0, 10, 11, 12, 13, 9, 8],
 [1, 2, 3, 4, 17, 16, 15, 5, 6, 7, 14, 13, 12, 11, 18, 19, 0, 10, 9, 8],
 [1, 2, 3, 4, 17, 16, 12, 11, 18, 19, 0, 10, 9, 13, 14, 15, 5, 6, 7, 8],
 [1, 2, 3, 4, 17, 18, 19, 0, 10, 11, 12, 16, 15, 5, 6, 7, 14, 13, 9, 8],
 [1, 2, 3, 19, 0, 10, 9, 13, 14, 15, 16, 12, 11, 18, 17, 4, 5, 6, 7, 8],
 [1, 2, 3, 19, 0, 10, 11, 18, 17, 4, 5, 6, 7, 14, 15, 16, 12, 13, 9, 8],
 [1, 2, 6, 5, 4, 3, 19, 0, 10, 9, 13, 12, 11, 18, 17, 16, 15, 14, 7, 8],
 [1, 2, 6, 5, 15, 16, 12, 11, 18, 17, 4, 3, 19, 0, 10, 9, 13, 14, 7, 8],
 [1, 2, 6, 7, 14, 13, 12, 11, 18, 17, 16, 15, 5, 4, 3, 19, 0, 10, 9, 8],
 [1, 2, 6, 7, 14, 15, 5, 4, 3, 19, 0, 10, 11, 18, 17, 16, 12, 13, 9, 8]]
>>> nx.draw(DC, pos=nx.spectral_layout(DC), with_labels=True)
```

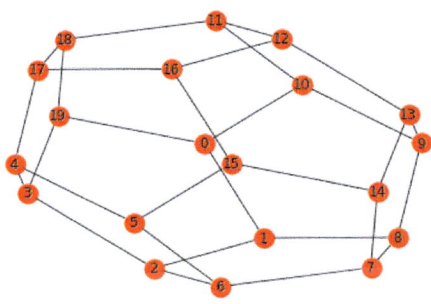

Figura 10.10: Dodecaedro.

Camino más corto: Veamos ahora una aplicación de los grafos para calcular el camino más corto entre dos puntos, mediante el algoritmo de Dijkstra; para ello, podemos poner uno o más pesos en las aristas (longitud, tiempo, coste, etc.) y luego minimizar con respecto a uno de los pesos. En el ejemplo a continuación, por simplicidad, solo definiremos un peso, que llamaremos distancia:

```
>>> g = nx.Graph()
>>> g.add_edge('a', 'b', distance=0.3)
>>> g.add_edge('a', 'c', distance=0.7)
>>> g.add_edge('a', 'd', distance=0.1)
>>> g.add_edge('b', 'd', distance=0.1)
>>> # longitud del camino más corto
>>> round(nx.dijkstra_path_length(g, 'b', 'c', 'distance'), 1)
0.9
>>> # camino más corto
>>> nx.dijkstra_path(g, 'b', 'c', 'distance')
['b', 'd', 'a', 'c']
```

```
>>> nx.draw(g, node_size=1000, with_labels=True)
```

Nota 74. *También se podrían definir otros atributos sobre vértices y aristas, como colores o etiquetas, así como colores o pesos en los nodos, y realizar otro tipo de algoritmos, que remitimos de nuevo a la documentación de la librería NetworkX.*

Otras aplicaciones: Existen muchas otras funcionalidades de esta librería de grafos, pero a modo de muestra solo citaremos la posibilidad de tratar con grafos coloreados, que pueden aplicarse en la gestión de horarios:

```
>>> C4 = nx.cycle_graph(4)
>>> d = nx.coloring.greedy_color(C4)
>>> # son suficientes dos colores: 0 y 1
>>> print(d)
{0: 0, 1: 1, 2: 0, 3: 1}
```

Calcular la conectividad por nodos y aristas, de aplicación en la topología de redes:

```
>>> nx.node_connectivity(C4)
2
>>> nx.edge_connectivity(C4)
2
```

O también comprobar si dos grafos son o no isomorfos:

```
>>> K4 = nx.complete_graph(4)
>>> K3 = nx.complete_graph(3)
>>> C3 = nx.cycle_graph(3)
>>> nx.is_isomorphic(K4, C4)
False
>>> nx.is_isomorphic(K3, C3)
True
```

Árboles: Por último, veamos algunas cosas que pueden hacerse sobre árboles, es decir, grafos conexos sin ciclos; construimos el árbol representado en la Figura 10.11:

```
>>> T = nx.Graph()
>>> T.add_nodes_from(range(1, 6))
>>> T.add_edges_from([(1, 2), (1, 3), (3, 4), (3, 5)])
>>> nx.is_tree(T)
True
>>> nx.draw(T)
```

Añadimos nodos y aristas, obteniendo un grafo acíclico, pero inconexo (bosque):

```
>>> T.add_nodes_from([7, 8])
>>> T.add_edge(7, 8)
>>> nx.is_tree(T)
False
>>> nx.is_forest(T)
True
```

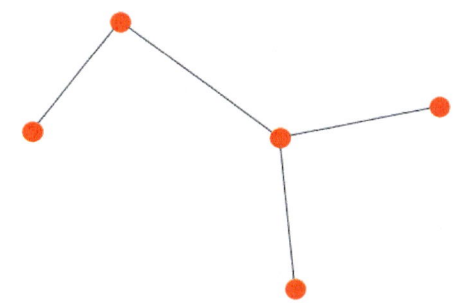

Figura 10.11: Ejemplo de árbol (grafo acíclico conexo).

Árboles recubridores: Por último, veamos cómo se calcula un árbol de expansión minimal de un grafo dado, en este ejemplo, el Dodecaedro:

```
>>> TE = nx.minimum_spanning_tree(DC)
>>> sorted(TE.edges(data=True))
[(0, 1, {}),
 (0, 10, {}),
 (0, 19, {}),
 (1, 2, {}),
 (1, 8, {}),
 (2, 3, {}),
 (2, 6, {}),
 (3, 4, {}),
 (4, 5, {}),
 (4, 17, {}),
 (5, 15, {}),
 (6, 7, {}),
 (7, 14, {}),
 (8, 9, {}),
 (9, 13, {}),
 (10, 11, {}),
 (11, 12, {}),
 (11, 18, {}),
 (12, 16, {})]
```

Nótese que el dodecaedro tiene 20 nodos, y su árbol de expansión tiene 19 aristas, como debe ser (con más de 19 aristas tendría ciclos, y con menos de 19 aristas no sería conexo). En este caso, la opción `data=True` no revela nada {}, pero si hubiéramos tenido pesos en las aristas, por ser minimal el árbol de expansión tendríamos un árbol recubridor tal que combinación de pesos haga que su suma sea mínima.

Ejercicios

Resuelve los siguientes ejercicios con la ayuda de Python:

1. Comprobar en alguno de los grafos que hemos definido en este capítulo que se verifica el teorema del "handshaking" (es decir, que la suma de los grados es igual al doble del número de aristas).

2. Define un procedimiento para hallar un camino Euleriano no cerrado, en caso de existir.

   Indicación: en primer lugar, comprueba que solo hay dos nodos de grado impar, elimina dos aristas en el grafo de manera que el grafo resultante admita un ciclo Euleriano, y finalmente inserta la dos aristas eliminadas en el ciclo anterior, de la forma adecuada para obtener el camino Euleriano buscado.

3. Define un procedimiento para colorear un grafo, con el algoritmo de Welsh–Powell.

4. Resuelve los problemas 5, 6, 7, 9 y 13 de este capítulo con la ayuda de Python.

Apéndice A

Introducción al Lenguaje Python

En este apéndice introduciremos de manera básica el lenguaje Python. Algunas de las cosas que exponemos están duplicadas en alguno de los capítulos del libro, pero lo hacemos por si el lector comienza a leer el libro por este apéndice en lugar de por la parte matemática, en cuyo caso muchas de las cosas que aparecen en las prácticas de cada capítulo se las podrá saltar sin problema. Para profundizar en el lenguaje Python, recomendamos la bibliografía que mostramos al final del libro.

Python es un lenguaje de programación de alto nivel, de uso muy extendido hoy en día para Big Data e Inteligencia Artificial, y que data de finales de los 1980s. Es un lenguaje "interpretado", que no requiere compilar un programa para ser ejecutado, y que hace especial énfasis en la simplicidad y la legibilidad del código, lo que permite a los programadores el desarrollo rápido de aplicaciones. La ejecución de los programas requiere solamente la instalación previa de un "intérprete", existiendo intérpretes en todos los sistemas operativos (Linux, Windows o Mac).

Para los programadores noveles, Python es una buena opción para comenzar a aprender a programar. De hecho, la mayoría de sus programas requieren una cantidad considerablemente menor de líneas de código para realizar las mismas tareas, por ejemplo que Java, y por supuesto que C o C++. Esto suele conllevar menor cantidad tanto de errores de programación como de tiempo de programación, y es la principal razón por la que lo usamos en este libro para realizar prácticas relacionadas con la Matemática Discreta.

Para uso de este curso, recomendamos la instalación de la distribución **anaconda**, disponible gratuitamente en https://www.anaconda.com/distribution/. Esta distribución tiene dos ventajas apreciables: en primer lugar incluye más de 400 librerías de uso común en Ciencias, Matemáticas, Estadística e Ingeniería, que en otro caso quizás habría que instalarlas "a mano", y en segundo lugar porque ofrece varias interfaces gráficas, de entre las cuales aconsejamos **spyder** y **jupyter**.

Por otra parte, si se necesita alguna librería que no está instalada en la distribución de Python que se esté usando, se puede teclear en un terminal de comandos $ del sistema operativo

```
$ pip install pyeda
```

o bien con el gestor `conda` de paquetes de anaconda

```
$ conda install pyeda
```

Para actualizar en la distribución de anaconda, el propio gestor de paquetes conda, el intérprete de Python, y la distribución anaconda, habría que teclear

```
$ conda update conda
$ conda update python
$ conda update anaconda
```

A.1. Python interactivo

El intérprete (Shell) de Python (en spyder, la ventana de comandos) permite usar Python en modo interactivo, es decir, un comando (entrada) cada vez, e interactuar con el resultado (salida). El intérprete espera un comando del usuario tras el prompt

```
>>>
```

y cuando tecleamos ENTER (RETURN), Python ejecuta el comando, nos da el resultado, y espera el siguiente comando. Por ejemplo:

```
>>> 1 + 1
2
>>> 3 > 2
True
>>> print ('Hola Mundo')
Hola Mundo
>>>
```

La Shell de Python es muy conveniente cuando queremos probar comandos que no sepamos cómo funcionan, antes de intentar hacer un programa más largo. Por otra parte, conviene señalar que el intérprete recuerda los últimos comandos, y se pueden recuperar con las flechas hacia arriba y hacia abajo, pero una vez que salimos de Python, si volvemos a entrar, dichos comandos habrán sido "olvidados".

Sin embargo, para hacer un programa largo la Shell no es útil, sino que hemos de editar el código en un editor de texto ASCII (por ejemplo, el del propio spyder), guardarlo con extensión .py, y finalmente leerlo desde el intérprete. Un tal archivo se denomina *script* de Python, y se crea desde el editor con el menú File → New File. Por ejemplo, podemos escribir un programa que imprima una frase en pantalla:

```
# Imprimir una frase
print ('Hola Mundo')
```

En estos scripts, las líneas que comienzan con el símbolo # son comentarios sobre el código; son útiles para documentar lo que hace el programa o analizarlo posteriormente, y la línea es ignorada por el intérprete, es decir, no se ejecuta.

Acabado el archivo (y mejor de vez en cuando, antes de acabar), como siempre hay que guardar el archivo desde el menú File → Save As ... No olvidar la extensión correcta (.py). Luego, para ejecutar el script, hay que ir al menú Run (o la tecla F5). En una ventana de spyder tenemos, entre otras cosas, un explorador de archivos, para ver dónde están los archivos guardados y recuperarlos posteriormente desde el sistema operativo, además de un explorador de variables, que recuerda las variables que están definidas, sus tipos y sus valores, o una ventana para los gráficos que se puedan generar.

Podemos obtener ayuda sobre un objeto en el intérprete de Python tecleando

```
>>> help(objeto)
```

Una cosa útil para guardar en modo texto la sesión (input y output) es teclear la siguiente instrucción, suponiendo (por ejemplo) que queremos guardar las primeras 100 líneas de input y output a un fichero:

```
>>> %history -n -o -f nombre_del_fichero 1-100
```

La opción -n imprime los números de input, pero hay otras opciones, que se pueden comprobar con help(%history). Si no se especifican las líneas, se guardan todas las líneas de la sesión actual. También existe la opción de guardar la sesión en binario, con los contenidos de variables, para importar la sesión posteriormente con load, con las variables definidas y sus valroes; ambas cosas están disponibles en el menú File del editor spyder.

A.1.1. Variables

Las variables son espacios de memoria donde se almacenan y se manipulan los datos que necesitaremos para la ejecución de un programa. Por ejemplo, si tenemos que guardar el dato de la edad de un usuario, se puede escribir la siguiente sentencia

```
>>> edad = 20
```

de manera que en lo sucesivo se tenga acceso a este dato sin más que escribir el nombre de la variable:

```
>>> edad
20
```

Cada vez que se defina una nueva variable es necesario asignar un valor inicial a dicha variable (inicializar), aunque luego se puede modificar a lo largo del programa. También se pueden definir varias variables simultáneamente, por ejemplo:

```
>>> edad, nombre = 20, 'Pedro'
```

Esto sería equivalente a

```
>>> edad = 20
>>> nombre = 'Pedro'
```

Finalmente, para borrar una variable de la memoria se teclea del variable.

El lenguaje Python permite el intercambio de valores entre dos variables sin necesidad de una variable adicional:

```
a, b = b, a
```

En Python los nombres de las variables solo pueden contener letras (mayúsculas y minúsculas, sin eñes ni acentos), números, y el guión bajo (_), pero el primer carácter no puede ser un número, es decir, el primer carácter del nombre debe ser letra o el guión bajo. Hay que tener cuidado, ya que Python distingue entre mayúsculas y minúsculas (es decir, que por ejemplo edad y Edad serían dos variables distintas). Asimismo, las palabras que figuran en la Tabla A.1 no pueden usarse como nombres de variables, al tener un significado propio en la sintaxis del lenguaje Python.

False	None	True	and	as	assert	async
await	break	class	continue	def	del	elif
else	except	finally	for	from	global	if
import	in	is	lambda	nonlocal	not	o
pass	raise	return	try	while	with	yield

Tabla A.1: Palabras reservadas en Python.

Operaciones básicas con variables numéricas Algunas variables no son numéricas, por ejemplo las que han aparecido con comillas, que son cadenas de caracteres (texto). Cuando las variables contienen datos numéricos, se pueden realizar con ellas las operaciones aritméticas básicas: suma (+), resta (−), multiplicación (*), división exacta (/), división entera (cociente // y resto %), y exponenciación o potencia (**). Por ejemplo:

```
>>> x = 7
>>> y = 2
>>> x + y
9
>>> x - y
5
>>> x * y
15
>>> x / y
3.5
>>> x // y
3
>>> x % y
1
>>> x ** y
49
>>> (9 ** 8) ** 8
1179018457773858317152087286141251866567821159227584110909696
```

Vemos en este último ejemplo que Python trabaja, por defecto, con enteros de longitud arbitraria (hasta un límite, claro), sin necesidad de cargar librerías especiales, como sucede en C o Java.

A.1.2. Tipos de datos numéricos

Los tipos básicos de datos de Python son: números enteros, números reales, números complejos, y cadenas de texto. Observemos antes de nada que no es necesario declarar el tipo de una variable al definirla, sino que basta con asignarle un valor, y con ello se determina su tipo, como acabamos de ver en los ejemplos. Para saber el tipo de un objeto se escribe

```
>>> type(L)
```

También se puede teclear por ejemplo

```
>>> type(L) == int
>>> type(L) == type(2)
```

para saber si un objeto es de cierto tipo. La respuesta es Booleana: True o False. Otra forma de comprobarlo es con la función `isinstance`:

```
>>> isinstance(L, str)
```

Las constantes lógicas True/False (Verdadero/Falso) son de tipo `bool` (Booleano).

Números enteros y reales Los números enteros (`int`, del inglés *integer*) tienen signo pero no tienen decimales:

```
>>> entero = -1
>>> numeroDeMovil = 123456789
```

Los números reales (`float`, de *coma flotante*), tienen decimales, además de signo:

```
>>> altura = 1.85
>>> temperatura = -4.5
```

Nótese que los decimales se introducen con un punto, y no con una coma.

Se puede redondear un valor real a un entero con la función `round`, que devuelve el número entero más cercano al dado, por ejemplo:

```
>>> round(4.4)
4
>>> round(4.6)
5
```

Por otra parte, se puede redondear "hacia cero", es decir, tomar la parte entera:

```
>>> int(4.6)
4
>>> int(-4.6)
-4
```

Funciones numéricas: Tanto a número enteros como a números reales se les puede aplicar tanto la función `abs` (valor absoluto) como la función `pow` (para elevar un número a otro). Asimismo, la función `max` calcula el máximo de una lista de números, y la función `min` el mínimo, y pueden usarse de dos maneras, con o sin corchetes:

```
>>> abs(-1)
1
>>> abs(-1.5)
1.5
```

```
>>> pow(2, 3)
8
>>> pow(1.5, 2)
2.25
>>> max(2, 3, 1)
3
>>> max([2, 3, 1])
3
>>> min(2, 3, 1.5)
1.5
>>> max([2, 3, 1.5])
1.5
```

Por último, se pueden sumar los elementos de una lista de números con sum

```
>>> sum([2, 3, 1.5])
6.5
```

En este caso, los corchetes son necesarios, en caso contrario se genera un error.

Las operaciones básicas anteriormente estudiadas pueden aplicarse a ambos tipos de variables numéricas, excepto las correspondientes a la división entera, que no pueden usarse con variables de tipo float. Para usar más funciones matemáticas, es necesario importar librerías especiales, que veremos más adelante.

A.1.3. Cadenas de caracteres

Los caracteres se refieren a letras o en general símbolos alfanuméricos (números, letras, espacios, signos de puntuación, y códigos ASCII en general), y las cadenas de caracteres (string) se corresponden con cadenas de texto, es decir, secuencias de caracteres. Sus valores se encierran indistintamente entre comillas simples o dobles, siempre que sea el mismo tipo de comillas, para delimitar el comienzo y el final de la cadena:

```
>>> esposo = 'Pedro'
>>> esposa = "Juana"
>>> numeroDeMovil = '123456789'
```

Nótese que en este último caso, se guarda el número de móvil como texto, por lo que no pueden hacerse con él operaciones numéricas. He aquí algunos ejemplos de uso, en los cuales se usa una variable de tipo string para imprimir un texto variable:

```
>>> nombre = "Juan"
>>> print('Mi nombre es', nombre)
Mi nombre es Juan
>>> 'Mi nombre es Juan'
'Mi nombre es Juan'
>>> s1 = "Mi nombre es "
>>> s2 = s1 + nombre
>>> print(s2)
Mi nombre es Juan
```

En la última asignación, se concatenan dos strings mediante el símbolo de suma +.

Por otra parte, la longitud de un string se calcula con `len()`; en el ejemplo anterior, escribiendo `len(nombre)` el resultado es 4.

Por último, se accede a los caracteres de un string con los corchetes $[i]$, donde las posiciones i se empiezan a contar desde cero y terminan en la longitud menos 1. Por ejemplo, con nombre[2] se obtiene la letra 'n'. También se pueden acceder a los caracteres finales (último, penúltimo, etc.) tecleando esposa[-1], esposa[-2], etc. Esto se verá con más detalle cuando veamos el manejo de *listas*.

Las cadenas en Python no pueden ser modificadas una vez definidas (son immutables). Si se intenta asignar un carácter en una posición (por ejemplo, nombre[0] = 'j') dará un error. Si se quiere por tanto modificar la cadena, es necesario crear otra nueva, o redefinirla (reasignarla) de nuevo.

A.2. Estructuras de datos

Los tipos simples de datos vistos hasta ahora se pueden agrupar en estructuras de datos más complejas. Veremos a continuación las estructuras de datos más comunes en Python.

A.2.1. Listas

Una lista es una colección ordenada de datos, posiblemente de tipos distintos, y cuyos elementos pueden repetirse en distintas posiciones. De esta manera, en vez de almacenar cada dato por separado, en variables distintas, las agrupamos en una lista a la que se da un nombre, como si fuese una única variable. Los valores de la lista se encierran entre corchetes [ ] y se separan por comas. Por ejemplo, si necesitamos almacenar las edades de 5 personas, en vez de definir 5 variables (edad1, edad2, etc.) se puede escribir

```
>>> edades = [20, 21, 18, 18, 19]
```

Al igual que con las cadenas de caracteres, os distintos valores de la lista son accesibles indicando la posición del dato que queremos, empezando siempre por la posición 0. Por ejemplo:

```
>>> edades[1]
21
```

También podemos indicar posiciones negativas, lo cual significa que empezamos a contar desde la última posición. Esto se puede hacer también con cadenas y otras estructuras con componentes. Así, el índice -1 indica la última posición, -2 la penúltima, etc. Por ejemplo:

```
>>> edades[-1]
19
>>> edades[-2]
18
>>> edades[-5]
20
```

Podemos acceder simultáneamente a varios elementos de una lista con el símbolo ':', por ejemplo

```
>>> edades3 = edades[1:4]
```

APÉNDICE A. INTRODUCCIÓN AL LENGUAJE PYTHON

genera la lista [21, 21, 18] con los valores de las posiciones 1 a 3 (¡la posición superior siempre se excluye en Python!). La expresión a:b la denominaremos "rango", y vale también para obtener, de forma análoga, subcadenas de un string. Los rangos no siempre van de 1 en 1, y pueden definirse rangos del tipo a:b:c, que significa "desde a hasta b-1 saltando de c en c unidades". Por ejemplo:

```
>>> edades[0:5:2]
[20, 18, 19]
```

Esta notación para el "troceado" de listas (en inglés *slicing*, "rebanado") tiene valores por defecto: para el valor inicial es 0, para el valor final es la longitud de la lista, y para el paso opcional (step) es 1. Por ejemplo, edades[:2] equivale a edades[0:2], edades[1:] equivale a edades[1:len(edades)], edades[1:4] equivale a edades[1:4:1], y edades[:] o edades[::] equivalen a edades[0:len(edades)].

También se puede usar un paso negativo, y entonces el recorrido es descendente, con las mismas reglas que en el caso ascendente (el ultimo elemento nunca se toma). Otros ejemplos de slicing (sobre cadenas, pero serían análogos con listas):

```
>>> text = "Bonjour"
>>> text[::2]
'Bnor'
>>> text[::-1]
'ruojnoB'
```

Nótese que en el último caso hemos invertido el orden de los caracteres.

Los valores concretos de la lista se pueden modificar, especificando la posición:

```
>>> edades[3] = 23
>>> edades
[20, 21, 18, 23, 19]
```

Otra forma de añadir valores al final de la lista sería así:

```
>>> edades.append('?')
>>> edades
[20, 21, 18, 23, 19, '?']
```

En este último ejemplo, vemos en particular que en una misma lista puede haber datos de distintos tipos, en este caso unos datos son de tipo int y otros de tipo str.

También se pueden añadir a una lista L los elementos de otra lista N:

```
>>> N = [15, 20]
>>> L.extend(N)
>>> L
[0, 7, 5, 2, 3, 3, 4, 5, 0, 15, 20]
```

Otra forma de construir listas es inicializar mediante una lista vacía

```
>>> edades = []
```

374   MATEMÁTICA DISCRETA

y posteriormente ir añadiendo los valores con append (o con insert, que veremos a continuación).

Se pueden anidar listas, es decir, hacer listas de listas:

```
>>> Lista = [[1, 0, 0], ['hola', 'Mundo'], [0, 0, 0, 0]]
```

Se accedería a los elementos internos con doble índice (o múltiple, en caso de más niveles de anidación):

```
>>> Lista[2][1]
'Mundo'
```

Por ejemplo, esto es útil para definir matrices o tablas, definiendo una lista con las filas de la matriz o tabla, que a su vez son listas con los elementos correspondientes, por ejemplo, la matriz identidad de orden 3 podría definirse así:

```
>>> Tabla = [[1, 0, 0], [0, 1, 0], [0, 0, 1]]
>>> Tabla
[[1, 0, 0], [0, 1, 0], [0, 0, 1]]
```

Se pueden eliminar elementos de la lista con la función del()

```
>>> del(edades[0])
[21, 18, 23, 19, '?']
```

Se podría incluso eliminar la lista de la memoria, para ahorrar espacio:

```
>>> del(edades)
```

Si ahora tecleásemos edades, el intérprete de Python nos diría que la variable edades no está definida.

Procedimientos: Presentamos algunas funciones útiles para trabajar con listas:

- lista.insert(i, x)
  Inserta el elemento x en lista en una posición i dada (i es el índice del ítem delante del cual se insertará, por ejemplo a.insert(0, x) lo inserta al principio de la lista).

- lista.remove(x)
  Quita el primer ítem de la lista cuyo valor sea x, y da error si no existe tal ítem.

- lista.pop(i)
  Quita el ítem en la posición dada de la lista, y lo devuelve. Si no se especifica un índice, a.pop() quita y devuelve el último ítem de la lista.

- lista.clear()
  Borra todos los elementos de la lista, pero no la propia lista, que estará ahora vacía.

- lista.index(x)
  Devuelve el índice en la lista del primer ítem cuyo valor sea x, y da error si no existe tal ítem. Esto es en realidad un algoritmo de búsqueda (find).

- lista.count(x)
  Devuelve el número de veces que x aparece en la lista (posiblemente 0, si x no está en la lista).

- lista.sort()
  Ordena los elementos de la lista in situ (in place), es decir, que sobreescribe en la propia lista. Se puede indicar reverse=True para que los ordene en sentido descendente. Para ordenar la lista dejando intacta la original, se usa la función `sorted()` aplicada a la lista que sea.

- lista.reverse()
  Invierte el orden de los elementos de la lista in situ. Análogamente, la función `reversed()` aplicada a una lista, devuelve una lista con sus elementos en orden inverso.

- lista.copy()
  Crea una "copia superficial" de la lista, por ejemplo para asignarla a otra variable. Esta asignación equivaldría a asignar lista[:] (sus elementos) a otra variable.

También se pueden "sumar" listas L + N (se concatenan), y multiplicar, L * n ó n * L (se duplican, triplican etc.). Esta operación se puede hacer también con tuplas (que veremos más adelante), y con cadenas de caracteres.

Copia de listas: Para concluir este apartado, señalamos que hay que tener cuidado a la hora de copiar listas, ya que solo se copia la referencia (el nombre), pero no el contenido. Para copiar el contenido y que luego evolucionen ambas variables de manera independiente, hay que hacer una "copia superficial" o, según el caso, una "copia profunda" (importando en este caso la librería `copy`). Veamos un ejemplo de su uso, con una copia superficial:

```
>>> L = [1, 2, 3]
>>> LL = L
>>> LLL = L.copy()
>>> L.append(0)
>>> L
[1, 2, 3, 0]
>>> LL
[1, 2, 3, 0]
>>> LLL
[1, 2, 3]
```

Para profundizar en este tema, que puede dar muchos quebraderos de cabeza, vemos lo que son los **identificadores** (o direcciones de memoria) de los objetos de Python. Este identificador se obtiene con la función `id`, y Python asigna este número dependiendo del estado del sistema en cada momento:

```
>>> prim = sec = [2,3]
>>> id(prim)
4511685128
>>> id(sec)
4511685128
```

A la vista de que ambas listas tienen el mismo identificador, deducimos que para Python son el mismo objeto con dos nombres distintos. La sentencia `is` comprueba si dos objetos son el mismo, es decir, si tienen el mismo identificador:

```
>>> ter = [2, 3]
>>> id(ter)
4509083592
>>> prim is sec
True
>>> prim is ter
False
>>> prim == ter
True
```

Como puede verse, la doble igualdad solo comprueba si tienen el mismo valor, pero es `is` quien compara los identificadores para ver si son el mismo objeto. Dicho de otra manera, `ter` es un objeto diferente, aunque con el mismo valor.

Esto tiene sus consecuencias: cualquier cambio que hagamos en `prim`, por ejemplo, se heredará automáticamente en `sec`, pero no así en `ter`:

```
>>> prim.append(5)
>>> prim
[2, 3, 5]
>>> sec
[2, 3, 5]
>>> ter
[2, 3]
```

Volviendo al caso de copiar listas, la sentencia

```
LL = L
```

que hemos hecho antes solo ha dado un nombre distinto al mismo objeto. Para copiar los valores de una lista simple, se podría escribir

```
LL = L.copy()
```

que equivale a

```
LL = L[:]
```

Esto crea una objeto distinto con los mismos valores, y se llama *copia superficial*. Sin embargo, la copia superficial puede dar problemas en listas compuestas, es decir, listas de listas. Al hacer una copia simple, las listas interiores son el mismo objeto en las dos copias, y por tanto los cambios en una lista interior de una, se clonarían automáticamente en la otra. Veamos un ejemplo:

```
>>> L = [0, 1, [2, 3]]
>>> LL = L.copy()
>>> L[0] = 1
>>> L
[1, 1, [2, 3]]
>>> LL
[0, 1, [2, 3]]
>>> L[2][0] = 0
>>> L
```

```
[1, 1, [0, 3]]
>>>
[0, 1, [0, 3]]
```

Es en este caso cuando se hace necesaria la *copia profunda* (`deepcopy`), para que los elementos de las sublistas copiadas cambien de manera independiente en ambas listas. Se usaría así:

```
>>> import copy
>>> LLL = copy.deepcopy(L)
```

A.2.2. Tuplas

Las tuplas (o n-uplas) son como las listas, salvo que una vez definidas no se pueden modificar sus valores (son inmutables). En este caso, en vez de corchetes se usan paréntesis:

```
>>> laborales = ("lunes", "martes", "miércoles", "jueves", "viernes")
```

Se accede a los valores concretos de igual manera que en las listas:

```
>>> laborales[1]
'martes'
```

Si se quisiese crear una tupla con un solo elemento no se puede escribir por ejemplo

```
>>> tupla = (0)
```

ya que Python lo interpretaría como un número, y los paréntesis como paréntesis usuales para indicar la precedencia de las operaciones. En su lugar, habría que escribir

```
>>> tupla = (0,)
```

Como objetos *inmutables*, Python no nos permite cambiar los valores de las componentes, ni borrar elementos, ni añadir elementos, ni cambiar nada en la tupla. Si intentamos hacer cualquiera de estas operaciones, Python nos dará un error.

Por otra parte, se puede convertir una tupla T en lista con list(T), y viceversa, se puede convertir una lista L en tupla con tuple(L).

A.2.3. Conjuntos

Python también incluye un tipo de datos para conjuntos, es decir, listas no ordenadas de datos distintos (no repetidos). Su uso básico incluye la verificación de pertenencia y la eliminación de datos duplicados, y admiten las operaciones básicas con conjuntos: unión, intersección, diferencia, y diferencia simétrica.

Las llaves o la función set() pueden usarse para crear conjuntos. Conviene notar que para crear un conjunto vacío debe usarse set(), y no {}, ya que esto último crea un diccionario vacío, estructura que veremos en el siguiente apartado. Ejemplos de uso:

```
>>> A = set('abracadabra')
```

```
>>> print(A)
{'b', 'd', 'c', 'r', 'a'}
>>> set(['a', 'r', 'b', 'c', 'd'])
{'a', 'b', 'c', 'd', 'r'}
>>> 'a' in A
True
>>> 'e' in A
False
>>> B = set('alacazam')
>>> A - B      # diferencia
{'b', 'd', 'r'}
>>> B - A
{'l', 'm', 'z'}
>>> A ^ B      # diferencia simétrica
{'b', 'd', 'l', 'm', 'r', 'z'}
>>> A & B      # intersección
{'a', 'c'}
>>> A | B      # unión
{'a', 'b', 'c', 'd', 'l', 'm', 'r', 'z'}
```

Se puede comprobar la inclusión (estricta o no), o la igualdad de conjuntos, con los símbolos $<, <=, ==, >, >=$.

Por otra parte, se puede comprobar con la palabra reservada in si un elemento pertenece o no a un conjunto:

```
>>> 'b' in A
True
>>> 'w' in A
False
>>> 'w' not in A
True
```

Por último, las siguientes funciones pueden ser útiles para manipular conjuntos:

- len(conjunto): nos devuelve el cardinal (número de elementos) del conjunto.

- conjunto.add(x): añade x al conjunto.

- conjunto.discard(x): elimina x del conjunto, si está presente (sería análogo a escribir, conjunto.remove(x), pero en este caso da error si x no está presente).

- conjunto.pop(): elimina un elemento arbitrario del conjunto y lo devuelve (da error si el conjunto es vacío).

- conjunto.clear(): elimina todos los elementos del conjunto.

A.2.4. Diccionarios

Un diccionario en Python es como una pequeña base de datos, donde los datos se agrupan en pares clave:dato separados por comas y encerradas entre llaves {}. Otra forma de verlo sería como una asignación *clave* $\mapsto$ *valor*, es decir, una relación o correspondencia unívoca (a cada clave un único valor).

Por ejemplo, podemos hacer una agenda con nombres y números de teléfono de la siguiente manera:

```
>>> agenda = {"Pedro":123456789, "Juan":234567890, "Carlos":"NO"}
```

La única restricción es que los términos "clave" no pueden repetirse, es decir, no puede haber dos elementos en el diccionario "agenda" cuya clave sea "Pedro"(por ejemplo), al igual que sucede en las bases de datos. En caso contrario, solo la última asignación se guarda en el diccionario:

```
>>> d = {'joe': 26, 'bob': 33, 'joe': 36}
>>> d
{'joe': 36, 'bob': 33}
```

Si se intenta acceder a un valor de una clave que no existe, Python da un error:

```
>>> d['jack']
----------------------------------------------------------------
KeyError                        Traceback (most recent call last)
<ipython-input-527-9d547f2e0507> in <module>()
----> 1 d['jack']

KeyError: 'jack'
```

El término "diccionario" se puede ilustrar muy bien mediante el siguiente ejemplo, en el que se define un mini-diccionario inglés-francés:

```
>>> ang2fr = {'one':'un', 'two': 'deux', 'three': 'trois'}
>>> ang2fr['four'] = 'quatre'  # añadimos otra entrada en ang2fr
>>> ang2fr
{'one': 'un', 'two': 'deux', 'three': 'trois', 'four': 'quatre'}
>>> ang2fr['two']  # accedemos a una entrada del diccionario
'deux'
```

Claves y valores: Los tipos admitidos en un diccionario son cualquiera para los valores, pero solo los tipos *hashable* para las claves, lo cual significa tipos que no sean modificables (inmutables: números, strings, o tuplas). Esto es debido a que Python no quiere arriesgarse a que el valor de una clave pueda ser modificable sobre la marcha y provoque una inconsistencia en el contenido del diccionario. Veamos algunos ejemplos:

```
>>> d = {'ent': 1, 'list': [1, 2, 3], (1,2): 3.14, 4: (4, 0),
3.14: 'pi', 'dicc': ang2fr}
>>> d
{'ent': 1,
'list': [1, 2, 3],
(1, 2): 3.14,
4: (4, 0),
3.14: 'pi',
'dicc': {'four':'quatre','one':'un','three':'trois','two':'deux'}}
>>> d[[3,4]] = 45  # clave no válida
Traceback (most recent call last):
File "<input>", line 1, in <module>
```

```
TypeError: unhashable type: 'list'
>>> clave = 'Hola'
>>> d[clave] = 'Mundo'   # clave: variable de tipo admisible
>>> d
{'ent': 1,
'list': [1, 2, 3],
(1, 2): 3.14,
4: (4, 0),
3.14: 'pi',
'dicc': {'four':'quatre','one':'un','three':'trois','two':'deux'},
'Hola': 'Mundo'}
>>> d['ent']
1
>>> d['list']
[1, 2, 3]
>>> d[(1, 2)]
3.14
>>> d[4]
(4, 0)
>>> d[3.14]
'pi'
>>> d['Hola']
'Mundo'
>>> d[clave]
'Mundo'
>>> d['dicc']
{'one': 'un', 'two': 'deux', 'three': 'trois', 'four': 'quatre'}
>>> d['dicc']['two']   # acceso a una entrada de un sub-diccionario
'deux'
>>> d['list'][-1]   # acceso a una componente de la lista d['list']
3
```

Si una clave de un diccionario es de tipo tupla, se puede (por ejemplo) escribir d[1, 2] en lugar de d[(1, 2)].

El número de entradas de un diccionario se obtiene con la función len:

```
>>> len(d)
7
```

Los "elementos" de un diccionario son las claves, no los valores:

```
>>> 'two' in and2fr
True
>>> 'deux' in ang2fr
False
```

Copias: Podemos copiar un diccionario existente con el procedimiento copy o con deepcopy, de forma análoga a las listas.

Otra forma alternativa de declarar un diccionario es con la función dict() del modo siguiente:

```
>>> agenda = dict(Pedro=123456789, Juan=234567890, Carlos="NO")
```

o también pasándole una lista de pares/tuplas (clave,valor):

```
>>> dict([('Pepe',True),('Pepa',False)])
{'Pepe': True, 'Pepa': False}
```

Otra forma de pasar a dict una lista de tuplas (clave, valor) sería de esta manera:

```
>>> L = [('a', 1), ('b', 2)]
>>> dict(L)
{'a': 1, 'b': 2}
```

En este caso, se puede usar la función zip para crear dicha lista de tuplas a partir de dos iterables, es decir, dos objetos con componentes:

```
>>> dict(zip('abc', (0, 1, 2)))
{'a': 0, 'b': 1, 'c': 2}
>>> dict(zip((1, 2, 3), [1.0, 2.0, 3.0]))
{1: 1.0, 2: 2.0, 3: 3.0}
```

Para modificar datos, se hace análogamente al caso de las listas, cambiando la posición (en el caso de las listas) por la clave correspondiente del diccionario:

```
>>> agenda["Carlos"] = 987654321
```

Al igual que en las listas, se puede crear un diccionario vacío

```
>>> prefijo = {}
```

e ir definiendo posteriormente sus entradas:

```
>>> prefijo["Segovia"] = 921
```

Por otra parte, con el comando del se eliminan entradas en un diccionario, aludiendo igualmente al valor de la clave:

```
>>> del agenda["Carlos"]
```

Acceso a los valores: Tal y como hemos visto, para acceder al valor correspondiente a una clave se teclea entre corchetes la clave, en lugar de la posición que usábamos en listas y tuplas. Hay que tener en cuenta que si tratamos de acceder al valor de una clave que no existe, se producirá un error:

```
>>> agenda['Carlos']
Traceback (most recent call last):
File "<input>", line 1, in <module>
KeyError: 'Carlos'
```

Para evitar este error, una opción sería comprobar previamente si la clave existe en el diccionario:

```
>>> 'yes' in d
True
>>> 'people' in d
False
```

Recuérdese de nuevo que los "elementos" del diccionario (que se comprueban con in) son las claves, y no los valores:

```
>>> 'oui' in d
False
```

Acceso a los atributos: Asimismo, nos puede interesar recuperar aisladamente los atributos de la clase *diccionario*, y crear una lista con ellos por ejemplo la lista de claves

```
>>> agenda.keys()
dict_keys(['Pedro', 'Juan', 'Carlos'])
>>> list(agenda.keys())
['Pedro', 'Juan', 'Carlos']
```

la lista de valores

```
>>> agenda.values()
dict_values([123456789, 234567890, 987654321])
>>> list(agenda.values())
[123456789, 234567890, 987654321]
```

o la lista de items, es decir, parejas (clave, valor)

```
>>> agenda.items()
dict_items([('Pedro',123456789), ('Juan',234567890), ('Carlos',987654321)])
>>> list(agenda.items())
[('Pedro', 123456789), ('Juan', 234567890), ('Carlos', 987654321)]
```

Hay otras operaciones interesantes sobre un diccionario, como actualizar las entradas de un diccionario con las de otro, y añadiendo las que sean nuevas:

```
>>> prefijo["Carlos"] = 112
>>> agenda.update(prefijo)
>>> agenda
{'Carlos':112, 'Juan':234567890, 'Pedro':123456789, 'Segovia':921}
```

El procedimiento update también funciona si se le aporta una lista de tuplas (clave, valor):

```
>>> d = {'a':0}
>>> d.update(zip('bcd', [1, 2, 3]))
>>> d
{'a': 0, 'b': 1, 'c': 2, 'd': 3}
>>> d.update([('e', 4), ('f', 5)])
{'a': 0, 'b': 1, 'c': 2, 'd': 3, 'e': 4, 'f': 5}
```

Por último, veamos cómo ordenar los items de un diccionario de acuerdo a un criterio. Por ejemplo, supongamos que tenemos un diccionario con ciertos artículos de una tienda y su precio:

```
catalogo = {'cuaderno': 5, 'lapicero': 1, 'folios': 4}
```

Para ordenar los productos de mayor a menor precio escribimos

```
>>> Catalogo = sorted(catalogo.items(), key=lambda x : x[1], reverse=True)
>>> Catalogo
[('cuaderno', 5), ('folios', 4), ('lapicero', 1)]
```

De menor a mayor sería

```
>>> Catalogo = sorted(catalogo.items(), key = lambda x : x[1])
>>> Catalogo
[('lapicero', 1), ('folios', 4), ('block', 5)]
```

Obviamente, para ordenar los productos por orden alfabético de nombre, la clave sería x[0] en el código anterior, en lugar de x[1].

Nota 75. *Tipos de procedimientos*

Según acabamos de ver al estudiar los procedimientos asociados a los diccionarios, en Python existen tres tipos de procedimientos:

1. *Procedimientos que devuelven un valor pero no modifican el objeto al que se aplican (por ejemplo* items*).*

2. *Procedimientos "in place", que no devuelven ningún valor (*None*) pero modifican el objeto al que se aplican (por ejemplo* update*).*

3. *Procedimientos que devuelven un valor y además modifican el objeto al que se aplican (por ejemplo* pop*, a la que se le pasa una clave como argumento, devuelve el valor de esa clave, y elimina la entrada del diccionario correspondiente a la clave indicada).*

Para evitar código de programa erróneo, conviene previamente hacer pruebas en la consola de comandos de Python, para comprobar de qué tipo es el procedimiento que estamos usando, no sea que el programa que escribamos no haga lo que esperábamos.

Nota 76. *Conversiones de tipos*

- *La función* list *convierte en lista un conjunto, una tupla, una cadena de caracteres (devuelve la lista de los caracteres), o un diccionario; en este último caso, devuelve la lista con las claves, si se quiere la lista de valores o de items, hay que utilizar previamente los procedimientos* .values() *o* .items()*, tal y como hemos visto anteriormente.*

- *La función* set *convierte en conjunto, eliminando repeticiones de elementos, una lista, una tupla, una cadena de caracteres, o un diccionario (con la misma observación que en el caso de* list*).*

- *La función* tuple *convierte en tupla una lista, un conjunto, una cadena de caracteres, o un diccionario (las claves, igual que en los casos anteriores).*

- *La función* dict *crea un diccionario a partir de una lista de tuplas (clave, valor). Las tuplas también podrían ser listas [clave, valor], o en general iterables "ordenados":*

```
>>> dict(['ab', 'cd'])
{'a': 'b', 'c': 'd'}
```

No se recomienda usar parejas {clave, valor} en forma de conjunto, ya que la estructura `set` *podría cambiar el orden clave/valor, y el diccionario generado podría no ser el que queremos. También se podría pasar a* `dict` *una tupla o un conjunto de parejas clave/valor. Cualquier otro formato de datos que Python no sea capaz de convertir en diccionario, generará un error.*

- *Se puede convertir cualquier cosa a cadena de caracteres, pero se limitará a convertir en caracteres la definición del objeto, por ejemplo*

```
>>> str(['y', 'e', 's'])
"['y', 'e', 's']"
```

Para obtener un string a partir de una lista de caracteres, se usa `join`:

```
>>> L = ['y', 'e', 's']
>>> yes = ''.join(L)
>>> yes
'yes'
```

- *Por último, hay dos funciones útiles para ejecutar strings:*

  exec: *ejecuta el código de Python contenido en una cadena de caracteres:*

  ```
  >>> exec('i = 2**3')
  >>> i
  8
  ```

  eval: *ejecuta el código de Python contenido en una cadena de caracteres y devuelve su valor, por ejemplo*

  ```
  >>> j = eval('2**3')
  >>> j
  8
  ```

Así, si en las cadenas que se ejecutan/evalúan con exec/eval contienen la definición de listas, tuplas, conjuntos etc., se crearían los correspondientes objetos.

A.3. Programación estructurada

A partir de ahora, nuestro objetivo es escribir programas más o menos largos, en los que las tareas las vamos a agrupar en un fichero ASCII con extensión .py, y que luego ejecutaremos pinchando en Run (en la interfaz **spyder**).

A.3.1. Sentencias condicionales

Todas las herramientas de control de flujo en un programa requieren la evaluación Booleana de una condición, que puede ser verdadera (True) o falsa (False), de manera que el programa actúe de una manera u otra, según el resultado de dicha evaluación.

Condiciones lógicas: La mayoría de las sentencias condicionales son de tipo comparativo:

```
== significa "igual"
!= significa "distinto"
> significa "estrictamente mayor"
>= significa "mayor o igual"
< significa "estrictamente menor"
<= significa "menor o igual"
```

Tenemos también tres operadores lógicos, que son útiles para combinar condiciones múltiples:

- not: negación lógica.

- and: conjunción lógica.

- or: disyunción lógica (no exclusiva).

La evaluación lógica en Python es "perezosa", es decir:

- En un **and**, si la primera condición lógica es falsa, la segunda no se evalúa.

- En un **or**, si la primera condición lógica es verdadera, la segunda no se evalúa.

Aparte de la eficiencia, tiene su ventaja. Por ejemplo, en una conjunción de dos condiciones lógicas, la segunda podría dar error si la primera condición es falsa, pero al no evaluarse el error no se produce, por ejemplo:

```
import math
if (type(x) == float) and (x > 0):
print(math.sqrt(x))
```

En el código anterior, si por ejemplo x es de tipo string la expresión $x > 0$ podría dar un error, pero este no se produce ya que al ser falsa la primera condición, la segunda no se evalúa.

La sentencia if: La sentencia condicional `if` nos dice qué hace el programa en el caso de que cierta condición sea verdadera, y opcionalmente qué hacer en caso de que sea falsa, o cuando se cumplan condiciones alternativas. Tiene varias posibles estructuras, de las cuales la más simple es la siguiente:

```
if condición_lógica:
    lista de tareas
```

En este caso, no damos tareas alternativas, es decir, que si la condición lógica es falsa el programa no hace nada. Por ejemplo, supongamos que nombre es una cadena de caracteres y que la queremos imprimir solamente en el caso de que sea no vacía:

```
if nombre:
    print(nombre)
```

En comparación con otros lenguajes de programación, vemos que en Python no es necesario encerrar bloques de código entre paréntesis ni llaves. Basta con indentar (sangrado es la palabra correcta en español) las tareas del bloque correspondiente a que la condición testada sea verdadera (4 espacios es el convenio estándar establecido). Se puede sangrar con un número de espacios diferente, pero hay que tener cuidado en alinear correctamente, con el mismo número de espacios, los bloques del mismo nivel de sangrado. Se desaconseja usar tabuladores, que con frecuencia son incompatibles, según sea el sistema operativo o la codificación de caracteres. Si se usa el editor ASCII de spyder (también jupyter o PyCharm), este sangrado es automático, así como la alineación automática de listas de datos que no quepan en una sola línea, siguiendo las recomendaciones de estilo del PEP 8 de Python.

else: También podemos dar una tarea alternativa si la condición lógica es falsa:

```
if condición_lógica:
    tarea A
else:
    tarea B
```

En otras palabras, proponemos a Python qué hacer si la condición es falsa. Por ejemplo, supongamos que b debe ser un número distinto de 0, y a es otro número cualquiera:

```
if not b == 0:
    print(a / b)
else:
    print('ERROR: división por cero')
```

Es decir, imprimimos el cociente a/b, pero la sentencia `else` previene en este caso la división por cero.

elif: Por último, podemos dar varias tareas alternativas sucesivas, según se verifiquen distintas condiciones lógicas, que se comprueban en el orden que le digamos (el `else` final es opcional):

```
if condición 1:
    tarea A
elif condición 2:
    tarea B
...
else:
    tarea C
```

En definitiva, damos una o varias condiciones alternativas sucesivamente, con tantos `elif` como queramos. Veamos un ejemplo concreto, en donde "entrada" debería ser un número entero a elegir entre 1 y 2:

```
if entrada == 1:
    print ("Hola amigo.")
    print ("¿Cómo estás?")
elif entrada == 2:
    print ("Hola usuario.")
    print ("¿Te gusta Python?")
else:
    print ("¡Vuelve a intentarlo!")
```

Se puede usar una sentencia if en una sola línea, para tareas muy simples, aunque no es lo aconsejable, por cuestiones de legibilidad:

```
if condición: tarea
```

o bien

```
do tarea A if condición else do tarea B
```

Por ejemplo:

```
print('Hola') if entrada == 10 else print('adiós')
```

También se pueden hacer asignaciones de variables de manera condicional, por ejemplo:

```
salida = (12 if entrada == 10 else 13)
```

Ejercicio 55. *El juego infantil "piedra, papel o tijera" consiste en que dos jugadores eligen una de las tres opciones, y el resultado es que el papel gana a la piedra (envolviéndola), la piedra gana a la tijera (rompiéndola), y la tijera gana al papel (cortándolo).*

Escribe un código en Python que decida el ganador a partir del valor de dos variables jugador1, jugador2 *que pueden tomar los valores "piedra", "papel", o "tijera", y que imprima por pantalla un mensaje con el número del ganador (1 ó 2).*

De manera alternativa, uno de los jugadores puede ser el ordenador, que hace una elección aleatoria, y el usuario, que introduce su elección por teclado (con la función input, *que veremos más adelante en el apartado A.3.3).*

A.3.2. Bucles

Los bucles (en inglés *loops*) realizan bloques de tareas repetidamente, hasta que se verifica una cierta condición de salida, que provoca la terminación del bucle.

Bucles `for`

Son los bucles más sencillos, consistentes en repetir una misma tarea sucesivamente con una lista de datos. En Python, un iterable es cualquier estructura con componentes que se pueden recorrer de principio a fin, es decir, de manera que "se pueda iterar" una tarea sobre sus elementos, por ejemplo una lista, una tupla, una cadena, etc. La sintaxis es la siguiente:

```
for a in iterable:
    lista de tareas
```

Al igual que en la sección anterior, nótese que las tareas del bucle deben sangrarse con 4 espacios, y que la sentencia que declara el bloque termina con dos puntos. Veamos un ejemplo:

```
animales = ['perro', 'gato', 'caballo', 'vaca']
for x in animales:
    print (x)
```

El bucle termina cuando se completa la lectura de la lista entera. Los conjuntos en Python son también 'iterables', es decir, se pueden usar para hacer un bucle `for`:

```
>>> conjunto = {'a', 'b', 'c'}
>>> for x in conjunto: print(x)
a
c
b
```

Se pueden también enumerar los elementos de la lista (comenzando por 0) con la función `enumerate`, de la siguiente manera:

```
for index, pet in enumerate(animales):
    print (index, pet)
```

Esto produciría el siguiente output:

```
0 perro
1 gato
2 caballo
3 vaca
```

De esta manera, no solo tendríamos control sobre los elementos del iterable, sino también de su posición en el mismo.

En el siguiente ejemplo, el iterable es un string:

```
mensaje = 'Hola'
for i in mensaje:
    print (i)
```

Este código imprime las cuatro letras de 'Hola', cada una de ellas en una línea distinta. También se puede iterar sobre tuplas:

```
for i in 2, 3, 5:
    print(i, 'es primo')
```

Este último ejemplo es equivalente a

```
for i in (2, 3, 5):
    print(i, 'es primo')
```

Bucles `for` mediante secuencias de números: En este caso, se usa la función `range`, que genera una secuencia de números enteros. Su sintaxis es range(inicio, final, paso), donde si no se da el paso se supone 1 por defecto (números consecutivos), y si además no se da el inicio se supone que por defecto se comienza en 0. El único parámetro que siempre es obligatorio es el valor final. Veamos algunos ejemplos:

- range(5) produce la secuencia 0, 1, 2, 3, 4.

- range(3, 10) produce la secuencia 3, 4, 5, 6, 7, 8, 9.

- range(4, 10, 2) produce la secuencia 4, 6, 8.

Vemos pues que nunca se llega al valor final, al igual que en las operaciones *slice* en listas y tuplas. En un bucle `for`, la función `range` se usaría así:

```
>>> for i in range(4):
...     print (i)
0
1
2
3
```

Para iterar sobre una secuencia en orden inverso, se especifica primero la secuencia en orden nornal, y luego se llama a la función `reversed`:

```
>>> for i in reversed(range(1, 10, 2)):
... print(i)
9
7
5
3
1
```

También se podría usa un contador negativo, pero hay que calcular bien los límites. Por ejemplo, esto sería una "cuenta atrás" a partir de 5:

```
>>> for i in range(5, -1, -1):
...     print(i)
5
4
3
2
1
0
```

Se puede convertir un rango en lista con el casting:

```
list(range(5))
list(range(-3, 3))
list(range(-6, 7, 2))
```

Al igual que en el caso de las sentencias condicionales, se podrían escribir bloques `for` cortos sin indentar, por ejemplo

```
for i in range(10): print(i), print(i+1)
```

que equivaldría a

```
for i in range(10):
    print(i)
    print(i+1)
```

Manipulación de datos: Los bucles `for` y las sentencias condicionales nos permiten manipular de manera eficiente las estructuras de datos que hemos visto en la sección anterior. En primer lugar, se pueden definir listas y conjuntos por comprehensión; por ejemplo, el siguiente código crea una lista con los cuadrados de los números del 0 al 9:

```
>>> cuadrados = [x ** 2 for x in range(10)]
```

Una lista (o conjunto) por comprehensión consiste en corchetes (o llaves) rodeando una expresión seguida de la declaración for, y luego alguna posible declaración adicional de tipo if / else, incluso con bucles anidados. Por ejemplo:

```
>>> [(x, y) for x in [1,2,3] for y in [3,1,4] if x != y]
[(1, 3), (1, 4), (2, 3), (2, 1), (2, 4), (3, 1), (3, 4)]
>>> [(x, y) for x in range(1, 4) for y in range(1, 4) if x != y]
[(1, 2), (1, 3), (2, 1), (2, 3), (3, 1), (3, 2)]
```

De esta manera, se puede inicializar un vector de ceros de tamaño n:

```
vec = [0 for i in range(n)]
```

También se puede inicializar una matriz $n \times m$ con ceros

```
matrix = [[0]*n for i in range(m)]
```

o alternativamente

```
[[0 for j in range(n)] for i in range(m)]
```

Cuidado, porque m es el número de filas, y n el de columnas, y se escriben en orden contrario. Proponemos al lector estos dos ejercicios, para ser resueltos con listas por comprehensión.

Ejercicio 56. *Dada una matriz cuadrada $n \times n$ definida como una lista de filas, construye la matriz que se obtiene al girar 90º en sentido horario, girar 90º en sentido antihorario, por simetría respecto de la diagonal principal (traspuesta), y por simetría respecto de la diagonal secundaria.*

Ejercicio 57. *Dada una matriz $m \times n$ definida también como una lista de filas, construye la matriz que se obtiene por simetría respecto de un eje horizontal, y de un un eje vertical, especificando el número de fila o columna respecto de la que se realiza la simetría (o un número no entero si el eje no coincide con ninguna fila o columna).*

Ejercicio 58. *Escribe un programa con un bucle `for` para recorrer una lista de strings y construir una cadena de caracteres que concatene todas las cadenas de la lista.*

Rescribe el programa anterior con un bucle `while`, que se verá a continuación.

Bucles `while`

Como indica el nombre (en inglés), este bucle ejecuta un bloque de tareas **mientras** cierta condición continúe siendo válida, y se sale del bucle en caso contrario. La estructura del bucle es la siguiente:

```
while condición:
    tarea
```

Normalmente, antes de entrar en el bucle hay que definir una variable de control (por ejemplo un contador), que se acercaría progresivamente a la condición de salida a medida que se repiten las tareas del bloque. Asimismo, dentro del bucle la condición inicial debe poder variar, porque en caso contrario esta condición será siempre cierta y nunca terminará el bucle (bucle infinito). Vemos un ejemplo:

```
contador = 3
while contador > 0:
    print ("Contador = ", contador)
    contador = contador - 1
```

El resultado de este programa sería:

```
Contador = 3
Contador = 2
Contador = 1
```

El mayor peligro de este bucle es por tanto la posibilidad de entrar en un bucle infinito, con lo que el programa nunca terminaría y habría que abortarlo (Control-C, o en **spyder** pinchando el cuadrado que está en rojo mientras dura el cálculo). Esto ocurriría, en el ejemplo anterior, si no escribiésemos la línea clave "contador = contador – 1". Esta línea nos asegura que a medida que transcurre el bucle, la condición de salida es cada vez más probable de verificarse. En general, conviene asegurarse de que la condición de salida se verificará tras un número finito de ejecuciones del bloque de tareas del bucle. Por ejemplo:

```
i = 30
while i % 13 != 0:
    i += 1
print(i)
```

Al cabo de un número finito de pasos, conseguiremos con toda seguridad un múltiplo de 13, y en nuestro caso se imprimirá el número 39.

La sentencia break: Cuando se trabaja con bucles, a veces es cómodo poder salir del bucle en cuanto se cumpla cierta condición, sin esperar a que termine el bucle. Para ello se usa la palabra reservada **break**. Por ejemplo, si en un bucle **for** recorremos todos los elementos de una lista buscando un valor, y en uno de los pasos lo encontramos, no tiene sentido esperar a que el bucle llegue hasta el final:

```
# buscamos si hay algún 1 en L, y queremos saber en qué posición
L = [2, 3, 4, 1, 0, 5, 7]
answer = False
for index, x in enumerate(L):
    if x == 1:
        answer = True
        break
if answer:
    print("posición =", index)
else:
    print('Valor 1 no encontrado!')
```

Es decir, se encuentra que x == 1 en la posición 3 y se sale del bucle, sin continuar hasta la última posición del bucle.

Ejercicio 59. *Escribe un bucle while para recorrer una lista de enteros y decidir (con una variable de tipo Booleano) si la lista está ordenada (en orden ascendente o descendente), o no lo está.*

La sentencia pass: La sentencia pass no hace nada. Es útil cuando una sentencia es requerida por la sintaxis pero el programa no requiere ninguna acción, o cuando estamos diseñando la estructura lógica de un programa, y queremos ir programando las tareas poco a poco, de manera que podemos poner la sentencia `pass` en los bloques que quedan "por hacer". Por ejemplo:

```
# pendiente de programar
if n % 2 == 0:
    pass
else:
    pass
```

A.3.3. Interactividad

La interactividad de un programa consiste en que el programa le pida datos al usuario en tiempo de ejecución, para que el programa opere con ellos, y a su vez el programa le muestre datos al usuario por pantalla.

Por ejemplo, escribamos un programa que nos pida introducir por teclado dos números enteros y nos muestre en pantalla el cociente y el resto de la división Euclídea:

```
D = input("Introduzca el dividendo: \n")
d = input("Introduzca el divisor: \n")
q = int(D) // int(d)
r = int(D) % int(d)
print("El cociente es ", q, "\n El resto es ", r)
```

input() Esta función nos pide un dato por teclado, y el programa no avanza hasta que el usuario lo introduzca y teclee ENTER. La cadena dentro de la función es el mensaje con que el programa va a solicitar dicho dato, que lógicamente deberá de asignarse a una variable para poder ser manipulado. Si estos datos necesitan interpretarse como números, hay que realizar el correspondiente casting, ya que lo que recoge la función `input` por teclado es solo un `string`.

En general, para convertir la entrada de `input` en un objeto de Python más complejo (listas, tuplas, etc.), se puede teclear

```
L = eval(input())
```

suponiendo que el usuario teclea los datos con el formato correcto.

print() Esta función se usa para mostrar información por pantalla al usuario. Es una buena estrategia para el caso de que el programa no tenga el funcionamiento esperado, y queramos saber qué pasa con los cálculos intermedios durante las pruebas del mismo (debugging).

La función print() acepta uno o más parámetros (argumentos) entre paréntesis, separados por comas, y concatena la información resultante en una cadena. Si los argumentos son cadenas se encierran entre comillas, pero también muestra el valor de cualquier variable (sin comillas) que queramos mostrar en pantalla.

La función `print` usa por defecto como carácter separador entre argumento y argumento el espacio en blanco, como carácter final el cambio de línea, y lanza la salida por pantalla (sys.stdout). Por ejemplo, el comando `print()` sin argumentos se limita a añadir una línea de separación. Este comportamiento por defecto se puede cambiar; por ejemplo

```
print(x, y, z, sep='', end=' ', file=fichero)
```

imprime a un fichero previamente abierto en modo escritura las variables x, y, z sin separación entre sí, y añadiendo solo un espacio al final (sin cambiar de línea). Para más información, tecléese `help(print)`.

Para mostrar un mensaje más largo, de varias líneas, se emplean las triples comillas (simples o dobles), por ejemplo:

```
print ("""\
Hola Mundo.
Mi nombre es Pedro,
y tengo 20 años.
""")
```

El backslash \ es (en este caso) para cambiar de línea sin mostrar la primera línea en blanco.

Ejercicio 60. *Escribe un script* `calculadora.py` *para sumar (s), restar (r), multiplicar (d) o dividir (d) dos enteros que se piden por teclado, e imprimir el resultado por pantalla. La operación también la elige el usuario por teclado, y conviene prevenir todos los posibles errores de tipos de datos, incluyendo la división por cero.*

Ejercicio 61. *Escribe un programa interactivo en Python que pida por pantalla al usuario el número de filas m, el número de columnas n, y que imprima por pantalla una matriz con la letra 'X'en todas las entradas, sin espacios entre ellas, salvo en la diagonal principal en la que se imprime la letra 'O'. Por ejemplo, para $m = 4$ y $n = 6$ se imprimiría por pantalla*

```
OXXXXX
XOXXXX
XXOXXX
XXXOXX
```

A.4.   Programación modular

Hasta ahora hemos usado funciones de manera interactiva, pero ahora veremos cómo programar nuestras propias funciones. Las funciones son útiles para sistematizar tareas frecuentes, y que pueden ser usadas con diferentes datos. La regla general es que si el mismo código nos aparece duplicado en varias partes del programa, dicho código debería incluirse en la definición de una función, de manera que solamente dupliquemos la llamada a dicha función, con los parámetros adecuados en cada llamada.

A.4.1.   Procedimientos y funciones

Por analogía con las funciones matemáticas, las funciones asignan un valor de salida a ciertos datos de entrada, que se escriben entre paréntesis. Por ejemplo:

```
>>> a = round(4.5)
>>> a
4
```

A la función **round** se le pasa el parámetro de entrada 4.5 y devuelve el valor 5.0, que se puede asignar a la variable a. Propiamente hablando, habría que distinguir entre "funciones" y "procedimientos". En el primer caso se devuelve un valor, y en el segundo caso se limita a hacer una tarea, pero no se devuelve ningún dato asignable a ninguna variable (por ejemplo, la función **print** no devuelve ningún valor, sino que se limita a realizar la tarea de mostrar algo por pantalla). En realidad, cuando un procedimiento de Python no devuelve nada, devuelve el objeto **None**.

Según se haya programado una función mediante Programación Orientada a Objetos (POO) o no, se pueden invocar funciones de dos formas distintas. En el caso de la POO se usa la notación de un punto '.' para acceder a un atributo de tipo procedimiento para un objeto, por ejemplo las que manejan listas y cadenas:

```
>>> L = [1, 2]
>>> L.append(3)
>>> L
[1, 2, 3]
>>> c = 'Hola Mundo'
>>> c.replace("Mundo", "Universo")
'Hola Universo'
```

En este caso, hay que tener cuidado, ya que recordemos que existen dos tipos de procedimientos: unos que devuelven un valor pero no alteran la variable (objeto) a la que se aplican, y otros que no devuelven ningún valor pero cambian dicho objeto (procedimientos "in-place"). En el ejemplo anterior, la función **replace** nos devuelve la cadena 'Hola Universo', pero la cadena c sigue siendo 'Hola Mundo'. En cambio, el procedimiento **append** no devuelve nada, pero cambia la lista L añadiendo un elemento al final.

La otra posibilidad es usar la notación funcional clásica, con paréntesis y el nombre de la función, separando los argumentos por comas:

```
>>> a = 4.7
>>> round(a)
5
>>> print("Redondeo = ", round(a))
Redondeo(a) =  5
>>> round(3.141592, 4)
3.1416
```

A.4.2. Definición de funciones

Veamos ahora como definir nuestras propias funciones con la sentencia **def**:

```
def nombre_de_función(parámetros separados por comas):
    lista de tareas
    return [valor devuelto]
```

Una vez definida, se puede usar dicha función durante la sesión de Python escribiendo su nombre, y especificando los parámetros concretos que queramos. Por ejemplo:

```
def esPrimo (entero):
    respuesta = True
    for x in range(2, entero):
        if (entero % x == 0):
            respuesta = False
            break
    return(respuesta)
```

Podría haber más de un return dentro de la función (aunque no es lo aconsejable), según la estructura lógica del programa, pero solo se ejecutará (como mucho) uno de ellos. Esta sentencia fuerza la terminación brusca de la función, en caso de ejecutarse en medio de un bucle o dentro de una sentencia condicional. La función anterior se usaría de esta manera:

```
>>> esPrimo(7)
True
>>> esPrimo(8)
False
```

Si no queremos retornar ningún valor, podemos omitir la sentencia return (por ejemplo en un "procedimiento"). Alternativamente, se puede escribir simplemente

```
return
```

o bien

```
return None
```

Es una buena idea comprobar al principio de una función, que los argumentos que se pasan a la función son del tipo adecuado, o que se encuentran en los rangos adecuados. Por ejemplo, a una función que calcula e $n!$ le deberíamos pasar un número n que sea entero y no negativo, con lo que la primera línea de la función debería ser

```
assert (type(n) is int) and (n >= 0)
```

(Se puede usar `isinstance` en lugar de `type`). Así pues, si n no verifica las condiciones requeridas, la ejecución de la función dará un error, antes de que el error ocurra más adelante y sea más difícil de depurar.

Nota 77. *Buenas prácticas*

Los códigos de buenas prácticas aconsejan no usar el comando break*, para no romper con saltos el flujo de los programas. En teoría, siempre es posible evitar este comando, por ejemplo cambiando un bucle* for *por un bucle* while *adecuado, aunque puede ser más trabajoso de pensar.*

Por otra parte, también se aconseja no usar más de un return *en la definición de la función, es decir, que solo haya una sentencia* return *en la última línea de la función. En caso contrario, algún* return *sería un* break *encubierto.*

Asimismo, si la función no devuelve nunca nada (None) se debería omitir la sentencia return *final. es decir, evitar que la última línea sea* return(None)*,* return()*,* return None *o* return*, que obviamente sería redundante y no aportaría ninguna información.*

Ejercicio 62. *Definir una función* suma_truncada *que reciba como entrada una lista de números* L *y dos cotas* m *y* M*, y que devuelva la suma* S *de los elementos de* L*, salvo que la suma sea menor que* m*, en cuyo caso devuelve* m*, o que la suma sea mayor que* M*, en cuyo caso devuelve* M*.*

Ejercicio 63. *Definir una función* `tiempo` *que calcule el tiempo transcurrido entre dos horas dadas. Las horas dadas (inicial y final) se darán en forma de tuplas que contiene horas y minutos, en formato de 24 horas, y la respuesta será también una tupla con horas y minutos. Nota: se supone que si la hora inicial es anterior a la hora final, ambos instantes pertenecen al mismo día, pero si el hora final es anterior a la hora inicial, la hora final se supone del día siguiente.*

Ejercicio 64. *Escribe una función que a partir de un conjunto X y un número $n \leq \sharp X$ devuelva el conjunto de todos los subconjuntos de X con cardinal n (combinaciones).*

Ejercicio 65. *Escribe una función que reciba como entrada una lista de números, con posibles repeticiones, y devuelva otra lista en la que se han eliminado las repeticiones de elementos, y que además esté ordenada en orden decreciente.*

Ejercicio 66. *Escribe un procedimiento en Python que lea un diccionario, compruebe si todos los "valores" del mismo son diferentes, y en caso afirmativo devuelva otro diccionario en el que los valores sean las claves y las claves sean los valores.*

Ejercicio 67. *Multiconjuntos*

Un multiconjunto es como un conjunto, es decir, donde los elementos no están ordenados, pero en el que se pueden repetir elementos. La forma más lógica de representar un multiconjunto con Python es mediante un diccionario, en donde los elementos sean las claves, y los valores representen el número de veces que se repite cada elemento.

A partir de esta representación, escribe funciones `union`, `interseccion` *y* `diferencia` *para multiconjuntos, con las siguientes reglas: si denotamos $n_A(x)$ el número de veces que el elemento x pertenece al multiconjunto A (siendo este valor cero si el elemento no pertenece), entonces*

(1) En la unión $A \cup B$ están todos los elementos que pertenecen a A o a B con

$$n_{A\cup B}(x) = \text{máx}\{n_A(x), n_B(x)\}$$

(2) En la intersección $A \cap B$ están todos los elementos que pertenecen simultáneamente a A y a B con

$$n_{A\cap B}(x) = \text{mín}\{n_A(x), n_B(x)\}$$

(3) En la diferencia $A \setminus B$ están todos los elementos que pertenecen a A con

$$n_{A\setminus B}(x) = n_A(x) - n_B(x)$$

siempre que $n_A(x) - n_B(x) > 0$, y $n_{A\setminus B}(x) = 0$ en caso contrario.

A partir de las definiciones anteriores, define también la diferencia simétrica de dos multiconjuntos.

Variables locales y globales

Un concepto importante al definir funciones es el "ámbito" de validez de las variables, según se definan dentro o fuera de la definición de una función. En el primer caso, las variables se llaman locales, y en el segundo globales.

Hay dos diferencias fundamentales entre ambos tipo de de variables, a saber:

- Toda variable local es **accesible** solo desde dentro de la definición de la función, de manera que si la llamamos fuera, Python nos dará un mensaje de error diciendo que la variable no está definida. Esto ocurrirá, por ejemplo, si llamamos a la variable x definida dentro de la función esPrimo, definida anteriormente), y x no está definida fuera de dicha función. En cambio, si la variable es global, entonces es accesible desde cualquier punto de la sesión de Python, una vez definida, incluso si se usa dentro de la definición de alguna función.

- Si hay una **colisión** de variables, es decir, una variable local y otra global con el mismo nombre, cualquier llamada a ese nombre desde dentro de la definición de la función accederá a la variable local. En cambio, si la llamada se produce desde fuera de la definición de la función, se accederá a la función global.

Por ejemplo, se define la siguiente función:

```
def sumaCuadrados(n):
    x = 0
    for i in range(1,n+1):
        x = x + i**2
    return x
```

Ahora la usamos de esta manera:

```
>>> x = 1
>>> a = 2
>>> sumaCuadrados(a)
5
>>> x
1
>>> i
NameError: name 'i' is not defined
```

Vemos pues que dentro de la función x no vale 1, sino que empieza valiendo 0 y se le suman los cuadrados de 1 y 2, devolviendo el valor x=5. Sin embargo, una vez que hemos salido de la función, x sigue valiendo 1, ya que es una variable global. Además, vemos que la variable local i no es accesible desde fuera de la función.

Para obtener un listado de variables definidas en cierto ámbito local tecleamos

```
>>> vars()
```

En general, se obtienen los atributos de una clase, módulo, o instancia de clase (objeto) tecleando por ejemplo

```
>>> vars(str)  % atributos de la clase str
>>> import string
>>> vars(string)  % atributos del módulo string
```

Hay que tener cuidado con las variables locales y globales, pues pueden ocurrir efectos indeseados. Por ejemplo, la siguiente función modifica una variable global, y no devuelve nada:

```
def fun(s):
    s[1] = 66
```

En consecuencia, el siguiente código hace que una variable sea modificada sin que haya una asignación explícita:

```
>>> mi_lista = [1, 2, 3]
>>> fun(mi_lista)
>>> print(mi_lista)
[1, 66, 3]
```

Para evitar este efecto, y salvo que queramos definir una función *in place*, conviene como norma general no operar directamente sobre los parámetros de entrada, sino definir variables locales para realizar las operaciones en un `namespace` (espacio de nombres) local:

```
>>> def fun(s):
...     s = [4, 5, 6]
...     print(s)
>>> s = [1, 2, 3]
>>> fun(s)
[4, 5, 6]
>>> print(s)
[1, 2, 3]
```

Nota 78. *Se pueden definir funciones (locales) dentro de funciones, si la función interna solo será usada por la externa y no conviene que sea accesible para ninguna otra función; en este caso, la función interna dejaría de estar definida al terminar la ejecución de la función externa en la que se encuentra definida.*

Asimismo, se podrían importar librerías o funciones dentro de la definición de una función, pero en ese caso dejarían también de estar importadas al terminar la ejecución de dicha función; sería una buena idea si dicha librería solo se va a usar durante la ejecución de una función concreta.

Programación recursiva

En este apartado nos aproximaremos a la programación recursiva a través de un ejemplo clásico: los números de Fibonacci f_n definidos de forma recursiva como

$$f_0 = f_1 = 1$$
$$f_n = f_{n-1} + f_{n-2} \quad \text{si } n \geq 2$$

La primera opción que se nos ocurre es definir una función recursiva, es decir, que se llame a sí misma con valores más pequeños y prever una condición de salida. En otras palabras, traducir a código Python la definición recursiva anterior:

```
def fibonacci(n):
    sol = 1
    if n > 1:
        sol = fibonacci(n-1) + fibonacci(n-2)
    return(sol)
```

Podemos mejorar la función haciendo un chequeo de datos, es decir, comprobar que n sea entero no negativo, pues en caso contrario dará un resultado que no tiene sentido. Bastaría añadir una primera línea tal que así:

```
assert isinstance(n, int) and (n>=0)
```

La programación recursiva es muy sencilla de escribir, pero poco eficiente si se hacen muchas llamadas recurrentes; por ejemplo, la función anterior se colapsa si se intenta calcular `fibonacci(100)`. Veamos cómo realizar el procedimiento anterior de manera iterativa, es decir, mediante un bucle:

```
def Fibonacci(n):
    assert isinstance(n, int) and (n>=0)
    sol = 1
    if n > 1:
        x = 1
        y = 1
        for i in range(n-1):
            z = x + y
            x = y
            y = z
        sol = z
    return(sol)
```

Ahora de manera muy rápida se obtiene el resultado

```
>>> Fibonacci(100)
573147844013817084101
```

Ejercicio 68. *Escribe una función recursiva para calcular n! si n es un entero no negativo. Reescribe esta función en forma iterativa.*

Pruebas: Conviene realizar pruebas con las funciones que programemos, de manera que estemos completamente seguros que funcionan y dan el resultado correcto en todos los casos posibles. Para ello, conviene hacer al menos una prueba para cada rango posible de valores de todos los parámetros, comprobando qué sucede cuando los tipos no son correctos, y que se analizan todos los casos posibles (if/else) en el código del programa, incluyendo los casos límite (listas vacías, salida de los bucles, etc.).

Por ejemplo, en el caso de la función `Fibonacci` que hemos definido anteriormente, habría que comprobar que da el resultado correcto en al menos tres valores enteros: $n = 0$, $n = 1$, y un entero $n \geq 2$. Además, para controlar el tipo de entrada, convendría probar con un valor negativo y un valor de un tipo no entero, para comprobar que la sentencia `assert` funciona correctamente.

Lo idea sería hacer pruebas automáticas y tests unitarios, pero eso lo remitimos a una bibliografía más especializada.

En caso de encontrarnos con errores, estos pueden ser de dos tipos:

(I) Errores sintácticos: se producen al definir la función, y se refieren a la mera escritura sintáctica: indentación incorrecta, palabra reservada mal escrita, falta un corchete, faltan dos puntos, etc.

(II) Errores en tiempo de ejecución: al ser usada con parámetros concretos, y pueden ser de tipo muy diverso, por ejemplo llamada a una función que no está definida, uso de un tipo incorrecto para realizar cierta operación, uso de una variable que no ha sido asignada, división por cero, etc.

En caso de no saber de donde viene un error, conviene hacer una *traza* de los valores intermedios que van tomando las variables en tiempo de ejecución, para determinar la posible causa del error. Para ello es muy útil la función print, que se puede intercalar en las líneas de código, para que muestre por pantalla los valores de determinadas variables que sospechemos que estén causando el error.

Otra opción para la *depuración* del código es insertar puntos de ruptura (breakpoints), que pausan la ejecución del programa para poder ver en ese punto concreto los valores que toman las variables en juego. La sentencia que se intercala en el código es

```
breakpoint()
```

que se puede eliminar (o comentar) cuando se localice el error. Otra forma de desactivar todos los breakpoints sería declarar al principio del archivo de programa la variable global

```
PYTHONBREAKPOINT = 0
```

Expresiones lambda

Se pueden crear funciones anónimas sencillas con la palabra reservada lambda. Por ejemplo, esta función retorna la suma de sus dos argumentos:

```
suma = lambda a, b: a + b
```

Las funciones mediante una expresión lambda pueden ser usadas en cualquier lugar donde sea requerido un objeto de tipo función, pero están sintácticamente restringidas a una sola expresión, que quepa en una sola línea. Al igual que las funciones anidadas, las funciones lambda pueden hacer referencia a variables desde el ámbito que la contiene:

```
>>> def hacer_incrementador(n):
...     return lambda x: x + n
>>> f = hacer_incrementador(42)
>>> f(0)
42
>>> f(1)
43
```

En el ejemplo anterior vemos la razón por la que se denominea a este tipo de funciones "anónimas", pues vemos que a la función que devuelve la variable hacer_incrementador no se le ha dado ningún nombre, aunque luego se le pueda asignar a una variable, de la cual luego herede el nombre, como en el ejemplo anterior.

Ejercicio 69. *Escribe una función que, para un entero $n \geq 0$, devuelva una lista con las funciones $f(x) = x^k$ para $k = 0, \ldots, n$.*

A.4.3. Módulos

Los módulos son ficheros que agrupan funciones relacionadas entre sí, y que se pueden llamar unas a otras. A su vez, unos módulos pueden importar otros módulos, o funciones concretas de otros módulos, creando dependencias.

Python dispone de muchas funciones predefinidas, algunas de las cuales se guardan en ficheros llamados módulos. Para usarlas, hay que importar dichos módulos en nuestra sesión, o en nuestros propios ficheros, para lo cual se usa la palabra reservada import. Hay varias maneras de importar un módulo y las funciones que contiene, la más sencilla es escribir

```
>>> import random
```

Esta instrucción importa el módulo random, para trabajar con funciones relacionadas con propiedades aleatorias de Estadística y Probabilidad. Para usar ahora una función del módulo random, por ejemplo randrange(), se puede llamar a la función de esta manera:

```
>>> random.randrange(1, 10)
7
```

Puede resultar incómodo tener que escribir siempre el nombre del módulo, sobre todo si es largo, para lo cual la primera alternativa es asignar el nombre del módulo a una variable más corta (alias):

```
>>> import random as R
```

De esta manera solo hay que teclear simplemente

```
>>> R.randrange(1,10)
3
```

La tercera forma es especificar el nombre de las funciones que queremos importar (todas la que queramos, separadas por comas), por ejemplo:

```
>>> from random import random, randrange, randint
```

Ahora, para usar las funciones, solo hay que teclear

```
>>> randrange(1,10)
5
```

Veamos otro ejemplo con el módulo `fractions`:

```
>>> from fractions import Fraction
>>> Fraction(4, 6) + Fraction(5, 15)
FRaction(1, 1)
>>> float(_)
1.0
```

Por último, lo más sencillo es importar todas las funciones de un módulo mediante los comodines (*), de esta manera:

```
>>> from random import *
```

Así, podemos usar todas las funciones del módulo sin la notación del punto:

```
>>> randint(2,10)
10
```

No obstante, esta última forma de importar módulos es desaconsejable si se importan varios módulos que contienen funciones con el mismo nombre, puesto que al final es posible que no estemos usando la función del módulo que nos interese. Por ejemplo, todos los módulos de

Matemáticas (math, sympy, numpy y scipy) con tienen una función llamada `sin` (la función *seno*), pero si la queremos dibujar en una gráfica, solo podremos usar la del módulo numpy, y si el último módulo que hemos importado ha sido sympy (por ejemplo) la función seno que se usará es la de sympy, y al tratar de dibujar la gráfica nos dará error por incompatibilidad de tipos de datos. Para estos casos, la opción de usar un alias es la mejor, así sabremos en todo momento cuál es la función que se está usando, y para qué se está usando.

Aparte de lo anterior, la librería que importamos puede ser muy grande, y quizás estemos recargando la memoria del intérprete con una gran cantidad de funciones que no vamos a usar, con lo que es una buena política, en principio, importar solamente las funciones que vayamos a usar, salvo que usemos muchas de las funciones del módulo, o que sea imprevisible cuántas funciones vayamos a necesitar, teniendo en cuenta que algunas funciones pueden a su vez llamar a otras funciones del mismo módulo.

Para saber todas las funciones disponibles en un módulo (como lista ordenada de cadenas), se utiliza la función dir(), por ejemplo

```
>>> dir(random)
```

nos imprime todas las funciones de la librería `random`.

Si se teclea sin argumentos dir(), se obtiene la lista de nombres disponibles en la sesión actual. Para saber todas las funciones y variables integradas por defecto (builtins), hace falta importar previamente el módulo estándar:

```
>>> import builtins
>>> dir(builtins)
```

En general, dir() aplicado a un objeto muestra los atributos de ese objeto.

Por último, hay que distinguir entre módulos y paquetes; en el primer caso se trata de un fichero, y en el segundo de una colección de ficheros con dependencias entre sí, normalmente organizados por carpetas (tal es el caso de las librerías `sympy` o `numpy`, entre otras).

A.5. Ficheros

En esta sección veremos una pequeña introducción sobre cómo crear ficheros, tanto de texto como binarios, para leer y/o escribir datos. Este tema es muy importante si queremos que los datos que creemos con nuestros programas se guarden de forma persistente en un archivo del ordenador, o bien si queremos importar datos desde un archivo externo.

A.5.1. Ficheros de texto

Un fichero puede abrirse esencialmente en modo lectura o escritura, con pequeñas variantes que ahora veremos. Veamos en primer lugar cómo abrir un fichero existente, bien en el directorio de trabajo de Python, o bien la ruta específica donde encontrarlo. Supongamos que el fichero se denomina archivo.txt y que no hace falta especificar la ruta al estar en el directorio de trabajo de Python; entonces se abriría con el comando `open`

```
f = open('archivo.txt', 'r')
```

De esta manera, hemos creado en Python un objeto `f` de tipo `file`, en el que hemos abierto el fichero archivo.txt en modo lectura (r), es decir, que solo podemos leer datos, pero no podemos escribir sobre el archivo.

Si no existe, o no lo encuentra, dará error. En realidad, si no se especifica el modo 'r' de lectura, por defecto el fichero se abre en modo lectura, pero aconsejamos en todo caso especificarlo para evitar ambigüedades. Si existe y no lo encuentra, es que no está en el mismo directorio que el archivo de Python que se está ejecutando, o en el directorio de trabajo por defecto; en ese caso, lo más sencillo es especificar el 'path' completo donde encontrar el fichero. Otra opción sería cambiar el directorio de trabajo

```
import os
os.chdir('/home/usuario/carpeta/')
```

pero esta opción debe tratarse con cuidado, ya que es posible tener que deshacer el cambio, para poder acceder a otros ficheros en otros directorios.

Para prevenir problemas de codificación, sobre todo con acentos, eñes, etc., conviene abrir un fichero especificando la codificación:

```
f = open("/path/archivo.txt", 'r', encoding="utf-8")
```

Se puede leer el fichero entero con

```
texto = f.read()
```

El problema es que si el fichero es demasiado grande podría sobrecargar (en este caso) la variable texto de Python. Para tener una lectura más controlada de caracteres podemos leer un número de caracteres (lectura por tamaño de buffer). Por ejemplo, vamos a copiar un archivo en otro leyendo caracteres de 10 en 10:

```
fi = open('archivo.txt', 'r')
fo = open('copia.txt', 'w')
texto = fi.read(10)
while texto:
    fo.write(texto)
    texto = fi.read(10)
fo.close()
fi.close()
```

Hay que aclarar que la lectura (y la escritura, que veremos después) de un fichero es secuencial, es decir, que no se puede volver atrás para leer de nuevo una línea o carácter anterior, ni saltarse líneas o caracteres para leer información posterior.

Conviene cerrar un fichero cuando no se vaya a usar más, con el comando

```
f.close()
```

tal y como se hace en el ejemplo anterior.

Escritura: Como vemos en el ejemplo anterior, hemos tenido que abrir un fichero para escribir datos en él, y por tanto en modo escritura (w). En este caso, si no existe archivo.txt creará un fichero vacío, pero mucho cuidado, porque si ya existe se borrarán sus datos al abrirlo. Si queremos añadir datos a un fichero que ya existe, se abrirá en modo *append* (a), y lo que escribamos se añadirá al final del fichero. También es posible abrir un fichero en modo mixto lectura/escritura, especificando el modo 'r+'. Una vez abierto, se escriben caracteres con la función write, tal y como hemos en el ejemplo anterior.

Al igual que para el caso de la lectura, conviene especificar la codificación "utf-8" para escribir acentos, etc. Asimismo, la escritura también es secuencial: cada write añade texto al final, y no se puede insertar en una posición anterior. La función `write` devuelve el número (entero) de caracteres añadidos al fichero:

```
>>> f = open("archivo.txt", "w", encoding="utf-8")
>>> f.write("Hola, ")
6
>>> f.write("qué tal?\n")
9
>>> f.write("ok\n")
3
>>> f.close()
```

En este caso, es muy importante *cerrar* el fichero con `close`, ya que mientras esto no se haga, los datos del fichero no serán accesibles desde el sistema operativo.

A.5.2. Ficheros binarios

Para manejar ficheros binarios y leer/escribir bits/bytes, hay que añadir una 'b' en la especificación del modo de apertura. Por ejemplo, vamos a copiar un fichero binario (una imagen, un audio, o similar), en forma análoga al ejemplo de la sección anterior:

```
Fi = open('imagen.jpg', 'rb')
Fo = open('copia.jpg', 'wb')
pixels = Fi.read(10)
while pixels:
    Fo.write(pixels)
    pixels = Fi.read(10)
Fo.close()
Fi.close()
```

Por defecto se leen y se escriben `bytes`; para trabajar con bits, recomendamos la librería `bitarray`.

pickle: Si lo que queremos es guardar un archivo binario con objetos de Python y sus valores, y recuperarlos después para una sesión posterior, se puede usar la librería **pickle** para leer/escribir objetos de Python en ficheros binarios, por ejemplo un diccionario, una lista, etc. Por ejemplo, guardamos una lista en un fichero, y luego la importamos a Python:

```
import pickle
test_list = ['cucumber', 'pumpkin', 'carrot']
# guardamos la lista en un fichero binario
with open('test_pickle.pkl', 'wb') as pickle_out:
    pickle.dump(test_list, pickle_out)
# importamos la lista del fichero
with open('test_pickle.pkl', 'rb') as pickle_in:
    unpickled_list = pickle.load(pickle_in)
```

Nota 79. *Se pueden borrar y renombrar ficheros con las funciones* remove *y* rename, *respectivamente, disponibles al importar el módulo* os. *Por ejemplo:*

```
import os
os.remove('imagen.jpg')
os.rename('copia.jpg', 'imagen.jpg')
```

Hay que tener cuidado en el manejo de ficheros si se importan simultáneamente las funciones de los módulos io *y* os*, ya que hay ciertas incompatibilidades entre ellos a la hora de trabajar con ficheros. Básicamente, ambas librerías tienen una función* open*, que son incompatibles con la función genérica que hemos usado antes.*

En las dos páginas siguientes, mostramos una tabla-resumen con los comandos de Python específicos para trabajar en los conceptos de Matemática Discreta trabajados en este libro.

Python para Matemática Discreta

Aritmética:

- x // y : cociente entero
- x % y : resto de la división entera
- round(x, [n]) : redondea x a un entero [a n decimales]
- abs(x) : valor absoluto de x
- pow(x, y) : equivale a x ** y
- pow(a, b, n): exponenciación modular
- pow(a, -1, n): inverso modular
- max/min : máximo/mínimo de una lista
- sum(x) : suma los valores de la lista x
- int(s, b) : entero escrito como s en base b
- bin(x) : escribe x en binario
- oct(x) : escribe x en octal
- hex(x) : escribe x en hexadecimal
- 0b/0o/0x : int en binario/octal/hexadecimal

Librería math:
from math import ...

- gcd(x, y) : máximo común divisor
- sqrt(x) : raíz cuadrada de x
- log(x, [b]) : logaritmo de x [en base b]
- exp(x) : exponencial de x
- floor/ceil : redondeo hacia abajo/arriba

Aritmética entera:
from sympy import ...

- nextprime(x) : siguiente primo a x
- isprime(x) : comprueba si x es primo
- randprime(a, b) : primo aleatorio entre a y b
- factorint(x) : factorización del entero x
- totient(x) : función Φ de Euler

from random import randint

- randint(a, b) : enero aleatorio entre a y b

Artimética modular:
from math.ntheory.modular import crt

- crt(m, r) : teorema chino de los restos con modulos m y restos r; devuelve la solución mínima y el módulo M

Procedimientos especiales:
from galois import ...

- egcd: algoritmo de Euclides extendido
- lcm: mínimo común múltiplo

Lógica Proposicional:
from sympy import *
from sympy.abc import x, y, z

- x & y : equivale a And(x, y)
- x | y : equivale a Or(x, y)
- ~x : equivale a Not(x)
- Implies(x, y) : condicional $x \to y$
- Equivalent(x, y) : bicondicional $x \leftrightarrow y$
- Xor(x, y) : operador XOR
- Nand(x, y) : operador NAND
- Nor(x, y) : operador NOR
- p.subs(d)/p.xreplace(d) : sustituir en la proposición p los valores de verdad del diccionario d
- pprint(p) : *pretty print* objeto p

from sympy.logic import simplify_logic

- simplify_logic(p) : simplifica la proposición p

from sympy.logic.inference import satisfiable

- satisfiable(p) : comprueba si p es viable; devuelve un modelo en caso afirmativo, y False en caso contrario

from pyeda.inter import expr2truthtable

- expr2truthtable(p) : genera la tabla de verdad de p

Conjuntos:

- set() : conjunto vacío
- a in A / a not in A : comprueba pertenencia
- A | B : unión de conjuntos
- A & B : intersección de conjuntos
- A − B : diferencia conjuntista
- A ^ B : diferencia simétrica
- lambda: operador para definir funciones anónimas

from sympy import ...

- EmptySet() : conjunto vacío
- FiniteSet(*x) : conjunto finito con elementos en la lista x
- A.powerset() : conjunto de partes de A
- Interval(a, b) : intervalo (cerrado) [a,b]

o A.complement(U) : $U \setminus A$

o ProductSet(A, B) : producto cartesiano de A y B

o S.Naturals/S.Naturals0/S.Integers/S.Reals : conjuntos de números

o oo : infinito

Combinatoria: from sympy.utilities.iterables import ...

o cartes(x, y) : producto cartesiano de iterables

o variations(x, n, [True]) : variaciones de elementos de x tomados de n en n [con repetición]

o multiset(x) : multiconjunto a partir del iterable x

from sympy import ...

o factorial(n) : factorial de n

o binomial(n, m) : n sobre m

Grafos:
import networkx as nx
import matplotlib.pyplot as plt
plt.axis('off')

o G = nx.Graph() : grafo vacío

o G.add_node(s) / G.remove_node(s) : añade/elimina nodo de nombre s

o G.add_edge(a, b) / G.remove_edge(a, b) : añade/elimina arista entre nodos a y b

o nx.draw(G) : dibuja el grafo

o nx.draw_random(G) : dibuja G con disposición aleatoria de los nodos

o nx.draw_circular(G) : dibuja G con disposición circular de los nodos

o nx.draw_spectral(A) : dibuja G según la configuración de autovalores de G

o plt.savefig(f) : guarda un dibujo en archivo f

o G.degree(a) : grado del nodo a

o G.order() : número de nodos

o G.size() : número de aristas

o G.nodes() : lista de nodos

o G.edges() : lista de aristas

o G.neighbors(a) : nodos adyacentes de a

o nx.DiGraph([G]) : digrafo vacío [convierte G en digrafo]

o G.neighbors(a) : vecinos entrantes de a en el digrafo G

o G.successors(a) : vecinos salientes de a en el digrafo G

o G.out_degree(a) / G.in_degree(a) : grado de salida/entrada de a en un digrafo G

o nx.complete_graph(n) : grafo completo de n nodos

o nx.cycle_graph(n) : ciclo de n nodos

o nx.grid_2d_graph(m, n) : malla 2D $m \times n$

o nx.hypercube_graph(n) : hipercubo de dimensión n

o nx.path_graph(n) : grafo lineal de n nodos

o nx.star_graph(n) : estrella de n puntas

o nx.wheel_graph(n) : rueda con n nodos

o nx.is_isomorphic(G, H) : comprueba si G y H son isomorfos

o nx.adjacency_matrix(G) : matriz de adyacencia de G

o nx.incidence_matrix(G) : matriz de incidencia de G

o nx.is_connected(G) : comprueba si G es conexo

o nx.node_connectivity(G) : conectividad por nodos de G

o nx.edge_connectivity(G) : conectividad por aristas de G

o nx.is_eulerian(G) : comprueba si G admite un circuito Euleriano

o nx.eulerian_circuit(G) : devuelve un circuito Euleriano

o nx.dijkstra_path_length(G, a, b, d) : longitud del camino más corto entre a y b según la distancia d

o nx.dijkstra_path(G, a, b, d) : camino más corto entre a y b según la distancia d

o nx.coloring.greedy_color(G) : coloreado de G

o nx.is_tree(T) : comprueba si T es un árbol

o nx.minimum_spanning_tree(G) : árbol de expansión minimal de G

Bibliografía

Bibliografía Básica

[1] M. Abellanas: "Matemática discreta", Ra-Ma (1990).

[2] M. Abellanas: "Análisis de algoritmos y teoría de grafos", Ra-Ma (1990).

[3] J. Aranda Almansa, J. L. Fernández Marrón, J. Jiménez González, F. Morilla García: "Fundamentos de Lógica Matemática", Sanz y Torres (1999).

[4] J. Barba: "Lógica, Lógicas", Universidad de Valladolid (2010).

[5] N. L. Biggs: "Matemática Discreta", Vicens Vives (1998).

[6] K. P. Bogart: "Matemáticas Discretas", Limusa (1996).

[7] E. Bujalance, J. A. Bujalance, A. F. Costa, E. Martínez: "Problemas de matemática discreta", Sanz y Torres (1993).

[8] G. Brassard, P. Bratley: "Fundamentos de Algoritmia", Prentice Hall (1997).

[9] A. Chetwynd, P. Diggle: "Discrete mathematics", Arnold (1995).

[10] M. Erickson, A. Vazzana: "Introduction to Number Theory", Chapman & Hall/CRC (2008).

[11] T. Feil, J. Krone: "Essential Discrete Mathematics for Computer Science", Pearson (2003).

[12] D. Finkbeiner, W. Lindstrom: "A Primer of Discrete Mathematics", W. H. Freeman and Co. (1987).

[13] J. B. Fraleigh: "Álgebra Abstracta", Addison–Wesley Iberoamericana (1987).

[14] F. García Merayo: "Matemática Discreta", Paraninfo (2001).

[15] F. García Merayo, A. Nevot Luna, G. Hernández Peñalver: "Problemas Resueltos de Matemáticas Discretas", Thomson (2002).

[16] W. K. Grassmann, J. P. Tremblay: "Matemática discreta y lógica. Una perspectiva desde la ciencia de la computación", Prentice Hall (1998).

[17] R. Grimaldi: "Matemáticas discreta y combinatoria. Una introducción con aplicaciones", Addison–Wesley Iberoamericana (1998).

[18] M. T. Hortalá, J. Leach, M. Rodríguez: "Matemática Discreta y Lógica Matemática" (Segunda Edición), Complutense (2001).

[19] R. Johnsonbaugh: "Matemáticas discretas", Prentice Hall (1999).

[20] B. Kolman, R. C. Busby, Sh. Cutler Ross: "Estructuras de matemáticas discretas para la computación" (Tercera edición), Prentice Hall (1997).

[21] S. Lipschutz: "Matemáticas para Computación", McGraw–Hill, Serie Schaum (1983).

[22] C. L. Liu: "Elementos de Matemáticas Discretas", McGraw–Hill (1995).

[23] E. Paniagua, J. L. Sánchez, F. Martín: "Lógica Computacional", Thomson (2003).

[24] R. Prather: "Discrete Mathematical Structures for Computer Science", Houghton Mifflin Co. (1976).

[25] D. Puigjaner, C. García, J. M. López: "Matemática Discreta. Problemas y ejercicios resueltos", Prentice Hall (2002).

[26] K. H. Rosen (Ed.): "Handbook of Discrete and Combinatorial Mathematics", CRC Press (2000).

[27] K. H. Rosen: "Matemática Discreta y sus aplicaciones", McGraw-Hill (2004).

[28] K. A. Ross, Ch. R. B. Wright: "Matemáticas Discretas", Prentice Hall (1990).

[29] S. S. Skiena, M. A. Revilla: "Programming Challenges", Springer (2003).

[30] J. K. Truss: "Discrete Mathematics for computer scientists", Addison–Wesley (1991).

[31] D. West: "Introduction to Graph Theory", Pearson (2017).

[32] J. R. Wilson: "Introducción a la Teoría de Grafos", Alianza Universidad (1983).

Bibliografía Complementaria

[33] R. Aldecoa: "Detección de comunidades en redes complejas", Tesis Doctoral, Universidad Politécnica de Valencia (2013).

[34] I. Anderson: "A first course in Combinatorial Mathematics", Oxford University Press (1974).

[35] L. Backstrom, P. Boldi, M. Rosa, J. Ugander, S. Vigna: "Four degrees of separation", *WebSci '12: Proceedings of the 4th Annual ACM Web Science Conference*, pp. 33–42 (June 2012).

[36] M. Bastian, S. Heymann, M. Jacomy: "Gephi: an open source software for exploring and manipulating networks", *International AAAI Conference on Weblogs and Social Media*, (2009).

[37] N. L. Biggs: "Codes: An Introduction to Information Communication and Cryptography", Springer (2008).

[38] J. H. Conway, N. J. A. Sloane: "Sphere Packing, Lattices and Groups", Springer (1998).

[39] B. R. Donald, D. Kapur, J. L. Mundy: "Symbolic and numerical computation for artificial inteligence", Academic Press (1992).

[40] Th. L. Floyd: "Fundamentos de Sistemas Digitales" (Séptima edición), Prentice Hall (2000).

[41] A. Fúster et al.: "Técnicas Criptográficas de protección de datos" (Tercera Edición), Ra-Ma (2004).

[42] A. Gibbons: "Algorithmic graph theory", Cambridge University Press (1994).

[43] J. Golbeck: "Analyzing the Social Web", Elsevier (2013).

[44] D. Harel: "Algorithmics. The Spirit of Computing" (Second Edition), Addison–Wesley (1992).

[45] J. P. Hayes: "Introducción al Diseño Lógico Digital", Addison–Wesley Iberoamericana (1996).

[46] P. Horáček, A. Meduna, M. Tomko: "Handbook of Mathematical Models for Languages and Computation", The Institution of Engineering and Technology, UK (2020).

[47] E. Horowitz, S. Sahni: "Fundamentals of computer algorithms", Computer Science Press (1978).

[48] T. C. Hu, M. T. Shing: "Combinatorial Algorithms (Enlarged Second Edition)", Dover (2002).

[49] J. Justesen, T. Hœholdt: "A Course in Error-Correcting Codes (Second Edition)", EMS (2017).

[50] N. Koblitz: "A course in Number Theory and Cryptography", Springer (1994).

[51] R. E. Larson, R. P. Hostettler, B. H. Edwards: "Cálculo", McGraw–Hill (1999).

[52] D. C. Lay: "Álgebra Lineal y sus Aplicaciones", Pearson (2012).

[53] W. S. Massey: "Introducción a la Topología Algebraica", Reverte (2008).

[54] R. J. McEliece: "Finite fields for computer scientists and engineers", Kluwer Academic Publishers (1987).

[55] A. Meduna: "Automata and Languages: Theory and Applications", Springer (2000).

[56] A. Meduna, O. Soukup: "Modern Language Models and Computation: Theory with Applications", Springer (2017).

[57] D. Montgomery, G. Runger: "Probabilidad y Estadística aplicada a la Ingeniería", McGraw-Hill (1996).

[58] C. Munuera, J. Tena: "Codificación de la Información", Universidad de Valladolid (1997).

[59] L. Rempe-Guillen, R. Waldecker: "Primality Testing for Beginners", AMS (2014).

[60] S. Ríos Insua: "Investigación Operativa: Programación Lineal y Aplicaciones", Ed. Centro de Estudios Ramón Areces S. A. (1996).

[61] J. Sancho San Román: "Lógica Matemática y computabilidad", Díaz de Santos (1990).

[62] M. R. Schroeder: "Number Theory in Science and Communication", Springer (1986).

[63] D. Solow: "How to read and do proofs: An introduction to mathematical thought processes", John Wiley & Sons (1990).

[64] J. Tena: "Introducción a la teoría de números primos", Universidad de Valladolid (1990).

[65] E. Trillas, C. Alsina, J. M. Terricabras: "Introducción a la Lógica Borrosa", Ariel (1995).

[66] E. Trillas, J. Gutiérrez (Eds.): "Aplicaciones de la Lógica Borrosa", Nuevas Tendencias, CSIC (1992).

[67] A. B. Tucker, W. J. Bradley, R. D. Cupper, D. K. Garnick: "Fundamentos de Informática", McGraw–Hill (1994).

[68] W. A. Wickelgren: "How to solve problems: Elements of a theory of problems and problem solving", W. H. Freeman and Co. (1974).

Python

[69] J. I. Farrán: "Computación Matemática con Python", Universidad de Valladolid (2020).

[70] A. Hagberg, D. Schult, P. Swart: "NetworkX Reference" (2019). Disponible online en https://networkx.github.io/documentation/latest/_downloads/networkx_reference.pdf

[71] S. Kapil: "Clean Python", APress, Springer (2019).

[72] M. Lutz: "Python Pocket Reference", O'Reilly (2014).

[73] M. Lutz: "Learning Python", O'Reilly (2014).

[74] R. C. Martin: "Clean Code: A Handbook of Agile Software Craftsmanship", Prentice Hall (2008).

[75] E. Matthes: "Python Crash Course: A Hands-On, Project-Based Introduction to Programming", No Starch Press (2015).

[76] F. Nelli: "Python Data Analytics: With Pandas, NumPy, and Matplotlib", Apress, Springer (2018).

[77] The NumPy Community: "NymPy User Guide, Release 1.23.0" (2022). Disponible online en https://numpy.org/doc/1.23/numpy-user.pdf

[78] J. Nunez-Iglesias, S. van der Walt, H. Dashnow: "Elegant SciPy: The Art of Scientific Python", O'Reilly (2017).

[79] O. Ramírez-Jiménez: "Python a fondo", Marcombo (2021).

[80] The SymPy Development Team: "SymPy Documentation, Release 1.12" (2023). Disponible online en https://github.com/sympy/sympy/releases/download/sympy-1.12/sympy-docs-pdf-1.12.pdf

[81] D. Toomey: "Learning Jupyter", Packt Publishing (2016).

[82] R. T. White, A. T. Ray: "Practical Discrete Mathematics", Packt> Publishing (2021).

[83] J. M. Zelle: "Python Programming: An Introduction to Computer Science", Franklin, Beedle & Associates Inc. (2016).

[84] P. Zimmermann et al.: "Computational Mathematics with SageMath", Licencia Creative CommonsAttribution-ShareAlike 4.0 International (2018). Disponible online en http://dl.lateralis.org/public/sagebook/sagebook-ba6596d.pdf

Notación

Lógica Matemática

$\neg p$	Negación lógica (NOT)
$p \wedge q$	Conjunción lógica (AND)
$p \vee q$	Disyunción lógica (OR)
$p \oplus q$, $p \underline{\vee} q$	Disyunción exclusiva (XOR)
$p \downarrow q$	Negación de disyunción (NOR)
$p \uparrow q$ $p\|q$	Negación de conjunción (NAND)
$p \rightarrow q$	Condicional lógica
$p \leftrightarrow q$	Bicondicional lógica
$p \Rightarrow q$	Implicación lógica
$p \Leftrightarrow q$	Equivalencia lógica
T	Tautología
C	Contradicción
$\forall x$	Cuantificador universal
$\exists x$	Cuantificador existencial

Teoría de conjuntos

$\mathcal{U}$	Conjunto universal
$\emptyset$	Conjunto vacío
$\overline{A}$	Conjunto complementario
$A \cup B$	Unión conjuntista
$A \cap B$	Intersección conjuntista
$A \setminus B$	Diferencia de conjuntos
$A \Delta B$	Diferencia simétrica
$A \subseteq B$, $B \supseteq A$	Inclusión de conjuntos
$A \subset B$, $B \supset A$	Inclusión estricta
$A \not\subseteq B$, $B \not\supseteq A$	A no es subconjunto de B
$A \not\subset B$, $B \not\supset A$	A no es subconjunto propio
$a \in A$, $A \ni a$	Pertenencia
$a \notin A$, $A \not\ni a$	No pertenencia
$\mathcal{P}(A)$, 2^A	Conjunto potencia
$|A|$, $\sharp A$	Cardinal de A
$A \times B$	Producto cartesiano
$a \, R \, b$, $a \, \not\!R \, b$	Relación binaria
$[a]$	Clase de equivalencia
$a \leq b$, $b \geq a$	Relación de orden
$\sup(A)$	Extremo superior
$\inf(A)$	Extremo inferior
$\max(A)$	Máximo de A
$\min(A)$	Mínimo de A
$f : A \rightarrow B$	Correspondencia o aplicación
$g \circ f$	Composición de funciones
$f(A)$	Imagen directa
$f^{-1}(A)$	Imagen inversa
$f = \mathcal{O}(g)$	Orden de magnitud

Conjuntos especiales

$\mathbb{N}$	Números naturales
$\mathbb{Z}$	Números enteros
$\mathbb{Z}^+$	Enteros positivos
$\mathbb{Q}$	Números racionales
$\mathbb{R}$	Números reales
$\mathbb{C}$	Números complejos
K^*	Grupo multiplicativo de un cuerpo K
$K[X_1, \ldots, X_n]$	Polinomios con coeficientes en K
$\mathbb{Z}_n$	Enteros módulo n
$\mathbb{F}_q$	Cuerpo finito con q elementos
$char(K)$	Característica del cuerpo K
$B = \{0, 1\}$	Álgebra de Boole binaria
$\mathcal{M}_{m \times n}(K)$	Matrices con entradas en K
S_n	Grupo de permutaciones de n elementos

Aritmética y combinatoria

$a \mid b$	a divide a b
$a \nmid b$	a no divide a b
$\mathrm{mcd}(a,b)$	Máximo común divisor
$\mathrm{mcm}(a,b)$	Mínimo común múltiplo
$\Phi(n)$	Función Phi de Euler
$a \equiv b \pmod{n}$	Congruencia módulo n
$a^{-1} \pmod{n}$	Inverso modular
$\left(\dfrac{a}{p} \right)$	Símbolo de Legendre
$\left(\dfrac{a}{n} \right)$	Símbolo de Jacobi
$n!$	Factorial de n
$\dbinom{n}{k}$	Número combinatorio n sobre k

Índice alfabético